建筑工程消防施工质量控制概论

黄卫东　陆　参　李延国　主编

中国建材工业出版社

图书在版编目（CIP）数据

建筑工程消防施工质量控制概论 / 黄卫东，陆参，李延国主编. --北京：中国建材工业出版社，2023.8

ISBN 978-7-5160-3768-3

Ⅰ.①建… Ⅱ.①黄… ②陆… ③李… Ⅲ.①建筑工程－防火系统－工程质量－质量控制－北京 Ⅳ.①TU892

中国国家版本馆 CIP 数据核字（2023）第 116889 号

建筑工程消防施工质量控制概论

JIANZHU GONGCHENG XIAOFANG SHIGONG ZHILIANG KONGZHI GAILUN

黄卫东　陆　参　李延国　主编

出版发行：中国建材工业出版社

地　　址：北京市海淀区三里河路 11 号

邮　　编：100831

经　　销：全国各地新华书店

印　　刷：北京印刷集团有限责任公司

开　　本：787mm×1092mm　1/16

印　　张：24

字　　数：590 千字

版　　次：2023 年 8 月第 1 版

印　　次：2023 年 8 月第 1 次

定　　价：88.00 元

本社网址：www.jccbs.com，微信公众号：zgjcgycbs

本书如有印装质量问题，由我社市场营销部负责调换，联系电话：(010)57811387

本书编委会

主　编：黄卫东　陆　参　李延国

参　编：李　伟　鲁丽萍　范　文　王玉恒

黄一品　李　艳　田玉娜　何京伟

赵秋华　周　艺　徐晓辉　刘　军

谢伟喆　赵　扬　王启潮　张选崎

吴启明　朱俊星　赵　耀　张先群

郝　毅　杨丽萍　戴金娥　姜月菊

前　言

2018 年 9 月 13 日，中共中央办公厅、国务院办公厅印发《关于调整住房和城乡建设部职责机构编制的通知》文中明确“将公安部指导建设工程消防设计审查职责划入住房和城乡建设部”。2019 年 3 月 27 日，应急管理部会同住房城乡建设部联合印发《关于做好移交承接建设工程消防设计审查验收职责的通知》。2020 年 6 月 1 日住房城乡建设部发布《建设工程消防设计审查验收管理暂行规定》(中华人民共和国住房和城乡建设部令第 51 号)。

为充分了解目前消防工程质量管理现状，由北京市建设工程安全质量监督总站和北京市建设监理协会等单位牵头对北京市具有代表性的工程建设项目进行调研，通过大量调查研究和分析论证，发现消防工程施工质量管理不同程度存在五方责任主体责任不落实、专业管理脱节、过程控制不到位、消防工程资料要求不明确等问题。为加强消防工程质量管理，提升消防工程质量，由上述两单位组织成立《建筑工程消防施工质量控制概论》编委会。编委会还包括北京城建科技促进会、北京建科研软件技术有限公司、北京方圆工程监理有限公司、北京华城工程管理咨询有限公司、国信国际工程咨询集团股份有限公司、北京希地环球建设工程顾问有限公司、北京希达工程管理咨询有限公司、建研凯勃建设工程咨询有限公司、北京城建天宁消防有限责任公司等单位的专家。在本书编写过程中，还得到了北京城市副中心工程建设管理办公室、北京市轨道交通建设管理有限公司、北京职工体育服务中心等单位的大力支持，在此一并表示感谢。

本书对消防工程相关法律法规、技术标准进行系统梳理，介绍了北京市《建筑工程消防施工质量验收规范》(DB11/T 2000—2022)主要内容，并以全专业角度对消防工程全过程质量控制方法进行论述，同时给出了消防工程常用施工技术管理文件的示例。由于作者水平有限，本书缺点错误在所难免，欢迎读者批评指正。

本书编委会
2023 年 5 月

目　录

1　消防工程法律法规体系解析

一个国家的法律体系如何构成，取决于这个国家的法律传统、政治制度和立法体制等因素。中国特色社会主义法律体系，是指适应我国新发展阶段的基本国情，与社会主义的根本任务相一致，以宪法为统帅和根本依据，由部门齐全、结构严谨、内部协调、体例科学、调整有效的法律及其配套法规所构成，是保障我们国家沿着中国特色社会主义道路前进的各项法律制度的有机的统一整体。

广义的法律是指国家法律法规体系的整体。例如就我国现行的法律体系而论，它包括作为根本法的宪法、全国人民代表大会（以下简称“全国人大”）及其常务委员会（以下简称“人大常委会”）制定的法律、国务院制定的行政法规、国务院有关部门制定的部门规章、地方国家机关制定的地方性法规和地方政府规章等。

狭义上的法律是由全国人大及其常委会依法制定和修订的，规定和调整国家、社会和公民生活中某一方面带根本性的社会关系或基本问题的一种法律。法律的地位和效力低于宪法而高于其他法律，是法律形式体系中的二级法律。

《中华人民共和国消防法》是预防火灾和减少火灾危害，加强应急救援工作，维护公共安全的重要法律。作为消防领域必须遵循的基本法律，是消防相关行政法规、地方性法规的立法依据，也是消防相关行政规章、地方政府规章以及规范性文件制定的上位法基础。

1.1　消防工程相关法律

我国建设工程消防验收工作所依据的法律法规形式多样而且广泛，具体包括了全国人大立法法律、行政法规、地方性法规、部门规章、地方政府规章、规范性文件、消防技术法规等内容。主要构成关系如图 1-1 所示。

全国人大立法法律效力等级高，建设工程实践中，消防相关人大立法法律详见表 1-1。

表 1-1　建设工程消防相关法律一览表

序号	法律名称	发文字号	颁布/修订日期
1	《中华人民共和国消防法》	中华人民共和国主席令第八十一号	1998 年 4 月 29 日/ 2021 年 4 月 29 日
2	《中华人民共和国安全生产法》	中华人民共和国主席令第十三号	2002 年 6 月 29 日/ 2021 年 6 月 10 日

续表

序号	法律名称	发文字号	颁布/修订日期
3	《中华人民共和国建筑法》	中华人民共和国主席令第二十九号	1997 年 11 月 1 日/ 2019 年 4 月 23 日
4	《中华人民共和国产品质量法》	中华人民共和国主席令第二十二号	1993 年 9 月 1 日/ 2018 年 12 月 29 日
5	《中华人民共和国治安管理处罚法》	中华人民共和国主席令第六十七号	2006 年 3 月 1 日/ 2012 年 10 月 26 日
6	《中华人民共和国行政处罚法》	中华人民共和国主席令第七十六号	1996 年 10 月 1 日/ 2021 年 1 月 22 日
7	《中华人民共和国城乡规划法》	中华人民共和国主席令第二十九号	2008 年 1 月 1 日/ 2019 年 4 月 23 日
8	《中华人民共和国刑法》	中华人民共和国主席令第八十三号	1997 年 3 月 14 日/ 2020 年 12 月 26 日

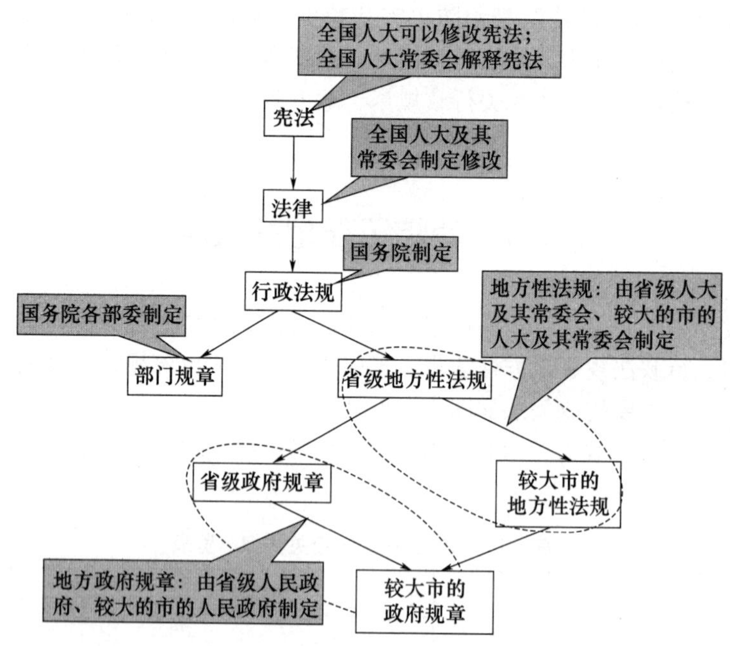

图 1-1　我国主要法律构成关系示意图

其中，2021 年 4 月 29 日修订的《中华人民共和国消防法》中第十条至十四条规定了对按照国家工程建设消防技术标准需要进行消防设计的建设工程，实行建设工程消防设计审查验收制度，住房城乡建设主管部门负责消防设计文件的审查，特殊建设工程的消防验收，以及其他建设工程的备案、抽查的相关工作。

1.2 消防工程相关行政法规

行政法规是指国务院为领导和管理国家各项行政工作，根据宪法和法律，依照法定程序制定并颁布的规范性文件。建设工程中消防相关的行政法规详见表1-2。

表1-2 关于消防行政许可相关行政法规

序号	行政法规名称	发文字号	颁布/修订日期
1	《建设工程勘察设计管理条例》	中华人民共和国国务院令第293号	2000年9月25日/2017年10月7日
2	《建设工程质量管理条例》	中华人民共和国国务院令第279号	2000年1月30日/2019年4月23日
3	《建设工程安全生产管理条例》	中华人民共和国国务院令第393号	2003年11月24日
4	《铁路安全管理条例》	中华人民共和国国务院令第639号	2013年8月17日
5	《危险化学品安全管理条例》	中华人民共和国国务院令第344号	2002年1月26日/2013年12月7日
6	《城镇燃气管理条例》	中华人民共和国国务院令第583号	2010年11月19日/2016年2月6日
7	《生产安全事故应急条例》	中华人民共和国国务院令第708号	2019年2月17日
8	《安全生产事故报告和调查处理条例》	中华人民共和国国务院令第493号	2007年4月9日

与消防工程相关法律相比，行政法规的修订相对滞后。以《建设工程质量管理条例》为例，最近修订日期是2019年4月23日，其中第四十九条仍规定："建设单位应当自建设工程竣工验收合格之日起15日内，将建设工程竣工验收报告和规划、公安消防、环保等部门出具的认可文件或者准许使用文件报建设行政主管部门或者其他有关部门备案。"未体现消防工程验收职能已由公安消防部门移交住房城乡建设主管部门。

1.3 消防工程相关地方性法规

地方性法规是指法定的地方国家权力机关依照法定权限，在不同宪法、法律和行政法规相抵触的前提下，结合本地区的实际情况制定和颁布的在本行政区域范围内实施的规范性文件。法定的地方国家权力机关包括省、自治区、直辖市以及省级人民政府所在地的市和国务院批准的较大的市的人民代表大会及其常务委员会。地方性法规是除宪法、法律、国务院行政法规外在地方具有最高法律属性和约束力的行为规范。地方性法规大部分称作条例，有的称为实施细则，部分为具有法规属性的文件，如决议、决定等。建设工程中消防相关地方性法规详见表1-3。

表 1-3 关于消防工程相关地方性法规

序号	地方性法规名称	通过机关	颁布/修订日期
1	《北京市消防条例》	北京市人民代表大会常务委员会	1996年9月6日/2011年5月27日
2	《上海市消防条例》	上海市人民代表大会常务委员会	1995年10月27日/2020年3月19日
3	《天津市消防条例》	天津市人民代表大会常务委员会	1999年11年12日/2021年9月27日
4	《重庆市消防条例》	重庆市人民代表大会常务委员会	1998年9月25日/2013年11月30日
5	《辽宁省消防条例》	辽宁省人民代表大会常务委员会	2012年1月5日/2022年7月27日
6	《吉林省消防条例》	吉林省人民代表大会常务委员会	1995年12月17日/2012年3月23日
7	《黑龙江省消防条例》	黑龙江省人民代表大会常务委员会	2010年8月13日/2022年6月18日
8	《内蒙古自治区消防条例》	内蒙古自治区人民代表大会常务委员会	2010年9月17日
9	《河北省消防条例》	河北省人民代表大会常务委员会	2010年5月26日
10	《山西省消防条例》	山西省人民代表大会常务委员会	2010年7月16日/2019年11月29日
11	《山东省消防条例》	山东省人民代表大会常务委员会	1998年11月21日/2011年1月14日
12	《江苏省消防条例》	江苏省人民代表大会常务委员会	2010年11月29日
13	《安徽省消防条例》	安徽省人民代表大会常务委员会	2010年8月23日/2022年7月29日
14	《浙江省消防条例》	浙江省人民代表大会常务委员会	2010年5月28日/2021年11月25日
15	《江西省消防条例》	江西省人民代表大会常务委员会	1995年12月20日/2020年11月25日
16	《福建省消防条例》	福建省人民代表大会常务委员会	1996年5月31日/2012年12月14日

续表

序号	地方性法规名称	通过机关	颁布/修订日期
17	《河南省消防条例》	河南省人民代表大会常务委员会	1999年3月26日/2014年3月26日
18	《湖北省消防条例》	湖北省人民代表大会常务委员会	2011年4月2日/2021年7月30日
19	《湖南省消防条例》	湖南省人民代表大会常务委员会	2020年7月30日
20	《陕西省消防条例》	陕西省人民代表大会常务委员会	2002年8月7日/2021年9月29日
21	《宁夏回族自治区消防条例》	宁夏回族自治区人民代表大会常务委员会	2002年7月25日
22	《甘肃省消防条例》	甘肃省人民代表大会常务委员会	2010年5月27日/2021年7月28日
23	《青海省消防条例》	青海省人民代表大会常务委员会	2010年11月24日/2021年9月29日
24	《新疆维吾尔自治区消防条例》	新疆维吾尔自治区人民代表大会常务委员会	2011年3月25日
25	《四川省消防条例》	四川省人民代表大会常务委员会	1999年10月14日/2011年5月27日
26	《云南省消防条例》	云南省人民代表大会常务委员会	2010年9月30日/2020年11月25日
27	《贵州省消防条例》	贵州省人民代表大会常务委员会	2010年9月17日
28	《广西壮族自治区消防条例》	广西壮族自治区人民代表大会常务委员会	2001年7月29日/2004年6月3日
29	《深圳经济特区消防条例》	深圳市人民代表大会常务委员会	1999年11月1日/2017年10月17日
30	《海南自由贸易港消防条例》	海南省人民代表大会常务委员会	2020年7月31日
31	《西藏自治区消防条例》	西藏自治区人民代表大会常务委员会	2010年4月1日

2019年以来，有14个省、自治区和直辖市对本地的消防条例进行了修订或新颁布，条例中明确住房城乡建设管理部门承担建设工程消防设计审核、消防验收、备案和

抽查职责。

1.4 消防工程相关部门规章和地方政府规章

1.4.1 消防工程相关部门规章

部门规章是指国家最高行政机关所属的各部门、委员会在自己的职权范围内发布的调整部门管理事项的规范性文件，涉及消防行政许可的主要部门规章详见表 1-4。

表 1-4 涉及消防工程的主要部门规章

序号	部门规章名称	发文字号	颁布/修订日期
1	《建设工程消防设计审查验收管理暂行规定》	中华人民共和国住房和城乡建设部令第 51 号	2020 年 6 月 1 日
2	《房屋建筑和市政基础设施工程施工图设计文件审查管理办法》	中华人民共和国住房和城乡建设部令第 13 号	2013 年 8 月 1 日/2018 年 12 月 13 日
3	《高层民用建筑消防安全管理规定》	中华人民共和国应急管理部令第 5 号	2021 年 6 月 21 日
4	《社会消防技术服务管理规定》	中华人民共和国应急管理部令第 7 号	2021 年 9 月 13 日

现阶段与消防工程相关的部门规章主要是住房城乡建设部、应急管理部新颁发，《建设工程消防设计审查验收管理暂行规定》（中华人民共和国住房和城乡建设部令第 51 号）与已废止的《公安部关于修改〈建设工程消防监督管理规定〉的决定》（中华人民共和国公安部令第 119 号）相比较，更加强调设计、施工、工程监理、技术服务等单位依法对建设工程消防设计、施工质量负主体责任，同时明确建设单位依法对建设工程消防设计、施工质量负首要责任，并建立了建设单位在组织竣工验收时对消防工程是否符合要求进行查验的制度。

1.4.2 消防工程相关地方政府规章

地方政府规章，是指省、自治区、直辖市人民政府以及省、自治区、直辖市人民政府所在地的市、经济特区所在地的市和国务院批准的较大的市的人民政府，根据法律、行政法规所制定的规范性文件。部分地方政府根据法律、行政法规和国家工程建设项目审批制度改革的要求制定出台的关于建设工程审批操作的具体规定，也可作为地方消防审验工作实践执行的主要依据。涉及消防行政许可的部分地方政府规章详见表 1-5。

表 1-5 关于消防工程相关地方政府规章

序号	地方政府规章名称	发文字号	通过机关	颁布/施行日期
1	《北京市消防安全责任监督管理办法》	北京市人民政府令第 143 号	北京市人民政府	2004 年 3 月 11 日

续表

序号	地方政府规章名称	发文字号	通过机关	颁布/施行日期
2	《重庆市消防安全责任制实施办法》	重庆市人民政府令第 298 号	重庆市人民政府	2015 年 12 月 23 日
3	《山东省实施消防安全责任制规定》	山东省人民政府令第 313 号	山东省人民政府	2018 年 2 月 2 日
4	《山西省消防安全责任制实施办法》	山西省人民政府令第 267 号	山西省人民政府	2019 年 12 月 27 日
5	《陕西省消防产品管理办法》	陕西省人民政府令第 148 号	陕西省人民政府	2011 年 2 月 25 日
6	《四川省消防规划管理规定》	四川省人民政府令第 283 号	四川省人民政府	2014 年 10 月 14 日
7	《四川省消防产品监督管理办法》	四川省人民政府令第 270 号	四川省人民政府	2013 年 5 月 20 日
8	《贵州省消防设施管理规定》	贵州省人民政府令第 180 号	贵州省人民政府	2018 年 2 月 1 日/2019 年 11 月 13 日
9	《海南省建设工程消防管理规定》	海南省人民政府令第 246 号	海南省人民政府	2013 年 6 月 19 日
10	《海南省消防安全责任制规定》	海南省人民政府令第 275 号	海南省人民政府	2017 年 12 月 7 日
11	《西藏自治区消防安全责任制实施办法》	西藏自治区人民政府令第 103 号	西藏自治区人民政府	2011 年 11 月 9 日
12	《石家庄市消防安全责任制实施办法》	石家庄市人民政府令第 181 号	石家庄市人民政府	2012 年 12 月 20 日

各省市的地方政府规章主要是结合本区域的消防管理传统和特点，针对消防规划管理、消防安全责任制、消防产品管理、消防设施管理等不同消防相关领域做出的具体规定。

1.5 消防工程相关规范性文件

规范性文件是指除行政法规、规章以外的由行政机关或法律、法规授权的组织发布的具有普遍约束力、可以反复适用的文件。近年来，我国先后发布了一系列消防规范性文件，如《消防改革与发展纲要》（国办发〔1995〕11 号）、《国务院关于进一步加强消防工作的意见》（国发〔2006〕15 号）、《关于加强和改进消防工作的意见》（国发〔2011〕46 号）和《消防安全责任制实施办法的通知》（国办发〔2017〕87 号）等。根据中华人民共和国行政处罚法的规定，规范性文件不得设定行政处罚。

1.5.1 住房城乡建设部消防工程相关规范性文件

住房城乡建设部在承接消防监管职能以来，颁布了一些消防相关规范性文件，详见表1-6。

表1-6 住房城乡建设部消防工程相关规范性文件

序号	规范性文件名称	发文字号	颁布/修订日期
1	《住房和城乡建设部、应急管理部关于做好移交承接建设工程消防设计审查验收职责的通知》	建科函〔2019〕52号	2019年3月27日
2	《住房和城乡建设部关于印发〈建设工程消防设计审查验收工作细则〉和〈建设工程消防设计审查、消防验收、备案和抽查文书式样〉的通知》	建科规〔2020〕5号	2020年6月16日
3	《住房和城乡建设部办公厅关于开展既有建筑改造利用消防设计审查验收试点的通知》	建办科函〔2021〕164号	2021年4月12日
4	《住房和城乡建设部办公厅关于做好建设工程消防设计审查验收工作的通知》	建办科〔2021〕31号	2021年6月30日

1.5.2 北京市消防工程相关规范性文件

北京市住房和城乡建设委员会在承接消防监管职能以来，颁布了一系列消防相关规范性文件，详见表1-7。

表1-7 北京市消防工程相关规范性文件

序号	规范性文件名称	发文字号	颁布/修订日期
1	《北京市人民政府办公厅关于建设工程消防设计审查验收职责划转的通知》	京政办发〔2019〕16号	2019年6月28日
2	《北京市住房和城乡建设委员会关于开展建设工程消防验收、备案及抽查有关工作的通知（试行）》	京建发〔2019〕305号	2019年6月28日
3	《北京市房屋建筑和市政基础设施工程竣工联合验收管理暂行办法》	京建法〔2020〕10号	2020年11月24日
4	《北京市住房和城乡建设委员会关于联验平台与消防审批平台连通的通知》	京建发〔2021〕87号	2021年4月2日
5	《北京市住房和城乡建设委员会关于加强房屋建筑和市政基础设施工程消防施工质量监督和消防验收现场评定、备案检查工作的通知》	京建发〔2021〕343号	2021年10月27日
6	《北京市住房和城乡建设委员会等十部门关于印发〈关于进一步优化建设工程竣工联合验收的有关规定〉的通知》	京建发〔2021〕363号	2021年11月25日

续表

序号	规范性文件名称	发文字号	颁布/修订日期
7	《北京市住房和城乡建设委员会 北京市规划和自然资源委员会 北京市消防救援总队关于印发〈北京市关于深化城市更新中既有建筑改造消防设计审查验收改革的实施方案〉的通知》	京建发〔2021〕386号	2021年12月21日
8	《北京市住房和城乡建设委员会关于不再开展小微改造工程消防验收（备案）的通知》	京建发〔2022〕97号	2022年4月4日
9	《北京市住房和城乡建设委员会关于商场改造项目消防验收试行告知承诺及消防验收备案试行备查的通知》	京建发〔2022〕133号	2022年5月12日
10	《北京市住房和城乡建设委员会关于进一步做好简易低风险工程消防验收备案有关工作的通知》	—	2022年5月25日
11	《北京市规划和自然资源委员会等五部门关于印发〈北京市关于深化建设工程施工图审查制度改革实施方案〉的通知》	京规自发〔2022〕194号	2022年7月4日
12	《北京市住房和城乡建设委员会关于进一步加强消防验收服务指导工作的通知》	京建发〔2022〕242号	2022年7月7日

在对常规改扩建工程的消防工程监管、验收进行规范的同时，北京市结合“放管服”要求，重点在既有建筑改造工程、小微改造工程和简易低风险工程的消防工程监管出台了一些规范性文件。

根据《北京市房屋建筑和市政基础设施工程竣工联合验收管理暂行办法》（京建法〔2020〕10号），联合验收是指工程建设单位申请，住房城乡建设、规划自然资源、人防、市场监管、水务、档案、交通、城市管理、通信等主管部门精简优化并协同推进工程竣工验收相关行政事项，督促协调市政服务企业主动提供供水、排水、供电、燃气、热力、通信等市政公用服务，规范、高效、便捷完成工程验收，推动工程项目及时投入使用的工作模式。实施联合验收的项目，联合验收通过后方可交付使用。联合验收意见通知书替代工程竣工验收备案表，联合验收通过后即视为完成工程竣工验收备案。也就是说，联合验收相当于传统模式的竣工验收、专项验收和竣工验收备案三个环节的工作，作为专项验收之一的消防验收属于联合验收的一个组成部分。

1.5.3 其他省市消防工程相关规范性文件

部分省市住房和城乡建设部门在承接消防监管职能以来，颁布了一些消防相关规范性文件，详见表1-8。

表 1-8　其他省市消防工程相关规范性文件

序号	规范性文件名称	发文字号	颁布/修订日期
1	《四川省住房和城乡建设厅关于印发〈四川省房屋建筑工程竣工验收消防查验和消防验收现场评定技术导则（试行）〉的通知》	川建消监函〔2022〕84 号	2022 年 1 月 10 日
2	《宁波市住房和城乡建设局关于发布〈宁波市建设工程消防验收操作技术指南（2021 版）〉和〈宁波市建筑工程资料管理规程用表—工程消防验收资料管理规程用表（2021 版）〉（试行）的通知》	甬建发〔2021〕77 号	2021 年 7 月 27 日
3	《广州市住房和城乡建设局关于调整建设工程消防验收备案抽查比例的通知》	穗建消防〔2021〕197 号	2021 年 5 月 10 日
4	《晋城市住房和城乡建设局关于切实做好建设工程消防验收和消防验收备案与抽查管理工作的通知》	晋市建验〔2022〕144 号	2022 年 4 月 4 日
5	《市住房城乡建设委关于印发天津市建设工程消防验收、备案和抽查工作实施细则的通知》	津住建发〔2020〕4 号	2020 年 8 月 28 日

现阶段各省市住房和城乡建设部门陆续出台消防工程设计审查、消防验收、备案和抽查方面的规范性文件，模式不尽相同，大多处于过渡提升阶段。

1.6　消防工程法律责任体系

消防工程包括前期设计、施工、竣工验收和使用共四个阶段，涉及的参建主体有建设单位、设计单位、施工单位、监理单位和技术服务机构，涉及的监管验收部门有消防设计审查主管部门、工程质量监督部门、消防验收主管部门和消防救援机构（以北京市为例）。消防工程相关法律法规对各阶段各方参建主体和相关监管验收部门的法律责任进行了具体规定。

1.6.1　消防工程参建主体法律责任

消防工程参建主体在各阶段的法律责任具体归纳详见表 1-9。

表 1-9　消防工程参建主体各阶段法律责任

参建主体	阶段	法律责任
建设单位	前期设计阶段	1.《中华人民共和国消防法》 （1）建设工程的消防设计、施工必须符合国家工程建设消防技术标准。建设、设计、施工、工程监理等单位依法对建设工程的消防设计、施工质量负责。 （2）国务院住房和城乡建设主管部门规定的特殊建设工程，建设单位应当将消防设计文件报送住房和城乡建设主管部门审查。前款规定以外的其他建设工程，建设单位申请领取施工许可证或者申请批准开工报告时应当提供满足施工需要的消防设计图纸及技术资料

续表

参建主体	阶段	法律责任
建设单位	前期设计阶段	2.《中华人民共和国建筑法》 （1）建筑工程勘察、设计、施工的质量必须符合国家有关建筑工程安全标准的要求，具体管理办法由国务院规定。 （2）建设单位不得以任何理由，要求建筑设计单位或者建筑施工企业在工程设计或者施工作业中，违反法律、行政法规和建筑工程质量、安全标准，降低工程质量。 3.《建设工程质量管理条例》 （1）建设单位必须向有关的勘察、设计、施工、工程监理等单位提供与建设工程有关的原始资料。原始资料必须真实、准确、齐全。 （2）建设工程发包单位，不得迫使承包方以低于成本的价格竞标，不得任意压缩合理工期。建设单位不得明示或者暗示设计单位或者施工单位违反工程建设强制性标准，降低建设工程质量。 （3）施工图设计文件未经审查批准的，不得使用。 4.《建设工程消防设计审查验收管理暂行规定》 （1）建设单位依法对建设工程消防设计、施工质量负首要责任。建设、设计、施工、工程监理、技术服务等单位的从业人员依法对建设工程消防设计、施工质量承担相应的个人责任。 （2）建设单位应当履行下列消防设计、施工质量责任和义务：（一）不得明示或者暗示设计、施工、工程监理、技术服务等单位及其从业人员违反建设工程法律法规和国家工程建设消防技术标准，降低建设工程消防设计、施工质量；（二）依法申请建设工程消防设计审查、消防验收，办理备案并接受抽查；（三）实行工程监理的建设工程，依法将消防施工质量委托监理；（四）委托具有相应资质的设计、施工、工程监理单位
	施工阶段	1.《中华人民共和国消防法》 （1）建设工程的消防设计、施工必须符合国家工程建设消防技术标准。建设、设计、施工、工程监理等单位依法对建设工程的消防设计、施工质量负责。 （2）特殊建设工程未经消防设计审查或者审查不合格的，建设单位、施工单位不得施工。 2.《中华人民共和国建筑法》 （1）建筑工程勘察、设计、施工的质量必须符合国家有关建筑工程安全标准的要求，具体管理办法由国务院规定。 （2）建设单位不得以任何理由，要求建筑设计单位或者建筑施工企业在工程设计或者施工作业中，违反法律、行政法规和建筑工程质量、安全标准，降低工程质量。 3.《建设工程质量管理条例》 （1）建设单位必须向有关的勘察、设计、施工、工程监理等单位提供与建设工程有关的原始资料。原始资料必须真实、准确、齐全。 （2）建设工程发包单位，不得迫使承包方以低于成本的价格竞标，不得任意压缩合理工期。建设单位不得明示或者暗示设计单位或者施工单位违反工程建设强制性标准，降低建设工程质量。 （3）施工图设计文件未经审查批准的，不得使用。 （4）按照合同约定，由建设单位采购建筑材料、建筑构配件和设备的，建设单位应当保证建筑材料、建筑构配件和设备符合设计文件和合同要求。建设单位不得明示或者暗示施工单位使用不合格的建筑材料、建筑构配件和设备

续表

<table>
<tr><th>参建主体</th><th>阶段</th><th>法律责任</th></tr>
<tr><td rowspan="3">建设单位</td><td>施工
阶段</td><td>（5）未经总监理工程师签字，建设单位不拨付工程款，不进行竣工验收。
（6）有关单位和个人对县级以上人民政府建设行政主管部门和其他有关部门进行的监督检查应当支持与配合，不得拒绝或者阻碍建设工程质量监督检查人员依法执行职务。
（7）建设单位应当严格按照国家有关档案管理的规定，及时收集、整理建设项目各环节的文件资料，建立、健全建设项目档案，并在建设工程竣工验收后，及时向建设行政主管部门或者其他有关部门移交建设项目档案。
4.《建设工程消防设计审查验收管理暂行规定》
（1）建设单位依法对建设工程消防设计、施工质量负首要责任。建设、设计、施工、工程监理、技术服务等单位的从业人员依法对建设工程消防设计、施工质量承担相应的个人责任。
（2）建设单位应当履行下列消防设计、施工质量责任和义务：（一）不得明示或者暗示设计、施工、工程监理、技术服务等单位及其从业人员违反建设工程法律法规和国家工程建设消防技术标准，降低建设工程消防设计、施工质量；（五）按照工程消防设计要求和合同约定，选用合格的消防产品和满足防火性能要求的建筑材料、建筑构配件和设备。（六）组织有关单位进行建设工程竣工验收时，对建设工程是否符合消防要求进行查验</td></tr>
<tr><td>竣工验收
阶段</td><td>1.《中华人民共和国消防法》
国务院住房和城乡建设主管部门规定应当申请消防验收的建设工程竣工，建设单位应当向住房和城乡建设主管部门申请消防验收。前款规定以外的其他建设工程，建设单位在验收后应当报住房和城乡建设主管部门备案。
2.《建设工程质量管理条例》
（1）建设单位收到建设工程竣工报告后，应当组织设计、施工、工程监理等有关单位进行竣工验收。建设工程竣工验收应当具备下列条件：（一）完成建设工程设计和合同约定的各项内容；（二）有完整的技术档案和施工管理资料；（三）有工程使用的主要建筑材料、建筑构配件和设备的进场试验报告；（四）有勘察、设计、施工、工程监理等单位分别签署的质量合格文件；（五）有施工单位签署的工程保修书。
（2）建设单位应当自建设工程竣工验收合格之日起15日内，将建设工程竣工验收报告和规划、公安消防、环保等部门出具的认可文件或者准许使用文件报建设行政主管部门或者其他有关部门备案。
3.《建设工程消防设计审查验收管理暂行规定》
建设单位应当履行下列消防设计、施工质量责任和义务：（二）依法申请建设工程消防设计审查、消防验收，办理备案并接受抽查</td></tr>
<tr><td>使用阶段</td><td>1.《中华人民共和国消防法》
（1）依法应当进行消防验收的建设工程，未经消防验收或者消防验收不合格的，禁止投入使用；其他建设工程经依法抽查不合格的，应当停止使用。
（2）公众聚集场所在投入使用、营业前，建设单位或者使用单位应当向场所所在地的县级以上地方人民政府消防救援机构申请消防安全检查，作出场所符合消防技术标准和管理规定的承诺，提交规定的材料，并对其承诺和材料的真实性负责。公众聚集场所未经消防救援机构许可的，不得投入使用、营业</td></tr>
</table>

续表

参建主体	阶段	法律责任
建设单位	使用阶段	2.《中华人民共和国建筑法》 建筑工程竣工经验收合格后，方可交付使用；未经验收或者验收不合格的，不得交付使用。 3.《建设工程质量管理条例》 （1）建设工程经验收合格的，方可交付使用。 （2）建设单位应当严格按照国家有关档案管理的规定，及时收集、整理建设项目各环节的文件资料，建立、健全建设项目档案，并在建设工程竣工验收后，及时向建设行政主管部门或者其他有关部门移交建设项目档案。 4.《消防安全责任制实施办法的通知》 建设工程的建设、设计、施工和监理等单位应当遵守消防法律、法规、规章和工程建设消防技术标准，在工程设计使用年限内对工程的消防设计、施工质量承担终身责任。 5.《建设工程消防设计审查验收管理暂行规定》 建设单位应当履行下列消防设计、施工质量责任和义务：（七）依法及时向档案管理机构移交建设工程消防有关档案
设计单位	前期设计阶段	1.《中华人民共和国消防法》 建设工程的消防设计、施工必须符合国家工程建设消防技术标准。建设、设计、施工、工程监理等单位依法对建设工程的消防设计、施工质量负责。 2.《中华人民共和国建筑法》 （1）建筑工程勘察、设计、施工的质量必须符合国家有关建筑工程安全标准的要求，具体管理办法由国务院规定。 （2）建筑设计单位和建筑施工企业对建设单位违反前款规定提出的降低工程质量的要求，应当予以拒绝。 （3）建筑工程的勘察、设计单位必须对其勘察、设计的质量负责。勘察、设计文件应当符合有关法律、行政法规的规定和建筑工程质量、安全标准、建筑工程勘察、设计技术规范以及合同的约定。设计文件选用的建筑材料、建筑构配件和设备，应当注明其规格、型号、性能等技术指标，其质量要求必须符合国家规定的标准。 （4）建筑设计单位对设计文件选用的建筑材料、建筑构配件和设备，不得指定生产厂、供应商。 3.《建设工程质量管理条例》 （1）勘察、设计单位必须按照工程建设强制性标准进行勘察、设计，并对其勘察、设计的质量负责。注册建筑师、注册结构工程师等注册执业人员应当在设计文件上签字，对设计文件负责。 （2）设计单位应当根据勘察成果文件进行建设工程设计。设计文件应当符合国家规定的设计深度要求，注明工程合理使用年限。 （3）设计单位在设计文件中选用的建筑材料、建筑构配件和设备，应当注明规格、型号、性能等技术指标，其质量要求必须符合国家规定的标准。除有特殊要求的建筑材料、专用设备、工艺生产线等外，设计单位不得指定生产厂、供应商。 （4）设计单位应当就审查合格的施工图设计文件向施工单位作出详细说明。 4.《建设工程消防设计审查验收管理暂行规定》 （1）设计、施工、工程监理、技术服务等单位依法对建设工程消防设计、施工质量负主体责任。建设、设计、施工、工程监理、技术服务等单位的从业人员依法对建设工程消防设计、施工质量承担相应的个人责任

续表

参建主体	阶段	法律责任
设计单位	前期设计阶段	（2）设计单位应当履行下列消防设计、施工质量责任和义务：（一）按照建设工程法律法规和国家工程建设消防技术标准进行设计，编制符合要求的消防设计文件，不得违反国家工程建设消防技术标准强制性条文；（二）在设计文件中选用的消防产品和具有防火性能要求的建筑材料、建筑构配件和设备，应当注明规格、性能等技术指标，符合国家规定的标准
	施工阶段	1.《中华人民共和国消防法》 建设工程的消防设计、施工必须符合国家工程建设消防技术标准。建设、设计、施工、工程监理等单位依法对建设工程的消防设计、施工质量负责。 2.《中华人民共和国建筑法》 （1）建筑工程勘察、设计、施工的质量必须符合国家有关建筑工程安全标准的要求，具体管理办法由国务院规定。 （2）建筑设计单位和建筑施工企业对建设单位违反前款规定提出的降低工程质量的要求，应当予以拒绝。 3.《建设工程质量管理条例》 （1）设计单位应当参与建设工程质量事故分析，并对因设计造成的质量事故，提出相应的技术处理方案。 （2）有关单位和个人对县级以上人民政府建设行政主管部门和其他有关部门进行的监督检查应当支持与配合，不得拒绝或者阻碍建设工程质量监督检查人员依法执行职务。 4.《建设工程消防设计审查验收管理暂行规定》 设计、施工、工程监理、技术服务等单位依法对建设工程消防设计、施工质量负主体责任。建设、设计、施工、工程监理、技术服务等单位的从业人员依法对建设工程消防设计、施工质量承担相应的个人责任
	竣工验收阶段	《建设工程消防设计审查验收管理暂行规定》 设计单位应当履行下列消防设计、施工质量责任和义务：（三）参加建设单位组织的建设工程竣工验收，对建设工程消防设计实施情况签章确认，并对建设工程消防设计质量负责
	使用阶段	《消防安全责任制实施办法的通知》 建设工程的建设、设计、施工和监理等单位应当遵守消防法律、法规、规章和工程建设消防技术标准，在工程设计使用年限内对工程的消防设计、施工质量承担终身责任
施工单位	施工阶段	1.《中华人民共和国消防法》 （1）建设工程的消防设计、施工必须符合国家工程建设消防技术标准。建设、设计、施工、工程监理等单位依法对建设工程的消防设计、施工质量负责。 （2）特殊建设工程未经消防设计审查或者审查不合格的，建设单位、施工单位不得施工。 2.《中华人民共和国建筑法》 （1）建筑工程勘察、设计、施工的质量必须符合国家有关建筑工程安全标准的要求，具体管理办法由国务院规定。 （2）建筑设计单位和建筑施工企业对建设单位违反前款规定提出的降低工程质量的要求，应当予以拒绝。

续表

参建主体	阶段	法律责任
施工单位	施工阶段	(3) 建筑工程实行总承包的，工程质量由工程总承包单位负责，总承包单位将建筑工程分包给其他单位的，应当对分包工程的质量与分包单位承担连带责任。分包单位应当接受总承包单位的质量管理。 (4) 建筑施工企业对工程的施工质量负责。建筑施工企业必须按照工程设计图纸和施工技术标准施工，不得偷工减料。工程设计的修改由原设计单位负责，建筑施工企业不得擅自修改工程设计。 (5) 建筑施工企业必须按照工程设计要求、施工技术标准和合同的约定，对建筑材料、建筑构配件和设备进行检验，不合格的不得使用。 (6) 交付竣工验收的建筑工程，必须符合规定的建筑工程质量标准，有完整的工程技术经济资料和经签署的工程保修书，并具备国家规定的其他竣工条件。 3.《建设工程质量管理条例》 (1) 施工单位对建设工程的施工质量负责。施工单位应当建立质量责任制，确定工程项目的项目经理、技术负责人和施工管理负责人。建设工程实行总承包的，总承包单位应当对全部建设工程质量负责；建设工程勘察、设计、施工、设备采购的一项或者多项实行总承包的，总承包单位应当对其承包的建设工程或者采购的设备的质量负责。 (2) 总承包单位依法将建设工程分包给其他单位的，分包单位应当按照分包合同的约定对其分包工程的质量向总承包单位负责，总承包单位与分包单位对分包工程的质量承担连带责任。 (3) 施工单位必须按照工程设计图纸和施工技术标准施工，不得擅自修改工程设计，不得偷工减料。施工单位在施工过程中发现设计文件和图纸有差错的，应当及时提出意见和建议。 (4) 施工单位必须按照工程设计要求、施工技术标准和合同约定，对建筑材料、建筑构配件、设备和商品混凝土进行检验，检验应当有书面记录和专人签字；未经检验或者检验不合格的，不得使用。 (5) 施工单位必须建立、健全施工质量的检验制度，严格工序管理，作好隐蔽工程的质量检查和记录。隐蔽工程在隐蔽前，施工单位应当通知建设单位和建设工程质量监督机构。 (6) 施工人员对涉及结构安全的试块、试件以及有关材料，应当在建设单位或者工程监理单位监督下现场取样，并送具有相应资质等级的质量检测单位进行检测。 (7) 未经监理工程师签字，建筑材料、建筑构配件和设备不得在工程上使用或者安装，施工单位不得进行下一道工序的施工。 (8) 施工单位对施工中出现质量问题的建设工程或者竣工验收不合格的建设工程，应当负责返修。 (9) 施工单位应当建立、健全教育培训制度，加强对职工的教育培训；未经教育培训或者考核不合格的人员，不得上岗作业。 (10) 有关单位和个人对县级以上人民政府建设行政主管部门和其他有关部门进行的监督检查应当支持与配合，不得拒绝或者阻碍建设工程质量监督检查人员依法执行职务。 4.《建设工程消防设计审查验收管理暂行规定》 (1) 设计、施工、工程监理、技术服务等单位依法对建设工程消防设计、施工质量负主体责任。建设、设计、施工、工程监理、技术服务等单位的从业人员依法对建设工程消防设计、施工质量承担相应的个人责任。

续表

参建主体	阶段	法律责任
施工单位	施工阶段	（2）施工单位应当履行下列消防设计、施工质量责任和义务：（一）按照建设工程法律法规、国家工程建设消防技术标准，以及经消防设计审查合格或者满足工程需要的消防设计文件组织施工，不得擅自改变消防设计进行施工，降低消防施工质量；（二）按照消防设计要求、施工技术标准和合同约定检验消防产品和具有防火性能要求的建筑材料、建筑构配件和设备的质量，使用合格产品，保证消防施工质量
	竣工验收阶段	《建设工程消防设计审查验收管理暂行规定》 施工单位应当履行下列消防设计、施工质量责任和义务：（三）参加建设单位组织的建设工程竣工验收，对建设工程消防施工质量签章确认，并对建设工程消防施工质量负责
	使用阶段	1.《中华人民共和国建筑法》 建筑工程实行质量保修制度。建筑工程的保修范围应当包括地基基础工程、主体结构工程、屋面防水工程和其他土建工程，以及电气管线、上下水管线的安装工程，供热、供冷系统工程等项目；保修的期限应当按照保证建筑物合理寿命年限内正常使用，维护使用者合法权益的原则确定。具体的保修范围和最低保修期限由国务院规定。 2.《消防安全责任制实施办法的通知》 建设工程的建设、设计、施工和监理等单位应当遵守消防法律、法规、规章和工程建设消防技术标准，在工程设计使用年限内对工程的消防设计、施工质量承担终身责任
监理单位	施工阶段	1.《中华人民共和国消防法》 建设工程的消防设计、施工必须符合国家工程建设消防技术标准。建设、设计、施工、工程监理等单位依法对建设工程的消防设计、施工质量负责。 2.《中华人民共和国建筑法》 （1）建筑工程勘察、设计、施工的质量必须符合国家有关建筑工程安全标准的要求，具体管理办法由国务院规定。 （2）交付竣工验收的建筑工程，必须符合规定的建筑工程质量标准，有完整的工程技术经济资料和经签署的工程保修书，并具备国家规定的其他竣工条件。 3.《建设工程质量管理条例》 （1）工程监理单位应当依照法律、法规以及有关技术标准、设计文件和建设工程承包合同，代表建设单位对施工质量实施监理，并对施工质量承担监理责任。 （2）监理工程师应当按照工程监理规范的要求，采取旁站、巡视和平行检验等形式，对建设工程实施监理。 （3）有关单位和个人对县级以上人民政府建设行政主管部门和其他有关部门进行的监督检查应当支持与配合，不得拒绝或者阻碍建设工程质量监督检查人员依法执行职务。 4.《建设工程消防设计审查验收管理暂行规定》 （1）设计、施工、工程监理、技术服务等单位依法对建设工程消防设计、施工质量负主体责任。建设、设计、施工、工程监理、技术服务等单位的从业人员依法对建设工程消防设计、施工质量承担相应的个人责任。

续表

参建主体	阶段	法律责任
监理单位	施工阶段	(2) 工程监理单位应当履行下列消防设计、施工质量责任和义务：(一) 按照建设工程法律法规、国家工程建设消防技术标准，以及经消防设计审查合格或者满足工程需要的消防设计文件实施工程监理；(二) 在消防产品和具有防火性能要求的建筑材料、建筑构配件和设备使用、安装前，核查产品质量证明文件，不得同意使用或者安装不合格的消防产品和防火性能不符合要求的建筑材料、建筑构配件和设备
	竣工验收阶段	《建设工程消防设计审查验收管理暂行规定》 工程监理单位应当履行下列消防设计、施工质量责任和义务：(三) 参加建设单位组织的建设工程竣工验收，对建设工程消防施工质量签章确认，并对建设工程消防施工质量承担监理责任
	使用阶段	《消防安全责任制实施办法的通知》 建设工程的建设、设计、施工和监理等单位应当遵守消防法律、法规、规章和工程建设消防技术标准，在工程设计使用年限内对工程的消防设计、施工质量承担终身责任
技术服务机构	前期设计阶段	1.《中华人民共和国消防法》 消防设施维护保养检测、消防安全评估等消防技术服务机构应当符合从业条件，执业人员应当依法获得相应的资格；依照法律、行政法规、国家标准、行业标准和执业准则，接受委托提供消防技术服务，并对服务质量负责。 2.《消防安全责任制实施办法的通知》 消防设施检测、维护保养和消防安全评估、咨询、监测等消防技术服务机构和执业人员应当依法获得相应的资质、资格，依法依规提供消防安全技术服务，并对服务质量负责。 3.《建设工程消防设计审查验收管理暂行规定》 提供建设工程消防设计图纸技术审查、消防设施检测或者建设工程消防验收现场评定等服务的技术服务机构，应当按照建设工程法律法规、国家工程建设消防技术标准和国家有关规定提供服务，并对出具的意见或者报告负责
	施工阶段	1.《中华人民共和国消防法》 消防设施维护保养检测、消防安全评估等消防技术服务机构应当符合从业条件，执业人员应当依法获得相应的资格；依照法律、行政法规、国家标准、行业标准和执业准则，接受委托提供消防技术服务，并对服务质量负责。 2.《消防安全责任制实施办法的通知》 消防设施检测、维护保养和消防安全评估、咨询、监测等消防技术服务机构和执业人员应当依法获得相应的资质、资格，依法依规提供消防安全技术服务，并对服务质量负责。 3.《建设工程消防设计审查验收管理暂行规定》 提供建设工程消防设计图纸技术审查、消防设施检测或者建设工程消防验收现场评定等服务的技术服务机构，应当按照建设工程法律法规、国家工程建设消防技术标准和国家有关规定提供服务，并对出具的意见或者报告负责

续表

参建主体	阶段	法律责任
技术服务机构	竣工验收阶段	1.《中华人民共和国消防法》 消防设施检测等消防技术服务机构和执业人员，应当依法获得相应的资质、资格；依照法律、行政法规、国家标准、行业标准和执业准则，接受委托提供消防技术服务，并对服务质量负责。 2.《消防安全责任制实施办法的通知》 消防设施检测、维护保养和消防安全评估、咨询、监测等消防技术服务机构和执业人员应当依法获得相应的资质、资格，依法依规提供消防安全技术服务，并对服务质量负责。 3.《建设工程消防设计审查验收管理暂行规定》 提供建设工程消防设计图纸技术审查、消防设施检测或者建设工程消防验收现场评定等服务的技术服务机构，应当按照建设工程法律法规、国家工程建设消防技术标准和国家有关规定提供服务，并对出具的意见或者报告负责
	使用阶段	1.《中华人民共和国消防法》 消防安全监测等消防技术服务机构和执业人员，应当依法获得相应的资质、资格；依照法律、行政法规、国家标准、行业标准和执业准则，接受委托提供消防技术服务，并对服务质量负责。 2.《消防安全责任制实施办法的通知》 消防设施检测、维护保养和消防安全评估、咨询、监测等消防技术服务机构和执业人员应当依法获得相应的资质、资格，依法依规提供消防安全技术服务，并对服务质量负责

1.6.2 消防工程监管验收主体法律责任

根据《北京市人民政府办公厅关于建设工程消防设计审查验收职责划转的通知》(京政办发〔2019〕16号)，原由消防救援机构承担的建设工程消防设计审查职责划转至规划自然资源部门，建设工程消防验收职责划转至住房城乡建设部门。以北京市为例，监管验收部门职责分工如下：特殊建设工程消防设计审查由市规划自然资源部门负责，工程质量监督由市区两级住房城乡建设主管部门委托的质量监督机构负责，特殊建设工程消防验收及其他建设工程消防验收备案由市区两级住房城乡建设主管部门负责，公众聚集场所投入使用、营业前消防安全检查及消防综合监管由市消防救援机构负责。消防工程监管验收部门在各阶段的法律责任具体归纳详见表1-10。

表1-10 消防工程监管验收部门各阶段法律责任

监管验收部门	阶段	法律责任
消防设计审查主管部门	前期设计阶段	1.《中华人民共和国消防法》 (1) 国务院住房和城乡建设主管部门规定的特殊建设工程，建设单位应当将消防设计文件报送住房和城乡建设主管部门审查，住房和城乡建设主管部门依法对审查的结果负责。 (2) 住房和城乡建设主管部门、消防救援机构及其工作人员应当按照法定的职权和程序进行消防设计审查、消防验收、备案抽查和消防安全检查，做到公正、严格、文明、高效。住房和城乡建设主管部门、消防救援机构及其工作人员进行消防设计审查、消防验收、备案抽查和消防安全检查等，不得收取费用，不得利用职务

续表

监管验收部门	阶段	法律责任
消防设计审查主管部门	前期设计阶段	谋取利益；不得利用职务为用户、建设单位指定或者变相指定消防产品的品牌、销售单位或者消防技术服务机构、消防设施施工单位。 2.《建设工程消防设计审查验收管理暂行规定》 （1）国务院住房和城乡建设主管部门负责指导监督全国建设工程消防设计审查验收工作。县级以上地方人民政府住房和城乡建设主管部门（以下简称消防设计审查验收主管部门）依职责承担本行政区域内建设工程的消防设计审查、消防验收、备案和抽查工作。跨行政区域建设工程的消防设计审查、消防验收、备案和抽查工作，由该建设工程所在行政区域消防设计审查验收主管部门共同的上一级主管部门指定负责。 （2）消防设计审查验收主管部门应当运用互联网技术等信息化手段开展消防设计审查、消防验收、备案和抽查工作，建立健全有关单位和从业人员的信用管理制度，不断提升政务服务水平
工程质量监督部门	施工阶段	1.《建设工程质量管理条例》 （1）国家实行建设工程质量监督管理制度。国务院建设行政主管部门对全国的建设工程质量实施统一监督管理。国务院铁路、交通、水利等有关部门按照国务院规定的职责分工，负责对全国的有关专业建设工程质量的监督管理。县级以上地方人民政府建设行政主管部门对本行政区域内的建设工程质量实施监督管理。县级以上地方人民政府交通、水利等有关部门在各自的职责范围内，负责对本行政区域内的专业建设工程质量的监督管理。 （2）国务院建设行政主管部门和国务院铁路、交通、水利等有关部门应当加强对有关建设工程质量的法律、法规和强制性标准执行情况的监督检查。 （3）县级以上地方人民政府建设行政主管部门和其他有关部门应当加强对有关建设工程质量的法律、法规和强制性标准执行情况的监督检查。 （4）供水、供电、供气、公安消防等部门或者单位不得明示或者暗示建设单位、施工单位购买其指定的生产供应单位的建筑材料、建筑构配件和设备。 （5）建设行政主管部门或者其他有关部门发现建设单位在竣工验收过程中有违反国家有关建设工程质量管理规定行为的，责令停止使用，重新组织竣工验收。 2.《北京市住房和城乡建设委员会关于加强房屋建筑和市政基础设施工程消防施工质量监督和消防验收现场评定、备案检查工作的通知》 对于市区住房和城乡建设主管部门负责质量监督的建设工程，工程质量监督部门应将分部分项工程中与消防有关的施工质量纳入建筑工程施工质量日常监督管理重点，具体包括：（一）在《监督工作计划》中补充有关消防施工质量监督工作计划内容。（二）对涉及消防的分部分项工程实体质量、消防施工质量责任主体等单位的质量行为进行抽查。（三）对建设单位组织竣工验收时开展消防查验工作进行检查。（四）建设工程竣工验收完成后，将消防施工质量监督情况归入工程质量监督报告。 3.《北京市住房和城乡建设委员会关于进一步加强消防验收服务指导工作的通知》 市区住建部门应将涉及消防的施工质量纳入建筑工程施工质量日常监督管理重点，召开首次监督工作会议或开展首次监督检查时，应当一并告知消防验收有关要求。日常监督检查过程中，加强对关键环节和高频问题监管，基础施工阶段应重点对建筑防火间距等总平面布局，消防控制室、消防泵房等的平面布置，消防安全疏散相关尺寸等进行监督抽查抽测；主体结构施工阶段应重点对墙、柱、梁、楼板、疏散楼梯等构件的燃烧性能及耐火极限，钢结构及木结构的防火保护，设备基础等实体质量，对涉及防火分隔、消防管路、电气线缆等隐蔽工程进行监督抽查抽测。通过进一步强化过程监管和指导，及时发现、查处违法违规行为，特别是发生频率高、整改难度大、整改成本高的问题，过程中的问题过程中解决，尽最大限度在消防验收前消除工程质量隐患。

续表

监管验收部门	阶段	法律责任
消防验收主管部门	施工阶段	1.《建设工程质量管理条例》 供水、供电、供气、公安消防等部门或者单位不得明示或者暗示建设单位、施工单位购买其指定的生产供应单位的建筑材料、建筑构配件和设备。 2.《北京市住房和城乡建设委员会关于进一步加强消防验收服务指导工作的通知》 市区住建部门应当积极提供前期咨询和技术服务，加强对消防设施功能测试、系统功能联调联试等的指导，帮助建设单位提前发现存在的问题，督促整改，提升现场评定一次性合格率
	竣工验收阶段	1.《中华人民共和国消防法》 （1）国务院住房和城乡建设主管部门规定应当申请消防验收的建设工程竣工，建设单位应当向住房和城乡建设主管部门申请消防验收。前款规定以外的其他建设工程，建设单位在验收后应当报住房和城乡建设主管部门备案，住房和城乡建设主管部门应当进行抽查。 （2）住房和城乡建设主管部门、消防救援机构及其工作人员应当按照法定的职权和程序进行消防设计审查、消防验收、备案抽查和消防安全检查，做到公正、严格、文明、高效。住房和城乡建设主管部门、消防救援机构及其工作人员进行消防设计审查、消防验收、备案抽查和消防安全检查等，不得收取费用，不得利用职务谋取利益；不得利用职务为用户、建设单位指定或者变相指定消防产品的品牌、销售单位或者消防技术服务机构、消防设施施工单位。 2.《建设工程消防设计审查验收管理暂行规定》 （1）国务院住房和城乡建设主管部门负责指导监督全国建设工程消防设计审查验收工作。县级以上地方人民政府住房和城乡建设主管部门（以下简称消防设计审查验收主管部门）依职责承担本行政区域内建设工程的消防设计审查、消防验收、备案和抽查工作。跨行政区域建设工程的消防设计审查、消防验收、备案和抽查工作，由该建设工程所在行政区域消防设计审查验收主管部门共同的上一级主管部门指定负责。 （2）消防设计审查验收主管部门应当运用互联网技术等信息化手段开展消防设计审查、消防验收、备案和抽查工作，建立健全有关单位和从业人员的信用管理制度，不断提升政务服务水平。 3.《北京市住房和城乡建设委员会关于加强房屋建筑和市政基础设施工程消防施工质量监督和消防验收现场评定、备案检查工作的通知》 市区住房和城乡建设行政主管部门对负责质量监督的特殊建设工程开展消防验收，或对备案抽中的其他建设工程按照消防验收有关规定进行检查时，为规范消防验收现场评定、备案检查工作，实现消防施工质量监督和消防验收工作有效衔接，具体要求如下：（一）住房城乡建设行政主管部门应当根据工程性质、特点、规模、技术复杂程度，对较大风险、重大风险等级的项目，编制消防验收工作方案。消防验收工作方案中应当明确验收人员、专业设置、验收程序、验收内容等。（二）工程竣工阶段形成的消防施工质量现场抽查工作记录（《北京市建设工程质量监督检查情况表》），可以作为现场评定的参考，并据此开展现场评定、备案检查。现场评定、备案检查工作应形成《北京市建设工程消防验收检查记录表（消防验收现场评定、备案检查）》）。（三）住房城乡建设行政主管部门在人员技术力量不足的情况下，可采用政府购买服务方式，引入第三方技术服务机构或消防专家提供技术支撑。住房城乡建设行政主管部门可以充分利用购买服务成果，作为出具消防验收现场评定、备案检查工作意见的依据

续表

监管验收部门	阶段	法律责任
消防验收主管部门	竣工验收阶段	4.《北京市住房和城乡建设委员会关于进一步加强消防验收服务指导工作的通知》 (1)市区住建部门应在工程质量监督过程中提前服务，告知建设单位申请消防验收的办事指南，包括申请材料、受理标准、有关程序和办理时限等要点。收到申请后，对申请材料齐全的，应当出具受理凭证；对申请材料不齐全或者不符合法定要求的，应当一次性告知需要补正、更正的全部内容和期限，杜绝“进门难”问题。 (2)市区住建部门应加大对新技术、新产业、新业态、新模式等新场景领域、“专精特新”、中小微企业的指导支持力度，提供发展服务保障。对于首次申请消防验收的，在消防验收现场评定中发现情节轻微、能及时改正并不会造成危害后果的消防工程质量问题，可依法给予限期整改机会，加强技术指导，督促问题整改。在审批期限内整改完成，经市区住建部门确认合格的，现场评定结论可认定为合格，不断提升监管服务效能。 (3)市区住建部门应规范消防验收、备案及抽查相关法律文书制作工作，严格落实三级审批制度，确保文书制作质量。出具消防验收不合格意见的，应在不合格消防验收意见书中详细说明主要存在的问题，不合格的原因、理由和法定依据等内容，并告知建设单位享有依法申请行政复议或者提起行政诉讼的权利。要加强业务指导，告知建设单位问题整改的要求，明确整改合格标准
	使用阶段	《建设工程消防设计审查验收管理暂行规定》 消防设计审查验收主管部门应当及时将消防验收、备案和抽查情况告知消防救援机构，并与消防救援机构共享建筑平面图、消防设施平面布置图、消防设施系统图等资料
消防救援机构	施工阶段	《建设工程质量管理条例》 供水、供电、供气、公安消防等部门或者单位不得明示或者暗示建设单位、施工单位购买其指定的生产供应单位的建筑材料、建筑构配件和设备
	使用阶段	《中华人民共和国消防法》 (1)公众聚集场所在投入使用、营业前，建设单位或者使用单位应当向场所所在地的县级以上地方人民政府消防救援机构申请消防安全检查，作出场所符合消防技术标准和管理规定的承诺，提交规定的材料，并对其承诺和材料的真实性负责。 消防救援机构对申请人提交的材料进行审查；申请材料齐全、符合法定形式的，应当予以许可。消防救援机构应当根据消防技术标准和管理规定，及时对作出承诺的公众聚集场所进行核查。申请人选择不采用告知承诺方式办理的，消防救援机构应当自受理申请之日起十个工作日内，根据消防技术标准和管理规定，对该场所进行检查。经检查符合消防安全要求的，应当予以许可。 (2)住房和城乡建设主管部门、消防救援机构及其工作人员应当按照法定的职权和程序进行消防设计审查、消防验收、备案抽查和消防安全检查，做到公正、严格、文明、高效。住房和城乡建设主管部门、消防救援机构及其工作人员进行消防设计审查、消防验收、备案抽查和消防安全检查等，不得收取费用，不得利用职务谋取利益；不得利用职务为用户、建设单位指定或者变相指定消防产品的品牌、销售单位或者消防技术服务机构、消防设施施工单位

1.7 消防工程法律法规疑难问题解析

1.7.1 消防工程包含哪些分部分项工程内容？

答：根据北京市地标《建筑工程消防施工质量验收规范》（DB11/T 2000—2022）第 4.0.1 条规定，建筑工程消防施工质量验收共由六个子分部工程组成，每个子分部工程包含的分项工程如下：

1. 建筑总平面及平面布置子分部工程：建筑类别与耐火等级，建筑总平面，建筑平面布置，有特殊要求场所的建筑布局。

2. 建筑构造子分部工程：隐蔽工程，防火分隔，防烟分隔，安全疏散，消防电梯，防火封堵。

3. 建筑保温与装修子分部工程：建筑保温及外墙装饰，建筑内部装修。

4. 消防给水及灭火系统子分部工程：消防水源及供水设施，消火栓系统，自动喷水灭火系统，自动跟踪定位射流灭火系统，水喷雾、细水雾灭火系统，气体灭火系统，泡沫灭火系统，建筑灭火器。

5. 消防电气和火灾自动报警系统子分部工程：消防电源及配电，消防应急照明和疏散指示系统，火灾自动报警系统，电气火灾监控系统，消防设备电源监控系统。

6. 建筑防烟排烟系统子分部工程：防烟系统，排烟系统。

1.7.2 消防工程施工都有哪些资质要求？

答：结合北京市地标《建筑工程消防施工质量验收规范》（DB11/T 2000—2022）附录 B 的分部分项工程划分，根据住房城乡建设部印发的《建筑业企业资质标准》（建市〔2014〕159 号）和《建筑业企业资质标准（征求意见稿）》（2022 年 2 月 23 日）中对建筑业企业资质的划分，消防工程施工可能涉及到的专业承包资质见表 1-11。

表 1-11 消防工程施工所涉及的专业承包资质

子分部工程代号	子分部工程名称	分项工程名称	可能涉及到的专业承包资质	
			《建筑业企业资质标准》（建市〔2014〕159 号）	《建筑业企业资质标准（征求意见稿）》（2022 年 2 月 23 日）
01	建筑总平面及平面布置	建筑类别与耐火等级，建筑总平面，建筑平面布置，有特殊要求场所的建筑布局	钢结构工程专业承包资质	—
02	建筑构造	隐蔽工程，防火分隔，防烟分隔，安全疏散	钢结构工程专业承包资质	—

续表

<table>
<tr><th rowspan="2">子分部工程代号</th><th rowspan="2">子分部工程名称</th><th rowspan="2" colspan="2">分项工程名称</th><th colspan="2">可能涉及到的专业承包资质</th></tr>
<tr><th>《建筑业企业资质标准》（建市〔2014〕159号）</th><th>《建筑业企业资质标准（征求意见稿）》（2022年2月23日）</th></tr>
<tr><td rowspan="8">02</td><td rowspan="8">建筑构造</td><td rowspan="7">防火封堵</td><td rowspan="2">建筑缝隙</td><td>建筑装修装饰工程专业承包</td><td rowspan="2">建筑装修装饰工程专业承包</td></tr>
<tr><td>建筑幕墙工程专业承包</td></tr>
<tr><td rowspan="2">管道贯穿孔口</td><td>消防设施工程专业承包</td><td>消防设施工程专业承包</td></tr>
<tr><td>建筑机电安装工程专业承包</td><td>建筑机电安装工程专业承包</td></tr>
<tr><td rowspan="3">电气线路贯穿孔口</td><td>消防设施工程专业承包</td><td>消防设施工程专业承包</td></tr>
<tr><td>建筑机电安装工程专业承包</td><td rowspan="2">建筑机电安装工程专业承包</td></tr>
<tr><td>电子与智能化工程专业承包</td></tr>
<tr><td colspan="2">消防电梯</td><td colspan="2">市场监督管理部门颁发的《特种设备安装改造维修许可证》</td></tr>
<tr><td rowspan="2">03</td><td rowspan="2">建筑保温与装修</td><td rowspan="2" colspan="2">建筑保温及外墙装饰，建筑内部装修</td><td>建筑装修装饰工程专业承包</td><td rowspan="2">建筑装修装饰工程专业承包</td></tr>
<tr><td>建筑幕墙工程专业承包</td></tr>
<tr><td>04</td><td>消防给水及灭火系统</td><td colspan="2">消防水源及供水设施，消火栓系统，自动喷水灭火系统，自动跟踪定位射流灭火系统，水喷雾、细水雾灭火系统，气体灭火系统，泡沫灭火系统，建筑灭火器</td><td>消防设施工程专业承包</td><td>消防设施工程专业承包</td></tr>
<tr><td rowspan="3">05</td><td rowspan="3">消防电气和火灾自动报警系统</td><td colspan="2">火灾自动报警系统</td><td>消防设施工程专业承包</td><td>消防设施工程专业承包</td></tr>
<tr><td colspan="2">消防电源及配电，消防应急照明和疏散指示系统</td><td>建筑机电安装工程专业承包</td><td rowspan="2">建筑机电安装工程专业承包</td></tr>
<tr><td colspan="2">电气火灾监控系统，消防设备电源监控系统</td><td>电子与智能化工程专业承包</td></tr>
<tr><td>06</td><td>建筑防烟排烟系统</td><td colspan="2">防烟系统，排烟系统</td><td>消防设施工程专业承包</td><td>消防设施工程专业承包</td></tr>
</table>

1.7.3 消防施工质量验收、单位工程质量验收、消防查验、工程竣工验收和消防验收的概念分别是什么?

答：消防施工质量验收、单位工程质量验收、消防查验、工程竣工验收和消防验收，是建设工程从施工到最终投入使用，不同阶段必须经过的验收形式。

1. 消防施工质量验收

根据北京市地标《建筑工程消防施工质量验收规范》（DB11/T 2000—2022）第4.0.8条规定，消防工程各专业施工完成后，建设单位应组织验收。建设单位、设计单位、监理单位、施工单位、专业施工单位、技术服务机构的项目负责人应按规定参加验收，验收合格的按规范DB11/T 2000—2022附录C填写消防施工质量验收记录。

《建设工程消防设计审查验收管理暂行规定》(中华人民共和国住房和城乡建设部令第51号）第二十七条第三款规定，建设单位组织竣工验收时，应当对建设工程是否符合下列要求进行查验：建设单位对工程涉及消防的各分部分项工程验收合格；施工、设计、工程监理、技术服务等单位确认工程消防质量符合有关标准。也就是说，消防施工质量验收应在消防查验之前完成。

2. 单位工程质量验收

根据《建筑工程施工质量验收统一标准》（GB 50300—2013）第4.0.1条规定，建筑工程施工质量验收应划分为单位工程、分部工程、分项工程和检验批。第5.0.4条规定，单位工程质量验收合格应符合下列规定：

(1）所含分部工程的质量均应验收合格；

(2）质量控制资料应完整；

(3）所含分部工程中有关安全、节能、环境保护和主要使用功能的检验资料应完整；

(4）主要使用功能的抽查结果应符合相关专业验收规范的规定；

(5）观感质量应符合要求。

《北京市建设工程质量条例》第四十七条规定，单位工程完工后，施工总承包单位应当按照规定进行质量自检；自检合格的，监理单位应当组织单位工程质量竣工预验收。竣工预验收合格的，建设单位应当组织勘察、设计、施工、监理等单位进行单位工程质量竣工验收，形成单位工程质量竣工验收记录。第四十八条规定，单位工程质量竣工验收合格并具备法律法规规定的其他条件后，建设单位应当组织勘察、设计、施工、监理等单位进行工程竣工验收。《北京市房屋建筑和市政基础设施工程竣工验收管理办法》(京建法〔2015〕2号）第四条规定，工程竣工验收前，建设单位在收到勘察、设计、施工、监理单位各自提交的验收合格报告后，应当按照规范要求组织单位工程质量竣工验收，并形成单位工程质量竣工验收记录。也就是说，单位工程质量验收是工程竣工验收的前置条件。

3. 消防查验

根据《建设工程消防设计审查验收管理暂行规定》（中华人民共和国住房和城乡建设部令第51号）第二十七条规定，建设单位组织竣工验收时，应当对建设工程是否符合下列要求进行查验：

（1）完成工程消防设计和合同约定的消防各项内容；

（2）有完整的工程消防技术档案和施工管理资料（含涉及消防的建筑材料、建筑构配件和设备的进场试验报告）；

（3）建设单位对工程涉及消防的各分部分项工程验收合格；施工、设计、工程监理、技术服务等单位确认工程消防质量符合有关标准；

（4）消防设施性能、系统功能联调联试等内容检测合格。

经查验不符合前款规定的建设工程，建设单位不得编制工程竣工验收报告。

《建设工程消防设计审查验收工作细则》（建科规〔2020〕5号）第十六条进一步明确，建设单位编制工程竣工验收报告前，应开展竣工验收消防查验，查验合格后方可编制工程竣工验收报告。可以看出，消防查验也是建设单位组织工程竣工验收的必要环节。

4. 工程竣工验收

根据《北京市建设工程质量条例》第四十八条规定，单位工程质量竣工验收合格并具备法律法规规定的其他条件后，建设单位应当组织勘察、设计、施工、监理等单位进行工程竣工验收；对住宅工程，工程竣工验收前建设单位应当组织施工、监理等单位进行分户验收。工程竣工验收应当形成经建设、勘察、设计、施工、监理等单位项目负责人签署的工程竣工验收记录，作为工程竣工验收合格的证明文件。工程竣工验收记录中各方意见签署齐备的日期为工程竣工时间。第五十条规定，工程竣工验收合格，且消防、人民防空、环境卫生设施、防雷装置等应当按照规定验收合格后，建设工程方可交付使用。通信工程、有线广播电视传输覆盖网、环境保护设施、特种设备等交付使用前应当按照规定验收。也就是说，工程竣工验收是建设工程交付使用的前置条件，但不是充分条件，还需要消防、人民防空等按照规定验收合格或完成验收。

5. 消防验收

根据《建设工程消防设计审查验收管理暂行规定》（中华人民共和国住房和城乡建设部令第51号）第二十六条规定，对特殊建设工程实行消防验收制度，特殊建设工程竣工验收后，建设单位应当向消防设计审查验收主管部门申请消防验收；未经消防验收或者消防验收不合格的，禁止投入使用。同时，第三条规定，国务院住房和城乡建设主管部门负责指导监督全国建设工程消防设计审查验收工作。县级以上地方人民政府住房和城乡建设主管部门（以下简称消防设计审查验收主管部门）依职责承担本行政区域内建设工程的消防设计审查、消防验收、备案和抽查工作。

综上还可以看出，消防施工质量验收、单位工程质量验收、消防查验、工程竣工验收都是工程建设相关单位的“自我评价”行为，而消防验收是住房城乡建设主管部门的“行政许可”行为。

1.7.4 消防工程相关材料、构配件和设备，消防产品，消防设施，这三者之间是什么关系？

答：“建筑材料、构配件和设备”是《中华人民共和国建筑法》的提法，其中第二十五规定：按照合同约定，建筑材料、建筑构配件和设备由工程承包单位采购的，发包单位不得指定承包单位购入用于工程的建筑材料、建筑构配件和设备或者指定生产厂、供应商。之后的《建设工程质量管理条例》以及《建筑工程施工质量验收统一标准》（GB 50300—2013）也沿用了这一说法。

“消防产品”是《中华人民共和国消防法》的提法，其中第二十四条规定：消防产品必须符合国家标准；没有国家标准的，必须符合行业标准。禁止生产、销售或者使用不合格的消防产品以及国家明令淘汰的消防产品。同时，在第二十六条规定，建筑构件、建筑材料和室内装修、装饰材料的防火性能必须符合国家标准；没有国家标准的，必须符合行业标准。

“消防设施”是《中华人民共和国消防法》的提法，其中第五条规定，任何单位和个人都有维护消防安全、保护消防设施、预防火灾、报告火警的义务。任何单位和成年人都有参加有组织的灭火工作的义务。在《消防设施通用规范》（GB 55036—2022）中总则第 1.0.2 条规定：建设工程中消防设施的设计、施工、验收、使用和维护必须执行本规范。第 2.0.1 条规定：用于控火、灭火的消防设施，应能有效地控制或扑救建（构）筑物的火灾；用于防护冷却或防火分隔的消防设施，应能在规定时间内阻止火灾蔓延。并在第 3 章至第 12 章分别对消防给水与消火栓系统，自动喷水灭火系统，泡沫灭火系统，水喷雾、细水雾灭火系统，固定消防炮、自动跟踪定位射流灭火系统，气体灭火系统，干粉灭火系统，灭火器，防烟与排烟系统，火灾自动报警系统，进行了强制性规定。

综上所述，“消防工程相关材料、构配件和设备”与“消防产品、有防火性能要求的建筑构件、建筑材料和室内装修、装饰材料”是由住房城乡建设部、应急管理部两个行政主管部门沿袭过来的对等的表述，实践中应避免交叉混用。也可以说，“消防工程相关材料、构配件和设备”不仅包括“消防产品”，还包括“有防火性能要求的建筑构件、建筑材料和室内装修、装饰材料”。

“消防设施”包括用于控火、灭火的消防设施和用于防护冷却或防火分隔的消防设施，是“建成的实物”概念，不适用于在进场检验环节的相关表述。而且“消防设施”只是消防工程内容的一部分。

1.7.5 消防工程为什么宜优先选用取得消防产品自愿认证的材料、产品？

答：按照《国家市场监督管理总局应急管理部关于取消部分消防产品强制性认证的公告》（2019 年第 36 号）要求，目前实施强制性认证的消防产品只有火灾报警产品、避难逃生产品、灭火器共三类。

消防水带、喷水灭火产品、消防车、灭火剂、建筑耐火构件、泡沫灭火设备产品、消防装备产品、火灾防护产品、消防给水设备产品、气体灭火设备产品、干粉灭火设备产品、消防防烟排烟设备产品、消防通信产品等十三类产品，以及火灾报警产品中的线型感温火灾探测器产品、消防联动控制系统产品、防火卷帘控制器产品和城市消防远程监控产品，均已取消强制性产品认证。

实行产品质量认证的目的，是保证产品质量，提高产品信誉，保护用户和消费者的利益。自愿性产品认证是传递社会信任的重要形式，国家鼓励和引导企业积极参与认证，推动认证结果在市场采购中的广泛采信，以增加优质产品的供给。

1.7.6 建筑工程消防施工质量验收合格应符合哪些规定?

答：根据北京市地标《建筑工程消防施工质量验收规范》（DB11/T 2000—2022）第 4.0.9 条规定，建筑工程消防施工质量验收合格应符合下列规定：

1. 所含子分部及各分项工程均验收合格；

2. 质量控制资料完整；

3. 主要使用功能的抽样复验结果符合相关规定；

4. 需要进行消防检测的分项、子分部工程经过检测合格，检测报告齐全；

5. 消防设施性能、系统功能联动调试等内容调试合格；

6. 外观质量符合相关要求；

7. 完成涉及消防的建设工程竣工图。竣工图应与符合相关规定要求的消防设计文件及工程实际相一致，竣工图章、竣工图签的签字齐全有效。

需要说明的是，与常规分部分项工程验收不同，消防施工质量验收需要具备涉及消防的建设工程竣工图。

1.7.7 消防工程施工质量验收资料应包含哪些内容?

答：根据北京市地标《建筑工程消防施工质量验收规范》（DB11/T 2000—2022）第 3.0.11 条规定，消防工程施工质量验收资料应包含下列内容：

1. 涉及消防工程的竣工图、图纸会审记录、设计变更和洽商；

2. 涉及到消防的主要材料、设备、构件的质量证明文件，进场检验记录，抽样复验报告，见证试验报告；

3. 隐蔽工程、检验批验收记录和相关图像资料；

4. 分项工程质量验收记录；

5. 子分部工程质量验收记录；

6. 消防设备单机试运转及调试记录；

7. 消防系统联合试运转及调试记录；

8. 其他对工程质量有影响的重要技术资料；

9. 建筑工程消防施工质量查验方案；

10. 建筑工程消防施工质量查验记录和查验报告；

11. 消防工程施工质量验收记录。

1.7.8 建设单位组织竣工验收消防查验应符合哪些规定?

答：根据北京市地标《建筑工程消防施工质量验收规范》（DB11/T 2000—2022）第 4.0.11 条规定，建设单位组织有关单位进行建筑工程竣工验收时，应对建筑工程是否符合消防要求进行查验，并应符合下列规定：

1. 建设单位应在组织消防查验前制订建筑工程消防施工质量查验工作方案，明确参加查验的人员、岗位职责、查验内容、查验组织方式以及查验结论形式等内容。

2. 消防查验应按 DB11/T 2000—2022 附录 D 记录，表中未涵盖的其他查验内容

(如落实特殊消防设计的有关施工内容等),可依据此表格式按照相关专业施工质量验收规范自行续表。查验主要内容包括:

(1) 完成消防设计文件的各项内容;

(2) 有完整的消防技术档案和施工管理资料(含消防产品的进场试验报告);

(3) 建设单位对工程涉及消防的各子分部、分项工程验收合格;施工单位、专业施工单位、设计单位、监理单位、技术服务机构等单位确认消防施工质量符合有关标准;

(4) 消防设施性能、系统功能联动调试等内容检测合格;

(5) 经查验不符合本条第(1)~(4)款规定的建筑工程,建设单位不得编制工程竣工验收报告。

3. 查验完成后应形成"建筑工程消防施工质量查验报告",并应符合本规范附录E的规定。

同时,第4.0.12条规定,建筑工程竣工验收前,建设单位可委托具有相应从业条件的技术服务机构进行消防查验,并形成意见或者报告,作为建筑工程消防查验合格的参考文件。采取特殊消防设计的建筑工程,其特殊消防设计的内容可进行功能性试验验证,并应对特殊消防设计的内容进行全数查验。对消防检测和消防查验过程中发现的各类质量问题,建设单位应组织相关单位进行整改。

1.7.9 消防查验和消防验收最终的成果是什么?

答:根据北京市地标《建筑工程消防施工质量验收规范》(DB11/T 2000—2022)第4.0.11条第二款规定,建设单位组织有关单位进行建筑工程竣工验收时,应对建筑工程是否符合消防要求进行查验,消防查验应按本规范附录D"建筑工程消防施工质量查验记录"记录,表中未涵盖的其他查验内容,可依据此表格式按照相关专业施工质量验收规范自行续表。根据DB11/T 2000—2022第4.0.11条第三款规定,查验完成后应形成"建筑工程消防施工质量查验报告",并应符合本规范附录E的规定。

对于特殊建设工程,在消防验收完成后,出具特殊建设工程消防验收意见书。对于其他建设工程,建设单位申请的消防验收备案通过后,出具建设工程消防验收备案凭证(抽中/未抽中)。消防设计审查验收主管部门对备案的其他建设工程进行抽查。其他建设工程经依法抽查不合格的,应当停止使用。[特殊建设工程范围参见《建设工程消防设计审查验收管理暂行规定》(中华人民共和国住房和城乡建设部令第51号)第十四条]

1.7.10 消防工程质量验收时,质量控制资料不齐全完整或缺失时怎么办?

答:根据北京市地标《建筑工程消防施工质量验收规范》(DB11/T 2000—2022)第4.0.10条规定,工程质量控制资料应齐全完整。资料缺失时,可委托具有相应从业条件的技术服务机构按有关标准进行相应的实体检验或消防检测。

《建筑工程施工质量验收统一标准》(GB 50300—2013)第5.0.7条规定,工程质量控制资料应齐全完整,当部分资料缺失时,应委托有资质的检测机构按有关标准进行相应的实体检验或抽样试验。工程实践中,具体包括三种情形:

1. 隐蔽工程质量控制资料缺失；

2. 工程实体质量控制资料缺失；

3. 系统功能质量控制资料缺失。

应针对资料缺失的具体内容，根据相关施工质量验收规范的验收要求，进行相应的检验、试验和检测，将相应的检验、试验和检测报告作为验收依据。

1.7.11 消防产品进场检验的质量证明文件核查有那些规定?

答：根据北京市地标《建筑工程消防施工质量验收规范》（DB11/T 2000—2022）第 5.2.2～5.2.6 条的规定：

1. 质量证明文件的内容和形式应符合设计文件、技术标准的要求。

2. 新研制的尚无国家标准、行业标准的消防产品应查验其出厂合格证、技术鉴定报告和专家论证意见。

3. 对依法应实行强制性产品认证或自愿认证的消防产品，应查验其质量证明合格文件、由国家法定质检机构出具的检验报告及认证证书（如有）、认证标识（如有）。

4. 对设计选用的具有防火性能要求的材料、构配件，应查验其产品出厂合格证和由有资质的检验机构出具的耐火极限或燃烧性能检验报告。

5. 对由建设单位采购供应的消防产品，建设单位应当组织到货检验，并向施工单位出具检验合格证明等相应的质量证明文件。

6. 质量证明文件包括产品相关质量证明文件和企业相关证明文件，根据不同消防产品的特点，可包括两类内容：

（1）产品相关质量证明文件：生产许可证，产品质量合格证，检测报告，随机文件、中文安装使用说明书，国家强制认证证书（“CCC”）或认证证书、认证标识，计量设备检定证书，知识产权证明文件；

（2）企业相关证明文件：企业营业执照，资质证书等证明文件。

1.7.12 消防产品进场检验的外观质量检查有哪些规定?

答：根据北京市地标《建筑工程消防施工质量验收规范》（DB11/T 2000—2022）第 5.3.2～5.3.5 条的规定：

1. 消防产品的外观质量检查内容应包括品种、规格、型号、尺寸以及其他外观质量。

2. 消防产品的外观质量应符合设计文件、相关技术标准和合同文件的要求。

3. 对有封样要求的消防产品，还应对照封样样品，对其外观质量进行检查。

4. 根据不同消防产品的特点，外观质量检查可包括以下主要内容：

（1）消防产品外涂层应黏结牢固，无裂缝，且不应有露底、漏涂等情况；

（2）消防产品表面应平整、洁净、色泽一致，无裂痕、无乳突、无缺损、无明显划痕、无明显凹痕或机械损伤；

（3）设备组件外露接口应设有防护堵、盖，且封闭良好，非机械加工表面保护涂层应完好，接口螺纹和法兰密封面应无损伤，设备的操作机构应动作灵活；

（4）设备零部件的表面不应有裂纹、压坑及明显的凹凸、锤痕、毛刺等缺陷；

（5）设备产品外壳应光洁，表面应无腐蚀、无涂层脱落和气泡现象，无明显划痕、裂痕、毛刺等机械损伤，紧固件、插接件应无松动；

（6）设备商标、制造厂等标识应齐全；

（7）设备型号、规格等技术参数应符合设计要求。

1.7.13　消防产品进场时，对哪些产品的耐火性能或燃烧性能应进行见证取样检验?

答：根据北京市地标《建筑工程消防施工质量验收规范》（DB11/T 2000—2022）第 5.4.3 条的规定，下列消防产品的耐火性能或燃烧性能应进行见证取样检验：

1. 预应力钢结构、跨度大于或等于 60m 的大跨度钢结构、高度大于或等于 100m 的高层建筑钢结构所采用的防火涂料。

2. 用于装饰装修的 B_1 级纺织织物、现场阻燃处理后的纺织织物；用于装饰装修的 B_1 级木质材料、现场阻燃处理后的木质材料、表面进行加工后的 B_1 级木质材料。

3. 用于装饰装修的 B_1 级高分子合成材料、现场阻燃处理后的泡沫塑料；用于装饰装修的 B_1 级复合材料、现场阻燃处理后的复合材料；用于装饰装修的其他 B_1 级材料、现场阻燃处理后的其他材料。

4. 用于装饰装修的现场进行阻燃处理所使用的阻燃剂及防火涂料。

5. 用于墙体节能工程、幕墙节能工程、屋面节能工程的保温隔热材料（不燃材料除外）。

6. 现行国家标准及地方标准规定的其他构件、材料或产品。

1.7.14　消防产品进场时，对哪些产品的性能应进行现场试验?

答：根据北京市地标《建筑工程消防施工质量验收规范》（DB11/T 2000—2022）第 5.4.4 条的规定，下列消防产品的性能应进行现场试验：

1. 消火栓固定接口的密封性能；

2. 报警阀组的抗渗漏性能；

3. 闭式喷头的密封性能；

4. 通用阀门强度和严密性能；

5. 自带电源型消防应急灯具的应急工作时间；

6. 国家标准及地方标准规定的其他现场试验项目。

1.7.15　消防工程相关设备进场时，开箱检验工作有哪些规定?

答：根据北京市地标《建筑工程消防施工质量验收规范》（DB11/T 2000—2022）第 5.5.1～5.5.4 条的规定：

1. 消防工程相关设备进场时，设备采购单位应组织建设、施工、监理等单位相关人员进行开箱检验；

2. 消防工程相关设备的开箱检验应依据设计文件、相关技术标准和合同文件的要求进行；

3. 消防工程相关设备开箱检验时，应检查包装情况、随机文件、备件与附件、外观等情况，并按规定进行现场试验。设备开箱检验应留有影像资料；

4. 根据各种设备的不同特点，开箱检验应包括下列内容：

（1）生产厂家资质核查，应符合国家关于设备生产许可的相关规定。

（2）装箱清单检查，应符合设计文件和供货合同约定。

（3）外观检查，包括设备内外包装和设备及附件的外观是否完好、有无破损、碰伤、浸湿、受潮、变形及锈蚀等。实行强制性认证的消防产品，本体或包装上应有“CCC”认证标识。

（4）数量检查，应依据合同和装箱单，核对装箱设备、附件、备件、专用工具及材料等数量。

（5）规格、型号、参数检查，应依据合同、设计文件要求，核对设备、附件、备件、专用工具、材料的规格、型号及参数。

（6）随机文件检查，一般包括质量证明文件、安装及使用说明书、相关技术资料等。查验强制性产品认证证书、技术鉴定证书、型式检验报告以及出厂合格证、质保书等质量证明文件。

（7）产品标识检查，铭牌标志应在明显部位设置，并应标明产品名称、型号、规格、耐火极限及商标、生产单位名称和厂址、出厂日期及产品生产批号、执行标准等。

（8）齐套性检查，设备及所需的部件、配件是否配套完整，满足合同和设计要求。

（9）现场试验，对有进场性能测试要求的设备，应在开箱时进行现场试验。

1.7.16 对于防火墙的设置，应核查哪些具体内容？

答：根据北京市地标《建筑工程消防施工质量验收规范》（DB11/T 2000—2022）第7.2.2条规定，防火墙的设置应符合消防技术标准和消防设计文件要求，并应核查下列内容：

1. 设置位置及方式；
2. 防火封堵情况；
3. 防火墙的耐火极限；
4. 防火墙上门、窗洞口等开口情况；
5. 不应有可燃气体和甲类、乙类、丙类液体的管道穿过，应无排气道。

1.7.17 对于防火门、窗，应核查哪些内容？

答：根据北京市地标《建筑工程消防施工质量验收规范》（DB11/T 2000—2022）第7.2.4条规定，防火门、窗的产品质量、各项性能、设置位置、类型、开启方式等应符合消防技术标准和消防设计文件要求，并应核查下列内容：

1. 产品质量证明文件及相关资料；
2. 现场检查判定产品外观质量；
3. 设置类型、位置、开启、关闭方式；
4. 安装数量，安装质量；
5. 常闭防火门自闭功能，常开防火门、窗控制功能。

1.7.18 建筑内部装修应注意哪些消防工程相关要求?

答：根据北京市地标《建筑工程消防施工质量验收规范》（DB11/T 2000—2022）第8.3.1～8.3.5条的规定，建筑内部装修范围、使用功能应符合消防技术标准和消防设计文件要求，尚应符合下列规定：

1. 建筑内部装修不应对安全疏散设施产生影响，包括：

（1）安全出口、疏散出口、疏散走道数量，不应擅自减少、改动、拆除、遮挡安全出口、疏散出口、疏散走道、疏散指示标志等；

（2）疏散宽度满足要求，不应有妨碍疏散走道正常使用的装饰物，不应减少安全出口、疏散出口或疏散走道的设计疏散所需净宽度。

2. 建筑内部装修后不应对防火分区、防烟分区等产生影响，重点检查防火分区、防烟分区的设置，不应擅自减少、改动、拆除防火分区、防烟分区。

3. 建筑室内装饰装修不得影响消防设施的使用功能，不应擅自减少、改动、拆除、遮挡消防设施，建筑内部消火栓箱门不应被装饰物遮掩，消火栓箱门四周的装修材料颜色应与消火栓箱门的颜色有明显区别或在消火栓箱门表面设置发光标志。

4. 采用不同的装修材料分层装修时，各层装修材料的燃烧性能均应符合设计要求。

5. 建筑电气装置安装位置周围材料的燃烧性能、防火隔热、散热措施应符合消防技术标准和消防设计文件要求，并应检查用电装置发热情况和周围材料的燃烧性能以及防火隔热、散热措施是否符合要求。

1.7.19 消防给水及灭火系统工程验收包含哪些分项工程内容?

答：根据北京市地标《建筑工程消防施工质量验收规范》（DB11/T 2000—2022）第9.1.1条的规定，消防给水及灭火系统工程验收包括下列内容：

1. 消防水源及供水设施；
2. 消火栓系统；
3. 自动喷水灭火系统；
4. 自动跟踪定位射流灭火系统；
5. 水喷雾及细水雾灭火系统；
6. 气体灭火系统；
7. 泡沫灭火系统；
8. 建筑灭火器。

1.7.20 消防电气和火灾自动报警系统工程验收包含哪些分项工程内容?

答：根据北京市地标《建筑工程消防施工质量验收规范》（DB11/T 2000—2022）附录B的规定，消防电气和火灾自动报警系统工程验收包括下列内容：

1. 消防电源及配电；
2. 消防应急照明和疏散指示系统；
3. 火灾自动报警系统；

4. 电气火灾监控系统；

5. 消防设备电源监控系统。

1.7.21　建筑防烟排烟系统工程验收应怎样划分检验批？

答：根据北京市地标《建筑工程消防施工质量验收规范》（DB11/T 2000—2022）第 11.1.2 条的规定，建筑防烟排烟系统工程验收可按下列内容划分检验批：

1. 风管制作；

2. 风管安装；

3. 部件安装；

4. 风机安装；

5. 风管与设备防腐和绝热；

6. 系统调试。

1.7.22　城市轨道交通工程在单位工程验收阶段的消防查验应具备哪些条件？

答：根据北京市地标《建筑工程消防施工质量验收规范》（DB11/T 2000—2022）第 12.1.3 条的规定，单位工程验收阶段的消防查验应具备以下条件：

1. 完成工程设计和合同约定的各项内容，缓验工程已向相关工程验收主管部门报告，且不影响试运行阶段的消防安全；

2. 监理单位组织的预验收已完成，预验收发现的问题整改完毕，预验收合格；

3. 勘察单位、设计单位签署的《工程质量检查报告》、施工单位签署的《工程自检报告》、监理单位签署的《工程质量评估报告》已提交建设单位。

1.7.23　建设单位对消防施工质量承担什么责任？

答：根据《住房和城乡建设部关于落实建设单位工程质量首要责任的通知》（建质规〔2020〕9 号）规定，建设单位是工程质量第一责任人，依法对工程质量承担全面责任。建设单位要严格落实项目法人责任制，依法开工建设，全面履行管理职责，确保工程质量符合国家法律法规、工程建设强制性标准和合同约定。

1. 消防工程作为建设工程的重要组成部分，建设单位必然是消防工程质量第一责任人，依法对消防工程质量承担全面责任，应全面履行消防工程管理职责，确保消防工程质量符合国家法律法规、消防工程技术标准。

2.《建设工程消防设计审查验收暂行规定》（中华人民共和国住房和城乡建设部令第 51 号）第八条规定建设单位依法对建设工程消防设计、施工质量负首要责任，并在第九条明确建设单位应当履行下列消防设计、施工质量责任和义务：

（1）不得明示或者暗示设计、施工、工程监理、技术服务等单位及其从业人员违反建设工程法律法规和国家工程建设消防技术标准，降低建设工程消防设计、施工质量；

（2）依法申请建设工程消防设计审查、消防验收，办理备案并接受抽查；

（3）实行工程监理的建设工程，依法将消防施工质量委托监理；

（4）委托具有相应资质的设计、施工、工程监理单位；

(5) 按照工程消防设计要求和合同约定，选用合格的消防产品和满足防火性能要求的建筑材料、建筑构配件和设备；

(6) 组织有关单位进行建设工程竣工验收时，对建设工程是否符合消防要求进行查验；

(7) 依法及时向档案管理机构移交建设工程消防有关档案。

1.7.24 施工单位、监理单位对消防施工质量承担什么责任?

答：1. 施工单位应当履行下列消防设计、施工质量责任和义务：

(1) 按照建设工程法律法规、国家工程建设消防技术标准，以及经消防设计审查合格或者满足工程需要的消防设计文件组织施工，不得擅自改变消防设计进行施工，降低消防施工质量；

(2) 按照消防设计要求、施工技术标准和合同约定检验消防产品和具有防火性能要求的建筑材料、建筑构配件和设备的质量，使用合格产品，保证消防施工质量；

(3) 参加建设单位组织的建设工程竣工验收，对建设工程消防施工质量签章确认，并对建设工程消防施工质量负责。

2. 工程监理单位应当履行下列消防设计、施工质量责任和义务：

(1) 按照建设工程法律法规、国家工程建设消防技术标准，以及经消防设计审查合格或者满足工程需要的消防设计文件实施工程监理；

(2) 在消防产品和具有防火性能要求的建筑材料、建筑构配件和设备使用、安装前，核查产品质量证明文件，不得同意使用或者安装不合格的消防产品和防火性能不符合要求的建筑材料、建筑构配件和设备；

(3) 参加建设单位组织的建设工程竣工验收，对建设工程消防施工质量签章确认，并对建设工程消防施工质量承担监理责任。

3. 消防施工质量是工程质量的一部分。因此，除上述内容外，施工单位尚应承担《建设工程质量管理条例》(中华人民共和国国务院令第 279 号，以下简称《条例》) 中第二十五条至三十三条规定的质量责任和义务，监理单位尚应承担《条例》中第三十四条至三十八条规定的质量责任和义务。

1.7.25 大的园区项目，包含很多单体，是否可以单体项目为单位申请消防验收，以便分别投入使用?

答：《建设工程消防设计审查验收管理暂行规定》(中华人民共和国住房和城乡建设部令第 51 号)(以下简称《暂行规定》) 第十六条规定申请消防设计审查应提交的材料，“依法需要办理建设工程规划许可的，应当提交建设工程规划许可文件”，建设单位申请特殊建设工程消防设计审查，消防设计文件应与建设工程规划许可文件相符；申请特殊建设工程消防验收，涉及消防的建设工程竣工图纸与经审查合格的消防设计文件相符。所以，在同一建设工程规划许可文件上时，应视为一项建设工程，具有《暂行规定》第十四条所列情形，属于特殊建设工程，应依法申请消防设计审查验收。消防验收针对的是建设工程规划许可中登记的建设工程，而不能是其中的某个单体项目。

为提高企业尽快投产运营，北京市住房和城乡建设委员会等九部门联合制定印发了

《〈关于进一步优化建设工程竣工联合验收的有关规定〉的通知》(京建发〔2021〕363号),该通知规定:“对工业厂房、仓库项目试行以单体工程为单位开展竣工联合验收,验收合格的单体工程即可开展下一步工序或者生产运营”。这部分单体需满足消防工程验收或备案条件:

(1)符合《暂行规定》第二十七条规定:完成工程消防设计和合同约定的消防各项内容;有完整的工程消防技术档案和施工管理资料(含涉及消防的建筑材料、建筑构配件和设备的进场试验报告);建设单位对工程涉及消防的各分部分项工程验收合格施工、设计、工程监理、技术服务等单位确认工程消防质量符合有关标准;消防设施性能、系统功能联调联试等内容检测合格。

(2)建设单位依法依规组织消防查验,作出符合工程实际的检查验收结论,并对该结论负责。

(3)消防车道、消防车登高操作场地、高位消防水箱、消防水池、消防水泵房、消防控制室、室外消火栓系统、变配电房等公共消防设施完成设计内容、实现设计功能。

(4)具备《暂行规定》中特殊建设工程申请消防验收、其他建设工程申请消防备案的条件。

1.7.26 局部装修改造工程与原有建筑共用消防泵房、消防水箱等消防设施,消防设计审查验收是否必须按最新的消防技术标准执行?

答:《北京市关于深化城市更新中既有建筑改造消防设计审查验收改革的实施方案》(京建发〔2021〕386号)中明确,鼓励引导建设单位在项目改造实施前,开展消防安全综合评估,统筹兼顾建筑安全性、技术合理性和工程经济性,为科学实施改造提供技术支撑。建立专家评审论证制,对于使用功能改变或火灾危险性增加,执行现行消防技术标准确有困难的改造工程,可采用消防性能化设计,由相关部门组织专家进行评审论证,评审论证意见作为开展消防设计审查的依据。推行建筑师负责制,对于不改变使用功能、不增加火灾危险性的改造工程,鼓励整体提升消防安全水平,确有困难的,可按照不低于建成时的消防技术标准进行设计,由注册建筑师签章负责。同时规定,落实“照图验收”制度,验收阶段不再重复校验设计文件,以经审查合格的消防设计文件、消防设计审查意见、施工图审查意见为依据,开展改造工程消防验收及备案工作。

1.7.27 在消防验收中,会涉及到配电室未施工完成情形,项目采用临时电替代正式电进行电气部分,消防验收过程中,可否用临时电替代正式电进行验收过程中的联动测试?

答:不可以。根据《建设工程消防设计审查验收管理暂行规定》(中华人民共和国住房和城乡建设部令第51号)(以下简称《暂行规定》)二十六条规定,特殊建设工程竣工验收后,建设单位应当向消防设计审查验收主管部门申请消防验收。消防验收在竣工验收之后,所以,应根据配电室是否在本建设工程范围内来具体判断。《暂行规定》第二十七条明确,建设单位组织竣工验收,应当对建设工程是否完成工程消防设计和合同约定的消防各项内容、消防设施性能和系统功能联调联试等内容是否检测合格完成查验。经查验不符合前款规定的建设工程,建设单位不得编制工程竣工验收报告。如未施工完成的配电室在本工程范围内，则不满足上述规定，不能组织验收。

1.7.28 《建设工程消防设计审查验收管理暂行规定》（中华人民共和国住房和城乡建设部令第 51 号）第二十七条第四款中“消防设施性能、系统功能联调联试等内容检测合格”，其对于检测单位是否有专业资质要求？

答：对于建设单位组织进行的查验，目前的政策文件没有明确规定必须由消防技术服务机构开展，现行法规政策中对提供“消防设施性能、系统功能联调联试”的消防技术服务机构无资质要求。待住房城乡建设部出台相关规定后，应从其规定。

1.7.29 建设单位将消防工程（室内外消火栓、喷淋系统、报警系统等）单独发包给专业承包单位，不在施工总承包范围内，消防工程的工程资料上还必须要盖总承包的章吗？

答：根据《住房和城乡建设部关于印发建筑工程施工发包与承包违法行为认定查处管理办法的通知》（建市规〔2019〕1 号）第六条，存在下列情形之一的，属于违法发包：

1. 建设单位将工程发包给个人的；
2. 建设单位将工程发包给不具有相应资质的单位的；
3. 依法应当招标未招标或未按照法定招标程序发包的；
4. 建设单位设置不合理的招标投标条件，限制、排斥潜在投标人或者投标人的；
5. 建设单位将一个单位工程的施工分解成若干部分发包给不同的施工总承包或专业承包单位的。

因此，建设单位将消防工程独立发包给专业的消防公司属于违法发包行为。

《建设工程消防设计审查验收管理暂行规定》（中华人民共和国住房和城乡建设部令第 51 号）第二章第八条至第十三条规定了建设工程各方主体的责任和义务。《建设工程消防设计审查验收工作细则》和《建设工程消防设计审查、消防验收、备案和抽查文书式样》（建科规〔2020〕5 号）中，规定申请消防验收的主体是建设单位，申请材料中应如实填写建设工程的建设单位、设计单位、施工单位、监理单位、技术服务机构的信息，并加盖印章。

1.7.30 特殊建设工程消防验收、其他建设工程消防验收备案有何区别？

答：1. 从适用范围看。

建设工程消防验收适用于特殊建设工程，建设工程消防验收备案适用于其他建设工程。

根据《建设工程消防设计审查验收管理暂行规定》（中华人民共和国住房和城乡建设部令第 51 号，以下简称《暂行规定》）

第二条 特殊建设工程的消防设计审查、消防验收，以及其他建设工程的消防验收备案（以下简称备案）、抽查，适用本规定。

本规定所称特殊建设工程，是指本规定第十四条所列的建设工程。

本规定所称其他建设工程，是指特殊建设工程以外的其他按照国家工程建设消防技术标准需要进行消防设计的建设工程。

第二十六条　对特殊建设工程实行消防验收制度。

第三十三条　对其他建设工程实行备案抽查制度。

2. 从检查程序看。

对于特殊建设工程申请消防验收的，根据《暂行规定》：

第二十九条　消防设计审查验收主管部门在受理消防验收申请后需要进行现场评定。现场评定包括对建筑物防（灭）火设施的外观进行现场抽样查看；通过专业仪器设备对涉及距离、高度、宽度、长度、面积、厚度等可测量的指标进行现场抽样测量；对消防设施的功能进行抽样测试、联调联试消防设施的系统功能等内容。

对于其他建设工程申请消防验收备案的，根据《暂行规定》：

第三十六条　消防设计审查验收主管部门应当对备案的其他建设工程进行抽查。抽查工作推行“双随机、一公开”制度，随机抽取检查对象，随机选派检查人员。抽取比例由省、自治区、直辖市人民政府住房和城乡建设主管部门，结合辖区内消防设计、施工质量情况确定，并向社会公示。

北京市行政区域内的其他建设工程消防验收备案抽查比例详见《北京市住房和城乡建设委员会关于开展建设工程消防验收、备案及抽查有关工作的通知（试行）》（京建发〔2019〕305号）。

3. 从行政事项划分看。

特殊建设工程消防验收是行政许可事项，其他建设工程消防验收备案是行政确认。特殊建设工程消防验收通过后，建设单位取得建设工程消防验收合格意见书后无再需进行消防验收备案。

2 消防工程相关技术标准

经过七十余年的发展，我国已形成覆盖经济社会各领域、工程建设各环节的标准体系，在保障工程质量安全、促进产业转型升级、强化生态环境保护、推动经济提质增效、提升国际竞争力等方面发挥了重要作用。

随着深化标准化工作改革的推进，住房城乡建设系统已逐步形成以强制性标准为核心、推荐性标准和团体标准相配套的工程建设消防技术标准体系，消防工程设计、施工、产品的各层级标准间衔接配套日趋合理、规范。

为加强对北京市地标《建筑工程消防施工质量验收规范》（DB11/T 2000—2022）的学习、理解和应用，本章分别从分类索引、常用标准、重点条款等不同角度，对消防工程相关技术标准进行了解读分析。

2.1 消防工程分类技术标准索引

建筑消防工程是一门综合学科，它是工程从决策、实施、使用贯穿整个建筑全寿命过程。建筑消防工程涉及门类比较广，我国已发布、修订现行建筑工程消防相关规定的标准很多，2016 年以来住房城乡建设部逐步构建“技术法规”体系，以便适应国际技术法规与技术标准通行规则。本节主要介绍消防工程相关建筑类国家标准、行业标准、地方标准的相关索引信息，如需消防工程相关条文内容可详见中国建筑科学研究院建筑防火研究所编制的《建设工程消防设计审查验收标准条文摘编》。

国家标准是保障人民生命财产安全、人身健康、工程安全、生态环境安全、公众权益和公众利益，以及促进能源资源节约利用、满足经济社会管理等方面的控制性底线。行业标准是对没有国家标准而又需要在全国某个行业范围内统一的技术要求所制定的标准。地方标准是由省、自治区、直辖市标准化行政主管部门根据当地工业产品的安全、卫生要求制定的标准。地方标准技术要求不得低于国家标准、行业标准的要求。但是在强制性工程建设规范实施后，要以强制性工程建设规范的规定为准，目前住房城乡建设部新颁布的强制性工程建设规范共有 37 部，与消防工程直接相关的有《消防设施通用规范》（GB 55036—2022）和《建筑防火通用规范》（GB 55037—2022）两部。

除上述两部通用规范外，按设计标准、消防产品类标准和工程质量验收标准三类分别进行索引。

2.1.1 设计标准

我国已颁布、修订的现行建筑关于消防国家设计标准共计 18 部，行业设计标准共计 14 部，地方设计标准共计 13 部。国家、行业及地方设计标准的基本情况分别详见表 2-1、表 2-2 和表 2-3。

表 2-1　国家设计标准

序号	名称	标准编号	发布日期
1	《建筑设计防火规范（2018 年版）》	GB 50016	2014 年 8 月 27 日发布 2018 年 3 月 30 日修正
2	《建筑内部装修设计防火规范》	GB 50222	2017 年 7 月 31 日
3	《汽车库、修车库、停车场设计防火规范》	GB 50067	2014 年 12 月 12 日
4	《自动喷水灭火系统设计规范》	GB 50084	2017 年 5 月 27 日
5	《干粉灭火系统设计规范》	GB 50347	2004 年 9 月 2 日
6	《气体灭火系统设计规范》	GB 50370	2006 年 3 月 2 日
7	《泡沫灭火系统设计技术标准》	GB 50151	2021 年 4 月 9 月
8	《固定消防炮灭火系统设计规范》	GB 50338	2003 年 4 月 15 日
9	《建筑灭火器配置设计规范》	GB 50140	2005 年 7 月 15 日
10	《火灾自动报警系统设计规范》	GB 50116	2013 年 9 月 6 日
11	《二氧化碳灭火系统设计规范（2010 年版）》	GB 50193	1993 年 12 月 21 日发布 2010 年 4 月 17 日修正
12	《水喷雾灭火系统技术规范》	GB 50219	2014 年 10 月 9 日
13	《消防给水及消火栓系统技术规范》	GB 50974	2014 年 1 月 29 日
14	《细水雾灭火系统技术规范》	GB 50898	2013 年 6 月 8 日
15	《城市消防远程监控系统技术规范》	GB 50440	2007 年 10 月 23 日
16	《建筑防烟排烟系统技术标准》	GB 51251	2017 年 11 月 20 日
17	《消防应急照明和疏散指示系统技术标准》	GB 51309	2018 年 7 月 10 日
18	《人民防空工程设计防火规范》	GB 50098	2009 年 5 月 13 日

表 2-2　行业设计标准

序号	名称	标准编号	发布日期
1	《大空间智能型主动喷水灭火系统技术规程》	CECS 263	2009 年 11 月 3 日
2	《自动喷水灭火系统 CPVC 管道工程技术规程》	CECS 234	2008 年 2 月 27 日
3	《探火管灭火装置技术规程》	CECS 345	2013 年 6 月 14 日
4	《烟雾灭火系统技术规程》	CECS 169	2015 年 6 月 23 日
5	《惰性气体灭火系统技术规程》	CECS 312	2012 年 4 月 13 日
6	《七氟丙烷泡沫灭火系统技术规程》	CECS 394	2015 年 2 月 10 日
7	《外储压七氟丙烷灭火系统技术规程》	CECS 386	2014 年 12 月 15 日
8	《厨房设备灭火装置技术规程》	CECS 233	2007 年 12 月 26 日
9	《干粉灭火装置技术规程》	CECS 322	2012 年 9 月 25 日
10	《自动消防炮灭火系统技术规程》	CECS 245	2008 年 6 月 27 日

续表

序号	名称	标准编号	发布日期
11	《简易自动喷水灭火系统应用技术规程》	CECS 219	2007 年 3 月 07 日
12	《旋转型喷头自动喷水灭火系统技术规程》	CECS 213	2012 年 10 月 25 日
13	《合成型泡沫喷雾灭火系统应用技术规程》	CECS 156	2004 年 1 月 10 日
14	《档案馆高压细水雾灭火系统技术规范》	DA/T 45	2009 年 11 月 2 日发布 2021 年 5 月 26 日修订

表 2-3　地方设计标准

序号	名称	标准编号	发布日期
1	《细水雾灭火系统设计、施工、验收规范》	DBJ 01—74	2003 年 9 月 25 日
2	《简易自动喷水灭火系统设计规程》	DB11/1022	2013 年 11 月 1 日
3	《天津市城市综合体建筑设计防火标准》	DB/T 29—264	2019 年 7 月 25 日
4	《重庆市坡地高层民用建筑设计防火规范》	DB50/5031	2004 年 3 月 05 日
5	《贵州省坡地民用建筑设计防火规范》	DBJ 52—062	2013 年 2 月 19 日
6	《简易自动喷水灭火系统设计规范》	DB51/T 537	2005 年 12 月 31 日
7	《细水雾灭火系统设计、施工、验收规范》	DB34/T 5019	2015 年 8 月 21 日
8	《细水雾灭火系统设计、施工、验收规程》	DB22/T 2067	2014 年 5 月 4 日
9	《细水雾灭火系统设计、施工、验收规范》	DB42/282	2004 年 4 月 28 日
10	《细水雾灭火系统设计、施工、验收规范》	DBJ/T 15—41	2005 年 5 月 13 日
11	《厨房设备细水雾灭火系统设计、施工、验收规范》	DB51/T 592	2006 年 7 月 31 日
12	《广西壮族自治区建筑消防设计规范第 1 部分：南宁市民用建筑》	DB45/T 973	2014 年 1 月 30 日
13	《压缩气体泡沫灭火系统设计、施工及验收规范》	DB37/T 1916	2017 年 4 月 14 日

2.1.2　消防产品类标准

我国材料防火研究的时间较短，近二三十年来阻燃材料的研究才逐渐发展起来，主要集中在相对成熟的各类防火涂料产品、阻燃板材以及阻燃织物上，详见表 2-4。

表 2-4　材料、构件标准

序号	标准名称	标准编号	最新修订日期
1	《饰面型防火涂料》	GB 12441—2018	2018 年 2 月 6 日
2	《钢结构防火涂料》	GB 14907—2018	2018 年 11 月 19 日
3	《电缆防火涂料》	GB 28374—2012	2012 年 5 月 11 日
4	《混凝土结构防火涂料》	GB 28375—2012	2012 年 5 月 11 日
5	《防火膨胀密封件》	GB 16807—2009	2009 年 3 月 11 日

续表

序号	标准名称	标准编号	最新修订日期
6	《防火封堵材料》	GB 23864—2009	2009年6月1日
7	《隧道防火保护板》	GB 28376—2012	2012年5月11日
8	《阻燃木材及阻燃人造板生产技术规范》	GB/T 29407—2012	2012年12月31日
9	《阻燃木质复合地板》	GB/T 24509—2009	2009年10月30日
10	《阻燃织物》	GB/T 17591—2006	2006年5月25日
11	《建筑用阻燃密封胶》	GB/T 24267—2009	2009年7月17日
12	《防火刨花板通用技术条件》	XF 87—1994	1994年11月2日
13	《阻燃篷布通用技术条件》	XF 91—1995	1995年1月7日
14	《软质阻燃聚氨酯泡沫塑料》	XF 303—2001	2001年7月23日
15	《电气安装用阻燃PVC塑料平导管通用技术条件》	XF 305—2001	2001年8月21日
16	《电缆用阻燃包带》	XF 478—2004	2004年3月18日
17	《阻燃装饰织物》	XF 504—2004	2004年6月17日
18	《喷射无机纤维防火材料的性能要求及试验方法》	XF 817—2009	2009年2月10日
19	《水基型阻燃处理剂》	XF 159—2011	2011年11月1日
20	《塑料管道阻火圈》	XF 304—2012	2012年9月25日
21	《挡烟垂壁》	XF 533—2012	2012年9月25日
22	《建筑构件用防火保护材料通用要求》	XF/T 110—2013	2013年3月11日
23	《灭火毯》	XF 1205—2014	2014年11月9日
24	《建筑用绝缘电工套管及配件》	JG/T 3050—1998	1998年12月3日
25	《难燃绝缘聚氯乙烯电线槽及配件》	QB/T 1614 - 2000	2020年3月30日
26	《钢结构防火涂料应用技术规范》	CECS 24：1990	1990年9月10日
27	《建筑防火涂料（板）工程设计、施工与验收规程》	DB11/1245—2015	2015年9月23日
28	《建筑通风和排烟系统用防火阀门》	GB 15930—2007	2007年4月27日
29	《防火门》	GB 12955—2008	2008年4月22日
30	《防火窗》	GB 16809—2008	2008年4月22日
31	《建筑用安全玻璃 第1部分：防火玻璃》	GB 15763.1—2009	2009年3月28日
32	《防火卷帘》	GB 14102—2005	2005年4月22日
33	《防火卷帘控制器》	XF 386—2002	2005年5月14日
34	《防火卷帘用卷门机》	XF 603—2006	2006年3月6日
35	《防火门闭门器》	XF 93—2004	2004年3月18日
36	《防火门监控器》	GB 29364—2012	2012年12月31日
37	《挡烟垂壁》	XF 533—2012	2012年9月25日
38	《建筑防火产品用电磁铁通用技术条件》	XF 112—1995	1995年8月17日

续表

序号	标准名称	标准编号	最新修订日期
39	《金库门通用技术条件》	XF/T 143—1996	1996 年 7 月 18 日
40	《建筑隔墙用保温条板》	GB/T 23450—2009	2009 年 3 月 28 日
41	《建筑用轻质隔墙条板》	GB/T 23451—2009	2009 年 3 月 28 日
42	《防火封堵材料》	GB 23864—2009	2009 年 6 月 1 日
43	《建筑隔墙用轻质隔墙条板通用技术要求》	JG/T 169—2016	2016 年 9 月 6 日
44	《钢结构防火涂料》	GB 14907—2018	2018 年 11 月 19 日
45	《混凝土结构防火涂料》	GB 28375—2012	2012 年 5 月 11 日
46	《隧道防火保护板》	GB 28376—2012	2012 年 5 月 11 日
47	《建筑构件用防火保护材料通用要求》	XF/T 110—2013	2013 年 3 月 11 日
48	《排油烟气防火止回阀》	XF/T 798—2008	2008 年 8 月 26 日
49	《住宅厨房和卫生间排烟（气）道制品》	JG/T 194—2018	2018 年 6 月 26 日
50	《建筑通风风量调节阀》	JG/T 436—2014	2014 年 6 月 12 日
51	《非金属及复合风管》	JG/T 258—2018	2018 年 11 月 16 日
52	《排烟系统组合风阀应用技术规程》	CECS 435：2016	2016 年 5 月 18 日
53	《建筑防火封堵应用技术标准》	GB/T 51410—2020	2020/1/16 日

2.1.3 工程质量验收标准

目前我国主要涉及的消防工程质量验收国家标准 20 部，行业标准 16 部，地方标准 32 部，国家、行业、地方标准的基本情况分别详见表 2-5、表 2-6、表 2-7。

表 2-5 国家工程质量验收标准

序号	名称	标准编号	最新修订日期
1	《消防给水及消火栓系统技术规范》	GB 50974	2014 年 1 月 29 日
2	《自动喷水灭火系统施工及验收规范》	GB 50261	2017 年 5 月 27 日
3	《固定消防炮灭火系统施工与验收规范》	GB 50498	2009 年 5 月 13 日
4	《气体灭火系统施工及验收规范》	GB 50263	2007 年 1 月 24 日
5	《建筑灭火器配置验收及检查规范》	GB 50444	2008 年 8 月 13 日
6	《防火卷帘、防火门、防火窗施工及验收规范》	GB 50877	2014 年 1 月 9 日
7	《水喷雾灭火系统技术规范》	GB 50219	2014 年 10 月 9 日
8	《细水雾灭火系统技术规范》	GB 50898	2013 年 6 月 8 日
9	《城市消防远程监控系统技术规范》	GB 50440	2007 年 10 月 23 日
10	《建筑防烟排烟系统技术标准》	GB 51251	2017 年 11 月 20 日
11	《自动跟踪定位射流灭火系统》	GB 25204	2010 年 9 月 26 日

续表

序号	名称	标准编号	最新修订日期
12	《火灾自动报警系统施工及验收标准》	GB 50166	2019年11月22日
13	《消防应急照明和疏散指示系统技术标准》	GB 51309	2018年7月10日
14	《建筑给水排水及采暖工程施工质量验收规范》	GB 50242	2002年3月15日
15	《通风与空调工程施工质量验收规范》	GB 50243	2016年10月25日
16	《电梯工程施工质量验收规范》	GB 50310	2002年4月1日
17	《建筑电气工程施工质量验收规范》	GB 50303	2015年12月3日
18	《电梯安装验收规范》	GB/T 10060	2011年7月20日
19	《风机、压缩机、泵安装工程施工及验收规范》	GB 50275	2010年7月15日
20	《电气装置安装工程爆炸和火灾危险环境电气装置施工及验收规范》	GB 50257	2014年12月2日

表 2-6 行业工程质量验收标准

序号	名称	标准编号	最新发布日期
1	《大空间智能型主动喷水灭火系统技术规程》	CECS 263	2009年11月3日
2	《自动喷水灭火系统 CPVC 管道工程技术规程》	CECS 234	2008年2月27日
3	《探火管灭火装置技术规程》	CECS 345	2013年6月14日
4	《烟雾灭火系统技术规程》	CECS 169	2015年6月23日
5	《惰性气体灭火系统技术规程》	CECS 312	2012年4月13日
6	《七氟丙烷泡沫灭火系统技术规程》	CECS 394	2015年2月10日
7	《外储压七氟丙烷灭火系统技术规程》	CECS 386	2014年12月15日
8	《厨房设备灭火装置技术规程》	CECS 233	2007年12月26日
9	《干粉灭火装置技术规程》	CECS 322	2012年9月25日
10	《自动消防炮灭火系统技术规程》	CECS 245	2008年6月27日
11	《简易自动喷水灭火系统应用技术规程》	CECS 219	2007年3月7日
12	《旋转型喷头自动喷水灭火系统技术规程》	CECS 213	2012年10月25日
13	《合成型泡沫喷雾灭火系统应用技术规程》	CECS 156	2004年1月10日
14	《档案馆高压细水雾灭火系统技术规范》	DA/T 45	2009年11月2日
15	《建筑用电动控制排烟侧窗》	JG/T 307	2011年2月17日
16	《七氟丙烷泡沫灭火系统》	XF1 288	2016年3月10日

表 2-7 地方工程质量验收标准

序号	名称	标准编号	发布日期
1	《建筑工程消防验收规范》	DB50/201	2004年12月30日

续表

序号	名称	标准编号	发布日期
2	《建设工程消防验收评定规程》	DB/T 29—162	2009 年 1 月 1 日
3	《建筑工程消防验收规范》	DB33/1067	2013 年 7 月 9 日
4	《重庆市细水雾灭火系统技术规范》	DBJ 50—208	2014 年 12 月 16 日
5	北京市《细水雾灭火系统设计、施工、验收规范》	DBJ 01—74	2003 年 9 月 25 日
6	安徽省《细水雾灭火系统设计、施工、验收规范》	DB34/T 5019	2015 年 8 月 21 日
7	吉林省《细水雾灭火系统设计、施工、验收规程》	DB22/T 2067	2014 年 5 月 4 日
8	湖北省《细水雾灭火系统设计、施工、验收规范》	DB42/282	2004 年 4 月 28 日
9	广东省《细水雾灭火系统设计、施工、验收规范》	DBJ/T 15—41	2005 年 5 月 13 日
10	《厨房设备细水雾灭火系统设计、施工、验收规范》	DB51/T 592	2006 年 7 月 31 日
11	《建筑消防给水系统远程监控系统施工及验收规范》	DB50/T 634	2015 年 9 月 20 日
12	《钢结构防火涂料工程施工验收规范》	DB/T 29—134	2014 年 9 月 4 日
13	《压缩气体泡沫灭火系统设计、施工及验收规范》	DB37/T 1916	2017 年 4 月 14 日
14	《建筑消防安全技术规范》	DB21/T 2116	2013 年 4 月 28 日
15	《消防安全疏散标志设置标准》	DB11/1024	2013 年 11 月 1 日
16	《消防安全疏散标志设置规范》	DB37/1022	2008 年 9 月 17 日
17	《建筑消防设施检测评定规程》	DB11/1354	2016 年 10 月 19 日
18	《室内消火栓系统检验规程》	DB21/T 1206	2003 年 8 月 20 日
19	《自动喷水灭火系统检验规程》	DB21/T 1205	2003 年 8 月 20 日
20	《泡沫灭火系统检验规程》	DB21/T 1263	2003 年 8 月 20 日
21	《泡沫灭火系统质量检验评定规程》	DB64/T 409	2009 年 6 月 30 日
22	《消火栓系统质量检验评定规程》	DB64/T 407	2009 年 6 月 30 日
23	《水喷雾灭火系统质量检验评定规程》	DB64/T 410	2009 年 6 月 30 日
24	《气体灭火系统质量检验评定规程》	DB64/T 408	2009 年 6 月 30 日
25	《建筑消防设施检验规程》	DB15/T 353.1—14	2020 年 5 月 25 日
26	《建筑消防设施检测规范》	DB61/T 1155	2018 年 5 月 1 日
27	《消防设施检测技术规程》	DB21/T 2869	2017 年 10 月 27 日
28	《建筑工程自动消防设施检测规程》	DB21/T 1265	2003 年 8 月 20 日
29	《建筑消防设施检测评定技术规程》	DB33/T 2129	2018 年 7 月 23 日
30	《建筑消防设施检测评定规程》	DB52/T 426	2015 年 9 月 16 日
31	《建筑消防设施检测评定》	DB63/T 1676	2018 年 6 月 25 日
32	《建筑防火及消防设施检测技术规程》	DBJ/T 15—110	2015 年 11 月 17 日

2.2 建筑工程消防施工质量验收常用标准

2.2.1 建筑总平面及平面布置、构造

1.《防火卷帘、防火门、防火窗施工及验收规范》(GB 50877—2014)
2.《建筑钢结构防火技术规范》(GB 51249—2017)
3.《阻燃木材及阻燃人造板生产技术规范》(GB/T 29407—2012)
4.《阻燃木质复合地板》(GB/T 24509—2009)
5.《建筑防火涂料(板)工程设计、施工与验收规程》(DB11/1245—2015)
6.《建筑防火封堵应用技术标准》(GB/T 51410—2020)
7.《钢结构工程施工质量验收标准》(GB 50205—2020)
8.《电梯工程施工质量验收规范》(GB 50310—2002)
9.《电梯安装验收规范》(GB/T 10060—2011)
10.《消防员电梯制造与安装安全规范》(GB 26465—2021)
11.《电梯制造与安装安全规范》(GB 7588.1—2020)
12.《杂物电梯制造与安装安全规范》(GB 25194—2010)

2.2.2 建筑保温与装修

《建筑内部装修防火施工及验收规范》(GB 50354—2005)

2.2.3 消防给水及灭火系统

1.《消防给水及消火栓系统技术规范》(GB 50974—2014)
2.《自动喷水灭火系统施工及验收规范》(GB 50261—2017)
3.《固定消防炮灭火系统施工与验收规范》(GB 50498—2009)
4.《水喷雾灭火系统技术规范》(GB 50219—2014)
5.《气体灭火系统施工及验收规范》(GB 50263—2007)
6.《建筑灭火器配置验收及检查规范》(GB 50444—2008)

2.2.4 消防电气和火灾自动报警系统

1.《火灾自动报警系统施工及验收标准》(GB 50166—2019)
2.《消防应急照明和疏散指示系统技术标准》(GB 51309—2018)
3.《线型光束感烟火灾探测器》(GB 14003—2005)
4.《自动跟踪定位射流灭火系统》(GB 25204—2010)
5.《建筑电气工程施工质量验收规范》(GB 50303—2015)
6.《消防安全疏散标志设置标准》(DB11/T 1024—2022)

2.2.5 建筑防排烟系统

1.《建筑防烟排烟系统技术标准》（GB 51251—2017）

2.《通风与空调工程施工规范》（GB 50738—2011）

2.3 建筑工程消防设计、施工相关标准重点条款

为了加强对建筑消防工程相关规范深入了解，本节主要对消防工程中设计、施工规范按不同使用单位应采用规范条文进行标注，其重点条款索引详见表 2-8。

表 2-8 消防工程设计、施工质量相关标准重点条款索引

序号	子分部工程名称	分项工程名称	技术标准及对应条文号		
			设计依据	施工依据	质量验收依据
1	建筑总平明及平面布置	建筑类别与耐火等级	《建筑设计防火规范（2018年版）》（GB 50016—2014）：第 3.2、5.1 条； 《建筑内部装修设计防火规范》（GB 50222—2017）：第 3.0.1、5.1～5.3 条； 《汽车库、修车库、停车场设计防火规范》（GB 50067—2014）：第 3.0.1、3.0.2 条； 《地铁设计防火标准》（GB 51298—2018）：第 4.1 条； 《民用建筑设计统一标准》（GB 50352—2019）：第 8.4.3～8.4.4 条； 《民用建筑电气设计标准》（GB 51348—2019）："技术要点""实施与检查"（设备及装置耐火等级）； 《混凝土结构设计规范》（GB 50010—2010）：第 11.1 条； 《钢结构设计标准》（GB 50017—2017）：第 18.1.3、18.1.4 条； 《民用机场航站楼设计防火规范》（GB 51236—2017）：第 3.2 条	《混凝土结构通用规范》（GB 55008—2021）：第 2.0.9、2.0.10 条； 《钢结构通用规范》（GB 55006—2021）：第 2.0.3、2.0.4、6.3.3、7.3.2 条； 《钢结构工程施工规范》（GB 50755—2012）：第 5.6.3 条； 《建筑钢结构防火技术规范》（GB 51249—2017）：第 3.1.2、3.1.4、3.2 条； 《木结构通用规范》（GB 55005—2021）：第 2.0.3、5.4.2 条； 《组合结构通用规范》（GB 55004—2021）：第 2.0.3、3.4.1 条； 《住宅建筑规范》（GB 50368—2005）：第 9.2 条； 《玻璃幕墙工程质量检验标准》（JGJ/T 139—2020）：第 2 章； 《建筑工程施工工艺规程 第 11 部分：幕墙工程》（DB11/T 1832.11—2022）：第 4.1.4.7、4.1.6、5.1.7、5.1.8、5.4.7、6.4.8 条	《民用建筑通用规范》（GB 55031—2022）：第 2.2、4.1.4 条，第 5 章、第 6 章； 《混凝土结构通用规范》（GB 55008—2021）：第 2.0.9、2.0.10 条； 《钢结构通用规范》（GB 55006—2021）：第 2.0.3、2.0.4、6.3.3、7.3.2 条； 《钢结构工程施工质量验收标准》（GB 50205—2020）：第 13.4 条； 《建筑钢结构防火技术规范》（GB 51249—2017）：第 3.1、4.1 条，第 9 章； 《木结构通用规范》（GB 55005—2021）：第 2.0.3、5.4.2 条； 《组合结构通用规范》（GB 55004—2021）：第 2.0.3、3.4.1 条； 《玻璃幕墙工程质量检验标准》（JGJ/T 139—2020）：第 2 章； 《建筑工程施工工艺规程 第 11 部分：幕墙工程》（DB11/T 1832.11—2022）：第 4.1.4.7、4.1.6、5.1.7、5.1.8、5.4.7、6.4.8 条； 《电梯安装验收规范》（GB/T 10060—2011）：第 5.6.6 条； 《建筑防火通用规范》（GB 55037—2022）：第 4.1.3 条、第 5 章

续表

序号	子分部工程名称	分项工程名称	技术标准及对应条文号		
			设计依据	施工依据	质量验收依据
2	建筑总平明及平面布置	建筑总平面	《建筑设计防火规范（2018年版）》（GB 50016—2014）：第3.3、5.2条；《地铁设计防火标准》（GB 51298—2018）：第3章；《汽车库、修车库、停车场设计防火规范》（GB 50067—2014）：第4.1条；《民用机场航站楼设计防火规范》（GB 51236—2017）：第3.1条；《托儿所、幼儿园建筑设计规范》（JGJ 39—2016）：第3章；《人民防空工程设计防火规范》（GB 50098—2009）：第3.1～3.3条	《建筑施工测量标准》（JGJ/T 408—2017）：第5.1.4、8.3.6、8.3.7条；《疾病预防控制中心建筑技术规范》（GB 50881—2013）：第3.2条	《民用建筑通用规范》（GB 55031—2022）：第2.2、4.1.4条，第5章、第6章；《建筑工程消防施工质量验收规范》（DB11/T 2000—2022）：第6.2条；《建筑防火通用规范》（GB 55037—2022）：第3章
3	建筑总平明及平面布置	建筑平面布置	《建筑设计防火规范（2018年版）》（GB 50016—2014）：第3.3、5.4、8.1.11条；《民用建筑设计统一标准》（GB 50352—2019）：第6.2条；《汽车库、修车库、停车场设计防火规范》（GB 50067—2014）：第4.1条	《住宅室内装饰装修工程质量验收规范》（JGJ/T 304—2013）：第4.5.2条；《建筑施工测量标准》（JGJ/T 408—2017）：第5.1.3条；《装配式钢结构建筑技术标准》（GB/T 51232—2016）：第5.2.16条；《装配式混凝土建筑技术标准》（GB/T 51231—2016）：第4.3.4、4.3.5条；《多高层木结构建筑技术标准》（GB/T 51226—2017）：第1.7条	《民用建筑通用规范》（GB 55031—2022）：第2.2、4.1.4条，第5章、第6章；《住宅室内装饰装修工程质量验收规范》（JGJ/T 304—2013）：第4.5.2条；《建筑工程消防施工质量验收规范》（DB11/T 2000—2022）：第6.3条；《建筑防火通用规范》（GB 55037—2022）：第2.1.11、2.1.12、2.2.2、2.2.3、4.1.1、4.1.2、4.3条
4	建筑总平明及平面布置	有特殊场所的建筑布局	《建筑设计防火规范（2018年版）》（GB 50016—2014）：第3.4、3.5、4.2～4.5、8.3条；《建筑内部装修设计防火规范》（GB 50222—2017）：第4.0.1～4.0.19条；《民用建筑设计统一标准》（GB 50352—2019）：第6.5条；《导（防）静电地面设计规范》（GB 50515—2010）：第5.4、5.5条；《综合医院建筑设计规范》（GB 51039—2014）：第8.3.7条	《无障碍设施施工验收及维护规范》（GB 50642—2011）：第1.0.3条	《民用建筑通用规范》（GB 55031—2022）：第2.2、4.1.4条，第5章、第6章；《无障碍设施施工验收及维护规范》（GB 50642—2011）：第1.0.3条；《建筑工程消防施工质量验收规范》（DB11/T 2000—2022）：第6.4条

续表

序号	子分部工程名称	分项工程名称	技术标准及对应条文号		
			设计依据	施工依据	质量验收依据
5	建筑构造	隐蔽工程	《外墙外保温工程技术标准》（JGJ 144—2019）：第 5.1.1～5.1.2 条	《建筑防火封堵应用技术标准》（GB/T 51410—2020）：第 6.1.1～6.1.5、6.2.1～6.2.10 条； 《建筑与市政工程施工质量控制通用规范》（GB 55032—2022）：第 3.1.3、3.3.4、3.3.7、3.3.9～3.3.11 条； 《外墙外保温工程技术标准》（JGJ 144—2019）：第 5.1.3～5.1.7、6.1～6.6 条； 《薄抹灰外墙外保温工程技术规程》（DB11/T 584—2022）：第 3.0.5、7.1.1 条	《民用建筑通用规范》（GB 55031—2022）：第 2.2、4.1.4 条、第 5 章、第 6 章； 《建筑装饰装修工程质量验收标准》（GB 50210—2018）：第 6 章～第 9 章、第 11 章～第 14 章； 《建筑节能工程施工质量验收标准》（GB 50411—2019）：第 5.2.9 条； 《建筑防火封堵应用技术标准》（GB/T 51410—2020）：第 6.3.1～6.3.5 条； 《建筑电气工程施工质量验收规范》（GB 50303—2015）：第 12.1、12.2、13.1、13.2、14.1、14.2 条； 《建筑与市政工程施工质量控制通用规范》（GB 55032—2022）：第 3.1.3 条； 《外墙外保温工程技术标准》（JGJ 144—2019）：第 7.1.1、7.1.2 条； 《建筑内部装修防火施工及验收规范》（GB 50354—2005）：第 2.0.4、2.0.5、2.0.7、2.0.8、7.0.1、7.0.10 条
6		防火分隔	《建筑设计防火规范（2018 年版）》（GB 50016—2014）：第 6.1、6.3、6.5 条； 《汽车库、修车库、停车场设计防火规范》（GB 50067—2014）：第 5.1～5.3 条； 《建筑防烟排烟系统技术标准》（GB 51251—2017）：第 3.1～3.4 条； 《人民防空工程设计防火规范》（GB 50098—2009）	《建筑装饰装修工程质量验收标准》（GB 50210—2018）：第 11.1.9～11.1.11 条； 《防火卷帘、防火门、防火窗施工及验收规范》（GB 50877—2014）：第 5.1～5.4、6.1～6.4 条； 《建筑用安全玻璃 第 1 部分：防火玻璃》（GB 15763.1—2009）； 《建筑隔墙用保温条板》（GB/T 23450—2009）； 《建筑用轻质隔墙条板》（GB/T 23451—2009）； 《钢结构防火涂料》（GB 14907—2018）； 《混凝土结构防火涂料》（GB 28375—2012）； 《隧道防火保护板》（GB 28376—2012）	《防火卷帘、防火门、防火窗施工及验收规范》（GB 50877—2014）：第 4.1～4.4、7.1～7.4 条； 《建筑节能工程施工质量验收标准》（GB 50411—2019）：第 5.2.9 条； 《外墙外保温用防火分隔条》（JG/T 577—2022）； 《建筑消防设施检测评定规程》（DB11/T 1354—2016）：第 5.16 条； 《建筑工程消防施工质量验收规范》（DB11/T 2000—2022）：第 7.2 条； 《建筑防火通用规范》（GB 55037—2022）：第 2.1.4、4.1.4、4.1.5、4.1.7、4.1.8、4.4、6.1、6.2、6.3 条

续表

序号	子分部工程名称	分项工程名称	技术标准及对应条文号		
			设计依据	施工依据	质量验收依据
7	建筑构造	防烟分隔	《建筑设计防火规范（2018年版）》(GB 50016—2014)：第9.3条； 《建筑防烟排烟系统技术标准》(GB 51251—2017)：第4.1～4.6条； 《汽车库、修车库、停车场设计防火规范》(GB 50067—2014)：第8.2条； 《人民防空工程设计防火规范》(GB 50098—2009)：第4.1、4.2、6.1条	《防火卷帘》(GB 14102—2005)； 《防火封堵材料》(GB 23864—2009)； 《门和卷帘的耐火试验方法》(GB/T 7633—2008)； 《防火卷帘、防火门、防火窗施工及验收规范》(GB 50877—2014)：第5.1～5.4、6.2～6.4条； 《建筑隔墙用轻质隔墙条板通用技术要求》(JG/T 169—2016)； 《建筑构件用防火保护材料通用要求》(XF/T 110—2013)	《消防设施通用规范》(GB 55036—2022)：第11章； 《防火卷帘、防火门、防火窗施工及验收规范》(GB 50877—2014)：第4.1～4.4、7.1～7.4条； 《建筑与市政工程施工质量控制通用规范》(GB 55032—2022)：第3.2条； 《挡烟垂壁》(XF 533—2012)； 《建筑工程消防施工质量验收规范》(DB11/T 2000—2022)：第7.2条
8		安全疏散	《建筑设计防火规范（2018年版）》(GB 50016—2014)：第5.5、6.4条； 《汽车库、修车库、停车场设计防火规范》(GB 50067—2014)：第6.0.1～6.0.16条； 《人民防空工程设计防火规范》(GB 50098—2009)：第5.1、5.2、8.2条； 《消防应急照明和疏散指示系统技术标准》(GB 51309—2018)：第3.1、3.2、3.8、4.5.11、4.5.12条； 《建筑工程消防验收规范》(DB50/201—2004)：第5.1～5.5条； 《消防安全疏散标志设置标准》(DB11/1024—2013)：第3.1～3.3条	《建筑与市政工程施工质量控制通用规范》(GB 55032—2022)：第3.3.13条； 《无障碍设施施工验收及维护规范》(GB 50642—2011)：第3.1.8条； 《公共建筑吊顶工程技术规程》(JGJ 345—2014)：第4.1.3条第3款； 《智能建筑工程质量验收规范》(GB 50339—2013)：第12.0.2条	《民用建筑通用规范》(GB 55031—2022)：第5章； 《智能建筑工程质量验收规范》(GB 50339—2013)：第12.0.2条； 《无障碍设施施工验收及维护规范》(GB 50642—2011)：第3.1.8条； 《消防安全标志 第1部分：标志》(GB 13495.1—2015)； 《消防安全疏散标志设置标准》(DB11/1024—2013)：第4.2条； 《消防安全疏散标志设置规范》(DB37/1022—2008)：第8条； 《建筑工程消防施工质量验收规范》(DB11/T 2000—2022)：第7.3条； 《建筑防火通用规范》(GB 55037—2022)：第7章
9		消防电梯	《建筑设计防火规范（2018年版）》(GB 50016—2014)：第7.3条；	《消防员电梯制造与安装安全规范》(GB 26465—2021)； 《电梯工程施工质量验收规范》(GB 50310—2002：第4.1、4.2条；	《电梯工程施工质量验收规范》(GB 50310—2002)； 《电梯安装验收规范》(GB/T 10060—2011)； 《消防员电梯制造与安装安全规范》(GB 26465—2021)； 《建筑消防设施检测评定规程》(DB11/T 1354—2016)：第5.17条；

续表

序号	子分部工程名称	分项工程名称	技术标准及对应条文号		
			设计依据	施工依据	质量验收依据
9	建筑构造	消防电梯	《建筑防火通用规范》(GB 55037—2022)：第 2.2.6、2.2.8、2.2.9 条	《电梯安装验收规范》(GB/T 10060—2011)：第 5～7 条	《建筑工程消防施工质量验收规范》(DB11/T 2000—2022)：第 7.3 条； 《建筑防火通用规范》(GB 55037—2022)：第 2.2.6、2.2.8、2.2.9、2.2.10 条
10		防火封堵	《建筑防火封堵应用技术标准》(GB/T 51410—2020)：第 4.0.1～4.0.5 条； 《防火封堵材料》(GB 23864—2009)：第 4.0.1～4.0.5、5.1～5.4 条	《建筑防火封堵应用技术标准》(GB/T 51410—2020)：第 5.1～5.4、6.1.1～6.1.5、6.2.1～6.2.10 条； 《建筑装饰装修工程质量验收标准》(GB 50210—2018)：第 11.1.4 条； 《公共建筑吊顶工程技术规程》(JGJ 345—2014)：第 3.1.3 条； 《建筑节能工程施工质量验收标准》(GB 50411—2019)：第 5.2.9 条； 《智能建筑工程施工规范》(GB 50606—2010)：第 4.3.1 条； 《保温防火复合板应用技术规程》(JGJ/T 350—2015)：第 7.2.9 条	《建筑节能工程施工质量验收标准》(GB 50411—2019)：第 5.2.9 条； 《建筑防火封堵应用技术标准》(GB/T 51410—2020)：第 6.3.1～6.3.5 条； 《建筑工程消防施工质量验收规范》(DB11/T 2000—2022)：第 7.4 条； 《建筑防火通用规范》(GB 55037—2022)：第 6.3 条
11	建筑保温与装修	建筑保温及外墙装饰	《建筑设计防火规范(2018 年版)》(GB 50016—2014)：第 6.7 条	《保温防火复合板应用技术规程》(JGJ/T 350—2015)：第 4.3、5.1.4、5.2、5.3、6.2、6.3、7.2、7.3 条； 《建筑节能工程施工质量验收标准》(GB 50411—2019)：第 4.2.13、4.2.14 条； 《外墙外保温工程施工防火安全技术规程》(DB11/T 729—2020)	《民用建筑通用规范》(GB 55031—2022)：第 6 章； 《建筑节能工程施工质量验收标准》(GB 50411—2019)：第 3.4.1、3.4.2、4.2.1、4.2.2、4.2.14、4.2.16、4.3.4、5.2.1、5.2.2、5.2.8、7.1.2、7.1.3、7.2.1、7.2.2 条； 《建筑工程消防施工质量验收规范》(DB11/T 2000—2022)：第 8.2 条； 《建筑防火通用规范》(GB 55037—2022)：第 6.5.8、6.6 条
12		建筑内部装修	《建筑内部装修设计防火规范》(GB 50222—2017)	《建筑内部装修防火施工及验收规范》(GB 50354—2005)：第 3.0.1～3.0.9、4.0.1～4.0.14、5.0.1～5.0.12、6.0.1～6.0.7、7.0.1～7.0.10 条；	《民用建筑通用规范》(GB 55031—2022)：第 6 章； 《建筑内部装修防火施工及验收规范》(GB 50354—2005)：第 3.2；8.0.1～8.0.7 条；

续表

序号	子分部工程名称	分项工程名称	技术标准及对应条文号		
			设计依据	施工依据	质量验收依据
12	建筑保温与装修	建筑内部装修	《建筑内部装修设计防火规范》(GB 50222—2017)	《建筑装饰装修工程质量验收标准》（GB 50210—2018）：第3.2.8、7.1.8条	《建筑装饰装修工程质量验收标准》（GB 50210—2018）：第3.2.8、7.1.8条； 《建筑工程消防施工质量验收规范》（DB11/T 2000—2022）：第8.3条； 《建筑防火通用规范》（GB 55037—2022）：第6.5.1～6.5.7条
13	消防给水灭火系统	消防水源及供水设施	《建筑设计防火规范（2018年版）》（GB 50016—2014）：第12.2条； 《消防给水及消火栓系统技术规范》（GB 50974—2014）：第4.1～4.3、5.1～5.5条； 《消防设施通用规范》（GB 55036—2022）：第3.0.1、3.0.2、3.0.6～3.0.13条； 《建筑防火通用规范》（GB 55037—2022）：第8.1.12条	《消防给水及消火栓系统技术规范》（GB 50974—2014）：第12.1～12.4条； 《建筑与市政工程施工质量控制通用规范》（GB 55032—2022）：第3.3.13条	《消防给水及消火栓系统技术规范》（GB 50974—2014）：第12.3.9、13.2.4～13.2.10条； 《自动喷水灭火系统施工及验收规范》（GB 50261—2017）：第8.0.4～8.0.7条； 《给水排水构筑物工程施工及验收规范》（GB 50141—2008）：第9.2条； 《建筑工程消防施工质量验收规范》（DB11/T 2000—2022）：第9.2条
14		消火栓系统	《建筑设计防火规范（2018年版）》（GB 50016—2014）：第8.2、12.2.1条； 《消防给水及消火栓系统技术规范》（GB 50974—2014）：第7.1～7.4、8.1～8.3条； 《消防设施通用规范》（GB 55036—2022）：第3.0.4、3.0.5条； 《建筑防火通用规范》（GB 55037—2022）：第8.1.4、8.1.5、8.1.7条	《消防给水及消火栓系统技术规范》（GB 50974—2014）：第12.1～12.4、13.1条； 《建筑与市政工程施工质量控制通用规范》（GB 55032—2022）：第3.3.11条	《消防设施通用规范》（GB 55036—2022）：第3章； 《建筑消防设施检测评定规程》(DB11/T 1354—2016)：第5.4条； 《消防给水及消火栓系统技术规范》（GB 50974—2014）：第12.3.3、13.2条； 《建筑与市政工程施工质量控制通用规范》（GB 55032—2022）：第3.3.11条； 《建筑工程消防施工质量验收规范》(DB11/T 2000—2022)：第9.3条
15		自动喷水灭火系统	《自动喷水灭火系统设计规范》(GB 50084—2017)； 《消防设施通用规范》（GB 55036—2022）：第4.0.1～4.0.7条；	《自动喷水灭火系统施工及验收规范》（GB 50261—2017）：第4.1～4.5、5.1～5.4、6.1～6.4、7.1、7.2条；	《消防设施通用规范》(GB 55036—2022)：第4章；

续表

序号	子分部工程名称	分项工程名称	技术标准及对应条文号		
			设计依据	施工依据	质量验收依据
15	消防给水灭火系统	自动喷水灭火系统	《自动喷水灭火系统CPVC管道工程技术规程》(CECS 234—2008); 《自动消防炮灭火系统技术规程》(CECS 245—2008); 《简易自动喷水灭火系统应用技术规程》(CECS 219—2007); 《旋转型喷头自动喷水灭火系统技术规程》(CECS 213—2012); 《建筑设计防火规范(2018年版)》(GB 50016—2014):第8.3.1～8.3.4、8.3.6～8.3.7条	《建筑与市政工程施工质量控制通用规范》(GB 55032—2022):第3.3.11条	《建筑消防设施检测评定规程》(DB11/T 1354—2016):第5.5条; 《自动喷水灭火系统施工及验收规范》(GB 50261—2017):第3.1、3.2、8.0.1～8.0.13条; 《建筑工程消防施工质量验收规范》(DB11/T 2000—2022):第9.4条; 《建筑防火通用规范》(GB 55037—2022):第8.1.11条
16		自动跟踪定位射流灭火系统	《自动跟踪定位射流灭火系统技术标准》(GB 51427—2021):第4.1～4.8条; 《固定消防炮灭火系统设计规范》(GB 50338—2003); 《消防设施通用规范》(GB 55036—2022):第7.0.1～7.0.11条; 《大空间智能型主动喷水灭火系统技术规程》(CECS 263—2009); 《自动喷水灭火系统CPVC管道工程技术规程》(CECS 234—2008); 《建筑设计防火规范(2018年版)》(GB 50016—2014):第8.3.5条	《自动跟踪定位射流灭火系统技术标准》(GB 51427—2021):第5.1～5.5条; 《固定消防炮灭火系统施工与验收规范》(GB 50498—2009):第3.1～3.4、4.1～4.8、5.1～5.3、6.1～6.3、7.1、7.2条; 《建筑与市政工程施工质量控制通用规范》(GB 55032—2022):第3.3.11条	《自动跟踪定位射流灭火系统技术标准》(GB 51427—2021):第6.0.1～6.0.10条; 《固定消防炮灭火系统施工与验收规范》(GB 50498—2009):第8.1、8.2条; 《建筑工程消防施工质量验收规范》(DB11/T 2000—2022):第9.5条; 《消防设施通用规范》(GB 55036—2022):第7章; 《建筑与市政工程施工质量控制通用规范》(GB 55032—2022):第3.3.11条
17		水喷雾、细水雾灭火系统	《水喷雾灭火系统技术规范》(GB 50219—2014):第3.1、3.2、5.1～5.4、7.1～7.3条; 《细水雾灭火系统技术规范》(GB 50898—2013):第3.1～3.6条; 《消防设施通用规范》(GB 55036—2022):第6.0.1～6.0.8条;	《水喷雾灭火系统技术规范》(GB 50219—2014):第8.1～8.4条; 《细水雾灭火系统技术规范》(GB 50898—2013):第4.1～4.4条;	《水喷雾灭火系统技术规范》(GB 50219—2014):第9.0.1～9.0.17条; 《细水雾灭火系统技术规范》(GB 50898—2013):第5.0.1～5.0.11条; 《建筑工程消防施工质量验收规范》(DB11/T 2000—2022):第9.6条; 《建筑与市政工程质量控制通用规范》(GB 55032—2022):第3.3.11条;

续表

序号	子分部工程名称	分项工程名称	技术标准及对应条文号		
			设计依据	施工依据	质量验收依据
17	消防给水灭火系统	水喷雾、细水雾灭火系统	《档案馆高压细水雾灭火系统技术规范》（DA/T 45—2021）； 《建筑设计防火规范（2018年版）》（GB 50016—2014）：第8.3.8条	《建筑与市政工程施工质量控制通用规范》（GB 55032—2022）：第3.3.11条	《消防设施通用规范》（GB 55036—2022）：第6章； 《建筑消防设施检测评定规程》（DB11/T 1354—2016）：第5.6、5.7条
18		气体灭火系统	《二氧化碳灭火系统设计规范（2010年版）》（GB/T 50193—1993）； 《气体灭火系统设计规范》（GB 50370—2005）； 《干粉灭火系统设计规范》（GB 50347—2004）； 《消防设施通用规范》（GB 55036—2022）：第8.0.1～8.0.10条； 《惰性气体灭火系统技术规程》（CECS 312—2012）； 《七氟丙烷泡沫灭火系统技术规程》（CECS 394—2015）； 《外储压七氟丙烷灭火系统技术规程》（CECS 386—2014）； 《干粉灭火装置技术规程》（CECS 322—2012）； 《建筑设计防火规范》（GB 50016—2014）：第8.3.9条	《气体灭火系统施工及验收规范》（GB 50263—2007）：第5.1～5.8、6.1、6.2条； 《建筑与市政工程施工质量控制通用规范》（GB 55032—2022）：第3.3.13条	《气体灭火系统施工及验收规范》（GB 50263—2007）：第7.1～7.4条； 《建筑工程消防施工质量验收规范》（DB11/T 2000—2022）：第9.7条； 《消防设施通用规范》（GB 55036—2022）：第8章； 《建筑消防设施检测评定规程》（DB11/T 1354—2016）：第5.10条
19		泡沫灭火系统	《泡沫灭火系统技术标准》（GB 50151—2021）：第3.1～3.7、4.1～4.5、5.1～5.4、6.1～6.4、7.1～7.2、8.1～8.3条； 《消防设施通用规范》（GB 55036—2022）：第5.0.1～5.0.9条； 《建筑设计防火规范（2018年版）》（GB 50016—2014）：第8.3.10条	《泡沫灭火系统技术标准》（GB 50151—2021）：第9.1～9.4条； 《建筑与市政工程施工质量控制通用规范》（GB 55032—2022）：第3.3.13条	《泡沫灭火系统技术标准》（GB 50151—2021）：第10.0.1～10.0.27条； 《建筑工程消防施工质量验收规范》（DB11/T 2000—2022）：第9.8条； 《消防设施通用规范》（GB 55036—2022）：第5章； 《建筑消防设施检测评定规程》（DB11/T 1354—2016）：第5.9条

续表

序号	子分部工程名称	分项工程名称	技术标准及对应条文号		
			设计依据	施工依据	质量验收依据
20	消防给水灭火系统	建筑灭火器	《建筑设计防火规范（2018年版）》（GB 50016—2014）：第12.2.4条； 《建筑灭火器配置设计规范》（GB 50140—2005）	《建筑灭火器配置验收及检查规范》（GB 50444—2008）：第3.1～3.4条	《建筑灭火器配置验收及检查规范》（GB 50444—2008）：第4.1～4.3条； 《建筑工程消防施工质量验收规范》（DB11/T 2000—2022）：第9.9条； 《消防设施通用规范》（GB 55036—2022）：第10章； 《建筑消防设施检测评定规程》（DB11/T 1354—2016）：第5.21条； 《建筑防火通用规范》（GB 55037—2022）：第8.1.1条
21	消防电气和火灾自动报警系统	消防电源及配电	《建筑设计防火规范（2018年版）》（GB 50016—2014）：第10.1、12.5条； 《供配电系统设计规范》（GB 50052—2009）：第3.0.3、3.0.4条； 《火灾自动报警系统设计规范》（GB 50116—2013）：第10.1、10.2条； 《建筑防火通用规范》（GB 55037—2022）：第10.1条	《电气装置安装工程 爆炸和火灾危险环境电气装置施工及验收规范》（GB 50257—2014）：第6.2.1～6.2.5条； 《建筑电气工程施工质量验收规范》（GB 50303—2015）：第3～17章； 《建筑与市政工程施工质量控制通用规范》（GB 55032—2022）：第3.3.13条； 《建筑电气与智能化通用规范》（GB 55024—2022）：第8.3、8.7.1、8.7.5、8.7.6、8.7.9条	《火灾自动报警系统施工及验收标准》（GB 50166—2019）：第5.0.2、5.0.5条； 《建筑电气与智能化通用规范》（GB 55024—2022）：第9.5.1、9.5.5～9.5.7条； 《建筑工程消防施工质量验收规范》（DB11/T 2000—2022）：第10.2条； 《建筑消防设施检测评定规程》（DB11/T 1354—2016）：第5.2条； 《建筑防火通用规范》（GB 55037—2022）：第4.1.6条
22		消防应急照明和疏散指示系统	《建筑设计防火规范（2018年版）》（GB 50016—2014）：第10.3、10.1.5条； 《消防应急照明和疏散指示系统技术标准》（GB 51309—2018）：第3.1～3.8条	《消防应急照明和疏散指示系统技术标准》（GB 51309—2018）：第4.1～4.5、5.1～5.6条； 《建筑电气工程施工质量验收规范》（GB 50303—2015）：第19.1.3条； 《建筑与市政工程施工质量控制通用规范》（GB 55032—2022）：第3.3.13条； 《建筑电气与智能化通用规范》（GB 55024—2022）：第8.5.4条； 《消防安全疏散标志设置标准》（DB11/1024—2013）：第4.1条	《消防应急照明和疏散指示系统技术标准》（GB 51309—2018）：第6.0.1～6.0.6条； 《建筑工程消防施工质量验收规范》（DB11/T 2000—2022）：第10.3条； 《建筑消防设施检测评定规程》（DB11/T 1354—2016）：第5.13条； 《建筑防火通用规范》（GB 55037—2022）：第10.1.8～10.1.10条

续表

序号	子分部工程名称	分项工程名称	技术标准及对应条文号		
			设计依据	施工依据	质量验收依据
23	消防电气和火灾自动报警系统	火灾自动报警系统	《建筑设计防火规范（2018年版）》（GB 50016—2014）：第8.4、12.4条； 《火灾自动报警系统设计规范》（GB 50116—2013）； 《消防设施通用规范》（GB 55036—2022）：第12.0.1～12.0.18条； 《消防安全疏散标志设置标准》（DB11/1024—2013）：第3.1～3.4条； 《建筑电气与智能化通用规范》（GB 55024—2022）：第6.1.1、6.1.2、6.2.5、6.2.6条； 《建筑防火通用规范》（GB 55037—2022）：第8.3条	《火灾自动报警系统施工及验收标准》（GB 50166—2019）； 《火灾报警控制器》（GB 4717—2005）：第3.1～3.4、4.1～4.21条； 《建筑与市政工程施工质量控制通用规范》（GB 55032—2022）：第3.3.13条	《火灾自动报警系统施工及验收标准》（GB 50166—2019）：第5.0.1～5.0.7条； 《消防安全疏散标志设置标准》（DB11/1024—2013）：第4.2条； 《火灾报警控制器》（GB 4717—2005）：第5.2条； 《建筑工程消防施工质量验收规范》（DB11/T 2000—2022）：第10.4.1、10.4.2、10.4.5、10.4.6条； 《消防设施通用规范》（GB 55036—2022）：第12章； 《建筑消防设施检测评定规程》（DB11/T 1354—2016）：第5.3条
24		电气火灾监控系统	《建筑设计防火规范（2018年版）》（GB 50016—2014）：第8.4、10.2.7条； 《火灾自动报警系统设计规范》（GB 50116—2013）：第9.1～9.5条； 《低压配电设计规范》（GB 50054—2011）：第6.4.1条	《火灾自动报警系统施工及验收标准》（GB 50166—2019）：第3.1～3.4、4.1～4.21条； 《建筑电气工程施工质量验收规范》（GB 50303—2015）：第11.1、11.2、12.1、12.2、13.1、13.2、14.1、14.2、17.1、17.2条； 《建筑与市政工程施工质量控制通用规范》（GB 55032—2022）：第3.3.13条	《火灾自动报警系统施工及验收标准》（GB 50166—2019）：第5.0.1～5.0.7条； 《建筑电气工程施工质量验收规范》（GB 50303—2015）：第3.2、8.1、8.2、11.1、11.2、12.1、12.2、13.1、13.2、14.1、14.2、17.1、17.2条； 《建筑工程消防施工质量验收规范》（DB11/T 2000—2022）：第10.4.3、10.4.4条
25		消防设备电源监控系统	《供配电系统设计规范》（GB 50052—2009）：第3.0.4～3.0.6条	《火灾自动报警系统施工及验收标准》（GB 50166—2019）：第3.1～3.4、4.1～4.21条； 《建筑与市政工程施工质量控制通用规范》（GB 55032—2022）：第3.3.13条	《火灾自动报警系统施工及验收标准》（GB 50166—2019）：第5.0.2、5.0.5条； 《建筑工程消防施工质量验收规范》（DB11/T 2000—2022）：第10.4.3、10.4.4条； 《建筑消防设施检测评定规程》（DB11/T 1354—2016）：第5.19条

续表

序号	子分部工程名称	分项工程名称	技术标准及对应条文号		
			设计依据	施工依据	质量验收依据
26	建筑防排烟系统	防烟系统	《建筑设计防火规范(2018年版)》(GB 50016—2014)：第8.5、12.3条； 《建筑防烟排烟系统技术标准》(GB 51251—2017)：第3.1～3.4、5.1条； 《消防设施通用规范》(GB 55036—2022)：第11.1.1～11.1.5、11.2.1～11.2.6条	《通风与空调工程施工规范》(GB 50738—2011)； 《建筑防烟排烟系统技术标准》(GB 51251—2017)：第5.1、6.1～6.5、7.1～7.3条； 《消防排烟风机耐高温试验方法》(XF 211—2009)	《建筑防烟排烟系统技术标准》(GB 51251—2017)：第8.1、8.2条； 《建筑工程消防施工质量验收规范》(DB11/T 2000—2022)：第11.2条； 《消防设施通用规范》(GB 55036—2022)：第11.1、11.2条； 《建筑消防设施检测评定规程》(DB11/T 1354—2016)：第5.12条； 《建筑防火通用规范》(GB 55037—2022)：第8.2.1条
27		排烟系统	《建筑设计防火规范(2018年版)》(GB 50016—2014)：第8.5、12.3条； 《建筑防烟排烟系统技术标准》(GB 51251—2017)：第4.1～4.6、5.2条； 《消防设施通用规范》(GB 55036—2022)：第11.1.1～11.1.5、11.3.1～11.3.6条	《通风与空调工程施工规范》(GB 50738—2011)； 《建筑防烟排烟系统技术标准》(GB 51251—2017)：第5.2、6.1～6.5、7.1～7.3条； 《通风管道耐火试验方法》(GB/T 17428—2009)； 《建筑通风风量调节阀》(JG/T 436—2014)； 《非金属及复合风管》(JG/T 258—2018)； 《排烟系统组合风阀应用技术规程》CECS 435—2016	《消防设施通用规范》(GB 55036—2022)：第11.1、11.3条； 《建筑消防设施检测评定规程》(DB11/T 1354—2016)：第5.12条； 《建筑防烟排烟系统技术标准》(GB 51251—2017)：第8.1、8.2条； 《建筑工程消防施工质量验收规范》(DB11/T 2000—2022)：第11.3条； 《建筑防火通用规范》(GB 55037—2022)：第2.2.4、2.2.5、8.2.2～8.2.5条

2.4 《建设工程消防设计审查验收标准条文摘编》介绍

由中国建筑科学研究院建筑防火研究所主编的《建设工程消防设计审查验收标准条文摘编》，系统梳理了国内消防工程相关技术标准，共摘编840余部种类消防工程标准，按照三个层次进行汇编：第一个层次将消防工程标准进行分类，分为通用标准和专用标准，再按照我国工程建设专业门类分为6个分册，分别汇编；第二个层次是针对每一类消防专业领域列表、汇集本专业领域内相关技术标准；第三个层次是将技术标准中重要的或涉及强条的进行摘编。该书是目前国内较权威的消防工程技术标准汇编类著作。

2.4.1 消防工程通用标准

消防工程主要通用标准见表2-9。

表 2-9 消防工程通用标准

序号	名称	标准编号
综合与建筑防火专业		
1	《建筑设计防火规范（2018 年版）》	GB 50016—2014
2	《建筑内部装修设计防火规范》	GB 50222—2017
3	《建筑内部装修防火施工及验收规范》	GB 50354—2005
4	《防灾避难场所设计规范》	GB 51143—2015
5	《灾区过渡安置点防火标准》	GB 51324—2019
6	《城市消防规划规范》	GB 51080—2015
7	《城市消防站设计规范》	GB 51054—2014
8	《建设工程施工现场消防安全技术规范》	GB 50720—2011
9	《建设工程施工现场供用电安全规范》	GB 50194—2014
10	《消防员电梯制造与安装安全规范》	GB 26465—2021
11	《建筑消防设施检测技术规程》	XF 503—2004
12	《消防产品现场检查判定规则》	XF 588—2012
13	《住宿与生产储存经营合用场所消防安全技术要求》	XF 703—2007
14	《人员密集场所消防安全评估导则》	XF/T 1369—2016
15	《城市消防站建设标准》	建标 152—2017
16	《消防训练基地建设标准》	建标 190—2018
消防给水与灭火专业		
17	《消防给水及消火栓系统技术规范》	GB 50974—2014
18	《自动喷水灭火系统设计规范》	GB 50084—2017
19	《自动喷水灭火系统施工及验收规范》	GB 50261—2017
20	《固定消防炮灭火系统设计规范》	GB 50338—2003
21	《固定消防炮灭火系统施工与验收规范》	GB 50498—2009
22	《水喷雾灭火系统技术规范》	GB 50219—2014
23	《细水雾灭火系统技术规范》	GB 50898—2013
24	《气体灭火系统设计规范》	GB 50370—2005
25	《气体灭火系统施工及验收规范》	GB 50263—2007
26	《泡沫灭火系统技术标准》	GB 50151—2021
27	《二氧化碳灭火系统设计规范（2010 年版）》	GB 50193—1993
28	《干粉灭火系统设计规范》	GB 50347—2004

续表

序号	名称	标准编号
29	《卤代烷 1301 灭火系统设计规范》	GB 50163—92
30	《卤代烷 1211 灭火系统设计规范》	GBJ 110—87
31	《建筑灭火器配置设计规范》	GB 50140—2005
32	《建筑灭火器配置验收及检查规范》	GB 50444—2008
33	《建筑给水排水设计标准》	GB 50015—2019
34	《建筑给水排水及采暖工程施工质量验收规范》	GB 50242—2002
35	《给水排水管道工程施工及验收规范》	GB 50268—2008
	防烟排烟及暖通空调专业	
36	《建筑防烟排烟系统技术标准》	GB 51251—2017
37	《民用建筑供暖通风与空气调节设计规范》	GB 50736—2012
38	《通风与空调工程施工质量验收规范》	GB 50243—2016
39	《通风与空调工程施工规范》	GB 50738—2011
40	《工业建筑供暖通风与空气调节设计规范》	GB 50019—2015
41	《防排烟系统性能现场验证方法　热烟试验法》	XF/T 999—2012
42	《多联机空调系统工程技术规程》	JGJ 174—2010
43	《公共建筑节能改造技术规范》	JGJ 176—2009
	电气与智能化专业	
44	《火灾自动报警系统设计规范》	GB 50116—2013
45	《火灾自动报警系统施工及验收标准》	GB 50166—2019
46	《消防应急照明和疏散指示系统技术标准》	GB 51309—2018
47	《消防控制室通用技术要求》	GB 25506—2010
48	《城市消防远程监控系统技术规范》	GB 50440—2007
49	《消防通信指挥系统设计规范》	GB 50313—2013
50	《消防通信指挥系统施工及验收规范》	GB 50401—2007
51	《建筑电气工程施工质量验收规范》	GB 50303—2015
52	《综合布线系统工程验收规范》	GB/T 50312—2016
53	《建筑电气照明装置施工与验收规范》	GB 50617—2010
54	《建筑电气工程电磁兼容技术规范》	GB 51204—2016
55	《综合布线系统工程设计规范》	GB 50311—2016
56	《通用用电设备配电设计规范》	GB 50055—2011
57	《建筑照明设计标准》	GB 50034—2013
58	《古建筑防雷工程技术规范》	GB 51017—2014
59	《电动汽车充电站设计规范》	GB 50966—2014

续表

序号	名称	标准编号
60	《电动汽车电池更换站设计规范》	GB/T 51077—2015
61	《电动汽车分散充电设施工程技术标准》	GB/T 51313—2018
62	《供配电系统设计规范》	GB 50052—2009
63	《低压配电设计规范》	GB 50054—2011
64	《矿物绝缘电缆敷设技术规程》	JGJ 232—2011
65	《民用建筑电气设计标准》	GB 51348—2019
66	《住宅建筑电气设计规范》	JGJ 242—2011
67	《交通建筑电气设计规范》	JGJ 243—2011
68	《教育建筑电气设计规范》	JGJ 310—2013
69	《会展建筑电气设计规范》	JGJ 333—2014
70	《体育建筑电气设计规范》	JGJ 354—2014
71	《商店建筑电气设计规范》	JGJ 392—2016
72	《金融建筑电气设计规范》	JGJ 284—2012
73	《太阳能光伏玻璃幕墙电气设计规范》	JGJ/T 365—2015
74	《体育建筑智能化系统工程技术规程》	JGJ/T 179—2009
	结构与构造专业	
75	《建筑钢结构防火技术规范》	GB 51249—2017
76	《防火卷帘、防火门、防火窗施工及验收规范》	GB 50877—2014
77	《钢结构设计标准》	GB 50017—2017
78	《钢结构工程施工规范》	GB 50755—2012
79	《钢管混凝土结构技术规范》	GB 50936—2014
80	《木结构设计标准》	GB 50005—2017
81	《门式刚架轻型房屋钢结构技术规范》	GB 51022—2015
82	《冷弯薄壁型钢结构技术规范》	GB 50018—2002
83	《建筑结构可靠性设计统一标准》	GB 50068—2018
84	《建筑施工安全技术统一规范》	GB 50870—2013
85	《屋面工程质量验收规范》	GB 50207—2012
86	《建筑装饰装修工程质量验收标准》	GB 50210—2018
87	《通用安装工程工程量计算规范》	GB 50856—2013
88	《硬泡聚氨酯保温防水工程技术规范》	GB 50404—2017
89	《民用建筑可靠性鉴定标准》	GB 50292—2015
90	《岩土工程勘察安全标准》	GB/T 50585—2019

续表

序号	名称	标准编号
91	《装配式混凝土建筑技术标准》	GB/T 51231—2016
92	《装配式钢结构建筑技术标准》	GB/T 51232—2016
93	《装配式木结构建筑技术标准》	GB/T 51233—2016
94	《木骨架组合墙体技术标准》	GB/T 50361—2018
95	《胶合木结构技术规范》	GB/T 50708—2012
96	《钢结构现场检测技术标准》	GB/T 50621—2010
97	《村镇住宅结构施工及验收规范》	GB/T 50900—2016
98	《古建筑木结构维护与加固技术标准》	GB/T 50165—2020
99	《建筑外墙外保温防火隔离带技术规程》	JGJ 289—2012
100	《非结构构件抗震设计规范》	JGJ 339—2015
101	《采光顶与金属屋面技术规程》	JGJ 255—2012
102	《倒置式屋面工程技术规程》	JGJ 230—2010
103	《建筑遮阳工程技术规范》	JGJ 237—2011
104	《索结构技术规程》	JGJ 257—2012
105	《点挂外墙板装饰工程技术规程》	JGJ 321—2014
106	《保温防火复合板应用技术规程》	JGJ/T 350—2015
107	《交错桁架钢结构设计规程》	JGJ/T 329—2015
108	《铝合金结构工程施工规程》	JGJ/T 216—2010
109	《预制带肋底板混凝土叠合楼板技术规程》	JGJ/T 258—2011
110	《轻型木桁架技术规范》	JGJ/T 265—2012
111	《钢板剪力墙技术规程》	JGJ/T 380—2015
112	《铸钢结构技术规程》	JGJ/T 395—2017
113	《开合屋盖结构技术标准》	JGJ/T 442—2019
114	《轻型模块化钢结构组合房屋技术标准》	JGJ/T 466—2019
115	《轻型钢丝网架聚苯板混凝土构件应用技术规程》	JGJ/T 269—2012
116	《密肋复合板结构技术规程》	JGJ/T 275—2013
117	《外墙内保温工程技术规程》	JGJ/T 261—2011
118	《聚苯模块保温墙体应用技术规程》	JGJ/T 420—2017
其他专业		
119	《镇规划标准》	GB 50188—2007
120	《公园设计规范》	GB 51192—2016
121	《工业企业总平面设计规范》	GB 50187—2012
122	《风景名胜区详细规划标准》	GB/T 51294—2018

续表

序号	名称	标准编号
123	《风景名胜区总体规划标准》	GB/T 50298—2018
124	《住宅性能评定技术标准》	GB/T 50362—2005
125	《建筑施工脚手架安全技术统一标准》	GB 51210—2016
126	《古建筑修建工程施工与质量验收规范》	JGJ 159—2008
127	《建筑幕墙工程检测方法标准》	JGJ/T 324—2014

2.4.2 房屋建筑工程专用标准

房屋建筑工程主要专用标准见表 2-10。

表 2-10 房屋建筑工程专用标准

序号	名称	标准编号
1	《汽车库、修车库、停车场设计防火规范》	GB 50067—2014
2	《人民防空工程设计防火规范》	GB 50098—2009
3	《农村防火规范》	GB 50039—2010
4	《民用建筑设计统一标准》	GB 50352—2019
5	《住宅建筑规范》	GB 50368—2005
6	《住宅设计规范》	GB 50096—2011
7	《住宅装饰装修工程施工规范》	GB 50327—2001
8	《智能建筑设计标准》	GB 50314—2015
9	《智能建筑工程质量验收规范》	GB 50339—2013
10	《智能建筑工程施工规范》	GB 50606—2010
11	《人民防空地下室设计规范》	GB 50038—2005
12	《洁净厂房设计规范》	GB 50073—2013
13	《中小学校设计规范》	GB 50099—2011
14	《数据中心设计规范》	GB 50174—2017
15	《冰雪景观建筑技术标准》	GB 51202—2016
16	《体育场馆公共安全通用要求》	GB 22185—2008
17	《汽车加油加气加氢站技术标准》	GB 50156—2021
18	《锅炉房设计标准》	GB 50041—2020
19	《建筑地面设计规范》	GB 50037—2013
20	《电子会议系统工程设计规范》	GB 50799—2012
21	《建筑工程施工质量评价标准》	GB/T 50375—2016
22	《村庄整治技术标准》	GB/T 50445—2019

续表

序号	名称	标准编号
23	《试听室工程技术规范》	GB/T 51091—2015
24	《急救中心建筑设计标准》	GB/T 50939—2013
25	《文物建筑防火设计导则（试行）》	
26	《殡仪馆建筑设计规范》	JGJ 124—99
27	《看守所建筑设计规范》	JGJ 127—2000
28	《展览建筑设计规范》	JGJ 218—2010
29	《档案馆建筑设计规范》	JGJ 25—2010
30	《体育建筑设计规范》	JGJ 31—2003
31	《图书馆建筑设计规范》	JGJ 38—2015
32	《托儿所、幼儿园建筑设计规范》（2019 年版）	JGJ 39—2016
33	《老年人照料设施建筑设计标准》	JGJ 450—2018
34	《商店建筑设计规范》	JGJ 48—2014
35	《剧场建筑设计规范》	JGJ 57—2016
36	《电影院建筑设计规范》	JGJ 58—2008
37	《旅馆建筑设计规范》	JGJ 62—2014
38	《饮食建筑设计标准》	JGJ 64—2017
39	《博物馆建筑设计规范》	JGJ 66—2015
40	《科研建筑设计标准》	JGJ 91—2019
41	《轻型钢结构住宅技术规程》	JGJ 209—2010
42	《底层冷弯薄壁型钢房屋建筑技术规程》	JGJ 227—2011
43	《办公建筑设计标准》	JGJ/T 67—2019
44	《公墓和骨灰寄存建筑设计规范》	JGJ/T 397—2016
45	《文化馆建筑设计规范》	JGJ/T 41—2014
46	《施工现场临时建筑物技术规范》	JGJ/T 188—2009
47	《中小学校体育设施技术规程》	JGJ/T 280—2012

2.4.3 市政工程专用标准

市政工程主要专用标准见表 2-11。

表 2-11 市政工程专用标准

序号	名称	标准编号
1	《地铁设计防火标准》	GB 51298—2018
2	《地铁设计规范》	GB 50157—2013

续表

序号	名称	标准编号
3	《城市轨道交通工程项目规范》	GB 55033—2022
4	《跨座式单轨交通设计规范》	GB 50458—2008
5	《跨座式单轨交通施工及验收规范》	GB 50614—2010
6	《电化学储能电站设计规范》	GB 51048—2014
7	《烟囱工程技术标准》	GB/T 50051—2021
8	《氧气站设计规范》	GB 50030—2013
9	《民用爆炸物品工程设计安全标准》	GB 50089—2018
10	《氢气站设计规范》	GB 50177—2005
11	《加氢站技术规范》(2021 年版)	GB 50516—2010
12	《地铁安全疏散规范》	GB/T 33668—2017
13	《城市综合管廊工程技术规范》	GB 50838—2015
14	《城镇燃气技术规范》	GB 50494—2009
15	《城镇燃气设计规范》(2020 年版)	GB 50028—2006
16	《生活垃圾卫生填埋处理技术规范》	GB 50869—2013
17	《生活垃圾卫生填埋场封场技术规范》	GB 51220—2017
18	《城市停车规划规范》	GB/T 51149—2016
19	《城镇综合管廊监控与报警系统工程技术标准》	GB/T 51274—2017
20	《城市地下空间规划标准》	GB/T 51358—2019
21	《城市轨道交通给水排水系统技术标准》	GB/T 51293—2018
22	《轻轨交通设计标准》	GB/T 51263—2017
23	《交通客运站建筑设计规范》	JGJ/T 60—2012
24	《动物园设计规范》	CJJ 267—2017
25	《城市地下道路工程设计规范》	CJJ 221—2015
26	《城镇污水处理厂污泥处理技术规程》	CJJ 131—2009
27	《城市公共厕所设计标准》	CJJ 14—2016
28	《燃气冷热电三联供工程技术规程》	CJJ 145—2010
29	《城市户外广告设施技术规范》	CJJ 149—2010
30	《污水处理卵形消化池工程技术规程》	CJJ 161—2011
31	《餐厨垃圾处理技术规范》	CJJ 184—2012
32	《直线电机轨道交通施工及验收规范》	CJJ 201—2013
33	《环境卫生设施设置标准》	CJJ 27—2012
34	《城镇供热管网工程施工及验收规范》	CJJ 28—2014

续表

序号	名称	标准编号
35	《粪便处理厂运行维护及其安全技术规程》	CJJ 30—2009
36	《生活垃圾堆肥处理技术规范》	CJJ 52—2014
37	《聚乙烯燃气管道工程技术标准》	CJJ 63—2018
38	《粪便处理厂设计规范》	CJJ 64—2009
39	《生活垃圾堆肥处理厂运行维护技术规程》	CJJ 86—2014
40	《城镇供热系统运行维护技术规程》	CJJ 88—2014
41	《生活垃圾焚烧处理工程技术规范》	CJJ 90—2009
42	《生活垃圾卫生填埋场运行维护技术规程》	CJJ 93—2011
43	《生活垃圾填埋场填埋气体收集处理及利用工程技术规范》	CJJ 133—2009
44	《二次供水工程技术规程》	CJJ 140—2010
45	《中低速磁浮交通设计规范》	CJJ/T 262—2017
46	《城市轨道交通站台屏蔽门系统技术规范》	CJJ 183—2012
47	《城市桥梁设计规范》(2019 年版)	CJJ 11—2011
48	《城市道路工程设计规范》(2016 年版)	CJJ 37—2012
49	《快速公共汽车交通系统设计规范》	CJJ 136—2010
50	《城市快速路设计规程》	CJJ 129—2009
51	《家用燃气燃烧器具安装及验收规程》	CJJ 12—2013
52	《埋地塑料给水管道工程技术规程》	CJJ 101—2016
53	《城市人行天桥与人行地道技术规范》	CJJ 69—95
54	《城市道路绿化规划与设计规范》	CJJ 75—97
55	《城镇燃气埋地钢质管道腐蚀控制技术规程》	CJJ 95—2013
56	《城市道路照明工程施工及验收规程》	CJJ 89—2012
57	《建筑排水塑料管道工程技术规程》	CJJ/T 29—2010
58	《镇(乡)村仓储用地规划规范》	CJJ/T 189—2014
59	《镇(乡)村给水工程规划规范》	CJJ/T 246—2016
60	《供热站房噪声与振动控制技术规程》	CJJ/T 247—2016
61	《城镇燃气管道穿跨越工程技术规程》	CJJ/T 250—2016
62	《中低速磁浮交通供电技术规范》	CJJ/T 256—2016
63	《乡镇集贸市场规划设计标准》	CJJ/T 87—2020
64	《建筑给水塑料管道工程技术规程》	CJJ/T 98—2014
65	《居住绿地设计标准》	CJJ/T 294—2019
66	《生活垃圾焚烧厂评价标准》	CJJ/T 137—2019

续表

序号	名称	标准编号
67	《建筑垃圾处理技术标准》	CJJ/T 134—2019
68	《城镇排水系统电气与自动化工程技术标准》	CJJ/T 120—2018
69	《城镇燃气报警控制系统技术规程》	CJJ/T 146—2011
70	《城镇燃气加臭技术规程》	CJJ/T 148—2010
71	《城镇供水与污水处理化验室技术规范》	CJJ/T 182—2014
72	《燃气热泵空调系统工程技术规程》	CJJ/T 216—2014
73	《城镇供热系统标志标准》	CJJ/T 220—2014
74	《城镇桥梁钢结构防腐蚀涂装工程技术规程》	CJJ/T 235—2015
75	《垂直绿化工程技术规程》	CJJ/T 236—2015
76	《城镇污水处理厂臭气处理技术规程》	CJJ/T 243—2016
77	《城镇燃气自动化系统技术规范》	CJJ/T 259—2016
78	《生活垃圾转运站技术规范》	CJJ/T 47—2016
79	《植物园设计标准》	CJJ/T 300—2019

2.4.4 其他专业类别消防工程专用标准

其他专业类别消防工程主要专用标准见表 2-12。

表 2-12 其他专业类别消防工程专用标准

序号	标准名称及编号	备注
1	《铁路车站及枢纽设计规范》GB 50091—2006 等	共 15 部标准
2	《公路工程质量检验评定标准 第二册 机电工程》JTG 2182—2020 等	共 12 部标准
3	《水利工程设计防火规范》GB 50987—2014 等	共 4 部标准
4	《煤矿井下消防、洒水设计规范》GB 50383—2016 等	共 15 部标准
5	《水运工程质量检验标准》JTS 257—2008 等	共 25 部标准
6	《民用机场航站楼设计防火规范》GB 51236—2017 等	共 8 部标准
7	《飞机库设计防火规范》GB 50284—2008 等	共 8 部标准
8	《火炸药及其制品工厂建筑结构设计规范》GB 51182—2016 等	共 5 部标准
9	《禽类屠宰与分割车间设计规范》GB 51219—2017 等	共 4 部标准
10	《中密度纤维板工程设计规范》GB 50822—2012 等	共 10 部标准
11	《粮食平房仓设计规范》GB 50320—2014 等	共 2 部标准
12	《石油天然气工程设计防火规范》GB 50183—2004 等	共 40 部标准
13	《储罐区防火堤设计规范》GB 50351—2014 等	共 39 部标准
14	《发生炉煤气站设计规范》GB 50195—2013 等	共 11 部标准
15	《火力发电厂与变电站设计防火标准》GB 50229—2019 等	共 62 部标准

续表

序号	标准名称及编号	备注
16	《水电工程设计防火规范》GB 50872—2014 等	共 13 部标准
17	《核电厂常规岛设计防火规范》GB 50745—2012 等	共 7 部标准
18	《水泥工厂设计规范》GB 50295—2016 等	共 16 部标准
19	《钢铁冶金企业设计防火标准》GB 50414—2018 等	共 30 部标准
20	《有色金属工程设计防火规范》GB 50630—2010 等	共 7 部标准
21	《机械工业厂房建筑设计规范》GB 50681—2011 等	共 3 部标准
22	《医院洁净手术部建筑技术规范》GB 50333—2013 等	共 10 部标准
23	《酒厂设计防火规范》GB 50694—2011 等	共 10 部标准
24	《纺织工程设计防火规范》GB 50565—2010 等	共 19 部标准
25	《物流建筑设计规范》GB 51157—2016 等	共 2 部标准
26	《洁净室施工及验收规范》GB 50591—2010 等	共 18 部标准
27	《混凝土电视塔结构技术规范》GB 50342—2003 等	共 5 部标准

3 消防工程全过程管理

对于任何一个建筑或者工程，消防工程是必不可少的一个环节，其关系着人民的生命安全。消防工程是一个全寿命周期的工程，主要由前期设计阶段、施工阶段、竣工验收阶段和使用阶段组成。设计阶段为施工阶段提供依据，施工阶段为使用阶段提供保障，同时使用阶段是对设计和施工阶段的方法措施和施工方案的有效检验。根据《中华人民共和国消防法》(2021 年修订) 规定，住房城乡建设主管部门、消防救援机构按照法定的职权和程序进行消防设计审查、消防验收和消防安全检查，在消防工程全过程进行行政监管。

前期设计阶段、施工阶段、竣工验收阶段和使用阶段的相关责任主体和主要工作内容如图 3-1 所示。

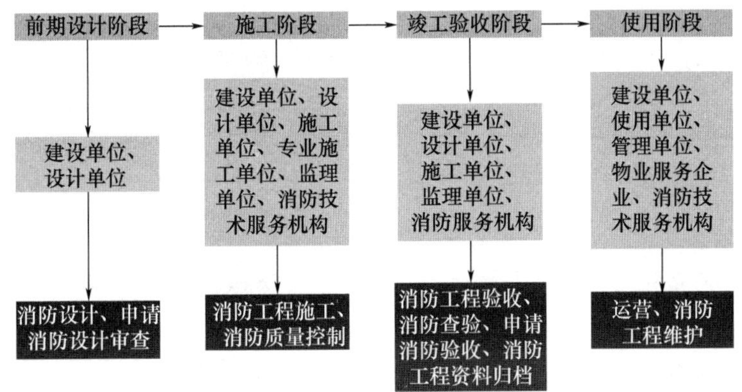

图 3-1 消防工程全过程逻辑关系图

3.1 前期设计阶段管理

3.1.1 前期阶段

项目前期工作一般包括拟定项目建议书、可行性研究等，完成可行性研究，标志着前期工作正式完成，并进入施工准备阶段。前期工作象征一个项目的开始，在前期阶段须对后续的工作给出指导性意见。对于消防工程来说，在前期编制可行性研究报告需包括应急和安全管理内容，其中消防属于其重要的内容。对于一个项目，前期阶段涉及消防工程的相关内容应为后续阶段尤其是设计阶段提供依据，虽然应急和安全管理内容仅仅是可行性研究的一小部分，但是建设单位应该加以重视，不容忽视。项目前期审批流程可参照国家发展和改革委、地方发展和改革委网站投资项目办事指南。以核电站项目为例，国家发展和改革委核准办理流程如图 3-2 所示。前期阶段的责任单位、工作内容和关注重点见表 3-1。

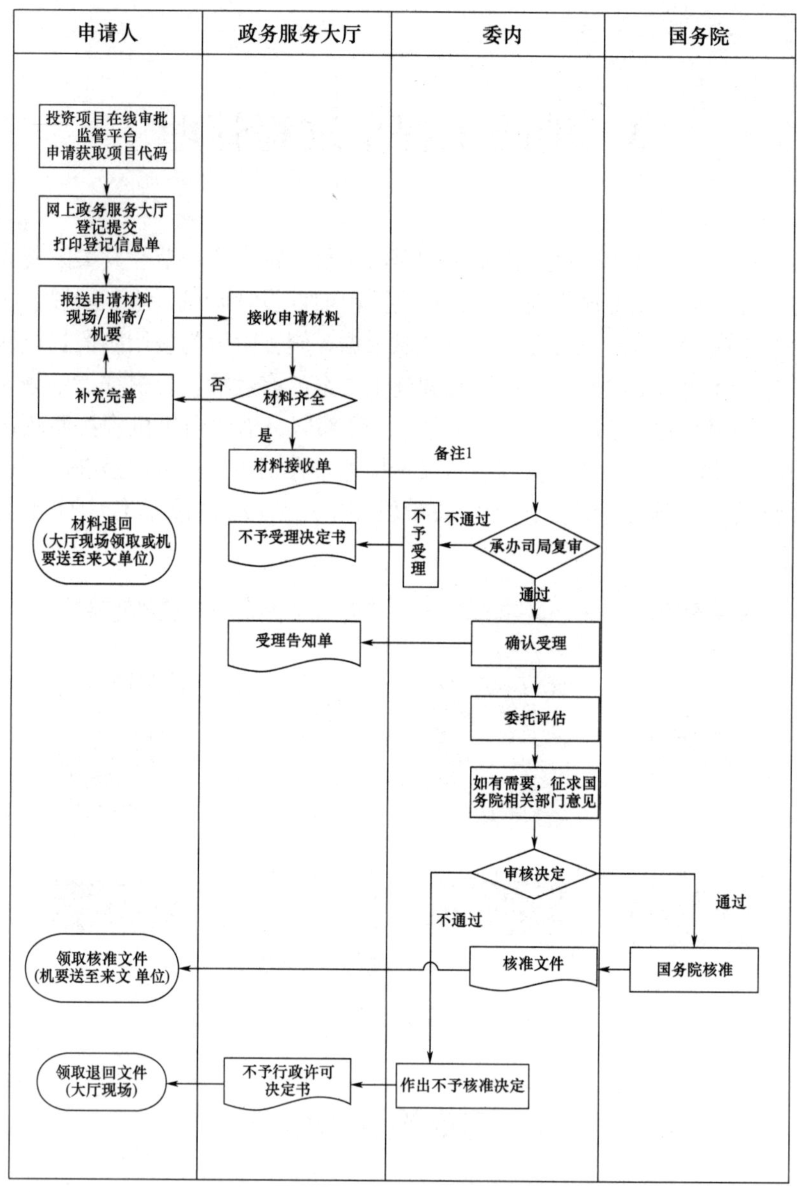

图 3-2　核电站项目核准办理流程图

表 3-1　前期阶段的责任单位、工作内容和关注重点

责任单位	工作内容	关注重点
建设单位	根据《政府投资项目可行性研究报告编制通用大纲（征求意见稿）》和《关于投资项目可行性研究报告编制大纲的说明》的规定： 可行性研究报告中公共安全和应急管理内容需分析项目运营管理中存在的危险因素及其危害程度，明确安全生产责任制，提出消防、防疫、保险等安全防范措施，制订项目安全生产应急预案	1. 虽然前期阶段项目中涉及消防工程的内容较少，但毕竟属于安全问题的重要一项，在前期准备阶段需对消防工程工作进行整体规划； 2. 在前期阶段，筹备组或项目工作组需设置安全人员从前期参与规划和项目的执行

3.1.2 设计阶段

前期阶段完成后，下一步为设计阶段。设计阶段作为工程项目的重要环节，一般项目主要包括方案设计、初步设计和施工图设计三个阶段。对于消防工程，最重要的是施工图设计，须根据项目的实际情况进行报审或备案。

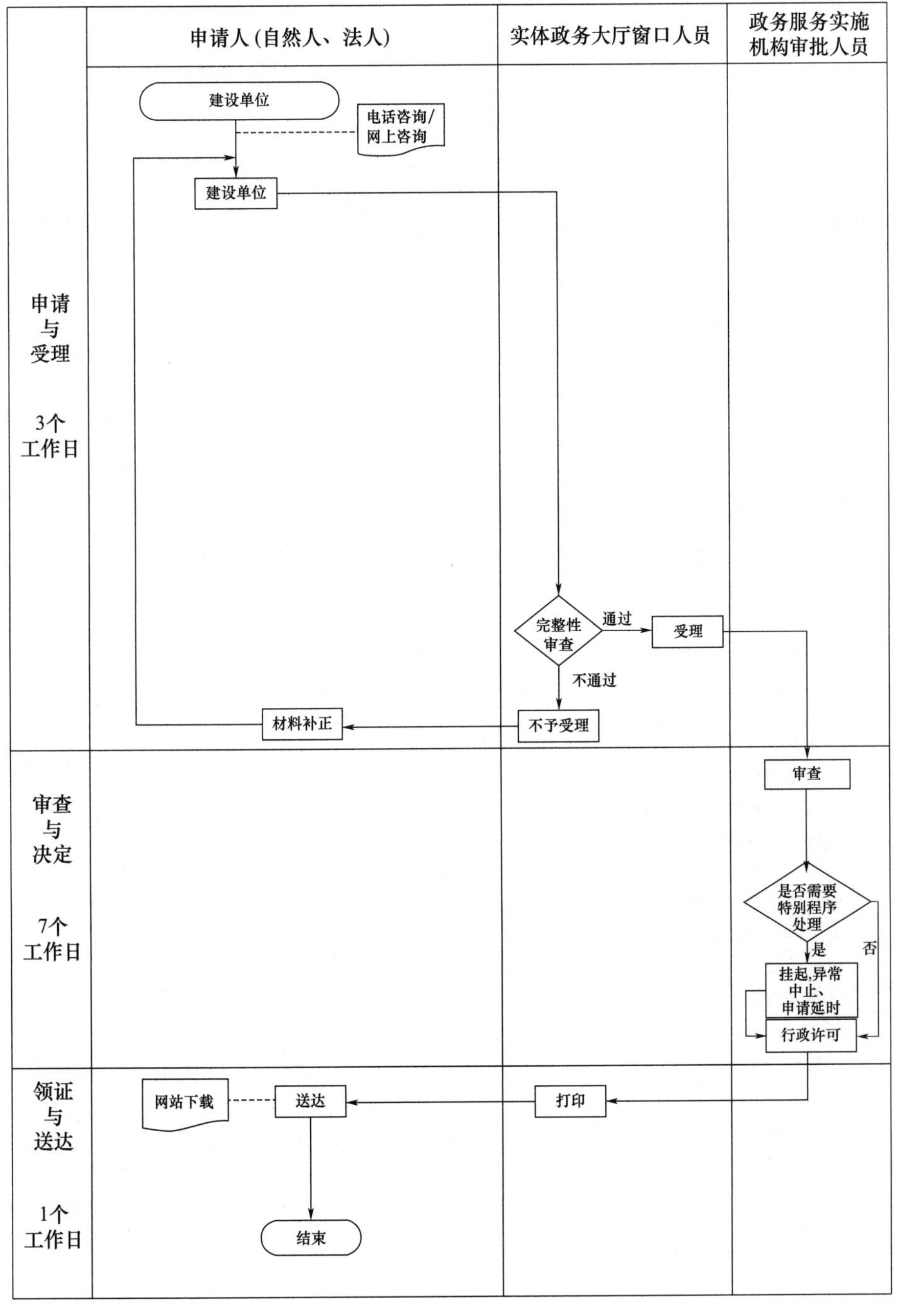

图 3-3 特殊建设工程消防设计审查办理流程

根据《建设工程消防设计审查验收管理暂行规定》（中华人民共和国住房和城乡建设部令第 51 号），住房城乡建设主管部门负责消防设计审查验收工作，开展消防设计审查、消防验收、备案和抽查工作。以北京市为例，特殊建设工程消防设计审查办理流程见表 3-2 并如图 3-3 所示。

表 3-2　特殊建设工程消防设计审查办理流程

<table>
<tr><th>办理环节</th><th>办理步骤</th><th>办理时限</th><th>办理人员</th><th>审查标准</th><th>办理结果</th></tr>
<tr><td>申请受理</td><td>受理</td><td>3 个工作日</td><td>网上办理</td><td>该项目的审批文件是否齐全，图纸和设计资料是否齐全</td><td>告知</td></tr>
<tr><td>审查与决定</td><td>决定</td><td>7 个工作日</td><td>首席代表或部门负责人</td><td>依据施工图审查管理办法中要求审查的相应内容</td><td>告知</td></tr>
<tr><td rowspan="3">颁证与送达</td><td rowspan="2">发证</td><td rowspan="2">1 个工作日</td><td rowspan="2">网上核发</td><td colspan="2">结果名称</td></tr>
<tr><td colspan="2">特殊建设工程消防设计审查意见书</td></tr>
<tr><td>送达方式</td><td colspan="4">网站下载：http：//web. bjsgtsc. cn/</td></tr>
</table>

消防设计文件编制的优劣直接影响消防工程的质量、进度和投资的控制。设计阶段的责任单位、工作内容和关注重点见表 3-3。

表 3-3　设计阶段的责任单位、工作内容和关注重点

责任单位	工作内容	关注重点
建设单位	根据《建设工程消防设计审查验收管理暂行规定》（中华人民共和国住房和城乡建设部令第 51 号）的相关规定： **第九条**　建设单位应当履行下列消防设计、施工质量责任和义务： （二）依法申请建设工程消防设计审查、消防验收，办理备案并接受抽查； （三）实行工程监理的建设工程，依法将消防施工质量委托监理； （四）委托具有相应资质的设计、施工、工程监理单位； **第十五条**　对特殊建设工程实行消防设计审查制度。 特殊建设工程的建设单位应当向消防设计审查验收主管部门申请消防设计审查。 **第十六条**　建设单位申请消防设计审查，应当提交下列材料： （一）消防设计审查申请表； （二）消防设计文件； （三）依法需要办理建设工程规划许可的，应当提交建设工程规划许可文件； （四）依法需要批准的临时性建筑，应当提交批准文件。	按照《建设工程消防设计审查验收工作细则》（建科规〔2020〕5 号）的相关要求： **第六条**　消防设计审查验收主管部门收到建设单位提交的特殊建设工程消防设计审查申请后，符合下列条件的，应当予以受理；不符合其中任意一项的，消防设计审查验收主管部门应当一次性告知需要补正的全部内容： （一）特殊建设工程消防设计审查申请表信息齐全、完整； （二）消防设计文件内容齐全、完整（具有《暂行规定》第十七条情形之一的特殊建设工程，提交的特殊消防设计技术资料内容齐全、完整）； （三）依法需要办理建设工程规划许可的，已提交建设工程规划许可文件； （四）依法需要批准的临时性建筑，已提交批准文件。

续表

责任单位	工作内容	关注重点
建设单位	**第十七条**　特殊建设工程具有下列情形之一的，建设单位除提交本规定第十六条所列材料外，还应当同时提交特殊消防设计技术资料： （一）国家工程建设消防技术标准没有规定，必须采用国际标准或者境外工程建设消防技术标准的； （二）消防设计文件拟采用的新技术、新工艺、新材料不符合国家工程建设消防技术标准规定的。 **第三十二条**　其他建设工程，建设单位申请施工许可或者申请批准开工报告时，应当提供满足施工需要的消防设计图纸及技术资料	**第七条**　消防设计文件应当包括下列内容： （一）封面：项目名称、设计单位名称、设计文件交付日期。 （二）扉页：设计单位法定代表人、技术总负责人和项目总负责人的姓名及其签字或授权盖章，设计单位资质，设计人员的姓名及其专业技术能力信息。 （三）设计文件目录。 （四）设计说明书，包括：工程设计依据、工程建设的规模和设计范围、总指标、标准执行情况、总平面、建筑和结构、建筑电气、消防给水和灭火设施、供暖通风与空气调节、热能动力。 （五）设计图纸，包括：总平面图、建筑和结构、建筑电气、消防给水和灭火设施、供暖通风与空气调节、热能动力。 **第八条**　具有《暂行规定》第十七条情形之一的特殊建设工程，提交的特殊消防设计技术资料应当包括下列内容： （一）特殊消防设计文件，包括：设计说明、设计图纸。 （二）属于《暂行规定》第十七条第一款第一项情形的，应提交设计采用的国际标准、境外工程建设消防技术标准的原文及中文翻译文本。 （三）属于《暂行规定》第十七条第一款第二项情形的，采用新技术、新工艺的，应提交新技术、新工艺的说明；采用新材料的，应提交产品说明，包括新材料的产品标准文本（包括性能参数等）。 （四）应用实例。 （五）属于《暂行规定》第十七条第一款情形的，建筑高度大于250米的建筑，除上述四项以外，还应当说明在符合国家工程建设消防技术标准的基础上，所采取的切实增强建筑火灾时自防自救能力的加强性消防设计措施
设计单位	根据《建设工程消防设计审查验收管理暂行规定》（中华人民共和国住房和城乡建设部令第51号）的相关规定： **第十条**　设计单位应当履行下列消防设计、施工质量责任和义务： （一）按照建设工程法律法规和国家工程建设消防技术标准进行设计，编制符合要求的消防设计文件，不得违反国家工程建设消防技术标准强制性条文；	按照《建设工程消防设计审查验收工作细则》（建科规〔2020〕5号）的相关要求： **第八条**　具有《暂行规定》第十七条情形之一的特殊建设工程，提交的特殊消防设计技术资料应当包括下列内容： （一）特殊消防设计文件，包括： 1. 设计说明。属于《暂行规定》第十七条第一款第一项情形的，应当说明设计中涉及国家工程建设消防技术标准没有规定的内容和理由，必须采用国际标准或者境外工程建设消防技术标准进行设计的内容和理由，特殊消防设计方案说明以及对特殊消防设计方案的评估分析报告、试验验证报告或数值模拟分析验证报告等。

续表

责任单位	工作内容	关注重点
设计单位	（二）在设计文件中选用的消防产品和具有防火性能要求的建筑材料、建筑构配件和设备，应当注明规格、性能等技术指标，符合国家规定的标准	属于《暂行规定》第十七条第一款第二项情形的，应当说明设计不符合国家工程建设消防技术标准的内容和理由，必须采用不符合国家工程建设消防技术标准规定的新技术、新工艺、新材料的内容和理由，特殊消防设计方案说明以及对特殊消防设计方案的评估分析报告、试验验证报告或数值模拟分析验证报告等。 2. 设计图纸。涉及采用国际标准、境外工程建设消防技术标准，或者采用新技术、新工艺、新材料的消防设计图纸。 （四）应用实例。属于《暂行规定》第十七条第一款第一项情形的，应提交两个以上、近年内采用国际标准或者境外工程建设消防技术标准在国内或国外类似工程应用情况的报告；属于《暂行规定》第十七条第一款第二项情形的，应提交采用新技术、新工艺、新材料在国内或国外类似工程应用情况的报告或中试（生产）试验研究情况报告等。 （五）属于《暂行规定》第十七条第一款情形的，建筑高度大于250米的建筑，除上述四项以外，还应当说明在符合国家工程建设消防技术标准的基础上，所采取的切实增强建筑火灾时自防自救能力的加强性消防设计措施。包括：建筑构件耐火性能、外部平面布局、内部平面布置、安全疏散和避难、防火构造、建筑保温和外墙装饰防火性能、自动消防设施及灭火救援设施的配置及其可靠性、消防给水、消防电源及配电、建筑电气防火等内容。 **第十三条** 消防设计技术审查符合下列条件的，结论为合格；不符合下列任意一项的，结论为不合格： （一）消防设计文件编制符合相应建设工程设计文件编制深度规定的要求； （二）消防设计文件内容符合国家工程建设消防技术标准强制性条文规定； （三）消防设计文件内容符合国家工程建设消防技术标准中带有“严禁”“必须”“应”“不应”“不得”要求的非强制性条文规定； （四）具有《暂行规定》第十七条情形之一的特殊建设工程，特殊消防设计技术资料通过专家评审
消防技术服务机构	根据《建设工程消防设计审查验收管理暂行规定》（中华人民共和国住房和城乡建设部令第51号）的相关规定： **第十三条** 提供建设工程消防设计图纸技术审查、消防设施检测或者建设工程消防验收现场评定等服务的技术服务机构，应当按照建设工程法律法规、国家工程建设消防技术标准和国家有关规定提供服务，并对出具的意见或者报告负责	按照《建设工程消防设计审查验收工作细则》（建科规〔2020〕5号）的相关要求： **第十二条** 提供消防设计技术审查的技术服务机构，应当将出具的意见或者报告及时反馈消防设计审查验收主管部门。意见或者报告的结论应清晰、明确

3.2 施工阶段管理

3.2.1 施工许可证核发办理流程

以北京市房屋建筑工程为例，施工许可证核发办理流程详见图 3-4 和表 3-4，其他地区按本地规定流程执行。

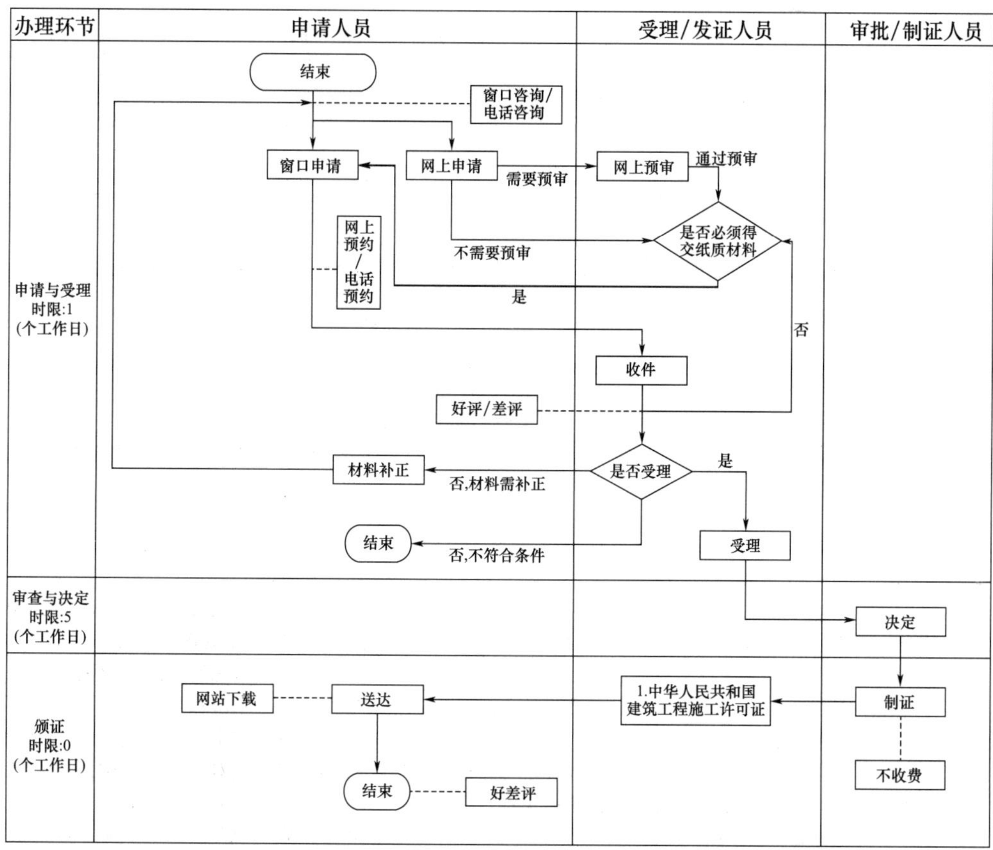

图 3-4 施工许可证核发办理流程图

表 3-4 施工许可证核发办理流程表

办理环节	办理步骤	办理时限	办理人员	审查标准	办理结果
申请与受理	受理	1 个工作日	综窗人员	申报材料齐全，内容填写完整，签章有效，符合《中华人民共和国建筑法》第八条、《建筑工程施工许可管理办法》（中华人民共和国住房和城乡建设部令第 18 号）第四条和第五条、《北京市建筑工程施工许可办法》（北京市人民政府第 139 号令）第九条要求	受理通知书

续表

<table>
<tr><th>办理环节</th><th>办理步骤</th><th>办理时限</th><th>办理人员</th><th>审查标准</th><th>办理结果</th></tr>
<tr><td>审查与决定</td><td>决定</td><td>5 个工作日</td><td>首席代表或部门负责人</td><td>（一）已经办理该建筑工程用地批准手续；
（二）依法应当办理建设工程规划许可证的，已经取得建设工程规划许可证；
（三）需要拆迁的，其拆迁进度符合施工要求；
（四）已经确定建筑施工企业；
（五）有满足施工需要的资金安排、施工图纸及技术资料；
（六）有保证工程质量和安全的具体措施</td><td>建筑工程施工许可证</td></tr>
<tr><td rowspan="3">颁证与送达</td><td rowspan="2">发证</td><td rowspan="2">0 个工作日</td><td rowspan="2">综窗人员</td><td colspan="2">结果名称</td></tr>
<tr><td colspan="2">中华人民共和国建筑工程施工许可证</td></tr>
<tr><td>送达方式</td><td colspan="4">网站下载</td></tr>
</table>

3.2.2 施工阶段的责任单位、工作内容、相关要求和关注重点

消防工程施工过程质量控制见本书第五章。施工阶段的责任单位、工作内容和关注重点详见表 3-5。

表 3-5 施工阶段的责任单位、工作内容和关注重点

责任单位	工作内容	关注重点
建设单位	根据《建设工程消防设计审查验收管理暂行规定》（中华人民共和国住房和城乡建设部令第 51 号）的相关规定： **第九条** 建设单位应当履行下列消防设计、施工质量责任和义务： （五）按照工程消防设计要求和合同约定，选用合格的消防产品和满足防火性能要求的建筑材料、建筑构配件和设备	借鉴北京市地方标准《建筑工程消防施工质量验收规范》（DB11/T 2000—2022）的相关要求： 1. 消防施工质量验收应由建设单位、设计单位、监理单位、施工单位、专业施工单位的有关人员按照相关规范要求进行，并签署验收文件。必要时，技术服务机构可参与验收并签署验收文件。 2. 消防工程宜优先选用取得消防产品自愿认证的材料、产品。采用新技术、新材料、新工艺的消防工程，应按照有关规定对消防技术内容进行专家论证。 3. 工程建设过程中，建设单位可委托具有相应从业条件的技术服务机构提供全过程消防技术服务，在建设过程中对建筑工程消防施工质量分阶段进行消防检测或实体检验
施工单位	根据《建设工程消防设计审查验收管理暂行规定》（中华人民共和国住房和城乡建设部令第 51 号）的相关规定： **第十一条** 施工单位应当履行下列消防设计、施工质量责任和义务： （一）按照建设工程法律法规、国家工程建设消防技术标准，以及经消防设计审查合格或者满足工程需要的消防设计文件组织施工，不得擅自改变消防设计进行施工，降低消防施工质量；	借鉴北京市地方标准《建筑工程消防施工质量验收规范》（DB11/T 2000—2022）的相关要求： 1. 消防工程的专业施工单位应具有相应资质。实行总承包的建筑工程，消防工程质量验收应由总承包单位组织，消防工程专业施工单位应参加验收。

续表

责任单位	工作内容	关注重点
施工单位	（二）按照消防设计要求、施工技术标准和合同约定检验消防产品和具有防火性能要求的建筑材料、建筑构配件和设备的质量，使用合格产品，保证消防施工质量	2. 消防工程的施工应符合设计文件要求和现行消防技术标准的有关规定。消防工程需要进行深化设计时，设计深度应满足施工要求，且不应降低原设计的消防技术要求。深化设计的图纸完成后，应经原设计单位或具有相应资质条件的设计单位进行消防技术确认。 3. 消防工程宜优先选用取得消防产品自愿认证的材料、产品。采用新技术、新材料、新工艺的消防工程，应按照有关规定对消防技术内容进行专家论证。 4. 消防工程施工前施工单位应编制有针对性的施工方案，并按相关程序经审批后实施。 5. 施工单位应按照经审查合格或在消防设计审查主管部门备案的消防设计文件和相关技术标准的规定组织施工，不得擅自更改。 6. 建筑工程消防施工质量控制应符合下列规定： （1）消防产品进场应按规范要求进行验收； （2）各工序完成后，应进行检查并记录； （3）相关专业工种之间应进行交接检验； （4）隐蔽工程在隐蔽前应进行验收，并应形成验收文件和留存影像资料。 7. 建筑工程消防施工安装应具备下列条件： （1）施工所需的施工图、设计说明书等技术文件资料应齐全； （2）施工现场条件应与设计相符，施工所需的作业条件应满足要求； （3）施工所需的消防产品应齐全，规格、型号等技术参数应符合设计要求； （4）施工所需的预埋件和预留孔洞等前道工序条件应符合设计要求。 8. 建筑工程消防设施、设备的调试应符合下列规定： （1）系统组件、设备安装完毕后，应进行系统完整性检查，安装完成并自检合格后方可进行系统调试； （2）调试前施工单位应制定调试方案，并经批准后实施； （3）现场条件应符合调试要求，相互关联的子分部、分项工程均应符合调试条件； （4）设计文件、系统或设备组件使用说明书及其他调试必备的技术资料应完整； （5）调试所需的检查设备齐全，调试所需仪器、仪表应经校验合格； （6）调试负责人应由施工单位项目技术负责人或专业施工单位技术负责人担任，参加调试的人员应职责明确； （7）调试完成后应填写调试记录，并由参加调试的相关单位责任人签字确认

续表

责任单位	工作内容	关注重点
监理单位	根据《建设工程消防设计审查验收管理暂行规定》(中华人民共和国住房和城乡建设部令第51号)的相关规定: **第十二条** 工程监理单位应当履行下列消防设计、施工质量责任和义务: (一)按照建设工程法律法规、国家工程建设消防技术标准,以及经消防设计审查合格或者满足工程需要的消防设计文件实施工程监理; (二)在消防产品和具有防火性能要求的建筑材料、建筑构配件和设备使用、安装前,核查产品质量证明文件,不得同意使用或者安装不合格的消防产品和防火性能不符合要求的建筑材料、建筑构配件和设备	借鉴北京市地方标准《建筑工程消防施工质量验收规范》(DB11/T 2000—2022)的相关要求: 1. 消防工程的专业施工单位应具有相应资质。实行总承包的建筑工程,消防工程质量验收应由总承包单位组织,消防工程专业施工单位应参加验收。 2. 消防工程的施工应符合设计文件要求和现行消防技术标准的有关规定。消防工程需要进行深化设计时,设计深度应满足施工要求,且不应降低原设计的消防技术要求。深化设计的图纸完成后,应经原设计单位或具有相应资质条件的设计单位进行消防技术确认。 3. 消防工程宜优先选用取得消防产品自愿认证的材料、产品。采用新技术、新材料、新工艺的消防工程,应按照有关规定对消防技术内容进行专家论证。 4. 消防工程施工前施工单位应编制有针对性的施工方案,并按相关程序经审批后实施。 5. 施工单位应按照经审查合格或在消防设计审查主管部门备案的消防设计文件和相关技术标准的规定组织施工,不得擅自更改。 6. 建筑工程消防施工质量控制应符合下列规定: (1)消防产品进场应按规范要求进行验收; (2)各工序完成后,应进行检查并记录; (3)相关专业工种之间应进行交接检验; (4)隐蔽工程在隐蔽前应进行验收,并应形成验收文件和留存影像资料。 7. 建筑工程消防施工安装应具备下列条件: (1)施工所需的施工图、设计说明书等技术文件资料应齐全; (2)施工现场条件应与设计相符,施工所需的作业条件应满足要求; (3)施工所需的消防产品应齐全,规格、型号等技术参数应符合设计要求; (4)施工所需的预埋件和预留孔洞等前道工序条件应符合设计要求。 8. 建筑工程消防设施、设备的调试应符合下列规定: (1)系统组件、设备安装完毕后,应进行系统完整性检查,安装完成并自检合格后方可进行系统调试; (2)调试前施工单位应制定调试方案,并经批准后实施; (3)现场条件应符合调试要求,相互关联的子分部、分项工程均应符合调试条件; (4)设计文件、系统或设备组件使用说明书及其他调试必备的技术资料应完整; (5)调试所需的检查设备齐全,调试所需仪器、仪表应经校验合格;

续表

责任单位	工作内容	关注重点
监理单位		（6）调试负责人应由施工单位项目技术负责人或专业施工单位技术负责人担任，参加调试的人员应职责明确； （7）调试完成后应填写调试记录，并由参加调试的相关单位责任人签字确认
技术服务机构	根据《建设工程消防设计审查验收管理暂行规定》（中华人民共和国住房和城乡建设部令第51号）的相关规定： **第十三条** 提供建设工程消防设计图纸技术审查、消防设施检测或者建设工程消防验收现场评定等服务的技术服务机构，应当按照建设工程法律法规、国家工程建设消防技术标准和国家有关规定提供服务，并对出具的意见或者报告负责	借鉴北京市地方标准《建筑工程消防施工质量验收规范》（DB11/T 2000—2022）的相关要求： 1. 消防施工质量验收应由建设单位、设计单位、监理单位、施工单位、专业施工单位的有关人员按照相关规范要求进行，并签署验收文件。必要时，技术服务机构可参与验收并签署验收文件。 2. 工程建设过程中，建设单位可委托具有相应从业条件的技术服务机构提供全过程消防技术服务，在建设过程中对建筑工程消防施工质量分阶段进行消防检测或实体检验

3.3 竣工验收阶段管理

3.3.1 特殊建设工程消防验收办理流程

以北京市为例，特殊建设工程的竣工消防验收办理流程详见表3-6和图3-5。

表3-6 特殊建设工程竣工消防验收办理流程

办理环节	办理步骤	办理时限	办理人员	审查标准	办理结果
申请受理	受理	5个工作日	综窗人员	申报材料齐全，内容填写完整，签章齐全	受理/不予受理
审查	审查	5个工作日	现场验收组	符合《建设工程消防设计审查验收管理暂行规定》（中华人民共和国住房和城乡建设部令51号）和《建设工程消防设计审查验收工作细则》（建科规〔2020〕5号）相关要求	合格/不合格
决定	决定	2个工作日	首席代表或部门负责人	符合《建设工程消防设计审查验收管理暂行规定》（中华人民共和国住房和城乡建设部令51号）和《建设工程消防设计审查验收工作细则》（建科规〔2020〕5号）相关要求	合格/不合格
颁证与送达	发证	3个工作日	综窗人员	结果名称	
				建设工程消防验收意见书	

续表

办理环节	办理步骤	办理时限	办理人员	审查标准	办理结果
颁证与送达	送达方式	窗口领取 邮寄送达 网站下载：http：//tzxm. beijing. gov. cn 其他：直接送达（当面签收）			

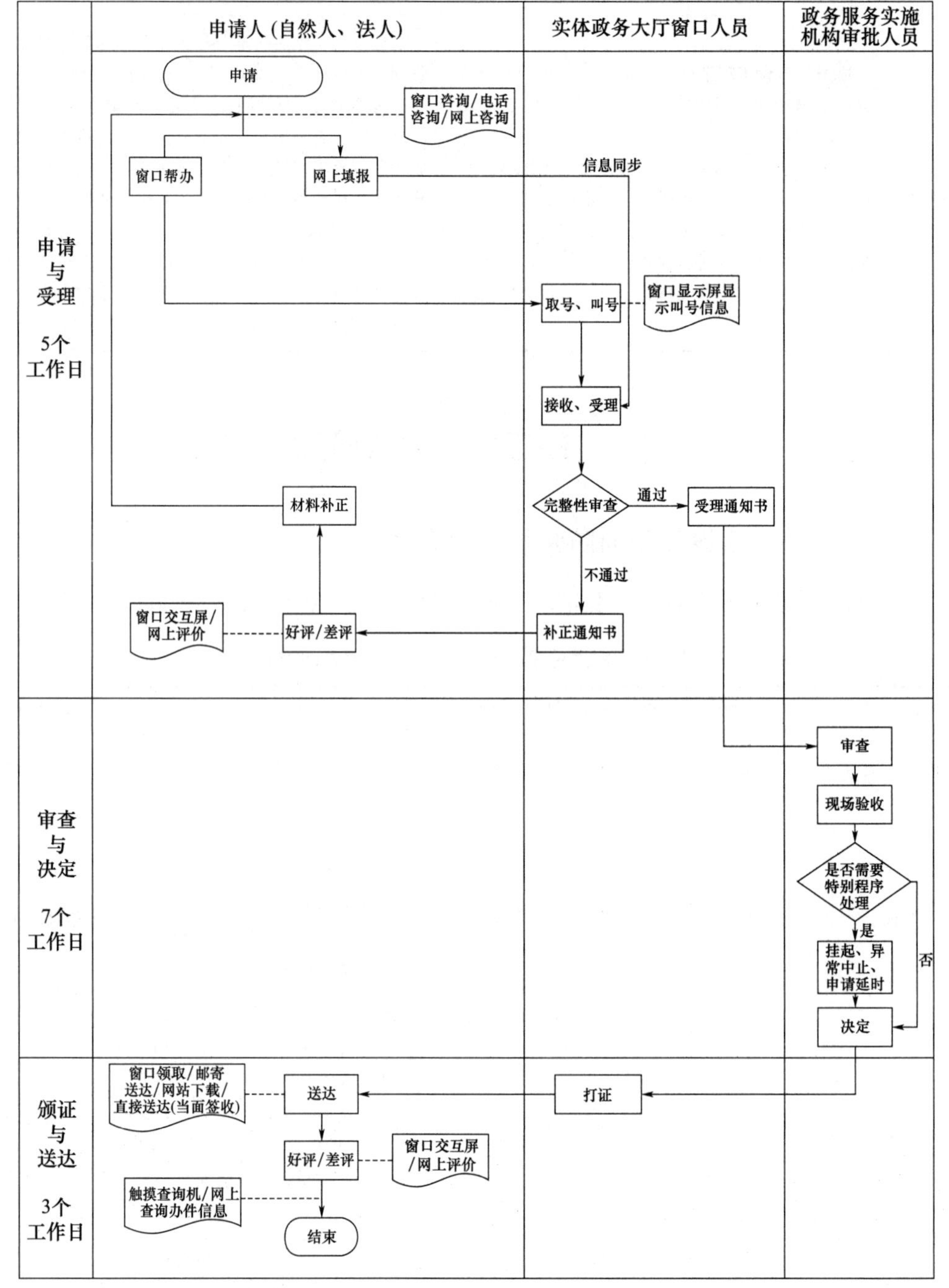

图 3-5 特殊建设工程竣工消防验收办理流程

3.3.2 其他建设工程消防验收备案办理流程

以北京市为例，其他建设工程的消防验收备案办理流程详见表 3-7 和图 3-6。

表 3-7 其他建设工程消防验收备案办理流程

办理环节	办理步骤	办理时限	办理人员	审查标准	办理结果
申请与受理	受理	5 个工作日	综窗人员	申报材料齐全，内容填写完整，签章齐全	受理/不予受理
审查与决定	审查	5 个工作日	综窗人员/现场验收组（抽中）	申报材料齐全，内容真实有效	抽中/未抽中
	决定	2 个工作日	首席代表或部门负责人	符合《建设工程消防设计审查验收管理暂行规定》（中华人民共和国住房和城乡建设部令 51 号）和《建设工程消防设计审查验收工作细则》（建科〔2020〕5 号）相关要求。	备案凭证/备案材料补正通知书
颁证与送达	发证	3 个工作日	综窗人员	结果名称	
				1. 建设工程竣工验收消防备案凭证； 2. 建设工程竣工验收消防备案材料补正通知书； 3. 建设工程竣工验收消防备案检查不合格通知书； 4. 建设工程竣工验收消防备案复查意见书	
	送达方式	窗口领取 邮寄送达 网站下载：http：//tzxm. beijing. gov. cn			

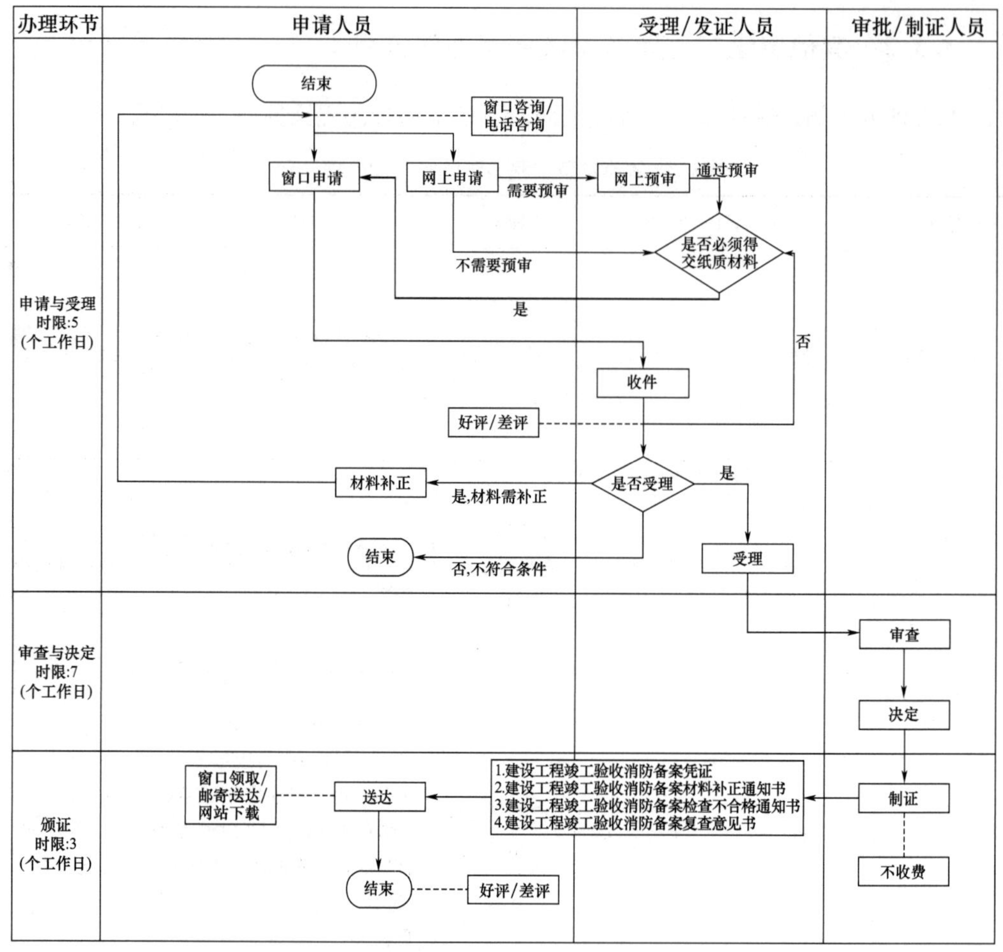

图 3-6　其他建设工程消防验收备案办理流程

3.3.3　竣工验收阶段的责任单位、工作内容和关注重点

竣工验收阶段的责任单位、工作内容和关注重点详见表 3-8。

表 3-8　竣工验收阶段的责任单位、工作内容和关注重点

责任单位	工作内容	关注重点
建设单位	根据《建设工程消防设计审查验收管理暂行规定》（中华人民共和国住房和城乡建设部令第 51 号）的相关规定： **第九条**　建设单位应当履行下列消防设计、施工质量责任和义务： （二）依法申请建设工程消防设计审查、消防验收，办理备案并接受抽查； （六）组织有关单位进行建设工程竣工验收时，对建设工程是否符合消防要求进行查验。 **第二十六条**　对特殊建设工程实行消防验收制度。	按照《建设工程消防设计审查验收工作细则》（建科规〔2020〕5 号）的相关要求： **第三章　特殊建设工程的消防验收** **第十五条**　消防设计审查验收主管部门收到建设单位提交的特殊建设工程消防验收申请后，符合下列条件的，应当予以受理；不符合其中任意一项的，消防设计审查验收主管部门应当一次性告知需要补正的全部内容： （一）特殊建设工程消防验收申请表信息齐全、完整；

续表

责任单位	工作内容	关注重点
建设单位	特殊建设工程竣工验收后，建设单位应当向消防设计审查验收主管部门申请消防验收；未经消防验收或者消防验收不合格的，禁止投入使用。 **第二十七条** 建设单位组织竣工验收时，应当对建设工程是否符合下列要求进行查验： （一）完成工程消防设计和合同约定的消防各项内容； （二）有完整的工程消防技术档案和施工管理资料（含涉及消防的建筑材料、建筑构配件和设备的进场试验报告）； （三）建设单位对工程涉及消防的各分部分项工程验收合格；施工、设计、工程监理、技术服务等单位确认工程消防质量符合有关标准； （四）消防设施性能、系统功能联调联试等内容检测合格。 经查验不符合前款规定的建设工程，建设单位不得编制工程竣工验收报告。 **第三十四条** 其他建设工程竣工验收合格之日起五个工作日内，建设单位应当报消防设计审查验收主管部门备案。 建设单位办理备案，应当提交下列材料： （一）消防验收备案表； （二）工程竣工验收报告； （三）涉及消防的建设工程竣工图纸。 本规定第二十七条有关建设单位竣工验收消防查验的规定，适用于其他建设工程。	（二）有符合相关规定的工程竣工验收报告，且竣工验收消防查验内容完整、符合要求； （三）涉及消防的建设工程竣工图纸与经审查合格的消防设计文件相符。 **第十六条** 建设单位编制工程竣工验收报告前，应开展竣工验收消防查验，查验合格后方可编制工程竣工验收报告。 **第四章 其他建设工程的消防验收备案与抽查** **第二十一条** 消防设计审查验收主管部门收到建设单位备案材料后，对符合下列条件的，应当出具备案凭证；不符合其中任意一项的，消防设计审查验收主管部门应当一次性告知需要补正的全部内容： （一）消防验收备案表信息完整； （二）具有工程竣工验收报告； （三）具有涉及消防的建设工程竣工图纸
设计单位	根据《建设工程消防设计审查验收管理暂行规定》（中华人民共和国住房和城乡建设部令第51号）的相关规定： **第十条** 设计单位应当履行下列消防设计、施工质量责任和义务： （三）参加建设单位组织的建设工程竣工验收，对建设工程消防设计实施情况签章确认，并对建设工程消防设计质量负责	按照《建设工程消防设计审查验收工作细则》（建科规〔2020〕5号）的相关要求： **第十四条** 消防设计审查验收主管部门开展特殊建设工程消防验收，建设、设计、施工、工程监理、技术服务机构等相关单位应当予以配合。 **第十五条** 消防设计审查验收主管部门收到建设单位提交的特殊建设工程消防验收申请后，符合下列条件的，应当予以受理；不符合其中任意一项的，消防设计审查验收主管部门应当一次性告知需要补正的全部内容： （一）特殊建设工程消防验收申请表信息齐全、完整； （二）有符合相关规定的工程竣工验收报告，且竣工验收消防查验内容完整、符合要求； （三）涉及消防的建设工程竣工图纸与经审查合格的消防设计文件相符

续表

责任单位	工作内容	关注重点
施工单位	根据《建设工程消防设计审查验收管理暂行规定》（中华人民共和国住房和城乡建设部令第51号）的相关规定： **第十一条** 施工单位应当履行下列消防设计、施工质量责任和义务： （三）参加建设单位组织的建设工程竣工验收，对建设工程消防施工质量签章确认，并对建设工程消防施工质量负责	按照《建设工程消防设计审查验收工作细则》（建科规〔2020〕5号）的相关要求： **第十四条** 消防设计审查验收主管部门开展特殊建设工程消防验收，建设、设计、施工、工程监理、技术服务机构等相关单位应当予以配合。 **第十五条** 消防设计审查验收主管部门收到建设单位提交的特殊建设工程消防验收申请后，符合下列条件的，应当予以受理；不符合其中任意一项的，消防设计审查验收主管部门应当一次性告知需要补正的全部内容： （一）特殊建设工程消防验收申请表信息齐全、完整； （二）有符合相关规定的工程竣工验收报告，且竣工验收消防查验内容完整、符合要求； （三）涉及消防的建设工程竣工图纸与经审查合格的消防设计文件相符
监理单位	根据《建设工程消防设计审查验收管理暂行规定》（中华人民共和国住房和城乡建设部令第51号）的相关规定： **第十二条** 工程监理单位应当履行下列消防设计、施工质量责任和义务： （三）参加建设单位组织的建设工程竣工验收，对建设工程消防施工质量签章确认，并对建设工程消防施工质量承担监理责任	按照《建设工程消防设计审查验收工作细则》（建科规〔2020〕5号）的相关要求： **第十四条** 消防设计审查验收主管部门开展特殊建设工程消防验收，建设、设计、施工、工程监理、技术服务机构等相关单位应当予以配合。 **第十五条** 消防设计审查验收主管部门收到建设单位提交的特殊建设工程消防验收申请后，符合下列条件的，应当予以受理；不符合其中任意一项的，消防设计审查验收主管部门应当一次性告知需要补正的全部内容： （一）特殊建设工程消防验收申请表信息齐全、完整； （二）有符合相关规定的工程竣工验收报告，且竣工验收消防查验内容完整、符合要求； （三）涉及消防的建设工程竣工图纸与经审查合格的消防设计文件相符
技术服务机构	根据《建设工程消防设计审查验收管理暂行规定》（中华人民共和国住房和城乡建设部令第51号）的相关规定： **第十三条** 提供建设工程消防设计图纸技术审查、消防设施检测或者建设工程消防验收现场评定等服务的技术服务机构，应当按照建设工程法律法规、国家工程建设消防技术标准和国家有关规定提供服务，并对出具的意见或者报告负责	按照《建设工程消防设计审查验收工作细则》（建科规〔2020〕5号）的相关要求： **第十四条** 消防设计审查验收主管部门开展特殊建设工程消防验收，建设、设计、施工、工程监理、技术服务机构等相关单位应当予以配合。 **第十七条** 消防设计审查验收主管部门可以委托具备相应能力的技术服务机构开展特殊建设工程消防验收的消防设施检测、现场评定，并形成意见或者报告，作为出具特殊建设工程消防验收意见的依据。提供消防设施检测、现场评定的技术服务机构，应当将出具的意见或者报告及时反馈消防设计审查验收主管部门，结论应清晰、明确

3.4 使用阶段管理

根据《中华人民共和国消防法》(2021 年修订) 规定，任何单位和个人都有维护消防安全、保护消防设施、预防火灾、报告火警的义务。在使用过程涉及建设单位、使用单位、管理单位、物业服务企业和消防技术服务机构。建设单位在工程设计使用年限内对消防工程的施工质量承担终身责任；使用单位或管理单位应当落实消防安全主体责任，对建筑消防设施进行定期组织检验和维修；物业服务企业对管理区域内的共用消防设施进行维护管理；消防技术服务机构接受建设单位或使用单位或管理单位的委托，对消防设施进行维护保养、检测、消防安全评估、监测等。

3.4.1 公众聚集场所投入使用、营业消防安全许可具体办理流程

根据《中华人民共和国消防法》(2021 年修订) 第十五条规定：公众聚集场所投入使用、营业前消防安全检查实行告知承诺管理。公众聚集场所在投入使用、营业前，建设单位或者使用单位应当向场所所在地的县级以上地方人民政府消防救援机构申请消防安全检查，作出场所符合消防技术标准和管理规定的承诺，提交规定的材料，并对其承诺和材料的真实性负责。消防救援机构对申请人提交的材料进行审查；申请材料齐全、符合法定形式的，应当予以许可。消防救援机构应当根据消防技术标准和管理规定，及时对作出承诺的公众聚集场所进行核查。申请人选择不采用告知承诺方式办理的，消防救援机构应当自受理申请之日起十个工作日内，根据消防技术标准和管理规定，对该场所进行检查。经检查符合消防安全要求的，应当予以许可。公众聚集场所未经消防救援机构许可的，不得投入使用、营业。

公众聚集场所是指宾馆、饭店、商场、集贸市场、客运车站候车室、客运码头候船厅、民用机场航站楼、体育场馆、会堂以及公共娱乐场所等。

人员密集场所是指公众聚集场所，医院的门诊楼、病房楼，学校的教学楼、图书馆、食堂和集体宿舍，养老院，福利院，托儿所，幼儿园，公共图书馆的阅览室，公共展览馆、博物馆的展示厅，劳动密集型企业的生产加工车间和员工集体宿舍，旅游、宗教活动场所等。

以北京市为例，公众聚集场所投入使用、营业消防安全许可具体办理流程详见表 3-9 和图 3-7。

表 3-9 公众聚集场所投入使用、营业消防安全许可办事流程

办理环节	办理步骤	办理时限	办理人员	审查标准	办理结果
申请与受理	受理	0 个工作日	综窗人员	各项材料准备符合《北京市消防救援总队关于印发〈北京市公众聚集场所消防安全检查告知承诺制度实施办法（试行）〉的通知》内容	消防安全检查申请受理凭证

续表

办理环节	办理步骤	办理时限	办理人员	审查标准	办理结果
审查与决定	决定	0.5 个工作日	首席代表或部门负责人	《中华人民共和国消防法》，已符合法律法规、消防技术标准和《北京市公众聚集场所消防安全标准》，满足公众聚集场所投入使用、营业的各项消防安全条件和要求	公众聚集场所投入使用、营业消防安全许可证
颁证与送达	发证	0 个工作日	综窗人员	结果名称	
				公众聚集场所投入使用、营业消防安全许可证	
	送达方式	窗口领取或邮寄送达			

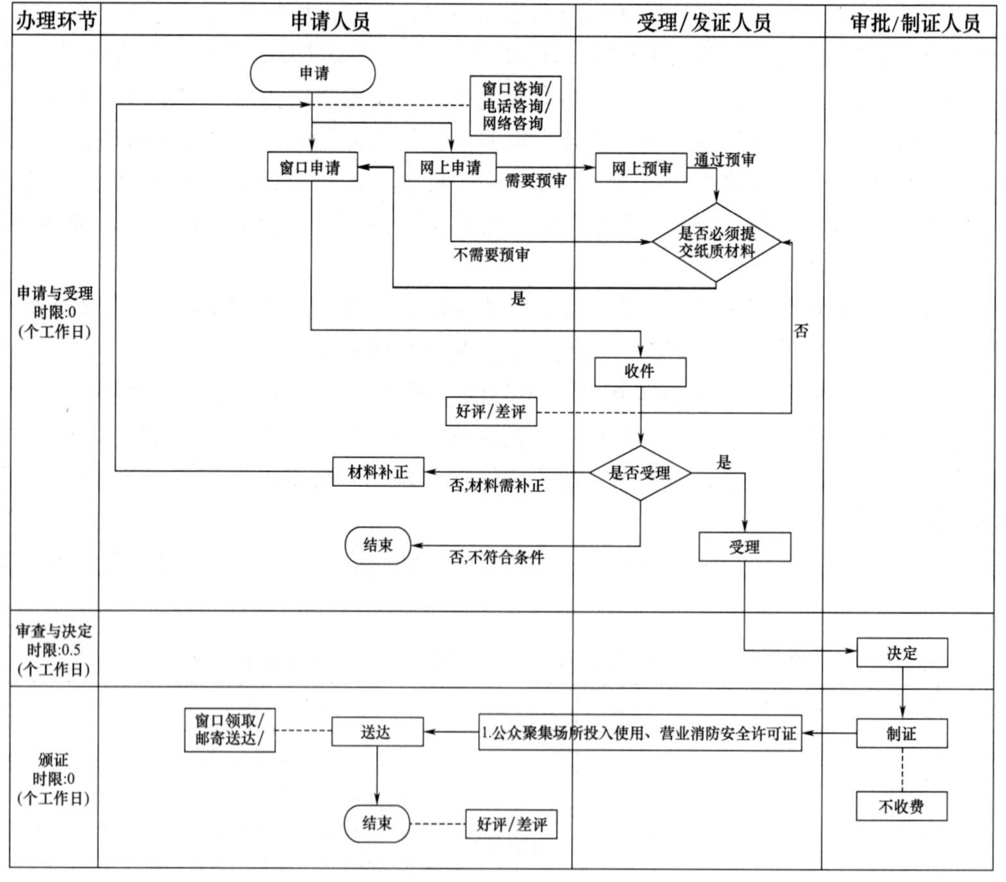

图 3-7　公众聚集场所投入使用、营业消防安全许可办理流程

3.4.2 使用阶段的相关单位工作内容、相关要求和关注重点

使用阶段的责任单位、工作内容和关注重点详见表 3-10。

表 3-10 使用阶段的责任单位、工作内容和关注重点

责任单位	工作内容	关注重点
消防工程相关责任主体单位	根据《中华人民共和国消防法》的相关规定： **第九条** 建设工程的消防设计、施工必须符合国家工程建设消防技术标准。建设、设计、施工、工程监理等单位依法对建设工程的消防设计、施工质量负责。 **第十五条** 公众聚集场所投入使用、营业前消防安全检查实行告知承诺管理。公众聚集场所在投入使用、营业前，建设单位或者使用单位应当向场所所在地的县级以上地方人民政府消防救援机构申请消防安全检查，作出场所符合消防技术标准和管理规定的承诺，提交规定的材料，并对其承诺和材料的真实性负责	按照《国务院办公厅关于印发〈消防安全责任制实施办法〉的通知》（国办发〔2017〕87 号）的相关要求： **第二十一条** 建设工程的建设、设计、施工和监理等单位应当遵守消防法律、法规、规章和工程建设消防技术标准，在工程设计使用年限内对工程的消防设计、施工质量承担终身责任
使用单位或管理单位	根据《中华人民共和国消防法》的相关规定： **第十五条** 公众聚集场所投入使用、营业前消防安全检查实行告知承诺管理。公众聚集场所在投入使用、营业前，建设单位或者使用单位应当向场所所在地的县级以上地方人民政府消防救援机构申请消防安全检查，作出场所符合消防技术标准和管理规定的承诺，提交规定的材料，并对其承诺和材料的真实性负责。 **第十六条** 机关、团体、企业、事业等单位应当履行下列消防安全职责： （一）落实消防安全责任制，制定本单位的消防安全制度、消防安全操作规程，制定灭火和应急疏散预案； （二）按照国家标准、行业标准配置消防设施、器材，设置消防安全标志，并定期组织检验、维修，确保完好有效； （三）对建筑消防设施每年至少进行一次全面检测，确保完好有效，检测记录应当完整准确，存档备查； （四）保障疏散通道、安全出口、消防车通道畅通，保证防火防烟分区、防火间距符合消防技术标准；	按照《国务院办公厅关于印发〈消防安全责任制实施办法〉的通知》（国办发〔2017〕87 号）的相关要求： **第十五条** 机关、团体、企业、事业等单位应当落实消防安全主体责任，履行下列职责： （一）明确各级、各岗位消防安全责任人及其职责，制定本单位的消防安全制度、消防安全操作规程、灭火和应急疏散预案。定期组织开展灭火和应急疏散演练，进行消防工作检查考核，保证各项规章制度落实。 （二）保证防火检查巡查、消防设施器材维护保养、建筑消防设施检测、火灾隐患整改、专职或志愿消防队和微型消防站建设等消防工作所需资金的投入。生产经营单位安全费用应当保证适当比例用于消防工作。

续表

责任单位	工作内容	关注重点
使用单位或管理单位	（五）组织防火检查，及时消除火灾隐患； （六）组织进行有针对性的消防演练； （七）法律、法规规定的其他消防安全职责。 单位的主要负责人是本单位的消防安全责任人。 **第十八条**　同一建筑物由两个以上单位管理或者使用的，应当明确各方的消防安全责任，并确定责任人对共用的疏散通道、安全出口、建筑消防设施和消防车通道进行统一管理	（三）按照相关标准配备消防设施、器材，设置消防安全标志，定期检验维修，对建筑消防设施每年至少进行一次全面检测，确保完好有效。设有消防控制室的，实行24小时值班制度，每班不少于2人，并持证上岗。 （四）保障疏散通道、安全出口、消防车通道畅通，保证防火防烟分区、防火间距符合消防技术标准。人员密集场所的门窗不得设置影响逃生和灭火救援的障碍物。保证建筑构件、建筑材料和室内装修装饰材料等符合消防技术标准。 （五）定期开展防火检查、巡查，及时消除火灾隐患。 （六）根据需要建立专职或志愿消防队、微型消防站，加强队伍建设，定期组织训练演练，加强消防装备配备和灭火药剂储备，建立与公安消防队联勤联动机制，提高扑救初起火灾能力。 （七）消防法律、法规、规章以及政策文件规定的其他职责。 **第十六条**　消防安全重点单位除履行第十五条规定的职责外，还应当履行下列职责： （一）明确承担消防安全管理工作的机构和消防安全管理人并报知当地公安消防部门，组织实施本单位消防安全管理。消防安全管理人应当经过消防培训。 （二）建立消防档案，确定消防安全重点部位，设置防火标志，实行严格管理。 （三）安装、使用电器产品、燃气用具和敷设电气线路、管线必须符合相关标准和用电、用气安全管理规定，并定期维护保养、检测。 （四）组织员工进行岗前消防安全培训，定期组织消防安全培训和疏散演练。 （五）根据需要建立微型消防站，积极参与消防安全区域联防联控，提高自防自救能力。 （六）积极应用消防远程监控、电气火灾监测、物联网技术等技防物防措施。 **第十七条**　对容易造成群死群伤火灾的人员密集场所、易燃易爆单位和高层、地下公共建筑等火灾高危单位，除履行第十五条、第十六条规定的职责外，还应当履行下列职责： （一）定期召开消防安全工作例会，研究本单位消防工作，处理涉及消防经费投入、消防设施设备购置、火灾隐患整改等重大问题。

续表

责任单位	工作内容	关注重点
使用单位或管理单位		（二）鼓励消防安全管理人取得注册消防工程师执业资格，消防安全责任人和特有工种人员须经消防安全培训；自动消防设施操作人员应取得建（构）筑物消防员资格证书。 （三）专职消防队或微型消防站应当根据本单位火灾危险特性配备相应的消防装备器材，储备足够的灭火救援药剂和物资，定期组织消防业务学习和灭火技能训练。 （四）按照国家标准配备应急逃生设施设备和疏散引导器材。 （五）建立消防安全评估制度，由具有资质的机构定期开展评估，评估结果向社会公开。 （六）参加火灾公众责任保险。 **第十八条**　同一建筑物由两个以上单位管理或使用的，应当明确各方的消防安全责任，并确定责任人对共用的疏散通道、安全出口、建筑消防设施和消防车通道进行统一管理
消防技术服务机构	根据《中华人民共和国消防法》的相关规定： **第三十四条**　消防设施维护保养检测、消防安全评估等消防技术服务机构应当符合从业条件，执业人员应当依法获得相应的资格；依照法律、行政法规、国家标准、行业标准和执业准则，接受委托提供消防技术服务，并对服务质量负责	按照《社会消防技术服务管理规定》（应急管理部第7号令）的相关要求： **第九条**　消防技术服务机构及其从业人员应当依照法律法规、技术标准和从业准则，开展下列社会消防技术服务活动，并对服务质量负责： （一）消防设施维护保养检测机构可以从事建筑消防设施维护保养、检测活动； （二）消防安全评估机构可以从事区域消防安全评估、社会单位消防安全评估、大型活动消防安全评估等活动，以及消防法律法规、消防技术标准、火灾隐患整改、消防安全管理、消防宣传教育等方面的咨询活动。 消防技术服务机构出具的结论文件，可以作为消防救援机构实施消防监督管理和单位（场所）开展消防安全管理的依据。 **第十条**　消防设施维护保养检测机构应当按照国家标准、行业标准规定的工艺、流程开展维护保养检测，保证经维护保养的建筑消防设施符合国家标准、行业标准。 **第十三条**　消防技术服务机构承接业务，应当与委托人签订消防技术服务合同，并明确项目负责人。项目负责人应当具备相应的注册消防工程师资格。消防技术服务机构不得转包、分包消防技术服务项目。 **第十四条**　消防技术服务机构出具的书面结论文件应当由技术负责人、项目负责人签名并加盖执业印章，同时加盖消防技术服务机构印章。消防设施维护保养检测机构对建筑消防设施进行维护保养后，应当制作包含消防技术服务机构名称及项目负责人、维护保养日期等信息的标识，在消防设施所在建筑的醒目位置上予以公示。

续表

责任单位	工作内容	关注重点
消防技术服务机构		**第十五条** 消防技术服务机构应当对服务情况作出客观、真实、完整的记录，按消防技术服务项目建立消防技术服务档案。消防技术服务档案保管期限为6年
物业服务企业	根据《中华人民共和国消防法》的相关规定： **第十八条** 住宅区的物业服务企业应当对管理区域内的共用消防设施进行维护管理，提供消防安全防范服务	按照《国务院办公厅关于印发〈消防安全责任制实施办法〉的通知》（国办发〔2017〕87号）的相关要求： **第十八条** 同一建筑物由两个以上单位管理或使用的，应当明确各方的消防安全责任，并确定责任人对共用的疏散通道、安全出口、建筑消防设施和消防车通道进行统一管理。物业服务企业应当按照合同约定提供消防安全防范服务，对管理区域内的共用消防设施和疏散通道、安全出口、消防车通道进行维护管理，及时劝阻和制止占用、堵塞、封闭疏散通道、安全出口、消防车通道等行为，劝阻和制止无效的，立即向公安机关等主管部门报告。定期开展防火检查巡查和消防宣传教育

4 《建筑工程消防施工质量验收规范》主要内容

2018 年 3 月，中共中央办公厅发布《深化党和国家机构改革方案》，决定将原由公安部承担的建筑工程消防管理职能调整为由住房城乡建设部和应急管理部承担。2019 年 3 月 27 日，住房城乡建设部会同应急管理部联合印发《关于做好移交承接建设工程消防设计审查验收职责的通知》，各地方住房城乡建设主管部门为承接消防工程管理职能进行了安排和部署。2019 年北京市住房城乡建设委员会和北京市市场监督管理局批准立项编制北京市地方标准《建筑工程消防施工质量验收规范》，2022 年 8 月《建筑工程消防施工质量验收规范》（DB11/T 2000—2022，以下简称《规范》）正式发布，2022 年 10 月 1 日起实施。

4.1 《规范》编制背景和编制过程

4.1.1 《规范》编制是为适应消防管理体制改革要求

《深化党和国家机构改革方案》决定消防工程变为住房城乡建设部和应急部管理部开始，各地方很快行动起来，大部分地方制订了“三步走”的工作目标，第一步是积极稳妥做好消防验收职责承接，平稳有序地开展消防验收及备案工作，实现职责平稳过渡；第二步是通过积累消防验收经验，进一步开拓思路，改进消防验收工作方法，创新监管模式，实现消防验收工作质量稳中有升；第三步是研究探索把消防工程质量管理纳入建设工程质量监督管理，实现消防验收与建设工程竣工验收深度融合，形成稳步提升消防工程质量的长效机制。

按照住房城乡建设部的制度设计，消防工程管理职能转移承接前后消防管理职责对照见表 4-1。

表 4-1 消防管理体制改革前后职责对照表

阶段和工作	改革前		改革后	
	责任单位	主管单位	责任单位	主管单位
前期设计阶段 设计审查	建设单位	公安部消防局	建设单位	住房城乡建设 主管部门
施工阶段 过程控制	建设、设计、施工、 监理等单位	住房城乡建设 主管部门	建设、设计、施工、 监理等单位	住房城乡建设 主管部门

续表

<table>
<tr><th colspan="2" rowspan="2">阶段和工作</th><th colspan="2">改革前</th><th colspan="2">改革后</th></tr>
<tr><th>责任单位</th><th>主管单位</th><th>责任单位</th><th>主管单位</th></tr>
<tr><td rowspan="3">竣工验收阶段</td><td>消防查验</td><td colspan="2">—</td><td>建设、设计、施工、监理等单位</td><td>住房城乡建设主管部门</td></tr>
<tr><td>特殊建设工程验收</td><td>建设单位</td><td>公安部消防局</td><td>建设单位</td><td>住房城乡建设主管部门</td></tr>
<tr><td>其他建设工程备案抽查</td><td>建设单位</td><td>公安部消防局</td><td>建设单位</td><td>住房城乡建设主管部门</td></tr>
<tr><td colspan="2">使用阶段防灾公众聚集场所准用</td><td>建设单位或者使用单位</td><td>公安部消防局</td><td>建设单位或者使用单位</td><td>应急管理部消防救援机构</td></tr>
</table>

职能转移承接前，公安部消防局是按照行政许可来定位消防验收工作的，《建设工程消防验收评定规则》(GA 836）中明确定义，“消防验收为行政许可”，这与营商环境改善和建设工程实行竣工联合验收的工作要求不符，也与住房城乡建设系统关于工程验收的工作定位不符。为了统一建设工程消防验收、备案及备案抽查工作，为规范各方参建主体消防施工质量管理责任和消防验收工作责任，为各地住房城乡建设管理部门开展消防验收工作提供技术指南，研究地方性建设工程消防验收标准势在必行。

4.1.2 《规范》编制是为满足新修订《中华人民共和国消防法》的要求

《中华人民共和国消防法》(以下简称《消防法》) 1998 年 4 月 29 日经第九届全国人民代表大会常务委员会第二次会议通过并颁布实施，2008 年 10 月 28 日第十一届全国人民代表大会常务委员会第五次会议第一次修订，2019 年 4 月 23 日第十三届全国人民代表大会常务委员会第十次会议第二次修订，2021 年 4 月 29 日第十三届全国人民代表大会常务委员会第三次修订，为现行版本。

新修订的《消防法》共七章 74 条，其中第一章总则 7 条，第二章火灾预防 27 条，第三章消防组织 8 条，第四章灭火救援 9 条，第五章监督检查 6 条，第六章法律责任 15 条，第七章附则 2 条。新修订的《消防法》突出以人民利益为中心，把维护人民生命财产安全放在第一位，调整理顺了管理体制，明确了相关责任方法律责任。

职能转移承接前，消防工程相关法律法规体系以公安部为主，公安部消防局已形成了较为成熟、完善的消防法律法规及技术标准规范体系，专业性强、知识点多、涉及面广。对住房城乡建设主管部门而言，建设工程消防验收及竣工验收消防备案属于新的专业领域，短时间之内想要从入门到精通，实现起来较为困难，这在一定程度上影响了工作效率，给营商环境造成较大压力。同时，研究确定相应消防工程标准必须遵循新修订的法律法规，为消防验收工作有效、依法、合规开展奠定基础。

住房城乡建设部 2020 年 6 月 1 日发布实施《建设工程消防设计审查验收管理暂行规定》(中华人民共和国住房和城乡建设部令第 51 号)，共 6 章 43 条。明确消防设计审查、消防验收、备案和抽查工作的相关要求，同时规定了建设单位是消防工程质量的首要责任者，规定了设计单位、施工单位、工程监理单位、技术服务单位等单位依法承担相应主体责任，规定了12类“特殊建设工程”的管理要求。

各地住房城乡建设主管部门高度重视消防验收改革工作，对于地方标准的立项和论证给予极大关注，希望通过技术标准的编制，为各参建主体消防验收工作提供技术支撑。

4.1.3 《规范》编制基于前期充分调研和论证的基础

北京市住房和城乡建设委员会为了加强对于消防工程质量的管理，立项《规范》后，由北京市住房城乡建设委新组建的消防验收处领导，北京市建设监理协会、北京市建设工程质量安全监督总站、中国建筑科学研究院有限公司防火所等单位牵头，组成了阵容强大的研究和编制组，遵循调研—研究—编制的规律，历经2年多时间，动用充足资源，扎实勤奋工作，边学习边研究，最终形成了基本满意的工作成果。

第一阶段，编制组分工调研。采取查阅资料、现场调研、组织座谈会、发放调查问卷等方式进行调研。一是对消防工程相关法律法规进行系统梳理，分析汇总了相关法律15部、行政法规8部、代表性地方性法规43部、代表性部门规章和地方政府规章8部、规范性文件11份；二是对消防工程相关技术标准进行系统梳理，包括国家标准、行业标准、地方标准、团体标准等，按照设计类标准、施工工艺类标准、施工质量验收类标准、消防产品类标准、检测试验类标准等分类检索、搜集、整理，共归类搜集790余部消防工程相关标准；三是发放调查问卷，针对消防工程管理现状，针对不同责任主体设计调查问卷问题，采取广泛发放和定向发放相结合的形式，共回收调查问卷415份；四是现场调研，按照51号部令区分不同管理类型的项目，选取有代表性的工程，分组进行现场实地考察座谈，主要了解目前做法、工作程序和相关资料情况，共实地调研18个项目。调研阶段占了前期的8个月时间。

第二阶段，研究论证阶段。研究论证阶段包括前期调研成果研究和专题论证研究。前期调研成果研究是根据四个方面的调研成果，通过归纳、整理、分析、总结，进而得出结论，为下一阶段的撰写打下基础。该阶段我们形成研究报告共三册约16万字。专题论证研究是针对调研和撰写中的问题，通过召开专家座谈会等方式进行有针对性的研究探讨，并提出解决方案。该类研究不止局限于研究论证阶段，也在撰写阶段采用，主要解决按专业分工撰写中各组发现的问题。两年中，编制组共召开各类专家论证会30余次。

第三阶段，分工撰写阶段。编制组根据消防工程特点，组成建筑结构与装饰、消防水、消防电、防排烟、消防设备与自动控制等撰写组，按照研究制定的总体思路、标准架构和格式要求，分头撰写，并汇总。

第四阶段，修改论证与鉴定阶段。在分工撰写汇总稿的基础上，经多次内部审核，形成征求意见稿，在北京市范围内公开征求各方意见，并定向征求大企业和知名专家意见，根据意见反馈进行修改打磨，形成初审稿。初审稿由编制组组织行业内专家进行审查，经再次修改后形成报审稿；报审稿经北京市住房城乡建设委组织专家鉴定，经编制组修改形成报批稿；报批稿经北京市市场监管局和北京市住房城乡建设委联合审查，修改通过审查验收，2022 年 8 月 18 日起正式发布。

4.2 《规范》的定位和特点

4.2.1 统领消防相关专业的“分部工程”

消防工程按照专业可以细分为建筑结构与装饰、消防水、消防电、防排烟、消防设备与自动控制等，是涉及多专业的“工程”，之所以在《建筑工程施工质量验收统一标准》（GB 50300—2013）中没有将消防工程列为“分部工程”，是因为最新版的统一验收标准修订时，消防工程管理尚未纳入住建系统管理，还属于公安部管理的行政许可事项，与 GB 50300—2013 的强调过程质量控制和层级质量保证不是一种思路和一个体系。

GB 50300—2013 在分部工程划分方面也是动态的，例如现行 2013 版包括的 10 个分部中，新增了“节能工程”分部，该分部工程包括了围护系统节能、供暖空调设备及管网节能、电气动力节能、监控系统节能和可再生能源等子分部工程，涉及多个专业子分部工程；类似还有智能建筑分部工程，是由智能化集成系统等 19 个不同专业的子分部工程构成的。笔者希望 GB 50300—2013 下一次修订中增加“消防工程”分部，以将消防工程纳入建筑工程质量统一管理的思路和程序之下进行全过程管理。

《规范》编写过程中，笔者把消防工程按照建筑工程的一个“分部工程”看待，并按《建筑工程施工质量验收统一标准》的思路按专业划分为建筑总平面及平面布置、建筑构造、建筑保温与装修、消防给水及灭火系统、消防电气和火灾自动报警系统、建筑防烟排烟系统等 6 个子分部工程。子分部工程之下分为分项工程和检验批。笔者认为把消防工程定位为建筑工程独立的“分部工程”是顺理成章的。

4.2.2 应用阶段和应用对象

《规范》充分体现工程质量过程控制原则，改变原公安部《建设工程消防验收评定规则》（GA 836）的思路，强化用隐蔽工程和检验批质量保证分项工程质量，用分项工程质量保证子分部工程质量，从而达到保证消防工程整体质量的目的。《规范》适用于施工阶段和验收阶段。

《规范》体现新修订的《消防法》和《建设工程消防设计审查验收管理暂行规定》（中华人民共和国住房和城乡建设部令第 51 号），以及消防管理体制改革后的法律法规要求，强化建设单位对于消防工程质量管理的首要责任，同时体现设计单位、施工单位、监理单位、专业施工单位、技术服务机构等相关单位的责任，其技术内容的应用对象包括相关各方责任主体，同时也可服务于政府监管部门的消防验收工作。

4.2.3 主体责任原则

过去习惯做法是建设单位或施工单位委托一个消防专业施工单位，消防专业施工单位有一个合同义务就是保证通过消防验收。通过调研和研究我们发现这种做法对于保证消防工程质量是不利的。表 4-2 是某项目消防工程承担单位分析表。

表 4-2 某项目消防工程承担单位分析表

序号	专业工程名称	承担单位	资料形成单位
1	建筑结构装饰装修（总平面、平面布置、防火分区、防火封堵、防火疏散、防火门、外保温、内装修）	总承包施工单位	总承包施工单位
2	玻璃幕墙	幕墙施工单位	幕墙施工单位
3	消防给水系统	总承包施工单位	总承包施工单位
4	消防电气系统	总承包施工单位	总承包施工单位
5	消防控制系统	消防专业分包单位	消防专业分包单位
6	消防电梯	电梯安装单位	电梯安装单位
7	消防灭火器	建设单位	建设单位

由表 4-2 可以看出，施工单位承担了消防工程大部分专业施工任务，建设单位也有直接购买的消防产品和直接委托的消防专业施工。目前，大部分建设单位尚未意识到消防工程施工质量应由建设单位承担首要责任，施工单位不认为自己还承担着所负责施工专业的消防施工质量责任，认为消防专业施工单位是消防施工质量的完全责任方，这种理解是错误的。

《规范》明确了各方主体责任，施工单位掌握施工现场大部分资源，是消防工程质量的直接责任方，应将专业施工单位承包的消防工程质量、消防工程资料等纳入总承包统一管理。

4.2.4 "不重不漏"原则

《规范》编制过程中，如何处理与各专业验收标准的关系是编制组反复研究的问题。按照住房城乡建设部标准编制相关规定，对于国家标准、行业标准等已有明确条款规定的，本规范没必要重复规定。本规范定位于消防工程施工质量的验收标准，主要关注各子分部工程的验收程序、验收内容、关键指标和工程资料等，旨在强调重点、明确要求，没有必要重复专业验收规范已经规定的"主控项目"和"一般项目"的相关要求，与构成子分部的专业工程验收标准不重复。引用专业标准条款的内容只在总则第三条中强调"建筑工程的消防施工质量验收除应符合本规范外，尚应符合国家及地方现行有关标准的规定"，并在个别必要章节，例如第 8 章、第 10 章和第 12 章具体指明了适用专业标准号。从这一角度看，《规范》并非纯技术标准，而是"技术＋管理"的统领消防工程相关专业的"统一"标准。

在施工过程质量控制方面"不重不漏"。《规范》的六个子分部工程分别包含在建筑与结构、给排水、电气、通风空调、智能化等专业中，专业施工中已经按照专业施工规范履行隐蔽工程、检验批、分项工程验收程序的，消防工程验收没有必要再次单独验收，但是对于消防工程独有的或过去验收工作中强调不够的，《规范》应加以明确。例如，消防给水系统就是消防工程独有的专业工程，应按本规范第 9 章的规定组织验收；消防防火封堵对于消防安全非常重要，但在过去的验收工作中没有引起足够重视，《规范》在相应章节加以强调。另外，在我国现行的管理体制下，有些需要加强全过程管理才能实现的项目，通常却只强调了设计指标的达成，就是设计“计算”是高标准的，但是到施工阶段特别是需要多专业配合才能达成的指标，没有过程控制和事后考核或检验，造成实际效果与设计计算存在较大差距，这种差距在建筑物投入使用中才能够体现出来。例如建筑节能各级领导以及全社会都认为很重要，各层次设计标准也在不断提高，但是设计计算达到标准了，最后是否达到了相应的节能要求了？却没有最终检验。设计、施工、使用脱节，各管一段，这是很多专业工程中都有的问题。本次规范编制的目的就是希望在消防工程中逐步改变这种现状。

在消防工程资料与其他专业工程资料方面“不重不漏”。消防工程是建筑工程的一部分，是由几个相关专业组成的。对于消防工程独有的系统，其工程资料应归类于消防工程资料，单独整理归档，例如消防给水系统属于消防工程独有的系统，其资料应单独整理归档，未来可不必在普通的给排水资料中再出现；钢结构防火涂料验收，独立于钢结构的结构工程分项验收，其验收资料应单独在消防工程资料中整理归档，未来可不必在结构工程资料中归档。

4.2.5 关于《规范》名称

由于本标准前期研究始于2018年，当时住房城乡建设部关于系列“通用规范”的编制工作尚未启动，也没有开始落实“全文强制的、陆续完善为技术法规的称为规范”，其余的改为“标准”或其他名称，当时北京市地方标准也没有相应的明确规定，导致本标准立项当中名称即为“规范”。现在看来似乎叫做“规程”更合适。预计随着消防体制改革的深入，涉及消防工程质量管理和消防验收的法律法规和政策要求会进一步完善，笔者将在适当时机启动《规范》修订，修订时将专题研究本标准名称以及相关问题，并做出正确选择。

4.3 《规范》主要技术内容介绍

4.3.1 总则、术语和基本规定

第1章总则，共3条，完全按照住房城乡建设部标准编制的相关要求编写。其中1.0.2规定：“本规范适用于新建、改建、扩建建筑工程的消防施工质量验收，也适用于城市轨道交通工程的消防施工质量验收”。建筑工程广义上理解可以包含住房城乡建设部系统直接管理的房屋建筑和市政公用工程，近两年在住房城乡建设部颁布的文件中也有这样的解读。地铁等城市轨道交通工程属于《建设工程消防设计审查验收管理暂行规定》（中华人民共和国住房和城乡建设部令第51号）规定的“特殊建设工程”，需要由政府监督部门进行消防验收，北京市的轨道交通建设和管理在全国具有广泛的影响力，但轨道交通工程不可能再单独申请立项编制专门的消防工程地方标准，经与北京市轨道交通建设管理有限公司沟通，轨道交通的消防工程专业配置齐全、可靠性要求更高，而其专业技术方面的要求与本规范主要技术章节并无太大差别，只在验收程序、专业构成、自动控制和可靠性等方面需要加以强调。为此，本规范专门设一章，“第12章

城市轨道交通工程”，将其纳入本规范之内。

第 2 章术语，共 7 条，主要是本规范需要明确、各专业技术标准未强调、在本规范后续技术章节中具有共性，且至少在后续规范条款正文中出现两次，需要明确其确切含义的用语。

第 3 章基本规定，共 12 条，主要是后续各章共性问题和消防工程施工质量验收的统一要求，包括各方主体责任、消防工程验收和调试条件、消防工程资料等内容。其中第 3.0.4 条规定“消防工程宜优先选用取得消防产品自愿认证的材料、产品。采用新技术、新材料、新工艺的消防工程，应按照有关规定对消防技术内容进行专家论证”。隶属于国家市场监督管理总局的国家认监委发布的强制性产品认证目录中，共有 17 大类 103 项产品，其中消防产品共涉及 3 种，即火灾报警产品、灭火器、避难逃生产品。这三类产品仍实行强制性认证，需要有“CCC”标志，其余消防产品鼓励采取自愿认证方式。

4.3.2　消防施工质量验收程序

第 4 章消防施工质量验收程序，共 12 条，涉及检验批划分，检验批、分项工程、子分项工程、消防工程验收的组织，验收合格条件，技术服务机构在消防验收中的角色等内容。其中第 4.0.1 条规定：建筑工程消防施工质量验收，应在施工单位、专业施工单位自检合格的基础上，按检验批、分项工程、子分部工程的顺序依次、逐级进行。第 4.0.8 条规定：消防工程各专业施工完成后，建设单位应组织验收。建设单位、设计单位、监理单位、施工单位、专业施工单位、技术服务机构的项目负责人应按规定参加验收，验收合格的按本规范附录 C 填写消防施工质量验收记录。第 4.0.12 条规定：建筑工程竣工验收前，建设单位可委托具有相应从业条件的技术服务机构进行消防查验，并形成意见或者报告，作为建筑工程消防查验合格的参考文件。采取特殊消防设计的建筑工程，其特殊消防设计的内容可进行功能性试验验证，并应对特殊消防设计的内容进行全数查验。对消防检测和消防查验过程中发现的各类质量问题，建设单位应组织相关单位进行整改。

4.3.3　消防产品进场检验

第 5 章消防产品进场检验，包括 5 节。“5.1 一般规定”，共 4 条。《规范》中的消防产品是广义的概念，包括了消防工程施工中所用的材料（钢结构的防火涂料、消防给水系统用管材、防火封堵材料等）、构配件（自动喷水灭火系统的喷淋头、防烟系统的防火阀等）、设备（排烟系统的排烟风机、消火栓系统的稳压泵等）、产品（防火门、灭火器等）。不同类别的消防产品有不同的进场检验要求，就共性而言，材料类的要进行质量证明文件核查、外观质量检查和复验，并对需要进行见证取样的按规定进行见证取样送检；对于设备类应进行质量证明文件核查和开箱检验，必要的按规定进行现场测试。

“5.2 质量证明文件核查”，共 6 条。其中第 5.2.6 条规定：质量证明文件包括产品相关质量证明文件和企业相关证明文件，根据不同消防产品的特点，可包括下列内容：

1. 产品相关质量证明文件：

1）生产许可证；

2）产品质量合格证；

3）检测报告；

4）随机文件、中文安装使用说明书；

5）国家强制认证证书（“CCC”）或认证证书、认证标识；

6）计量设备检定证书；

7）知识产权证明文件。

2. 企业相关证明文件：

1）企业营业执照；

2）资质证书等证明文件。

“5.3 外观质量检查”，共 5 条。《规范》第 5.3.5 条规定外观质量检查的内容是：

1. 消防产品外涂层应粘结牢固，无裂缝，且不应有露底、漏涂等情况；

2. 消防产品表面应平整、洁净、色泽一致，无裂痕、无乳突、无缺损、无明显划痕、无明显凹痕或机械损伤；

3. 设备组件外露接口应设有防护堵、盖，且封闭良好，非机械加工表面保护涂层应完好，接口螺纹和法兰密封面应无损伤，设备的操作机构应动作灵活；

4. 设备零部件的表面不应有裂纹、压坑及明显的凹凸、锤痕、毛刺等缺陷；

5. 设备产品外壳应光洁，表面应无腐蚀、无涂层脱落和气泡现象，无明显划痕、裂痕、毛刺等机械损伤，紧固件、插接件应无松动；

6. 设备商标、制造厂等标识应齐全；

7. 设备型号、规格等技术参数应符合设计要求。

“5.4 复验和现场试验”，共 4 条。《规范》第 5.4.3 条规定消防产品的耐火性能或燃烧性能应进行见证取样检验，包括：

1. 预应力钢结构、跨度大于或等于 60m 的大跨度钢结构、高度大于或等于 100m 的高层建筑钢结构所采用的防火涂料；

2. 用于装饰装修的 B1 级纺织织物、现场阻燃处理后的纺织织物；用于装饰装修的 B1 级木质材料、现场阻燃处理后的木质材料、表面进行加工后的 B1 级木质材料；

3. 用于装饰装修的 B1 级高分子合成材料、现场阻燃处理后的泡沫塑料；用于装饰装修的 B1 级复合材料、现场阻燃处理后的复合材料；用于装饰装修的其他 B1 级材料、现场阻燃处理后的其他材料；

4. 用于装饰装修的现场进行阻燃处理所使用的阻燃剂及防火涂料；

5. 用于墙体节能工程、幕墙节能工程、屋面节能工程的保温隔热材料（不燃材料除外）；

6. 国家标准及地方标准规定的其他构件、材料或产品。

《规范》第 5.4.4 条规定消防产品的性能应进行现场试验，其内容是：

1. 消火栓固定接口的密封性能；

2. 报警阀组的抗渗漏性能；

3. 闭式喷头的密封性能；

4. 通用阀门强度和严密性能；

5. 自带电源型消防应急灯具的应急工作时间；

6. 国家标准及地方标准规定的其他现场试验项目。

“5.5 设备开箱检验”，共 4 条。《规范》第 5.5.4 条规定开箱检验应包括的内容是：

1. 生产厂家资质核查，应符合国家关于设备生产许可的相关规定；

2. 装箱清单检查，应符合设计文件和供货合同约定；

3. 外观检查，包括设备内外包装和设备及附件的外观是否完好、有无破损、碰伤、浸湿、受潮、变形及锈蚀等。实行强制性认证的消防产品，本体或包装上应有“CCC”认证标识；

4. 数量检查，应依据合同和装箱单，核对装箱设备、附件、备件、专用工具及材料等数量；

5. 规格、型号、参数检查，应依据合同、设计文件要求，核对设备、附件、备件、专用工具、材料的规格、型号及参数；

6. 随机文件检查，一般包括质量证明文件、安装及使用说明书、相关技术资料等。查验强制性产品认证证书、技术鉴定证书、型式检验报告以及出厂合格证、质保书等质量证明文件；

7. 产品标识检查，铭牌标志应在明显部位设置，并应标明产品名称、型号、规格、耐火极限及商标、生产单位名称和厂址、出厂日期及产品生产批号、执行标准等；

8. 齐套性检查，设备及所需的部件、配件是否配套完整，满足合同和设计要求；

9. 现场试验，对有进场性能测试要求的设备，应在开箱时进行现场试验。

4.3.4 建筑总平面及平面布置、建筑构造和建筑保温与装修

第 6 章、第 7 章、第 8 章是建筑、结构、保温与装修的施工涉及消防内容的相关规定。

第 6 章建筑总平面及平面布置，包括 4 节。其中“6.1 一般规定”，共 2 条；“6.2 建筑总平面”，共 4 条，包括对于平面位置、消防车道、消防车登高面和操作场等的规定；“6.3 建筑平面布置”，共 5 条，包括对于安全出口、避难层、消防控制室、消防用机房等的规定；“6.4 有特殊要求场所的建筑布局”，共 4 条，主要包括人员密集的公共场所、特殊房间等的要求。

第 7 章建筑构造，包括 4 节。其中“7.1 一般规定”，共 3 条；“7.2 防火和防烟分区”，共 8 条；“7.3 疏散门、疏散走道、消防电梯”，共 3 条；“7.4 防火封堵”，共 3 条。防火封堵的详细要求应执行《建筑防火封堵应用技术标准》(GB/T 51410)。

第 8 章建筑保温与装修，包括 3 节。其中“8.1 一般规定”，共 2 条；“8.2 建筑保温及外装修”，共 4 条；“8.3 建筑内部装修”，共 5 条。应特别注意保温性能和消防性能的平衡。《规范》第 8.3.1 条规定：建筑室内装饰装修应符合下列规定：

1. 建筑室内装饰装修不得影响消防设施的使用功能，不应擅自减少、改动、拆除、遮挡消防设施，建筑内部消火栓箱门不应被装饰物遮掩，消火栓箱门四周的装修材料颜色应与消火栓箱门的颜色有明显区别或在消火栓箱门表面设置发光标志。所采用材料的燃烧性能应符合设计要求，应有有关材料的防火性能的证明文件及施工记录。

2. 采用不同的装修材料分层装修时，各层装修材料的燃烧性能均应符合设计要求。

3. 现场进行阻燃处理时，应检查阻燃剂的用量、适用范围、操作方法。

4.3.5 消防给水及灭火系统

第 9 章消防给水及灭火系统，包括 9 节。其中“9.1 一般规定”，共 2 条；“9.2 消防水源及供水设施”，共 8 条；“9.3 消火栓系统”，共 9 条；“9.4 自动喷水灭火系统”，共 7 条；“9.5 自动跟踪定位射流灭火系统”，共 6 条，适用于公共场所大空间；“9.6 水喷雾、细水雾灭火系统”，共 9 条，适用于公共场所、工厂等；“9.7 气体灭火系统”，共 9 条，适用于设备空间；“9.8 泡沫灭火系统”，共 14 条，适用于油料等易燃空间；“9.9 建筑灭火器”，共 2 条。

4.3.6 消防电气和火灾自动报警系统

第 10 章消防电气和火灾自动报警系统，包括 4 节。其中“10.1 一般规定”，共 3 条；“10.2 消防电源及配电”，共 4 条，规定了消防设备等用电的要求；“10.3 消防应急照明和疏散指示系统”，共 3 条；“10.4 火灾自动报警系统”，共 6 条，规定了联动控制系统的相关要求。

4.3.7 建筑防烟排烟系统

第 11 章建筑防烟排烟系统，包括 3 节。其中“11.1 一般规定”，共 4 条；“11.2 防烟系统”，共 7 条；“11.3 排烟系统”，共 7 条。

4.3.8 城市轨道交通工程

第 12 章城市轨道交通工程，包括 6 节。其中“12.1 单位工程验收阶段的消防查验”，共 7 条；“12.2 项目工程验收阶段的消防查验”，共 4 条；“12.3 竣工验收阶段的消防查验”，共 4 条；“12.4FAS 功能验收”，共 4 条；“12.5 消防控制室验收”，共 6 条；“12.6 防烟排烟系统验收”，共 10 条。

4.3.9 附录

附录 A 资料整理归档目录：列示了消防工程资料的整理归档目录，供使用者参考。

附录 B 消防工程子分部、分项工程划分：列示了消防工程子分部、分项工程划分，供使用者参考。

附录 C 消防工程施工质量验收记录：规定了消防工程施工质量验收用表，实际上是分部工程验收表，但消防工程由建设单位组织查验验收，并且有专业施工单位参加，建设单位委托技术服务机构的，还有技术服务机构参加，因而单独增加一个专用验收记录表。

附录 D 建筑工程消防施工质量查验记录：分专业验收查验记录，相当于消防施工质量查验的原始记录，是附录 E 的附件。

附录 E 建筑工程消防施工质量查验报告：是各责任主体在消防工程施工质量管理中履职情况的检查，和对消防工程质量合格与否的确认。

5 消防工程施工质量过程控制

消防工程事关建筑工程使用安全，有效的施工质量控制，可以最大限度避免给国家以及人民群众生命健康和财产带来损失，这也是加强消防工程施工质量控制的意义所在。

施工质量过程控制主要是在施工过程中依据所签订工程合同和工程技术标准，运用科学的方法对各项施工内容进行管理，对施工全过程的每一个环节进行控制，从而最大程度地确保施工质量符合设计文件和合同中约定的标准和要求。

消防工程涉及的隐蔽内容和施工试验、功能检验项目多，施工质量的影响因素复杂，本章从落实质量主体责任、强化关键环节管控和加强设计与施工有效衔接的角度，按照施工质量形成的先后顺序，对图纸会审、施工方案编制与审查、消防产品进场检验、检验批划分、隐蔽工程质量控制、施工试验、施工质量查验和竣工图绘制等关键质量控制内容进行详细阐述。

5.1 消防工程图纸会审要点

5.1.1 会审目的

图纸会审是一项综合性很强、极为细致的技术工作，除了需要审图者认真看图外，还需要具有相应专业看图能力，对各相关设计、施工规范的理解和认识，对施工工艺和施工方法现场经验的积累。

消防工程图纸会审的目的是减少消防工程相关图纸中的差错、遗漏、矛盾，优化设计，将图纸中的质量隐患与问题消灭在施工之前，使消防工程设计、施工工艺更符合施工现场的具体要求，保证工程顺利施工，避免返工浪费，是保证消防工程质量的重要环节。

5.1.2 会审内容

1. 消防工程相关设计是否符合国家有关消防政策法规和技术标准的规定。

2. 消防工程相关图纸资料是否齐全，节点大样能否满足施工需要。

3. 消防工程设计是否合理，有无遗漏。图纸中的标注有无错误。有关管线编号、设备型号是否完整无误。有关部位的标高、坡度、坐标位置是否正确。材料名称、规格型号、数量是否正确完整。

4. 设计说明及设计图中的消防工程相关技术要求是否明确。设计是否符合企业施工技术装备条件。如需要采用特殊措施时，技术上有无困难，能否保证施工质量和施工安全。

5. 消防工程相关设计意图、工程特点、设备设施及其控制工艺流程，工艺要求是否明确。消防工程各部分内容设计是否明确，是否符合工艺流程和施工工艺要求。

6. 消防工程相关管线、设备安装位置是否与建筑结构等其他专业协调，是否美观和使用方便。

7. 消防工程相关管线、组件、设备的技术特性，例如工作压力、温度、介质是否清楚。

8. 消防工程对固定、防振、保温、防腐、隔热部位及采用的方法、材料、施工技术要求及漆色规定是否明确。

9. 消防工程需要采用特殊施工方法、施工手段、施工机具的部位要求和作法是否明确。

10. 消防工程有无相关特殊材料要求，其规格、品种、数量能否满足要求，有无材料代用的可能性。

5.1.3 会审程序

图纸会审应在消防工程包含工程内容施工前分阶段前进行。

1. 在工程开工前，消防工程作为工程整体的重要组成部分，随设计交底一起进行图纸会审，重点审查总承包单位自行施工的建筑总平面及平面布置子分部工程、建筑构造子分部工程等相关内容。

2. 专业承包单位开始施工前，应进行消防专项图纸会审，重点审查建筑保温与装修子分部工程、消防给水及灭火系统子分部工程、消防电气和火灾自动报警系统子分部工程、建筑防烟排烟系统子分部工程等相关内容。需要深化设计的，深化设计应在专项图纸会审前完成，并作为重要会审内容。

3. 施工单位、监理单位在收到施工图设计文件后，应对图纸进行全面细致的审查，整理成图纸会审问题清单，以电子版和纸质版两种形式提交给建设单位，由建设单位统一汇总后提交设计单位。

4. 图纸会审由建设单位主持，建设单位、设计单位、施工单位和监理单位的相关技术人员参加。

5. 建设单位、设计单位、施工单位和监理单位的各个专业技术人员，分组对图纸会审问题清单内容进行逐项沟通、讨论。

6. 针对图纸会审问题清单内容，应在会审会议上做出明确结论。对需要进一步研究的问题，应在会审清单上注明最终答复日期和相关责任单位。

7. 图纸会审记录最终由施工单位负责整理，建设单位、设计单位、监理单位和施工单位共同签字盖章确认。

5.1.4 审图要求

1. 消防设计文件的内容

(1) 封面：项目名称、设计单位名称、设计文件交付日期。

(2) 扉页：设计单位法定代表人、技术总负责人和项目总负责人的姓名及其签字或授权盖章，设计单位资质，设计人员的姓名及其专业技术能力信息。

(3) 设计文件目录。

(4) 设计说明书。

（5）设计图。

2. 建筑专业审图要求

1）消防设计说明：

（1）工程设计依据，包括设计所执行的主要法律法规以及其他相关文件，所采用的主要标准（包括标准的名称、编号、年号和版本号），县级以上政府有关主管部门的项目批复性文件，建设单位提供的有关使用要求或生产工艺等资料，明确火灾危险性分类。

（2）工程建设的规模和设计范围，包括工程的设计规模及项目组成，分期建设情况，本设计承担的设计范围与分工等。

（3）总指标，包括总用地面积、总建筑面积和反映建设工程功能规模的技术指标。

（4）总平面：

① 消防车道、回车场设置原则和设置情况说明；

② 消防救援登高场地的布置原则、长宽尺寸、与建筑物的间距等；

③ 本项目与周边所有建（构）筑物、停车场之间的防火间距；本项目内各建（构）筑物之间防火间距。

（5）建筑：

① 建筑消防设计概况：建筑层数、建筑高度、建筑使用性质、建筑分类（民用建筑）、火灾危险性分类（厂房和仓库生产和储存物品）、建筑耐火等级及构件耐火极限；

② 特殊房间：锅炉房设置位置和相邻房间的使用功能（避开人员密集场所），锅炉房等有泄爆要求的房间的泄爆口设置情况；消防控制室和消防水泵房设置位置和防水淹措施；柴油发电机房设置位置和相邻房间的使用功能（避开人员密集场所）；变配电室的消防措施；

③ 防火分区：防火分区划分标准和设置情况说明；

④ 安全疏散：安全出口、疏散宽度、疏散距离等的设计原则，疏散人员数量确定依据，人员密集场所疏散宽度计算表；

⑤ 疏散楼梯设置：疏散楼梯设置原则和设置情况；

⑥ 消防电梯：设计原则、设置位置、电梯速度、提升高度、从首层到达最高层所需时间；

⑦ 避难：避难层的设置位置和避难区面积设置情况；高层病房楼二层及以上楼层避难间设置位置和净面积；三层及三层以上总建筑面积大于 $3000m^2$ 老年人照料设施避难间的位置与净面积；建筑高度大于 54m 的住宅建筑每户的临时避难房间乙级防火门设置和外窗设置位置；

⑧ 防火构造：防火墙、管道井的防火构造措施；有耐火极限要求的墙体隔墙、外墙、楼板、屋面、管道井的防火构造措施；建筑缝隙的防火封堵构造措施；防火门的设置位置和耐火性能；防火卷帘的位置和耐火极限、总长度、防火卷帘总长度与分隔总长度比值；

⑨ 建筑装修和外墙保温防火：各部位建筑内装材料的燃烧性能；保温材料的使用部位、燃烧性能、防火分隔等；

⑩ 建筑防排烟：自然排烟窗和楼梯间与部分排烟场所的固定窗等防排烟设施的设置情况。

2）总平面图：

（1）建筑层数和建筑高度。

（2）建（构）筑物防火间距标注，包括但不限于民用建筑之间的防火间距、汽车库、修车库、停车场之间防火间距，汽车库、修车库、停车场与厂房、仓库、民用建筑等的防火间距；甲乙丙类液体、气体储罐（区）和可燃材料堆场与其他民用建筑之间的防火间距。

（3）消防车道布置、宽度、坡度及转弯半径，消防车出入口设置。

（4）高层建筑消防车登高操作场地的布置、宽度、长度、坡度及与场地边缘与建筑物边缘的距离；建筑物与消防车登高操作场地相对应的范围内，直通室外的楼梯或直通楼梯间的入口设置。

（5）停车场（库）的布置、停车数量。

（6）消防控制室、消防水池及泵房、锅炉房、柴油发电机房等特殊房间的位置标注，如果有泄爆要求应标注泄爆口位置。

（7）消防取水口的位置。

3）平面设计：

（1）防火分区和层数：防火分区防火墙设置；防火隔间、用于防火分隔的下沉式广场、避难走道设置。

（2）有顶步行街设置、中庭设置。

（3）特殊场所：消防控制室和消防水泵房设置位置，防水淹设施标注柴油发电机、变配电室、锅炉房、燃气厨房等特殊场所设置位置；建筑泄爆设计。

（4）消防救援窗设置与标注。

（5）安全出口：各楼层或各防火分区的安全出口数量、位置、宽度；建筑内要求独立或分开设置安全出口的特殊场所；高层建筑安全出口上方的防护挑檐保护范围和出挑长度。

（6）疏散楼梯：地下室楼梯与地上楼梯间的防火分隔；疏散楼梯在避难层应错位或断开，其他楼层应上下位置一致；出地面地下室楼梯间最高处设置固定窗或可开启外门、外窗；疏散楼梯在首层设置直通室外的安全出口；防烟楼梯前室设置；首层楼梯直通室外有困难时设置扩大封闭楼梯间、扩大前室；室外疏散楼梯设置；楼梯间的设置形式和设置要求。

（7）疏散人数的计算方法、技术参数及其依据；楼梯梯段和楼梯间疏散门净宽、疏散走道净宽、疏散距离等应标注。

（8）疏散门：疏散门的数量、净宽和开启方向；疏散门开启后不应影响疏散走道规范要求的净宽。

（9）消防电梯：消防电梯及前室的位置应可直达所服务的防火分区；消防电梯前室短边尺寸应标注。

（10）防火墙、防火隔墙的设置应完整有效，防火墙、防火隔墙上防火门、防火卷帘、水幕、防火玻璃等构件和产品耐火性能应符合消防技术标准；防火门的位置和防火性能（等级）、防火卷帘的位置和耐火极限应符合消防技术标准；防火卷帘宽度、防火卷帘宽度与防火分隔部位宽度比值应标注；防火墙两侧门、窗、洞口之间水平距离应标注；住宅建筑外墙上相邻户开口之间墙体应满足最小宽度要求，若不满足应按规范要求设置突出外墙的隔板。

（11）电梯井、管道井、电缆井、排烟道、排气道、垃圾道等井道的防火构造。

（12）避难层（间）：避难层楼梯间、设备用房设置情况及其与避难区域的防火分隔；高层病房楼二层及以上楼层避难间设置位置和净面积；三层及三层以上总建筑面积大于 3000m^2 老年人照料设施避难间的位置与净面积；建筑高度大于 54m 的住宅建筑每户的临时避难房间的内外墙体的耐火极限，乙级防火门、外窗的设置情况，外窗位置宜有利于呼救和救援。

（13）防排烟系统要求的开窗、开洞、风口的位置、尺寸。

（14）地上、地下车库与其他部位应做防火分隔；地下车库与电梯厅应作防火分隔；车库安全出口的前区应畅通。

（15）充电车位区域应设防火单元，防火分隔设置不应影响其所在防火分区的安全疏散。

（16）建筑外墙和屋面保温、建筑幕墙的防火构造。

（17）直升机停机坪或其他供直升机救助的设施设置。

4）立剖面设计：

（1）剖面图应标示内外空间比较复杂的部位（如中庭与邻近的楼层或者错层部位），应标注建筑室内地面、室外地面、屋面檐口等的标高，应标注层间高度尺寸和其他必需的高度尺寸。

（2）立面消防救援窗位置和净空尺寸应标注。

（3）建筑外墙上、下层开口之间的设置高度或设置防火挑檐情况。

（4）建筑出入口上方的防护挑檐。

（5）复杂空间防火分隔和防火封堵。

（6）单体建筑的建筑高度标注应与设计说明、总平面图标注数值一致；首个避难层离地高度和两个避难层之间的高度应标注。

5）大样详图：平面图、剖面图不能表达清楚的有关防火分隔、防火封堵、防火构造的部位应用大样详图表达。

6）厂房和仓库：

（1）火灾危险性大的石油化工企业、烟化爆竹工厂、石油天然气工程、钢铁企业、发电厂与变电站、加油加气加氢站等还应符合专业防火设计标准要求。

（2）厂房和仓库的防爆设计。

7）幕墙专项设计：

（1）设计说明应表述原建筑的消防设计依据规范的版本，应表述原建筑地理位置，表述原建筑建筑特征（建筑层数、建筑高度、使用性质、建筑分类、耐火等级等）；应表述幕墙类型和幕墙高度、耐火极限。

（2）平立面应标注消防救援窗的位置和尺寸。

（3）自然排烟窗、楼梯间与部分排烟场所的固定窗等排热设施的设置应与所涉及专业图纸表达一致。

（4）幕墙与建筑每层楼板、隔墙之间缝隙的防火封堵构造节点大样。

（5）位于防火墙两侧 2.0m（转角处 4.0m）范围内防火措施。

8）装饰装修专项设计：

（1）设计说明应表述装修工程所在建筑的消防设计依据规范的版本，应表述装修工程所在建筑消防特征（建筑层数、建筑高度、使用性质、建筑分类、耐火等级等）。

（2）简述装修工程所在建筑原有消防设施设备设置情况。

（3）设计说明应表述装修部位在建筑中的位置、装修范围与装修面积。

（4）装饰材料表应表述不同部位装饰材料的燃烧性能；装修过程中新增或更换的隔墙等建筑构件应标明燃烧性能和耐火极限。

（5）装修不应遮挡消防设施设备。

（6）具有改变使用功能、改变房间分隔、改动疏散路线、改变防火分区划分等情况的应有消防设施设备改造专项设计图，应有安全疏散调整设计。

（7）图纸完整性要求：平面上应表达消火栓等消防设施、器材的位置，立面图上应表达消火栓、消防报警按钮、疏散指示等消防设施，综合天花图上应表达消防感应器探头、消防广播、喷淋头、防排烟风口、疏散指示、挡烟垂壁等消防设施器材的位置。

3. 结构专业审图要求

1）消防设计说明：

（1）消防设计说明应包括以下内容：防火设计依据、各建筑分区的耐火等级、结构构件的燃烧性能和耐火极限、构件的防火保护措施。

（2）钢结构的消防设计说明中还应包括防火保护材料类型、保护层厚度、防火保护材料的性能要求等设计指标。

（3）对采用外包防火覆面材料进行防火保护的应对防火覆面材料的防火性能进行说明。

2）钢结构、组合结构应按结构耐火承载力极限状态进行耐火验算与防火设计，提供计算书，并根据计算结果，在钢结构设计说明中对膨胀型材料给出等效热阻，对非膨胀型材料应给出热传导系数。

4. 给排水专业审图要求

1）消防设计说明：

（1）工程概况（包括建筑高度、层数、面积、体积、使用功能、建筑物的分类、耐火等级等）。

（2）设计依据（包括现行规范标准及地方政策要求）。

（3）消防水源：

① 消防水源的形式，天然水源或市政接口及管网条件；明确接入位置、管径、压力；

② 建筑各功能类别的火灾延续时间、消防水量及建筑总消防用水量的确定；

③ 消防水池的设置位置、有效容积、标高、水位显示和报警、取水口取水高度。

（4）消防供水设施：

① 消防水泵房的位置、排水与防冻措施；

② 消防水泵的配置、性能参数、启动和控制要求、吸水管和出水管的设置及阀门配件要求；

③ 消防水箱的设置位置、有效容积、标高、保温防冻、阀门配件、各水位显示等；

④ 稳压设备的位置、配置、阀门配件。

（5）市政、室外消防给水：

① 室外消防给水管网的进水管的数量、连接方式、水压、管径、管材选用等；

② 市政、室外消火栓间距和保护半径；

③ 室外消火栓若采用临时高压系统时采取稳压措施。

(6) 室内消火栓系统：

① 室内消火栓系统和消防软管卷盘的设置情况；

② 室内消火栓设置位置、工作压力、充实水柱、设计水量；

③ 消火栓系统分区合理、采用合理的减压措施、增压稳压设备设置；

④ 管网的布置形式，阀门的设置和启闭要求、水泵接合器、低压压力开关、流量开关等的设计要求；

⑤ 消火栓系统管材选择。

(7) 自动喷水灭火系统：

① 自动喷水灭火系统的设置和选型；

② 系统的设计基本参数。系统各保护部位的火灾危险等级、喷水强度、作用面积、喷头工作压力、持续喷水时间；

③ 系统工作压力、分区合理，采用合适的减压措施；

④ 系统组件的选型与布置。喷头的选用和布置，报警阀组、水流指示器、压力开关、流量开关、末端试水装置（阀）、水泵接合器等的设置；

⑤ 自喷系统管材选择。

(8) 气体灭火系统：

① 设置场所的类别、规模，系统防护区的设置、划分；

② 选用系统灭火剂种类和系统、设计用量、设计浓度、惰化设计浓度、设计密度、设计喷放时间、喷头工作压力、泄压口的设置要求等；

③ 系统的操作与控制要求；

④ 系统的安全要求。

(9) 建筑灭火器配置部位、危险等级、火灾种类、最低配置标准、配置种类、最大保护距离。

(10) 其他灭火系统要求。

2) 图纸：

(1) 室外消火栓管网布置、阀门、附件设置、水泵接合器的设置。

(2) 室外消火栓设置数量、间距和位置、消防取水口设置。

(3) 消防水池的设置位置，容量、补水措施、水位显示和报警、取水口等。

(4) 消防水泵房的位置、防火、防水淹措施、排水和设备布置等，消防水泵的吸水管和出水管的设置及阀门配件等。

(5) 消防水箱的设置位置，有效容积，露天设置时保温和人孔、进出水管的阀门保护措施、补水措施、水位显示和报警等。

(6) 稳压设备的位置、配置、性能参数、设计和启泵压力和吸水管和出水管的阀门配件。

(7) 室内消火栓系统：

① 室内消防给水管网引入管的数量、管径，管网和竖管的布置形式（环状、枝

状），竖向分区系统布置，竖管的间距和管径，阀门的设置和启闭要求、低压压力开关、流量开关、减压措施等的设计；

② 室内消火栓的布置、保护半径、间距等；

③ 消防排水及测试排水是否满足消防技术标准；

④ 干式消防竖管的消防车供水接口和排气阀的设置是否符合规范要求。

（8）自动喷水灭火系统：

① 喷头的布置，报警阀组、水力警铃、水流指示器、压力开关、流量开关、末端试水装置、减压措施等的设置和供水管道的布置；

② 系统试验装置处的专用排水设施。

（9）气体灭火系统根据保护区域确定充装量、布置间距、布置数量、泄压口设置高度等。

（10）建筑灭火器平面布置满足规范要求。

（11）其他灭火系统。

（12）消防系统主要设备表。

5. 电气专业审图要求

1）消防设计说明：

（1）工程概况（包括建筑高度、层数、使用功能、面积指标、建筑物的分类等）。

（2）设计依据（包括现行规范标准、地方政策要求及相关专业提供的设计资料）。

（3）消防用电负荷分级及容量。

（4）消防设备电源配置及供电措施。

（5）消防设备供电线缆选型、敷设方式及防火封堵措施。

（6）消防应急照明及疏散指示系统的系统型式、供电时间、设置部位及照度标准、灯具选择。

（7）火灾报警与消防联动控制系统：

① 系统型式与系统组成；

② 火灾探测器、报警控制器、手动报警按钮、控制台（柜）等设备的设置原则；

③ 与相关设备的消防联动控制要求，控制逻辑关系及控制显示要求；

④ 火灾警报装置及消防通信设置要求；

⑤ 消防主电源、备用电源供给方式，接地及接地电阻要求；

⑥ 通信、控制线缆选择及敷设要求。

（8）消防应急广播：

① 消防应急广播系统声学指标要求；

② 广播分区原则和扬声器设置原则；

③ 系统音源类型、系统结构及通信方式；

④ 消防应急广播联动方式；

⑤ 系统主电源、备用电源供给方式；

⑥ 消防应急广播线缆选择及敷设要求。

（9）电气火灾监控系统、消防设备电源监控系统、防火门监控系统、余压监测系统：

① 监控点设置原则，设备参数配置要求；

② 通信线缆选择及敷设要求。

2）消防设计图纸：

（1）电气总平面图：变配电房、柴油发电机房、消防控制室选址。

（2）消防应急照明及疏散指示系统：

① 系统图：系统型式、应急电源持续供电时间、应急照明控制器的台数与总点位数；

② 平面图：消防疏散指示标志和应急照明灯具设置部位。

（3）火灾报警与消防联动控制系统：

① 系统图：

a. 系统型式；与相关系统联动措施；

b. 火灾报警控制器的台数，每个回路报警点、联动点、隔离器数量。

② 平面图：

a. 消防控制室的选址和布置、有无无关的管线穿越、与安防系统合用时的相关监控措施；

b. 火灾报警探测器、报警按钮、警报器、联动模块、消防专用电话等消防报警与联动设备设置部位；

c. 相关通信、控制线缆选择及敷设。

（4）消防应急广播：

① 系统图：广播功率放大器的配置及消防联动措施；

② 平面图：广播扬声器的设置部位。

（5）电气火灾监控系统、消防设备电源监控系统、防火门监控系统、余压监测系统：

① 系统图：模块的设置部位；

② 平面图：通信线缆选择及敷设。

6. 暖通专业审图要求

1）消防设计说明：

（1）工程概况（建筑高度、层数、使用性质、建筑物的分类等），可体现在暖通设计总说明中。

（2）设计依据（现行规范标准及地方政策要求），可体现在暖通设计总说明中。

（3）需要设置防烟系统的具体部位及其方式。

（4）需要设置排烟系统及补风系统的具体部位及其方式。

（5）防排烟系统的设置。

（6）防排烟系统的风量、自然通风防烟及自然排烟用窗（口）面积的确定原则。

（7）防烟分区的划分原则。

（8）空调、通风、防排烟管道及保温隔热材料的选择。

（9）防排烟管道及补风管道的耐火极限要求。

（10）供暖、空调、通风系统的防火、防爆、安全措施。

（11）防排烟系统的消防联动控制要求。

（12）固定窗等排烟设施的设置要求。

2）防排烟计算书：

（1）机械加压系统的系统风量计算。

（2）机械排烟系统的排烟量及补风量计算；净高大于6.0m的场所根据热释放速率计算时，按《建筑防烟排烟系统技术标准》（GB 51251—2017）第4.6.6～4.6.15条具体计算排烟量、自然排烟口及补风口面积。

3）通风、空调、防排烟设计图纸：

（1）防排烟平面图的信息要求：

① 防排烟系统平面图：

防火分区、防烟分区的划分，每个防烟分区的信息应包括防烟分区面积、吊顶与否及其吊顶形式、净高、设计清晰高度或储烟仓高度。

② 采用机械排烟方式的平面图：

a. 排烟口：尺寸、排烟量、平面位置及排烟口（侧向安装及无吊顶区域）的安装高度、单个排烟口最大允许排烟量（除净高不大于3.0m的空间外）。

b. 机械补风口：尺寸、平面位置及其安装高度。

c. 自然补风窗（口）：有效面积需求、平面位置示意。

③ 采用自然排烟方式的平面图：

自然排烟窗（口）的有效面积需求、平面位置示意。

（2）采用自然通风方式防烟的部位，其可开启外窗（口）设置要求。

（3）机械加压送风的设置。

（4）排烟设施及补风设施的设置。

（5）防排烟风机距墙或其他设备距离不小于600mm。

（6）防火类的阀（口）设置。

（7）平时通风、空调系统的划分与设置是否符合《建筑设计防火规范（2018年版）》（GB 50016—2014）的规定。

（8）事故通风的设置。

（9）气体灭火房间正确设置事后通风系统的设置。

（10）空调、通风及防排烟系统设备的机房、管井设置是否符合《建筑设计防火规范（2018年版）》（GB 50016—2014）、《建筑防烟排烟系统技术标准》（GB 51251—2017）的规定。

5.1.5 会审成果

1. 作为设计的补充文件，图纸会审记录经相关各方签字盖章后，应及时发放到各相关单位。

2. 施工单位、监理单位宜将图纸会审中变更的内容，用签字笔标注到图纸相应变更的位置，以便施工和监理时参照。

3. 作为质量控制和工程结算的依据，建设单位、施工单位和监理单位应将图纸会审记录作为重要文件资料进行归档保存。

5.2 消防工程施工方案编制与审查

消防工程施工前，施工单位应编制有针对性的施工方案，并按相关程序经审批后实施。

5.2.1　消防工程施工方案编制原则

1. 按总体编制。综合考虑各分部分项工程中涉及的消防专业内容，统筹施工部署、施工方法和工艺要求、技术质量及管理措施，体现消防工程完整性、有效性。

2. 按专业工程编制。根据消防专业特点，按照子分部（分项）工程或者专项工程编制施工方案，但需保证与其关联专业的联调联试，确保消防工程总体满足设计文件要求。

3. 根据总承包及分包单位特点，融合以上两种方式。既有总体消防工程施工方案，也有消防专业工程施工方案，互为统筹、补充。

4. 建筑、构造及装饰装修工程中涉及的消防工程内容，可以在相关施工方案中单列消防工程施工部署、方法和工艺要求、技术质量及管理措施，不再编制施工方案。

5.2.2　消防施工方案编制要求

1. 以下专业工程需要编制消防施工方案，或者其他施工方案应包含以下内容：

1）建筑整体布局：

（1）建筑类别与耐火等级；

（2）建筑总平面；

（3）建筑平面布置；

（4）有特殊要求场所的建筑布局。

2）建筑构造：

（1）隐蔽工程；

（2）防火分隔；

（3）防烟分隔；

（4）安全疏散；

（5）消防电梯；

（6）防火封堵。

3）建筑保温与内装修：

（1）建筑保温及外墙装饰；

（2）建筑内部装修。

4）消防给水及灭火系统：

（1）消防水源及供水设施；

（2）消火栓系统；

（3）自动喷水灭火系统；

（4）自动跟踪定位射流灭火系统；

（5）水喷雾灭火系统；

（6）气体灭火系统；

（7）泡沫灭火系统；

（8）建筑灭火器。

5）消防电气和火灾自动报警系统：

(1) 消防电源及配电;

(2) 消防应急照明和疏散指示系统;

(3) 火灾自动报警系统。

6) 建筑防烟排烟系统:

(1) 防烟系统;

(2) 排烟系统。

2. 采用新技术、新工艺、新材料的消防工程，可能影响工程施工质量安全，尚无国家、行业及地方技术标准的分部分项工程，需要单独编制消防施工方案，或者完善消防工程施工内容。

3. 存在下列情形的，施工单位应及时对涉及的消防工程施工方案进行修订或补充，重新履行相关审批程序后，方可组织实施:

(1) 有关法律法规、标准规范和相关文件的规定发生重大调整的;

(2) 设计文件（包括图纸、设计变更、工程洽商）发生重大变化的;

(3) 施工条件发生重大变化的;

(4) 原消防施工方案中主要施工方法、施工工法、施工措施发生变化的;

(5) 其他需要修改或补充的情形。

5.2.3 消防施工方案审查

1. 实行施工总承包

(1) 施工方案应当由施工总承包单位组织编制。

(2) 施工方案应当由施工总承包单位技术负责人审核签字、加盖总承包单位公章。

2. 采用消防专业分包

(1) 施工方案由专业分包单位组织编制。

(2) 施工方案应当由总承包单位技术负责人及分包单位技术负责人共同审核签字并加盖分包单位公章。

3. 总监理工程师应组织专业监理工程师审查施工方案

1) 施工方案审查重点:

(1) 施工方案的编制、审核程序是否符合相关规定。

(2) 工程质量保证措施是否符合相关标准的规定。

(3) 施工方案的内容是否符合工程建设强制性标准和设计文件要求。

(4) 施工方案应具有针对性和可操作性。

(5) 采用新技术、新工艺、新材料的，施工单位应根据专家出具的书面报告进行完善。

2) 施工方案应包括但不限于以下内容:

(1) 消防工程概况

重点描述消防工程特点以及有关内容和重要参数，分析、识别消防工程的重点、难点。

(2) 编制依据

应根据消防工程特点，列出相关技术标准规范，包括设计、施工、质量验收及相关规范性文件和政策性要求。

(3) 施工安排

应明确消防施工管理人员及职责分工。

(4) 施工准备

应包括技术准备、现场准备、材料及产品准备、试验检验工作准备等工作。

(5) 施工工艺要求

应明确子分部、分项工程或者专项工程施工工艺流程、操作方法以及质量检验标准。

(6) 消防工程施工过程质量控制要求

应明确质量标准及检查、验收方法和手段。

(7) 特殊工程施工措施

提出特殊工程的施工措施及技术要求。

(8) 其他要求

3) 总监理工程师应及时组织审查，并出具审查意见。符合要求的，由总监理工程师签字并加盖执业印章后方可实施。

5.3 消防产品进场检验

消防工程中所用的消防产品应进行进场检验，应按进场批次进行验收工作。消防产品未经建设单位或项目监理机构审查或经审查不合格的不得使用。建设单位或项目监理机构应当监督施工单位将进场检验不合格的消防产品退出施工现场，并进行记录。

消防产品进场检验内容和方法：

(1) 质量证明文件核查

建设单位或项目监理机构根据设计文件、技术标准和合同文件的要求，对施工单位报送的建筑材料、构配件和设备的质量证明文件进行检查，并将质量证明文件与进场的实物进行核对，并应注意对消防产品的强制性认证相关内容进行核查。

(2) 外观检查及开箱检验

建设单位或项目监理机构根据设计文件、技术标准和合同文件要求，对进场的建筑材料、构配件和设备的品种、规格、型号、尺寸以及观感质量进行检查。

在设备运输至施工现场后，由设备采购单位组织，施工单位、监理单位等相关单位参加，进行设备质量开箱检查和验收。检查内容包括包装情况、随机文件、备件与附件以及外观情况等，必要时进行相关测试。

(3) 现场试验

建筑材料、构配件和设备进入施工现场后，在施工单位、监理单位等参建单位对建筑材料、构配件外观质量检查、质量证明文件核查或对设备开箱检验符合要求的基础上，由施工单位按照有关规定抽取试样，在施工现场进行检测或试验。

(4) 复试

建筑材料、构配件和设备进入施工现场后，在施工单位、监理单位等参建单位对建筑材料、构配件外观质量检查、质量证明文件核查或对设备开箱检验符合要求的基础上，由施工单位按照有关规定从施工现场抽取试样送至检测单位进行检验。

（5）见证取样送检

对于涉及结构安全、节能、环境保护和主要使用功能的试块、试件及工程材料，由项目监理机构对施工单位进行的现场取样、封样以及送检工作进行监督。

（6）厂家考察

依据设计文件和合同文件要求，由建设单位或者采购单位组织，施工单位、监理单位等相关单位参加，对拟选用的建筑材料、构配件和设备生产供应单位进行实地察看与核实，包括查看生产规模、生产情况、质量保障体系的建立与运行情况、技术指标的符合情况等。

（7）选样封样

按设计文件、技术标准和合同文件的要求，由建设单位组织，施工单位、监理单位和生产供应单位等相关单位参加，对拟选用的建筑材料、构配件和设备，在进场前选定样品并进行标识和封存备查。

消防产品进场检验流程如图 5-1 所示。

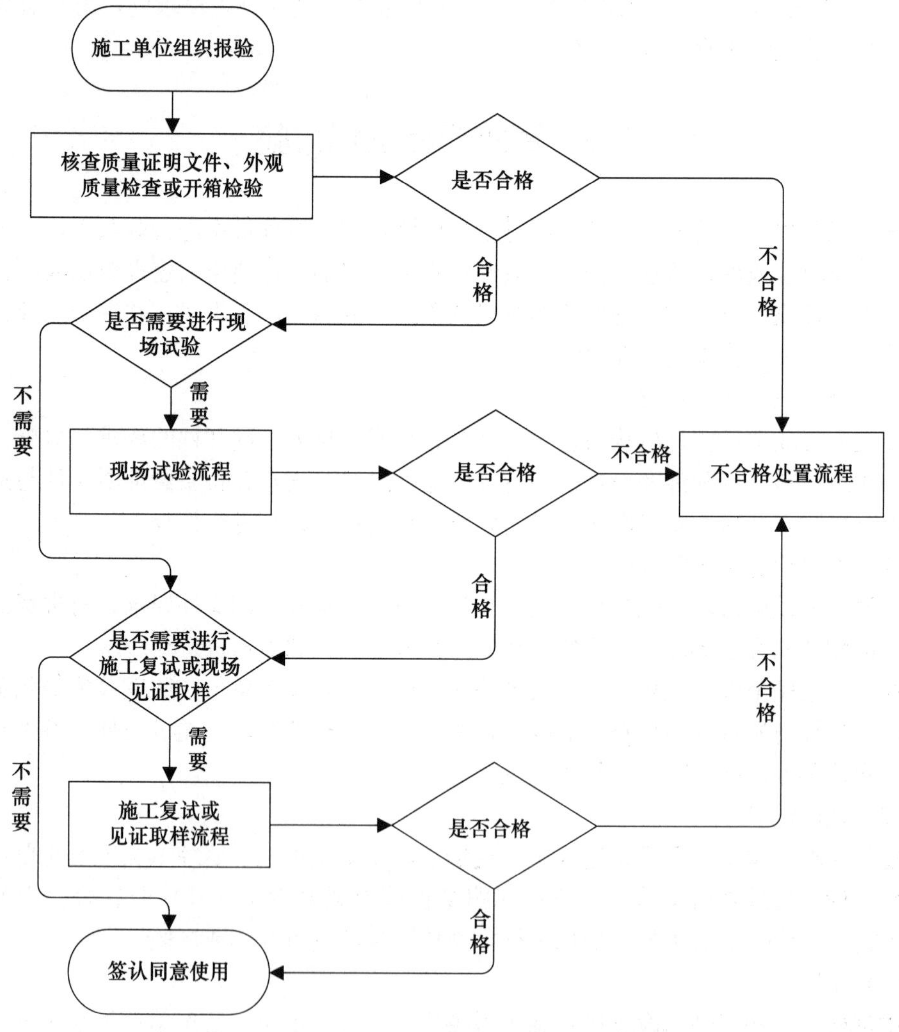

图 5-1　消防产品进场检验流程

本节将对消防产品进场查验、现场试验、复验和见证取样及产品强制认定相关内容进行详细说明。

5.3.1 消防产品进场时检查内容

消防产品进场时，建设单位或项目监理机构根据设计文件、技术标准和合同文件的要求，对施工单位报送的建筑材料、构配件和设备完成质量证明文件核查、外观检查及开箱检验，具体检查内容详见表 5-1。

表 5-1 常用消防产品进场检验项目

序号	类别	产品名称	质量证明文件	检查内容	验收依据
1	建筑耐火构件	防火卷帘、防火门防火窗、防火玻璃	产品质量合格证、型式检验报告、性能检测报告、自愿性认证产品（防火卷帘、防火门）、强制性认证证书（建筑安全玻璃）、企业营业执照、资质证书等证明文件	（1）产品的型号、规格及耐火性能等应符合设计要求。 （2）防火卷帘外观：钢质帘面及卷门机、控制器等金属零部件的表面不应有裂纹、压坑及明显的凹凸、锤痕、毛刺等缺陷；无机纤维复合帘面，不应有撕裂、缺角、挖补、倾斜、跳线、断线、经纬纱密度明显不匀及色差等缺陷。 （3）防火门外观：门框、门扇及各配件表面应平整、光洁，且应无明显凹痕或机械损伤并应符合相应的产品标准。 （4）防火窗外观：表面应平整、光洁，并应无明显凹痕或机械损伤，且应符合相应的产品标准。 （5）防火玻璃外观：复合防火玻璃不允许存在脱胶、裂纹、气泡、胶合层杂质、划伤、爆边，且应符合产品标准规定；单片防火玻璃不允许存在爆边、结石、裂纹、缺角，轻微划伤数量符合产品标准规定。 （6）每樘防火卷帘、防火门、防火窗均应在其明显部位设置永久性标牌，并应标明产品名称、型号、规格、耐火性能及商标、生产单位（制造商）名称、厂址、出厂日期、生产批号、执行标准等	《防火卷帘、防火门、防火窗施工及验收规范》（GB 50877—2014）； 《建筑装饰装修工程质量验收标准》（GB 50210—2018）； 《防火卷帘》（GB 14102—2005）； 《防火门》（GB 12955—2008）； 《防火窗》（GB 16809—2008）； 《建筑用安全玻璃 第1部分：防火玻璃》（GB 15763.1—2009）； 《防火玻璃非承重隔墙通用技术条件》（XF 97—1995）

续表

序号	类别	产品名称	质量证明文件	检查内容	验收依据
2	防火材料及制品	防火封堵材料（柔性有机堵料、无机堵料、防火密封胶、泡沫封堵材料、阻火圈、阻火包带、阻火模块、防火膨胀密封件）	产品质量合格证、产品使用说明书、性能检验报告、型式检验报告（燃烧性能或耐火性能）、自愿性认证产品（如涉及）、有见证试验报告、企业营业执照、资质证书等证明文件	（1）防火封堵材料的燃烧性能、理化性能及防火封堵组件的耐火性能，应符合设计要求，且应符合相关消防产品标准的规定。 （2）阻火圈的燃烧性能、理化性能和耐火性能应符合行业标准《塑料管道阻火圈》（XF 304—2012）的有关规定。 （3）防火膨胀密封件的外露面应平整、光滑，不应有裂纹、压坑、厚度不匀、膨胀体明显脱落或粉化等缺陷。 （4）防火封堵材料应采取清洁、干燥、能密封的包装袋或容器包装并附有合格证和产品使用说明。 （5）包装上应注明生产企业名称、地址、产品名称、产品商标、规格型号、生产日期或批号、储存期、包装外形尺寸或质量	《建筑内部装修防火施工及验收规范》（GB 50354—2005）； 《防火封堵材料》（GB 23864—2009）； 《塑料管道阻火圈》（XF 304—2012）； 《防火膨胀密封件》（GB 16807—2009）
3	防火材料及制品	防火涂料（饰面型防火涂料、钢结构防火涂料、电缆防火涂料、混凝土结构防火涂料）	产品质量合格证、型式检验报告、性能检测报告、自愿性认证产品（如涉及）、有见证试验报告、企业营业执照、资质证书等证明文件	（1）防火涂料的品种和技术性能应满足设计要求，并应经法定的检测机构检测。 （2）防火涂料的型号、名称、颜色及有效期应与质量证明文件相符，开启后不应有结皮、结块、凝胶等现象。 （3）用于生产防火涂料的原材料应符合国家环境保护、职业卫生和健康相关法律法规的规定。 （4）防火涂料应能采用规定的分散介质进行调和、稀释。 （5）防火涂料应能采用刷涂、喷涂、辊涂和刮涂中任何一种或多种方法方便地施工，并能在正常的自然环境条件下干燥、固化，涂层实干后不应有刺激性气味。 （6）饰面型：成膜后应能形成平整的饰面，无明显凹凸或条痕，无脱粉、气泡、龟裂、斑点等现象。	《钢结构工程施工质量验收标准》（GB 50205—2020）； 《建筑装饰装修工程质量验收标准》（GB 50210—2018）； 《饰面型防火涂料》（GB 12441—2018）； 《钢结构防火涂料》（GB 14907—2018）； 《电缆防火涂料》（GB 28374—2012）； 《混凝土结构防火涂料》（GB 28375—2012）

续表

序号	类别	产品名称	质量证明文件	检查内容	验收依据
3	防火材料及制品	防火涂料（饰面型防火涂料、钢结构防火涂料、电缆防火涂料、混凝土结构防火涂料）	产品质量合格证、型式检验报告、性能检测报告、自愿性认证产品（如涉及）、有见证试验报告、企业营业执照、资质证书等证明文件	（7）钢结构：复层涂料应相互配套，底层涂料应能同防锈漆配合使用，或者底层涂料自身具有防锈性能。 （8）产品标志应包含产品名称、型号规格、执行标准、商标（适用时）、生产者名称及地址、生产企业名称及地址、产品生产日期或生产批号等。 （9）饰面型和钢结构防火涂料产品的使用说明书应明示产品的涂覆量、施工工艺及警示等。溶剂性饰面型防火涂料应特别注明防火安全要求及对人员的健康防护措施	
4	防爆	不发火地面材料（防爆混凝土）	产品质量合格证、性能检测报告、企业营业执照、资质证书等证明文件、进场复试报告	（1）不发火（防爆）面层中碎石的不发火性必须合格。 （2）砂应质地坚硬、表面粗糙，其粒径应为 0.15～5mm，含泥量不应大于 3%，有机物含量不应大于 0.5%。 （3）水泥应采用硅酸盐水泥、普通硅酸盐水泥。 （4）面层分格的嵌条应采用不发火的材料配制。配制时应随时检查，不得混入金属或其他易发生火花的杂质	《建筑装饰装修工程质量验收标准》（GB 50210—2018）； 《建筑地面工程施工质量验收规范》（GB 50209—2010）； 《混凝土结构工程施工质量验收规范》（GB 50204—2015）
5	建筑保温	保温材料（聚苯板、玻璃棉、岩棉、矿渣棉制品、硬泡聚氨酯板、复合保温板、金属面绝热夹芯板、真空绝热板）	产品质量合格证、型式检验报告、性能检测报告、有见证试验报告、企业营业执照、资质证书等证明文件	（1）规格、型号、燃烧性能等应符合设计和相关标准要求。 （2）模塑聚苯板：色泽均匀，阻燃型应掺有颜色的颗粒；表面平整，无明显收缩变形和膨胀变形；融结良好，无明显油渍和杂质。 （3）挤塑聚苯板：表面平整，无夹杂物，颜色均匀；无明显起泡、裂口、变形。 （4）玻璃棉、岩棉、矿渣棉制品：表面平整，不应有妨碍使用的伤痕、污迹、破损，覆面与基材粘贴。 （5）硬泡聚氨酯板：表面平整，无可见裂缝，无粉化、空鼓、剥落现象，无 2mm 以上起棱。	《建筑节能工程施工质量验收标准》（GB 50411—2019）； 《屋面工程质量验收规范》（GB 50207—2012）； 《建筑地面工程施工质量验收规范》（GB 50209—2010）； 《外墙外保温工程技术标准》（JGJ 144—2019）； 《硬泡聚氨酯板薄抹灰外墙外保温系统材料》（JG/T 420—2013）； 《模塑聚苯板薄抹灰外墙外保温系统材料》（GB /T 29906—2013）；

续表

序号	类别	产品名称	质量证明文件	检查内容	验收依据
5	建筑保温	保温材料（聚苯板、玻璃棉、岩棉、矿渣棉制品、硬泡聚氨酯板、复合保温板、金属面绝热夹芯板、真空绝热板）	产品质量合格证、型式检验报告、性能检测报告、有见证试验报告、企业营业执照、资质证书等证明文件	（6）复合保温板：表面平整，无严重凹凸不平。 （7）金属面绝热夹芯板：表面平整，无明显凹凸、翘曲、变形；切口平直、切面整齐，无毛刺；芯板切面整齐，无剥落。 （8）真空绝热板：除吸气剂或干燥区域外，真空绝热板其余表面应平整，无鼓胀、影响使用的划痕、损伤等	《挤塑聚苯板（XPS）薄抹灰外墙外保温系统材料》（GB /T 30595—2014）； 《绝热用模塑聚苯乙烯泡沫塑料（EPS）》（GB/T 10801. 1—2021）； 《绝热用挤塑聚苯乙烯泡沫塑料（XPS）》（GB/T 10801. 2—2018）； 《建筑绝热用玻璃棉制品》（GB/T 17795—2019）； 《建筑绝热用硬质聚氨酯泡沫塑料》（GB/T 21558—2008）； 《建筑外墙外保温用岩棉制品》（GB/T 25975—2018）； 《建筑用金属面绝热夹芯板》（GB/T 23932—2009）； 《真空绝热板》（GB /T 37608—2019）
6	建筑内部装饰装修	装饰装修用纺织织物、木质材料、高分子合成材料、复合材料、其他材料	产品质量合格证、燃烧性能型式检验报告、性能检测报告、有见证试验报告、企业营业执照、资质证书等证明文件	（1）燃烧性能等级应符合设计要求。 （2）纺织织物：分天然纤维织物和合成纤维织物，如壁布、地毯、窗帘、幕布等。 （3）木质材料：分天然木材和人造板材，如人造木板、木龙骨等。 （4）高分子合成材料：塑料、橡胶及橡塑材料。 （5）复合材料：不同种类材料按不同方式组合而成的材料组合体，如复合板吊顶。 （6）其他材料：包括防火封堵材料和涉及电气设备、灯具、防火门窗、钢结构装修的材料。 （7）外观检查依据《建筑装饰装修工程质量验收标准》（GB 50210—2018）和对应产品标准的相关规定	《建筑内部装修防火施工及验收规范》（GB 50354—2005）； 《建筑装饰装修工程质量验收标准》（GB 50210—2018）

续表

序号	类别	产品名称	质量证明文件	检查内容	验收依据
7	消防给水及灭火系统	消防水泵和稳压泵	产品质量合格证、性能检测报告、随机文件、中文安装使用说明书、自愿性认证产品（如涉及）、企业营业执照、资质证书等证明文件	（1）消防水泵和稳压泵的流量、压力和电机功率应满足设计要求。 （2）消防水泵产品质量应符合国家标准《消防泵》（GB 6245—2006）、《离心泵技术条件（Ⅰ类）》（GB/T 16907—2014）或《离心泵 技术条件（Ⅱ类）》（GB/T 5656—2008）的有关规定。 （3）稳压泵产品质量应符合国家标准《离心泵技术条件（Ⅱ类）》（GB/T 5656—2008）的有关规定。 （4）消防水泵和稳压泵的电机功率应满足水泵全性能曲线运行的要求。 （5）泵及电机的外观表面不应有碰损，轴心不应有偏心，进水口和出水口应有盖板遮盖，且不应有尘土和杂物进入；所有铸件外表面不应有明显的结疤、气泡、砂眼等缺陷。 （6）产品标识：每台设备上应有耐久性铭牌，并固定在明显部位，铭牌上应清晰标出下列内容：名称和型号、主要技术参数、规格尺寸、出厂编号、出厂日期、制造厂名	《消防给水及消火栓系统技术规范》（GB 50974—2014）； 《建筑给水排水及采暖工程施工质量验收规范》（GB 50242—2002）； 《自动喷水灭火系统施工及验收规范》（GB 50261—2017）
8		消防水泵接合器	产品质量合格证、性能检测报告、随机文件、中文安装使用说明书、自愿性认证产品（如涉及）、企业营业执照、资质证书等证明文件	（1）规格、型号符合设计要求，核对进场水泵接合器与质量证明文件是否相符。 （2）接合器的铸铁件表面应光滑，除锈后上部外露部分应涂红色漆，漆膜色泽应均匀，无龟裂、无明显的划痕和碰伤；接合器的铸铁件内表面应涂防锈漆或采用其他防腐处理。 （3）接合器铸铜件表面应无严重的砂眼、气孔、渣孔、缩松、氧化夹渣、裂纹、冷隔和穿透性缺陷。 （4）消防水泵接合器应符合国家标准《消防水泵接合器》（GB 3446—2013）的性能和质量要求	《消防给水及消火栓系统技术规范》（GB 50974—2014）； 《自动喷水灭火系统施工及验收规范》（GB 50261—2017）； 《消防水泵接合器》（GB 3446—2013）

续表

序号	类别	产品名称	质量证明文件	检查内容	验收依据
9	消防给水及灭火系统	消防水箱、消防稳压罐等固定消防给水设备	产品质量合格证、性能检测报告、随机文件、中文安装使用说明书、企业营业执照、资质证书等证明文件	(1) 规格、型号符合设计要求，核对进场水泵接合器与质量证明文件是否相符。 (2) 设备各部件外表面不应有明显的磕碰伤痕、变形等缺陷。 (3) 设备涂层应完整美观。同类部件表面涂层颜色应一致。 (4) 应设置设备标志牌，标志牌应注明基本性能参数，设备各部件标志牌内容应清晰完整。 (5) 在设备可能危及人身安全处、须防止不当操作和误操作处应挂置警示标识，标识应清晰醒目。 (6) 设备给水管道应喷涂标识水流方向的箭头	《消防给水及消火栓系统技术规范》(GB 50974—2014)； 《自动喷水灭火系统施工及验收规范》(GB 50261—2017)； 《固定消防给水设备》(GB 27898.1～27898.5—2011)
10		消火栓、消防水带、消防水枪、消火栓箱	产品质量合格证、性能检测报告、随机文件、中文安装使用说明书、自愿性认证产品（如涉及）、企业营业执照、资质证书等证明文件、消火栓固定接口密封性能试验报告	(1) 消火栓、消防水带、消防水枪的型号、规格等技术参数应符合设计要求。 (2) 消火栓外观应无加工缺陷和机械损伤；铸件表面应无结疤、毛刺、裂纹和缩孔等缺陷；铸铁阀体外部应涂红色油漆，内表面应涂防锈漆，手轮应涂黑色油漆；外部漆膜应光滑、平整、色泽一致，应无气泡、流痕、皱纹等缺陷，并应无明显碰、划等现象。 (3) 消火栓螺纹密封面应无伤痕、毛刺、缺丝或断丝现象；消火栓的螺纹出水口和快速连接卡扣应无缺陷和机械损伤，并应能满足使用功能的要求。 (4) 消火栓阀杆升降或开启应平稳、灵活，不应有卡涩和松动现象。 (5) 旋转型消火栓其内部构造应合理，转动部件应为铜或不锈钢，并应保证旋转可靠、无卡涩和漏水现象；减压稳压消火栓应保证可靠、无堵塞现象；活动部件应转动灵活，材料应耐腐蚀，不应卡涩或脱扣	《消防给水及消火栓系统技术规范》(GB 50974—2014)； 《室外消火栓》(GB 4452—2011)； 《室内消火栓》(GB 3445—2018)； 《消防水带》(GB 6246—2011)；

续表

序号	类别	产品名称	质量证明文件	检查内容	验收依据
10	消防给水及灭火系统	消火栓、消防水带、消防水枪、消火栓箱	产品质量合格证、性能检测报告、随机文件、中文安装使用说明书、自愿性认证产品（如涉及）、企业营业执照、资质证书等证明文件、消火栓固定接口密封性能试验报告	（6）消防水带的织物层应编织得均匀，表面应整洁；应无跳双经、断双经、跳纬及划伤，衬里（或覆盖层）的厚度应均匀，表面应光滑平整、无折皱或其他缺陷。 （7）消防水枪的进出口口径应满足设计要求。 （8）室外消火栓、室内消火栓、消防水带、消防水枪、消火栓箱、消防软管卷盘和轻便水龙的性能和质量要求应符合相应产品标准的规定	《消防水枪》（GB 8181—2005）； 《消火栓箱》（GB 14561—2019）； 《消防软管卷盘》（GB 15090—2005）； 《轻便消防水龙》（XF 180—2016）
11		管材、管件	产品质量合格证、性能检测报告、企业营业执照、资质证书等证明文件	（1）规格、型号、材质符合设计要求。 （2）镀锌钢管应为内外壁热镀锌钢管，钢管内外表面的镀锌层不应有脱落、锈蚀等现象，球墨铸铁管球墨铸铁内涂水泥层和外涂防腐涂层不应脱落，不应有锈蚀等现象，钢丝网骨架塑料（PE）复合管管道壁厚度均匀、内外壁应无划痕。 （3）管材管件不应有妨碍使用的凹凸不平的缺陷，其尺寸公差应符合规范要求。 （4）螺纹密封面应完整、无损伤、无毛刺。 （5）非金属密封垫片应质地柔韧、无老化变质或分层现象，表面应无折损、皱纹等缺陷。 （6）法兰密封面应完整光洁，不应有毛刺及径向沟槽；螺纹法兰的螺纹应完整、无损伤。 （7）球墨铸铁管承口的内工作面和插口的外工作面应光滑、轮廓清晰，不应有影响接口密封性的缺陷。 （8）钢丝网骨架塑料（PE）复合管内外壁应光滑、无划痕，钢丝骨料与塑料应黏结牢固等	《消防给水及消火栓系统技术规范》（GB 50974—2014）； 《建筑给水排水及采暖工程施工质量验收规范》（GB 50242—2002）； 《自动喷水灭火系统施工及验收规范》（GB 50261—2017）； 《细水雾灭火系统技术规范》（GB 50898—2013）； 《低压流体输送用焊接钢管》（GB /T3091—2015）； 《输送流体用无缝钢管》（GB /T8163—2018）； 《水及燃气管道用球墨铸铁管、管件和附件》（GB /T13295—2019）； 《流体输送用不锈钢无缝钢管》（GB /T14976—2012）； 《自动喷水灭火系统 第11部分：沟槽式管接件》（GB 5135.11—2006）； 《自动喷水灭火系统 第20部分：涂覆钢管》（GB /T5135.20—2010）；

续表

序号	类别	产品名称	质量证明文件	检查内容	验收依据
11	消防给水及灭火系统	管材、管件	产品质量合格证、性能检测报告、企业营业执照、资质证等证明文件	（9）细水雾管材及管件的材质、规格、型号、质量等应符合设计要求和现行国家标准《流体输送用不锈钢无缝钢管》（GB/T 14976）、《流体输送用不锈钢焊接钢管》（GB/T 12771）和《工业金属管道工程施工规范》（GB 50235）等的有关规定	《钢丝网骨架塑料（聚乙烯）复合管材及管件》（CJ/T 189—2007）
12		阀门及其附件：自动排气阀、信号阀、止回阀、安全阀、减压阀、倒流防止器、蝶阀、闸阀等	产品质量合格证、性能检测报告、自愿性认证产品（如涉及）、企业营业执照、资质证书等证明文件、现场试验记录	（1）阀门的商标、型号、规格等标志应齐全，阀门的型号、规格应符合设计要求。 （2）阀门及其附件应配备齐全，不应有加工缺陷和机械损伤。 （3）报警阀和控制阀的阀瓣及操作机构应动作灵活、无卡涩现象，阀体内应清洁、无异物堵塞；水力警铃的铃锤应转动灵活、无阻滞现象；传动轴密封性能好，不得有渗漏水现象。 （4）闸阀、截止阀、球阀、蝶阀和信号阀等通用阀门，应符合现行国家标准《工业阀门 压力试验》（GB/T 13927）和《自动喷水灭火系统 第6部分：通用阀门》（GB 5135.6）等的有关规定。 （5）自动排气阀、减压阀、泄压阀、止回阀等阀门性能，应符合现行国家标准《工业阀门 压力试验》（GB/T 13927）、《自动喷水灭火系统 第6部分：通用阀门》（GB 5135.6）、《压力释放装置 性能试验规范》（GB/T 12242）、《减压阀 性能试验方	《消防给水及消火栓系统技术规范》（GB 50974—2014）； 《建筑给水排水及采暖工程施工质量验收规范》（GB 50242—2002）；

续表

序号	类别	产品名称	质量证明文件	检查内容	验收依据
12	消防给水及灭火系统	阀门及其附件：自动排气阀、信号阀、止回阀、安全阀、减压阀、倒流防止器、蝶阀、闸阀等	产品质量合格证、性能检测报告、自愿性认证产品（如涉及）、企业营业执照、资质证书等证明文件、现场试验记录	法》（GB/T 12245）、《安全阀一般要求》（GB/T 12241）等的有关规定。 （6）阀门应有清晰的铭牌、安全操作指示标志、产品说明书和水流方向的永久性标志	《自动喷水灭火系统施工及验收规范》（GB 50261—2017）； 《自动喷水灭火系统》（GB 5135—2019）
13		压力开关、流量开关、水位显示与控制开关、末端试水装置、灭火装置、探测装置、控制装置等	产品质量合格证、性能检测报告、自愿性认证产品（如涉及）、现场试验记录、企业营业执照、资质证书等证明文件	（1）性能规格应满足设计要求。 （2）压力开关应符合现行国家标准《自动喷水灭火系统 第10部分：压力开关》（GB 5135.10）的性能和质量要求。 （3）水位显示与控制开关应符合现行国家标准《水位测量仪器》（GB/T 11828）等的有关规定。 （4）流量开关应能在管道流速为0.1～10m/s时可靠启动，其他性能宜符合现行国家标准《自动喷水灭火系统 第7部分：水流指示器》（GB 5135.7）的有关规定。 （5）外观完整不应有损伤。 （6）压力开关、水流指示器等自动监测装置应有清晰的铭牌、安全操作指示标志和产品说明书；水流指示器应有水流方向的永久性标志；安装前应进行主要功能检查	《消防给水及消火栓系统技术规范》（GB 50974—2014）； 《自动喷水灭火系统施工及验收规范》（GB 50261—2017）； 《自动喷水灭火系统》（GB 5135—2019）； 《自动跟踪定位射流灭火系统技术标准》（GB 51427—2021）
14		喷头	产品质量合格证、性能检测报告、自愿性认证产品（如涉及）、企业营业执照、资质证书等证明文件、现场试验记录	（1）喷头的商标、型号、公称动作温度、响应时间指数（*RTI*）、制造厂及生产日期等标志应齐全。 （2）喷头的型号、规格等应符合设计要求。 （3）喷头外观应无加工缺陷和机械损伤	《自动喷水灭火系统施工及验收规范》（GB 50261—2017）； 《细水雾灭火系统技术规范》（GB 50898—2013）； 《水喷雾灭火系统技术规范》（GB 50219—2014）；

续表

序号	类别	产品名称	质量证明文件	检查内容	验收依据
14	消防给水及灭火系统	喷头	产品质量合格证、性能检测报告、自愿性认证产品（如涉及）、企业营业执照、资质证书等证明文件、现场试验记录	（4）喷头螺纹密封面应无伤痕、毛刺、缺丝或断丝现象。 （5）闭式喷头应进行密封性能试验，以无渗漏、无损伤为合格。 （6）泡沫喷雾系统用水雾喷头应带有过滤网	《自动喷水灭火系统 第1部分：洒水喷头》（GB 5135.1—2019）； 《自动喷水灭火系统 第13部分：水幕喷头》（GB 5135.13—2006）； 《自动喷水灭火系统 第3部分：水雾喷头》（GB 5135.3—2003）； 《自动喷水灭火系统 第22部分：特殊应用喷头》（GB 5135.22—2019）； 《泡沫灭火系统技术标准》（GB 50151—2021）； 《细水雾灭火系统技术规范》（GB 50898—2013）
15		灭火器、灭火器箱等	出厂合格证、型式检验报告、强制性认证证书（如涉及）、企业营业执照、资质证书等证明文件	（1）灭火器应符合市场准入的规定，并应有出厂合格证和相关证书。 （2）灭火器的类型、规格、灭火级别和数量应符合配置设计要求。 （3）灭火器的铭牌、生产日期和维修日期等标志应齐全。 （4）灭火器筒体应无明显缺陷和机械损伤；灭火器的保险装置应完好；灭火器压力指示器的指针应在绿区范围内。 （5）推车式灭火器的行驶机构应完好。 （6）灭火器箱应有出厂合格证和型式检验报告。 （7）灭火器箱外观应无明显缺陷和机械损伤，灭火器箱应开启灵活。 （8）设置灭火器的挂钩、托架应符合配置设计要求，无明显缺陷和机械损伤，并应有出厂合格证。 （9）发光指示标志应无明显缺陷和损伤，并应有出厂合格证和型式检验报告	《建筑灭火器配置验收及检查规范》（GB 50444—2008）； 《手提式灭火器》（GB 4351—2005）； 《推车式灭火器》（GB 8109—2005）

续表

序号	类别	产品名称	质量证明文件	检查内容	验收依据
16	消防给水及灭火系统	储水瓶组、储气瓶组、泵组单元、控制柜（盘）、储水箱、控制阀、过滤器、安全阀、减压装置、信号反馈装置等系统组件	产品质量合格证、检测报告、企业营业执照、资质证书等证明文件、现场试验记录	（1）系统组件的规格、型号，应符合国家现行有关产品标准和设计要求。 （2）外观检查：应无变形及其他机械性损伤；外露非机械加工表面保护涂层应完好；所有外露口均应设有保护堵盖，且密封应良好；铭牌标记应清晰、牢固、方向正确	《细水雾灭火系统技术规范》（GB 50898—2013）
17		消防炮	产品质量合格证、检测报告、自愿性认证产品（如涉及）、企业营业执照、资质证书等证明文件	（1）规格、型号、质量等应符合国家现行有关产品标准和设计要求。 （2）铸件表面应光洁，无裂纹、气孔、缩孔、砂眼等影响强度及性能的缺陷。 （3）焊缝应平整均匀，不应有未焊透、烧穿、疤瘤及其他有损强度和外观质量的缺陷。 （4）电镀件表面应无明显气泡、碰伤、漏镀等缺陷。 （5）消防炮外表面的涂漆层应光洁均匀，无气泡、明显流痕、龟裂等影响外观质量的缺陷。 （6）消防炮铭牌应字体清晰、可识。 （7）消防炮应采用铜或耐腐蚀性能不低于 1Cr18Ni9Ti 不锈钢等耐腐蚀材料制造，采用其他材料制造的应进行防腐蚀处理，使其满足相应使用环境和介质的防腐要求	《消防炮》（GB 19156—2019）； 《固定消防炮灭火系统施工与验收规范》（GB 50498—2009）

续表

序号	类别	产品名称	质量证明文件	检查内容	验收依据
18	消防给水及灭火系统	灭火剂储存容器及容器阀、单向阀、连接管、集流管、安全泄放装置、选择阀、阀驱动装置、喷嘴、信号反馈装置、检漏装置、减压装置等系统组件；低压二氧化碳灭火系统储存装置等预制灭火系统产品	产品质量合格证、检测报告、自愿性认证产品（如涉及）、企业营业执照、资质证书等证明文件、现场试验记录	（1）品种、规格、性能、等应符合国家现行产品标准和设计要求。 （2）系统组件无碰撞变形及其他机械性损伤。 （3）组件外露非机械加工表面保护涂层完好。 （4）组件所有外露接口均设有防护堵、盖，且封闭良好，接口螺纹和法兰密封面无损伤。 （5）铭牌清晰、牢固、方向正确。 （6）同一规格的灭火剂储存容器，其高度差不宜超过20mm。 （7）同一规格的驱动气体储存容器，其高度差不宜超过10mm。 （8）灭火剂储存容器的充装量、充装压力应符合设计要求，充装系数或装量系数应符合设计规范规定；不同温度下灭火剂的储存压力应按相应标准确定。 （9）电磁驱动器的电源电压应符合系统设计要求。通电检查电磁铁芯，其行程应能满足系统启动要求，且动作灵活，无卡阻现象。 （10）气动驱动装置储存容器内气体压力不应低于设计压力，且不得超过设计压力的5%，气体驱动管道上的单向阀应启闭灵活，无卡阻现象	《气体灭火系统施工及验收规范》（GB 50263—2007）
19		泡沫液	产品质量合格证、自愿性认证产品（如涉及）或检验的有效证明文件	（1）泡沫液进场后，应由监理工程师组织取样留存，按全项检测需要量留存。旨在以后在需要时能进行质量检测，同时也警示应生产和采购合格泡沫液。 （2）留存泡沫液的贮存条件应符合现行国家标准《泡沫灭火剂》（GB 15308）的相关规定。留存量要考虑日后检测需要量，一般情况下，3%型泡沫液留存50kg、6%型泡沫液留存100kg、100%型泡沫液留存400kg	《泡沫灭火系统技术标准》（GB 50151—2021）；《泡沫灭火剂》（GB 15308—2006）

续表

序号	类别	产品名称	质量证明文件	检查内容	验收依据
20	消防给水及灭火系统	泡沫产生装置、泡沫比例混合器（装置）、泡沫液储罐、动力瓶组及驱动装置等系统组件	产品质量合格证、自愿性认证产品（如涉及）或检验的有效证明文件、相关技术资料	（1）系统组件的规格、型号、性能应符合国家现行产品标准和设计要求，其中拖动泡沫消防水泵的柴油机的压缩比、带载扭矩、极限启动温度等应符合设计要求；盛装100%型水成膜泡沫液的压力储罐、动力瓶组及驱动装置应符合压力容器相关标准的规定。 （2）外观检查：无变形及其他机械性损伤；外露非机械加工表面保护涂层完好；无保护涂层的机械加工面无锈蚀；所有外露接口无损伤，堵、盖等保护物包封良好；铭牌标记清晰、牢固。 （3）泡沫喷雾系统动力瓶组及驱动装置储存容器的工作压力不应低于设计压力，且不得高于其最大工作压力，气体驱动管道上的单向阀应启闭灵活，无卡阻现象；电磁驱动器的电源电压应符合系统设计要求。通电检查电磁铁芯，其行程应能满足系统启动要求，且应动作灵活，无卡阻现象	《泡沫灭火系统技术标准》（GB 50151—2021）
21	消防电气和火灾自动报警系统	配电系统电线、电缆	产品质量合格、性能检测报告、生产许可证、强制性认证证书（如涉及）、企业营业执照、资质证书等证明文件、有见证试验报告、现场试验记录	（1）电线、电缆的耐火性能应符合设计及相关标准要求。 （2）查验合格证：合格证内容填写应齐全、完整。 （3）外观检查：包装完好，电缆端头应密封良好，标识应齐全。抽检的绝缘导线或电缆绝缘层应完整无损，厚度均匀。电缆无压扁、扭曲，铠装不应松卷。绝缘导线、电缆外护层应有明显标识和制造厂标。 （4）检测绝缘性能：电线、电缆的绝缘性能应符合产品技术标准或产品技术文件规定。 （5）检查标称截面积和电阻值：绝缘导线、电缆的标称截面积应符合设计要求，其导体电阻值应符合现行国家标准的有关规定。当对绝缘导线和电缆的导电性能、绝缘性能、绝缘厚度、机械性能和阻燃耐火性能有异议时，应按批抽样送有资质的试验室检测。检测项目和内容应符合国家现行有关产品标准的规定	《建筑电气工程施工质量验收规范》（GB 50303—2015）

续表

序号	类别	产品名称	质量证明文件	检查内容	验收依据
22	消防电气和火灾自动报警系统	配电系统梯架、托盘、槽盒及导管	产品质量合格证、性能检测报告、企业营业执照、资质证书等证明文件	(1) 梯架、托盘、槽盒： a) 查验合格证及出厂检验报告：内容填写应齐全、完整。 b) 外观检查：配件应齐全，表面应光滑、不变形；钢制梯架、托盘和槽盒涂层应完整、无锈蚀；塑料槽盒应无破损、色泽均匀，对阻燃性能有异议时，应按批抽样送有资质的试验室检测；铝合金梯架、托盘和槽盒涂层应完整，不应有扭曲变形、压扁或表面划伤等现象。 (2) 导管： a) 查验合格证：钢导管应有产品质量证明书，塑料导管应有合格证及相应检测报告。 b) 外观检查：钢导管应无压扁，内壁应光滑；非镀锌钢导管不应有锈蚀，油漆应完整；镀锌钢导管镀层覆盖应完整、表面无锈斑；塑料导管及配件不应碎裂、表面应有阻燃标记和制造厂标。 c) 应按批抽样检测导管的管径、壁厚及均匀度，并应符合国家现行有关产品标准的规定。 d) 对机械连接的钢导管及其配件的电气连续性有异议时，应按现行国家标准的有关规定进行检验。 e) 对塑料导管及配件的阻燃性能有异议时，应按批抽样送有资质的试验室检测	《建筑电气工程施工质量验收规范》(GB 50303—2015)
23		配电系统设备［柴发、不间断电源（应急电源）、低压成套配电柜（箱）等］	产品质量合格证、性能检测报告、强制性认证证书（如涉及）、随机文件、中文安装使用说明书、企业营业执照、资质证书等证明文件	(1) 查验合格证和随带技术文件：低压成套配电柜、蓄电池柜、UPS柜、EPS柜等成套柜应有出厂试验报告。 (2) 电机组的出厂编号、型号、规格、数量与装箱单一致；零部件与装箱单一致。 (3) 核对产品型号、产品技术参数：应符合设计要求	《智能建筑工程质量验收规范》(GB 50339—2013)；

续表

序号	类别	产品名称	质量证明文件	检查内容	验收依据
23	消防电气和火灾自动报警系统	配电系统设备［柴发、不间断电源（应急电源）、低压成套配电柜（箱）等］	产品质量合格证、性能检测报告、强制性认证证书（如涉及）、随机文件、中文安装使用说明书、企业营业执照、资质证书等证明文件	（4）外观检查：设备应有铭牌，表面涂层应完整、无明显碰撞凹陷，设备内元器件应完好无损、接线无脱落脱焊，绝缘导线的材质、规格应符合设计要求，蓄电池柜内电池壳体应无碎裂、漏液，充油、充气设备应无泄漏	《建筑电气工程施工质量验收规范》（GB 50303—2015）
24		应急照明灯具（疏散指示、应急照明）	产品质量合格证、性能检测报告、强制性认证证书（如涉及）、随机文件、中文安装使用说明书、企业营业执照、资质证书等证明文件、现场试验记录	（1）灯具涂层应完整、无损伤，附件应齐全，I类灯具的外露可导电部分应具有专用的PE端子。 （2）固定灯具带电部件及提供防触电保护的部位应为绝缘材料，且应耐燃烧和防引燃。 （3）消防应急灯具应获得消防产品型式试验合格评定，且具有认证标志。 （4）内部接线应为铜芯绝缘导线，截面积应与灯具功率相匹配，且不应小于0.5mm^2。 （5）进口装置还应提供检查商检证明、中文的质量合格证明文件、规格、型号、性能检测报告及中文的安装、使用、维修试验要求和说明等技术文件	《消防应急照明和疏散指示系统技术标准》（GB51309—2018）； 《建筑电气工程施工质量验收规范》（GB 50303—2015）； 《消防应急照明和疏散指示系统》（GB17945—2010）
25		控制系统材料：控制电缆（KYJV、KVV、RVVP、BTTQ、BVV、BLVV、BVVB、BLVVB等）	产品质量合格、性能检测报告、强制性认证证书（如涉及）、生产许可证；企业营业执照、资质证书等证明文件、有见证试验报告、现场试验记录	（1）查验合格证：合格证内容填写应齐全、完整。 （2）外观检查：包装完好，电缆端头应密封良好，标识应齐全。抽检的绝缘导线或电缆绝缘层应完整无损，厚度均匀。电缆无压扁、扭曲，铠装不应松卷。绝缘导线、电缆外护层应有明显标识和制造厂标。 （3）检测绝缘性能：电线、电缆的绝缘性能应符合产品技术标准或产品技术文件规定。 （4）检查标称截面积和电阻值：绝缘导线、电缆的标称截面积应符合设计要求，其导体电阻值应符合现行国家标准的有关规定。当对绝缘导线和电缆的导电性能、绝缘性能、绝缘厚度、机械性能和阻燃耐火性能有异议时，应按批抽样送有资质的试验室检测。检测项目和内容应符合国家现行有关产品标准的规定	《建筑电气工程施工质量验收规范》（GB 50303—2015）

续表

序号	类别	产品名称	质量证明文件	检查内容	验收依据
25	消防电气和火灾自动报警系统	控制系统材料：控制电缆（KYJV、KVV、RVVP、BTTQ、BVV、BLVV、BVVB、BLVVB等）	产品质量合格、性能检测报告、强制性认证证书（如涉及）、生产许可证；企业营业执照、资质证书等证明文件、有见证试验报告、现场试验记录	（5）缆线外护套上应有明显标志，以不大于1m的间隔印有生产厂名或代号、缆线型号及生产年份，以1m的间距印有以“m”为单位的长度标志。 （6）标志、标签内容应齐全、清晰，应在每根成品缆线所附的标签或在外包装外给出下列信息：制造厂名及商标、缆线型号、长度（m）、毛重（kg）、出厂编号、制造日期	《建筑电气工程施工质量验收规范》（GB 50303—2015）
26		控制系统材料：光缆	产品质量合格证、性能检测报告、生产许可证、企业营业执照、资质证书等证明文件、现场试验记录	（1）型式、规格及缆线的阻燃等级应符合设计文件要求。 （2）缆线的出厂质量检验报告、合格证、出厂测试记录等各种随盘资料应齐全，所附标志、标签内容应齐全、清晰，外包装应注明型号和规格。 （3）电缆外包装和外护套需完整无损，当该盘、箱外包装损坏严重时，应按电缆产品要求进行检验，测试合格后再在工程中使用。 （4）光缆开盘后应先检查光缆端头封装是否良好。光缆外包装或光缆护套当有损伤时，应对该盘光缆进行光纤性能指标测试，并应符合下列规定：①当有断纤时，应进行处理，并应检查合格后使用；②光缆A、B端标识应正确、明显；③光纤检测完毕后，端头应密封固定，并应恢复外包装。 （5）单盘光缆应对每根光纤进行长度测试。 （6）光纤接插软线或光跳线检验应符合下列规定：①两端的光纤连接器件端面应装配合适的保护盖帽；②光纤应有明显的类型标记，并应符合设计文件要求；③使用光纤端面测试仪应对该批量光连接器件端面进行抽验，比例不宜大于5%～10%。	《建筑电气工程施工质量验收规范》（GB 50303—2015）

续表

序号	类别	产品名称	质量证明文件	检查内容	验收依据
26	消防电气和火灾自动报警系统	控制系统材料：光缆	产品质量合格证、性能检测报告、生产许可证、企业营业执照、资质证书等证明文件、现场试验记录	（7）缆线外护套上应有明显标志，以不大于1m的间隔印有生产厂名或代号、缆线型号及生产年份，以1m的间距印有以“m”为单位的长度标志。 （8）标志、标签内容应齐全、清晰，应在每根成品缆线所附的标签或在外包装外给出下列信息：制造厂名及商标、缆线型号、长度（m）、毛重（kg）、出厂编号、制造日期	《建筑电气工程施工质量验收规范》（GB 50303—2015）
27		控制系统各类模块面板、适配器等	产品质量合格证、性能检测报告、强制性认证证书（如涉及）、企业营业执照、资质证书等证明文件	（1）配线模块、信息插座模块及其他连接器件的部件应完整，电气和机械性能等指标应符合相应产品的质量标准。塑料材质应具有阻燃性能，并应满足设计要求。 （2）光纤连接器件及适配器的型式、数量、端口位置应与设计相符。光纤连接器件应外观平滑、洁净，并不应有油污、毛刺、伤痕及裂纹等缺陷，各零部件组合应严密、平整	《智能建筑工程质量验收规范》（GB 50339—2013）； 《火灾自动报警系统施工及验收标准》（GB 50166—2019）
28		火灾自动报警系统传感器、控制器及其他硬件	产品质量合格证、性能检测报告、随机文件、中文安装使用说明书、强制性认证证书（如涉及）、计量设备检定证书、企业营业执照、资质证书等证明文件、准用备案许可、现场试验记录	（1）无变形及其他机械性损伤。 （2）外露非机械加工表面保护涂层完好。 （3）无保护涂层的机械加工面无锈蚀。 （4）所有外露接口无损伤，堵、盖等保护物包封良好。 （5）铭牌标记清晰、牢固。 （6）外包装完整无破损，未浸湿、受潮，标识清晰完整。 （7）设备及附件的外观应完好、无破损、碰伤、浸湿、受潮、变形及锈蚀等。 （8）依据合同、设计文件、装箱清单要求，核对设备及附件、备件、专用工具、材料的品牌、生产商、产地、型号、数量、齐套和技术参数。	《智能建筑工程质量验收规范》（GB 50339—2013）； 《火灾自动报警系统施工及验收标准》（GB 50166—2019）

续表

序号	类别	产品名称	质量证明文件	检查内容	验收依据
28	消防电气和火灾自动报警系统	火灾自动报警系统传感器、控制器及其他硬件	产品质量合格证、性能检测报告、随机文件、中文安装使用说明书、强制性认证证书（如涉及）、计量设备检定证书、企业营业执照、资质证书等证明文件、准用备案许可、现场试验记录	（9）火灾报警主要设备应有国家认证（认可）证书（含“CCC”认证和消防强制认证）和标识，应核对产品名称、规格、型号是否与检测报告一致。 （10）非国家认证（认可）的设备，应核对产品名称、规格、型号是否与检测报告一致。 （11）标识应清晰完整，涉及强制认证的应有“CCC”或强制认证标识、涉及进网许可的应有进网许可证号、涉及序列号的应有序列号标示，许可号、序列号应进行登记。 （12）有源设备进行通电检测，看状态指示灯等是否显示正常。 （13）进口产品还应检查商检证明、原产地证明文件、安装使用维护说明书的中文版本。 （14）核对配件及备件的型号与主机的匹配性，接口是否有效	《智能建筑工程质量验收规范》（GB 50339—2013）； 《火灾自动报警系统施工及验收标准》（GB 50166—2019）
29		消防电气机房设备（机柜等）	产品质量合格证、随机文件、中文安装使用说明书、强制性认证证书（如涉及）、企业营业执照、资质证书等证明文件、准用备案许可	（1）设备、材料及配件进入施工现场应有清单、使用说明书、质量合格证明文件、国家法定质检机构的检验报告等文件。火灾自动报警系统中的强制认证（认可）产品还应有认证（认可）证书和认证（认可）标识。 （2）火灾自动报警系统的主要设备应是通过国家认证（认可）的产品。产品名称、型号、规格应与检验报告一致。 （3）火灾自动报警系统中非国家强制认证（认可）的产品名称、型号、规格应与检验报告一致。 （4）火灾自动报警系统设备及配件表面应无明显划痕、毛刺等机械损伤，紧固部位应无松动。 （5）火灾自动报警系统设备及配件的规格、型号应符合设计要求	《智能建筑工程质量验收规范》（GB 50339—2013）； 《火灾自动报警系统施工及验收标准》（GB 50166—2019）

续表

序号	类别	产品名称	质量证明文件	检查内容	验收依据
30	消防电气和火灾自动报警系统	消防电气机房设备（显示器等）	产品质量合格证、检验报告、随机文件、中文安装使用说明书、强制性认证证书（如涉及）、企业营业执照、资质证书等证明文件	（1）无变形及其他机械性损伤。 （2）外露非机械加工表面保护涂层完好。 （3）无保护涂层的机械加工面无锈蚀。 （4）所有外露接口无损伤，堵、盖等保护物包封良好。 （5）铭牌标记清晰、牢固。 （6）外包装完整无破损，未浸湿、受潮，标识清晰完整。 （7）设备及附件的外观应完好、无破损、碰伤、浸湿、受潮、变形及锈蚀等。 （8）依据合同、设计文件、装箱清单要求，核对设备及附件、备件、专用工具、材料的品牌、生产商、产地、型号、数量、齐套和技术参数。 （9）火灾报警主要设备应有国家认证（认可）证书（含“CCC”认证和消防强制认证）和标识，应核对产品名称、规格、型号是否与检测报告一致。 （10）非国家认证（认可）的设备，应核对产品名称、规格、型号是否与检测报告一致。 （11）标识应清晰完整，涉及强制认证的应有“CCC”或强制认证标识、涉及进网许可的应有进网许可证号、涉及序列号的应有序列号标示，许可号、序列号应进行登记。 （12）有源设备进行通电检测，看状态指示灯等是否显示正常。 （13）进口产品还应检查商检证明、原产地证明文件、安装使用维护说明书的中文版本。 （14）核对配件及备件的型号与主机的匹配性，接口是否有效	《智能建筑工程质量验收规范》（GB 50339—2013）； 《火灾自动报警系统施工及验收标准》（GB 50166—2019）

续表

序号	类别	产品名称	质量证明文件	检查内容	验收依据
31	消防电气和火灾自动报警系统	防爆电气设备	产品质量合格证、检验报告、随机文件、中文安装使用说明书、强制性认证证书（如涉及）、企业营业执照、资质证书等证明文件	（1）防爆电气设备的类型、级别、组别、环境条件以及特殊标志等，应符合设计要求。 （2）防爆电气设备应有“Ex”标志和标明防爆电气设备的类型、级别、组别标志的铭牌，并应在铭牌上标明防爆合格证号。 （3）包装及密封应良好。 （4）开箱检查清点，其型号、规格和防爆标志，应符合设计要求，附件、配件、备件应完好齐全。 （5）产品的技术文件应齐全。 （6）防爆电气设备的铭牌中，应标有国家检验单位颁发的“防爆合格证号”。 （7）设备外观检查应无损伤、无腐蚀、无受潮	《建筑电气工程施工质量验收规范》（GB 50303—2015）； 《电气装置安装工程爆炸和火灾危险环境电气装置施工及验收规范》（GB 50257—2014）； 《爆炸性环境 第1部分：设备 通用要求》（GB/T 3836.1—2021）
32	建筑防排烟	风管	质量合格证、检验报告、企业营业执照、资质证书等证明文件、强度严密性检测报告	（1）风管的材料品种、规格、厚度等应符合设计要求和现行国家标准的规定。 （2）有耐火极限要求的风管的本体、框架与固定材料、密封垫料等必须为不燃材料，材料品种、规格、厚度及耐火极限等应符合设计要求和国家现行标准的规定。 （3）按风管、材料加工批的数量抽查10%，且不得少于5件。 （4）风管加工质量应通过工艺性的检测或验证，强度严密性要求符合相关规范规定。 （5）成品风管应具有相应的合格证明，包括主材的材质证明、风管强度及严密性检测报告，非金属风管、复合材料风管还需提供消防及卫生检测合格的报告	《建筑防烟排烟系统技术标准》（GB 51251—2017）； 《通风与空调工程施工质量验收规范》（GB 50243—2016）

续表

序号	类别	产品名称	质量证明文件	检查内容	验收依据
33	建筑防排烟	防烟、排烟系统中各类阀（口）	质量合格证、检验报告、自愿性认证产品（防火排烟阀门）、企业营业执照、资质证书等证明文件、现场试验报告	（1）排烟防火阀、送风口、排烟阀或排烟口等必须符合有关消防产品标准的规定。其型号、规格、数量应符合设计要求，手动开启灵活、关闭可靠严密。按种类、批抽查10%，且不得少于2个。 （2）防火阀、送风口和排烟阀或排烟口等的驱动装置，动作应可靠，在最大工作压力下工作正常；按批抽查10%，且不得少于1件。 （3）防烟、排烟系统柔性短管的制作材料必须为不燃材料。 （4）阀门上的标牌应牢固，标识应清晰、准确。 （5）阀门各零部件的表面应平整，不允许有裂纹、压坑及明显的凹凸、锤痕、毛刺、孔洞等缺陷。 （6）阀门的焊缝应光滑、平整，不允许有虚焊、气孔、夹渣、疏松等缺陷。 （7）金属阀门各零部件的表面均应做防锈、防腐处理，经处理后的表面应光滑、平整，涂层，镀层应牢固，不应有剥落、镀层开裂以及漏漆或流淌现象	《建筑防烟排烟系统技术标准》（GB 51251—2017）； 《建筑通风和排烟系统用防火阀门》（GB 15930—2007）
34		防排烟风机	产品质量合格证书、性能检测报告、型式检验报告、装箱清单、设备说明书等随机文件、进口设备还应具有商检合格的证明文件、自愿性认证产品（消防排烟风机）、企业营业执照、资质证书等证明文件	（1）应符合产品标准和有关消防产品标准的规定，其型号、规格、数量应符合设计要求，出口方向应正确。 （2）风机外露部分各加工面应无锈蚀；转子的叶轮和轴颈、齿轮的齿面和齿轮轴的轴颈等主要零件、部件应无碰伤和明显的变形。 （3）风机的防锈包装应完好无损；整体出厂的风机，进气口和排气口应有盖板遮盖，且不应有尘土和杂物进入。 （4）外露测振部位表面检查后，应采取保护措施。	《建筑防烟排烟系统技术标准》（GB 51251—2017）； 《通风与空调工程施工质量验收规范》（GB 50243—2016）； 《风机、压缩机、泵安装工程施工及验收规范》（GB 50275—2010）

续表

序号	类别	产品名称	质量证明文件	检查内容	验收依据
34	建筑防排烟	防排烟风机	产品质量合格证书、性能检测报告、型式检验报告、装箱清单、设备说明书等随机文件、进口设备还应具有商检合格的证明文件、自愿认证产品（消防排烟风机）、企业营业执照、资质证书等证明文件	（5）每台设备上应有耐久性铭牌，并固定在明显部位，铭牌上应清晰标出下列内容：名称和型号、主要技术参数、规格尺寸、出厂编号、出厂日期、制造厂名。 （6）防爆风机属于强制性认证产品	《建筑防烟排烟系统技术标准》（GB 51251—2017）； 《通风与空调工程施工质量验收规范》（GB 50243—2016）； 《风机、压缩机、泵安装工程施工及验收规范》（GB 50275—2010）
35	建筑防排烟	活动挡烟垂壁及其电动驱动装置和控制装置	产品质量合格证书、性能检测报告、型式检验报告、自愿认证产品、企业营业执照、资质证书等证明文件	（1）应符合有关消防产品标准的规定，其型号、规格、数量应符合设计要求，动作可靠。按批抽查10%，且不得少于1件。 （2）挡烟垂壁应设置永久性标牌，标牌应牢固，标识内容清楚。 （3）挡烟垂壁的挡烟部件表面不应有裂纹、压坑、缺角、孔洞及明显的凹凸、毛刺等缺陷；金属材料的防锈涂层或镀层应均匀，不应有斑剥、流淌现象。 （4）挡烟垂壁的组装、拼接或连接等应牢固，符合设计要求，不应有错位和松动现象	《建筑防烟排烟系统技术标准》（GB 51251—2017）； 《挡烟垂壁》（XF 533—2012）
36	建筑防排烟	自动排烟窗的驱动装置和控制装置	产品质量合格证书、性能检测报告、型式检验报告、企业营业执照、资质证书等证明文件	（1）自动排烟窗规格、型号符合设计要求。 （2）自动排烟窗的驱动装置和控制装置应符合设计要求，动作可靠。 （3）抽查10%，且不得少于1件	《建筑防烟排烟系统技术标准》（GB 51251—2017）
37	其他消防产品	消防安全标志逃生产品自救呼吸器	产品质量合格证书、性能检测报告、强制性认证证书（如涉及）、企业营业执照、资质证书等证明文件	（1）性能、规格应满足设计要求。 （2）应满足消防产品强制性认证的规定。 （3）消防安全标志产品标志表面应光洁，不应有气泡、划痕、色泽不均和脱落等缺陷；产品应加工良好、表面平整；基材边角不应有毛刺，过渡不应采用尖角	《消防安全标志通用技术条件》XF480—2004； 《建筑火灾逃生避难器材》GB21976—2012（第2—7部分）； 《化学氧消防自救呼吸器》（XF 411—2003）

5.3.2 消防产品现场试验

消防产品进入施工现场后，在施工单位、监理单位对产品的外观质量检查、质量证明文件核查或开箱检验符合要求的基础上，由施工单位按照有关规定抽取试样，在施工现场进行检测或试验，消防产品进场试验依据、试验内容和要求见表5-2。

表5-2 消防产品现场试验内容

序号	子分部工程	产品名称	试验依据	试验内容及要求
1	消防给水及灭火系统	阀门	《建筑给水排水及采暖工程施工质量验收规范》(GB 50242—2002)	(1) 应进行强度和严密性试验，阀门的强度试验压力为公称压力的1.5倍；严密性试验压力为公称压力的1.1倍；试验压力在试验持续时间内应保持不变，且壳体填料及阀瓣密封面无渗漏。 (2) 公称直径不大于50mm的阀门强度和严密性试验持续时间为15s；公称直径65～200mm强度试验持续时间60s，严密性金属密封30s、非金属密封15s。 (3) 试验应在每批（同牌号、同型号、同规格）数量中抽取10%，且不少于1个，主干管上起切断作用的闭路阀门，应该逐个作强度和严密性试验
2		报警阀	《自动喷水灭火系统施工及验收规范》(GB 50261—2017)	(1) 应进行渗漏试验。 (2) 试验压力应为额定工作压力的2倍，保压时间不应小于5min，阀瓣处应无渗漏。 (3) 全数检查
3		压力开关、水流指示器、自动排气阀、减压阀、泄压阀、多功能水泵控制阀、止回阀、信号阀、水泵接合器及水位、气压、阀门限位等	《自动喷水灭火系统施工及验收规范》(GB 50261—2017)	(1) 安装前应进行主要功能检查。 (2) 全数检查
4		闭式喷头	《自动喷水灭火系统施工及验收规范》(GB 50261—2017)	(1) 应进行密封性能试验，无渗漏、无损伤为合格。 (2) 试验数量应从每批中抽查1%，并不得少于5只，试验压力应为3.0MPa，保压时间不得少于3min。当两只及两只以上不合格时，不得使用该批喷头。当仅有一只不合格时，应再抽查2%，并不得少于10只，并重新进行密封性能试验；当仍有不合格时，亦不得使用该批喷头

续表

序号	子分部工程	产品名称	试验依据	试验内容及要求
5	消防给水及灭火系统	消火栓固定接口	《消防给水及消火栓系统技术规范》（GB 50974—2014）	（1）应进行密封性能试验，应以无渗漏、无损伤为合格。 （2）试验数量宜从每批中抽查1%，但不应少于5个，应缓慢而均匀地升压1.6MPa，应保压2min。当两个及两个以上不合格时，不应使用该批消火栓。当仅有1个不合格时，应再抽查2%，但不应少于10个，并应重新进行密封性能试验；当仍有不合格时，亦不应使用该批消火栓
6		储气瓶组，驱动装置	《细水雾灭火系统技术规范》（GB 50898—2013）	（1）储气瓶组进场时，驱动装置应按产品使用说明规定的方法进行动作检查，动作应灵活无卡阻现象。 （2）全数检查
7		灭火剂储存容器内的充装量、充装压力及充装系数、装量系数	《气体灭火系统施工及验收规范》（GB 50263—2007）	（1）灭火剂储存容器的充装量、充装压力应符合设计要求，充装系数或装量系数应符合设计规范规定。不同温度下灭火剂的储存压力应按相应标准确定。 （2）检查数量：全数检查。 （3）检查方法：称重、液位计或压力计测量
8		阀驱动装置	《气体灭火系统施工及验收规范》（GB 50263—2007）	（1）电磁驱动器的电源电压应符合系统设计要求。通电检查电磁铁芯，其行程应能满足系统启动要求，且动作灵活，无卡阻现象。 （2）气动驱动装置储存容器内气体压力不应低于设计压力，且不得超过设计压力的5 %，气体驱动管道上的单向阀应启闭灵活，无卡阻现象。 （3）机械驱动装置应传动灵活，无卡阻现象。 （4）全数检查，观察检查和用压力计测量
9		泡沫喷雾系统动力瓶组及驱动装置功能性检测	《泡沫灭火系统技术标准》（GB 50151—2021）	（1）泡沫喷雾系统动力瓶组及驱动装置储存容器的工作压力不应低于设计压力，且不得高于其最大工作压力，气体驱动管道上的单向阀应启闭灵活，无卡阻现象。 （2）电磁驱动器的电源电压应符合系统设计要求。通电检查电磁铁芯，其行程应能满足系统启动要求，且应动作灵活，无卡阻现象
10	消防电气和火灾自动报警系统	应急灯具	《建筑电气工程施工质量验收规范》（GB 50303—2015）	（1）绝缘性能检测。 （2）对灯具的绝缘性能进行现场抽样检测，灯具的绝缘电阻值不应小于2MΩ，灯具内绝缘导线的绝缘层厚度不应小于0.6mm。

续表

序号	子分部工程	产品名称	试验依据	试验内容及要求
10	消防电气和火灾自动报警系统	应急灯具	《建筑电气工程施工质量验收规范》(GB 50303—2015)	(3) 同厂家、同材质、同类型，应各抽检3%，带蓄电池的灯具抽检5%，且均不应少于1个（套）。 (4) 自带蓄电池的供电时间检测。 (5) 对于自带蓄电池的应急灯具，应现场检测蓄电池最少持续供电时间，且应符合设计要求。 (6) 同厂家、同材质、同类型的、应各抽检5%，且均不应少于1个（套）
11	建筑防排烟	有耐火极限要求的风管的本体、框架与固定材料、密封垫料	《建筑防烟排烟系统技术标准》(GB 51251—2017)	(1) 点燃试验，必须为不燃材料，材料品种、规格、厚度及耐火极限等应符合设计要求和国家现行标准的规定。 (2) 检查数量：按风管、材料加工批的数量抽查10%，且不应少于5件
12		防烟、排烟系统柔性短管的制作材料	《建筑防烟排烟系统技术标准》(GB 51251—2017)	(1) 点燃试验。 (2) 制作材料必须为不燃材料
13		风机	《建筑防烟排烟系统技术标准》(GB 51251—2017)	功能检测，风机应符合产品标准和有关消防产品标准的规定，其型号、规格、数量应符合设计要求，出口方向应正确
14		排烟防火阀、送风口、排烟阀或排烟口，阀（口）部件驱动装置	《建筑防烟排烟系统技术标准》(GB 51251—2017)	(1) 排烟防火阀、送风口、排烟阀或排烟口等必须符合有关消防产品标准的规定，其型号、规格、数量应符合设计要求，手动开启灵活、关闭可靠严密。按种类、批抽查10%，且不得少于2个。 (2) 防火阀、送风口和排烟阀或排烟口等的驱动装置，动作应可靠，在最大工作压力下工作正常。按批抽查10%，且不得少于1件
15		自动排烟窗的驱动装置和控制装置	《建筑防烟排烟系统技术标准》(GB 51251—2017)	(1) 应符合设计要求和相关消防产品规定，动作可靠。 (2) 检查数量：抽查10%，且不得少于1件
16		活动挡烟垂壁及其电动驱动装置和控制装置	《建筑防烟排烟系统技术标准》(GB 51251—2017)	(1) 活动挡烟垂壁及其电动驱动装置和控制装置应符合有关消防产品标准的规定，其型号、规格、数量应符合设计要求，动作可靠。 (2) 按批抽查10%，且不得少于1件
17		风管	《通风与空调工程施工质量验收规范》(GB 50243—2016)	风管加工质量应通过工艺性的检测或验证，强度严密性要求符合规范规定

5.3.3 消防产品进场复验和见证取样

常用消防产品的名称、进场复验依据和复验项目、组批原则及取样规定见表 5-3，使用时应核对相关标准的有效性和修改情况。表 5-3 中符号“★”表示该项目为有见证取样及送检要求。

表 5-3 消防产品进场复验和见证内容

序号	使用部位	消防产品名称	检测项目	检测依据	组批原则	取样规定
1	装饰装修	用于建筑内部装修的纺织织物（B_1、B_2级纺织织物；现场对纺织织物进行阻燃处理所使用的阻燃剂★）	燃烧性能	《建筑内部装修防火施工及验收规范》（GB 50354—2005）	下列材料应进行抽样检验： （1）现场阻燃处理后的纺织织物，每种取 $2m^2$ 检验燃烧性能。 （2）施工过程中受湿浸、燃烧性能可能受影响的纺织织物，每种取 $2m^2$ 检验燃烧性能	$2m^2$ （阻燃剂 5kg）
2		用于建筑内部装修的木质材料（B_1 级木质材料；现场进行阻燃处理所使用的阻燃剂及防火涂料★）	燃烧性能	《建筑内部装修防火施工及验收规范》（GB 50354—2005）	下列材料应进行抽样检验： （1）现场阻燃处理后的木质材料，每种取 $4m^2$ 检验燃烧性能； （2）表面进行加工后的 B_1 级木质材料，每种取 $4m^2$ 检验燃烧性能	$4m^2$ （阻燃剂、防火涂料 5kg）
3		用于建筑内部装修的高分子合成材料（B_1、B_2 级高分子合成材料；现场进行阻燃处理所使用的阻燃剂及防火涂料★）	燃烧性能	《建筑内部装修防火施工及验收规范》（GB 50354—2005）	下列材料应进行抽样检验： 现场阻燃处理后的泡沫塑料应进行抽样检验，每种取 $0.1m^3$ 检验燃烧性能	$0.1m^3$ （阻燃剂、防火涂料 5kg）
4		用于建筑内部装修的复合材料（B_1、B_2 级复合材料；现场进行阻燃处理所使用的阻燃剂及防火涂料★）	燃烧性能	《建筑内部装修防火施工及验收规范》（GB 50354—2005）	下列材料应进行抽样检验： 现场阻燃处理后的复合材料应进行抽样检验，每种取 $4m^2$ 检验燃烧性能	$4m^2$ （阻燃剂、防火涂料 5kg）

续表

序号	使用部位	消防产品名称	检测项目	检测依据	组批原则	取样规定
5	装饰装修	其他材料（B_1、B_2级材料；现场进行阻燃处理所使用的阻燃剂及防火涂料★）	燃烧性能	《建筑内部装修防火施工及验收规范》（GB 50354—2005）	下列材料应进行抽样检验：现场阻燃处理后的复合材料应进行抽样检验	根据检测机构规定
6	钢结构	防火涂料	黏结强度、抗压强度	《钢结构工程施工质量验收标准》（GB 50205—2020）；《钢结构防火涂料》（GB 14907—2018）	每使用100t或不足100t薄涂型防火涂料应抽检一次黏结强度；每使用500t或不足500t厚涂型防火涂料应抽检一次黏结强度和抗压强度	根据检测机构规定（5kg）
7	外墙	保温隔热材料★	燃烧性能（不燃材料除外）、导热系数或热阻、密度、压缩强度或抗压强度（幕墙工程不用复验）、垂直于板面方向的抗拉强度、吸水率（其中：导热系数或热阻、密度、燃烧性能必须在同一个报告中）	《建筑节能工程施工质量验收标准》（GB 50411—2019）	同厂家、同品种产品，按照扣除门窗洞口后的保温墙面面积所使用的材料用量，在5000m²以内时应复验1次；面积每增加5000m²时应增加1次。同工程项目、同施工单位且同期施工的多个单位工程，可合并计算抽检面积。当符合《建筑节能工程施工质量验收标准》（GB 50411—2019第3.2.3条规定时，检验批容量可以扩大一倍	根据检测机构规定
8		复合保温板等墙体节能定型产品★	燃烧性能（不燃材料除外）、传热系数或热阻、单位面积质量、拉伸黏结强度（其中：传热系统或热阻、单位面积质量、燃烧性能必须在同一个报告中）	《建筑节能工程施工质量验收标准》（GB 50411—2019）	同厂家、同品种产品，按照扣除门窗洞口后的保温墙面面积所使用的材料用量，在5000m²以内时应复验1次；面积每增加5000m²时应增加1次。同工程项目、同施工单位	根据检测机构规定

续表

序号	使用部位	消防产品名称	检测项目	检测依据	组批原则	取样规定
8	外墙	复合保温板等墙体节能定型产品★	燃烧性能（不燃材料除外）、传热系数或热阻、单位面积质量、拉伸黏结强度（其中：传热系统或热阻、单位面积质量、燃烧性能必须在同一个报告中）	《建筑节能工程施工质量验收标准》（GB 50411—2019）	且同期施工的多个单位工程，可合并计算抽检面积。当符合《建筑节能工程施工质量验收标准》（GB 50411—2019）第 3.2.3 条规定时，检验批容量可以扩大一倍	根据检测机构规定
9	外墙	保温板（模塑板、挤塑板、硬泡聚氨酯板、酚醛泡沫板、无饰面复合板、热固复合聚苯板）★	燃烧性能、导热系数、表观密度、压缩强度、垂直于板面抗拉强度、吸水率（其中：导热系数、表观密度、强度、吸水率、燃烧性能必须在同一个报告中）	《居住建筑节能工程施工质量验收规程》（DB11/T 1340—2022）	同厂家、同品种产品，按照保温墙面面积，在 5000m² 以内时应复验 1 次；当面积每增加 5000m² 时应增加 1 次，增加的面积不足规定数量时也应增加 1 次。同工程项目、同施工单位且同时施工的多个单位工程（群体建筑），可合并计算保温墙面抽检面积	根据检测机构规定
10	外墙	保温装饰板或有饰面复合板★	燃烧性能、单位面积质量、单点锚固力、传热系数或热阻、拉伸黏结强度（原强度）	《居住建筑节能工程施工质量验收规程》（DB11/T 1340—2022）	同厂家、同品种产品，按照保温墙面面积，在 5000m² 以内时应复验 1 次；当面积每增加 5000m² 时应增加 1 次，增加的面积不足规定数量时也应增加 1 次。同工程项目、同施工单位且同时施工的多个单位工程（群体建筑），可合并计算保温墙面抽检面积	根据检测机构规定

续表

序号	使用部位	消防产品名称	检测项目	检测依据	组批原则	取样规定
11	外墙	保温板（复合聚氨酯板、复合酚醛板）★	芯材：燃烧性能、厚度、表观密度、导热系数、复合聚氨酯板压缩性能；复合板：燃烧性能、垂直于板面方向的抗拉强度	《公共建筑节能工程施工质量验收规程》（DB11/510—2007）	同厂家、同品种产品，按照保温墙面面积，每 $5000m^2$ 时应复验 1 次，面积不足 $5000m^2$ 时也应复验 1 次。同工程项目、同施工单位且同时施工的多个单位工程（群体建筑），可合并计算保温墙面抽检面积	根据检测机构规定
12	外墙	模塑板、塑板、聚氨酯板★	燃烧性能、导热系数、表观密度、压缩强度、垂直于板面抗拉强度、吸水率	《薄抹灰外墙外保温工程技术规程》（DB11/T 584—2022）	同厂家、同品种产品，按照保温墙面面积，在 $5000m^2$ 以内时应复验 1 次；当面积每增加 $5000m^2$ 时应增加 1 次，增加的面积不足规定数量时也应增加 1 次。同工程项目、同施工单位且同时施工的多个单位工程（群体建筑），可合并计算保温墙面抽检面积	根据检测机构规定
13	外墙	聚苯板（塑、模塑）★	导热系数、密度、吸水率、燃烧性能	《非透光幕墙保温工程技术规程》（DB11/T 1883—2021）	同厂家、同品种产品，按照扣除门窗洞后的保温墙面面积，每 $5000m^2$ 为一检验批；当面积增加时，除燃烧性能外，其他各项项目每增加 $5000m^2$ 应增加一次，燃烧性能每增加 $10000m^2$ 应增加一次。增加的面积不足规定数量时也应增加一次	根据检测机构规定

续表

序号	使用部位	消防产品名称	检测项目	检测依据	组批原则	取样规定
14	外墙	聚氨酯板、泡沫玻璃板★	导热系数、密度、吸水率、燃烧性能	《非透光幕墙保温工程技术规程》(DB11/T 1883—2021)	同一厂家同一种的产品，当单位工程建筑面积在20000m^{2}以下时各抽查不少于3次；当单位工程建筑面积在20000m^{2}以上时各抽查不少于6次	根据检测机构规定
15	外墙	胶粉聚苯颗粒保温浆料★	燃烧性能、干表观密度 导热系数、抗压强度、抗拉强度	《墙体内保温施工技术规程 胶粉聚苯颗粒保温浆料做法和增强粉刷石膏聚苯板做法》(DB11/T 537—2019)	同厂家、同规格产品，按照扣除门窗洞口后的保温墙面面积，在5000m^{2}以内时应复验一次；每增加5000m^{2}应增加一次复验；增加的面积不足规定的数量也应增加一次复验	根据检测机构规定
16	外墙	复合硬泡聚氨酯板、复合硬质酚醛泡沫板、岩棉板、玻璃棉板★	复合硬泡聚氨酯板：芯材有燃烧性能、厚度、导热系数、表观密度；复合板有燃烧性能、垂直于板面的抗拉强度。 复合硬质酚醛泡沫板：芯材有燃烧性能、厚度、导热系数、表观密度；复合板有燃烧性能、聚合物砂浆和芯材的黏结强度。 岩棉板：燃烧性能、导热系数、抗拉强度、酸度系数。 玻璃棉板：燃烧性能、导热系数、表观密度、垂直于板面的抗拉强度	《北京市住房和城乡建设委员会关于加强老旧小区综合改造外保温材料和外窗施工管理的通知》（京建发〔2013〕464号文）	同厂家、同品种、同规格的外保温材料，每3000m^{2}抽样见证检验一次（不足3000m^{2}也应抽检一次）	样品总面积大于12m^2

续表

序号	使用部位	消防产品名称	检测项目	检测依据	组批原则	取样规定
17	外墙	防火隔离带保温材料★	燃烧性能、导热系数、垂直于表面的抗拉强度、吸水率	《居住建筑节能工程施工质量验收规程》(DB11/T 1340—2022)	同厂家、同品种产品，按照保温墙面面积，在5000m²以内时应复验1次；当面积每增加5000m²时应增加1次，增加的面积不足规定数量时也应增加1次。同工程项目、同施工单位且同时施工的多个单位工程（群体建筑），可合并计算保温墙面抽检面积	根据检测机构规定
18	外墙	防火隔离带保温材料★	燃烧性能、导热系数、吸水率	《薄抹灰外墙外保温工程技术规程》(DB11/T 584—2022)	燃烧性能：同厂家、同品种的隔离带保温材料只抽检一次。 导热系数、吸水率：同厂家、同品种产品，按照保温墙面面积，在5000m²以内时应复验1次；当面积每增加5000m²时应增加1次，增加的面积不足规定数量时也应增加1次	根据检测机构规定
19	屋面	屋面保温材料★	表观密度、导热系数、压缩强度、吸水率、燃烧性能（不燃材料除外，其中导热系数、密度、燃烧性能应在同一个报告中）	《建筑节能工程施工质量验收标准》(GB 50411—2019) 《居住建筑节能工程施工质量验收规程》(DB11/T 1340—2022)	同厂家、同品种，扣除天窗、采光顶后的屋面面积，每1000m²使用的材料应复验1次；不足1000m²时也应复验1次。同厂家、同品种的保温材料，其燃烧性能每种产品应至少复验1次。同工程项目、同施工单位且同时施工的多个单位工程（群体建筑）可合并计算屋面抽检面积	根据检测机构规定

续表

序号	使用部位	消防产品名称	检测项目	检测依据	组批原则	取样规定
20	屋面	模塑聚苯乙烯泡沫塑料板★	燃烧性能、表观密度、压缩强度、导热系统	《屋面工程质量验收规范》(GB 50207—2012)	同规格按 $100m^3$ 为一批，不足 $100m^3$ 的按一批计	在每批产品中随机抽取20块进行规格尺寸和外观质量检验。从规格尺寸和外观质量检验合格的产品中，随机取样进行物理性能检验。样品总面积大于 $12m^2$
21	屋面	挤塑聚苯乙烯泡沫塑料板★	燃烧性能、压缩强度、导热系统	《屋面工程质量验收规范》(GB 50207—2012)	同类型、同规格按 $50m^3$ 为一批，不足 $50m^3$ 的按一批计	在每批产品中随机抽取10块进行规格尺寸和外观质量检验。从规格尺寸和外观质量检验合格的产品中，随机取样进行物理性能检验。样品总面积大于 $12m^2$
22	屋面	硬质聚氨酯泡沫塑料★	燃烧性能	《屋面工程质量验收规范》(GB 50207—2012)	同原料、同配方、同工艺条件按 $50m^3$ 为一批，不足 $50m^3$ 的按一批计	在每批产品中随机抽取10块进行规格尺寸和外观质量检验。从规格尺寸和外观质量检验合格的产品中，随机取样进行物理性能检验。样品总面积大于 $12m^2$

续表

序号	使用部位	消防产品名称	检测项目	检测依据	组批原则	取样规定
23	屋面	玻璃棉、岩棉、矿渣棉制品★	燃烧性能、表观密度、导热系统	《屋面工程质量验收规范》(GB 50207—2012)	同原料、同工艺、同品种、同规格按 $1000m^2$ 为一批，不足 $1000m^2$ 的按一批计	在每批产品中随机抽取6个包装箱或卷进行规格尺寸和外观质量检验。从规格尺寸和外观质量检验合格的产品中抽取1个包装箱或卷进行物理性能检验。原尺寸大小样品4块(根)，管状样品需另外送同种材质，同厚度且面积不小于 $1m^2$ 的板一块。 板、管状材料（燃烧 A_1）：从5块产品上各取一个试样，每个不少于500g，另取试样面积不得小于 $0.5m^2$ 厚度不得小于50mm的样品一块。 板状材料（燃烧 A_2）：样品总面积大于 $10m^2$。 管状材料（燃烧 A_2）：由生产厂提供同种材质材料，内径22mm，厚度与产品一致，长度75m

续表

序号	使用部位	消防产品名称	检测项目	检测依据	组批原则	取样规定
24	屋面	泡沫混凝土★	燃烧性能、导热系数、干密度、抗压强度	《屋面工程质量验收规范》(GB 50207—2012)	同品种、同规格、同等级按 $200m^3$ 为一批，不足 $200m^3$ 的按一批计	导热系数试验需提供与检测单位设备一致的试件；用混凝土试模成型三块边长100mm立方体试件，标准养护28d。泡沫混凝土制品：也可切割成三块边长100mm立方体试件。 燃烧性能试验取样：从5块产品上各取一个试样，每个不少于500g，另取试样面积不得小于 $0.5m^2$ 厚度不得小于50mm的样品一块
25	屋面	无机硬质绝热制品★	燃烧性能、导热系数、表观密度、抗压强度	《屋面工程质量验收规范》(GB 50207—2012)	同品种、同规格按2000块为一批，不足2000块的按一批计	在每批产品中随机抽取10块进行规格尺寸和外观质量检验。从规格尺寸和外观质量检验合格的产品中，随机取样进行物理性能检验。表观密度和抗压强度试样100mm×100mm×原厚共6块，导热系数试验需提供与检测单位设备一致的试件；燃烧性能试样面积不得小于 $0.5m^2$ 厚度不得小于50mm的样品一块

续表

序号	使用部位	消防产品名称	检测项目	检测依据	组批原则	取样规定
26	屋面	泡沫玻璃绝热制品★	燃烧性能、导热系数、表观密度、抗压强度	《屋面工程质量验收规范》(GB 50207—2012)	同品种、同规格按250件为一批，不足250件的按一批计	密度试样不得小于200mm×200mm×25mm的试样3块、抗压强度试样100mm×100mm×40mm的试样5块、导热系数试验需提供与检测单位设备一致的试件。燃烧性能试验取样：试样面积不得小于0.5m² 厚度不得小于50mm的样品一块
27	屋面	金属面绝热夹芯板★	防火性能、剥离性能、抗弯承载力	《屋面工程质量验收规范》(GB 50207—2012)	同原料、同生产工艺、同厚度按150块为一批，不足150块的按一批计	在每批产品中随机抽取5块进行规格尺寸和外观质量检验。从规格尺寸和外观质量检验合格的产品中，随机抽取3块进行性能检验
28	地面	地面保温材料★	导热系数或热阻、密度、抗压强度或压缩强度、吸水率、燃烧性能(不燃材料除外)	《建筑节能工程施工质量验收标准》(GB 50411—2019)；《居住建筑节能工程施工质量验收规程》(DB11/T 1340—2022)	同厂家、同品种产品，地面面积在1000m²以内时应复验1次；当面积每增加1000m²应增加1次；增加的面积不足规定数量时也应增加1次。同工程项目、同施工单位且同时施工的多个单位工程（群体建筑），可合并计算地面抽检面积	根据检测机构规定

续表

序号	使用部位	消防产品名称	检测项目	检测依据	组批原则	取样规定
29	地面	绝热层材料	阻燃性、导热系数、表观密度、抗压强度或压缩强度	《建筑地面工程施工质量验收规范》(GB 50209—2010)	同一工程、同一材料、同一生产厂家、同一型号、同一批号复验一组	根据检测机构规定
30	建筑防排烟	风管的本体、框架与固定材料、密封垫料	耐火极限	《建筑防烟排烟系统技术标准》(GB 51251—2017)	(1) 有耐火极限要求的风管的本体、框架与固定材料、密封垫料等必须为不燃材料，材料品种、规格、厚度及耐火极限等应符合设计要求和国家现行标准的规定。 (2) 规范中仅对风管的耐火极限做了要求。未明确具体做法。现工程实践中用于防排烟的风管全部为金属风管。采用外购镀锌钢板（特殊场所用不锈钢板）制作，局部包敷绝热材料。本体材料和绝热材料的质量合格证明文件无耐火极限的内容。无法确认是否符合规范的要求，因此要求对风管的耐火极限进行复验	根据检测机构规定

注：1. 当同一种消防产品国标、行标和地标都有规定时，以规定严格的为准。

2. 不同的标准对于同一消防产品检测项目有不同的规定时，以规定严格的为准。

5.3.4 现行消防产品强制性认证相关规定

国家市场监督管理总局、应急管理部于 2019 年 7 月 29 日发布了《关于取消部分消防产品强制性认证的公告》(2019 年第 36 号)，对消防水带、喷水灭火产品等十三类消防产品取消强制性产品认证。2019 年 7 月 30 日发布了《关于对十三类消防产品开展自愿性认证工作的通知》(应急消评〔2019〕21 号）文件，立即对十三类消防产品开展自愿性认证工作。强制性产品认证和自愿性产品认证相关要求可以在应急管理部消防产品合格评定中心和中国消防产品信息官方网站上进行查询，常见须进行强制性产品认证的消防产品见表 5-4。

表 5-4　消防强制性产品认证

序号	类别	产品名称
1	火灾报警产品	（1）点型感烟火灾探测器、点型感温火灾探测器、独立式感烟火灾探测报警器、手动火灾报警按钮、点型紫外火焰探测器、特种火灾探测器（点型红外火焰探测器、吸气时感烟火灾探测器、图像型火灾探测器、点型一氧化碳火灾探测器）、线型光束感烟火灾探测器。 （2）火灾报警控制器、火灾显示盘、火灾声和（或）光警报器、家用火灾报警产品
2	消防应急照明和疏散指示产品	（1）消防应急标志灯具、消防应急照明灯具。 （2）应急照明控制器、应急照明集中电源、应急照明配电箱、应急照明分配电装置
3	灭火器	（1）手提式、推车式灭火器（干粉灭火器、二氧化碳灭火器、水基型灭火器、洁净气体灭火器）。 （2）简易式灭火器（水基型灭火器、干粉灭火器、氢氟烃类气体灭火器）
4	逃生产品	逃生缓降器、逃生梯、逃生滑道、应急逃生器、逃生绳
5	自救呼吸器	过滤式消防自救呼吸器、化学氧消防自救呼吸器
6	消防安全标志	常规消防安全标志、蓄光消防安全标志、逆反射消防安全标志、荧光消防安全标志、荧光消防安全标志、其他消防安全标志

5.4　消防工程的子分部工程、分项工程、检验批划分

消防工程可看作单位工程的一个分部工程，其施工质量验收应在施工单位、专业施工单位自检合格的基础上，按检验批、分项工程、子分部工程的顺序依次、逐级进行。

其子分部工程、分项工程和检验批的划分，可参照以下规则：

1. 消防工程子分部工程和分项工程划分宜符合下表 5-5 规定。

2. 当分项工程的工程量较大时，可将分项工程划分为若干个检验批进行验收，检验批的划分和数量确定，应视工程的特点（如施工段、结构缝、楼层、部位、工艺、系统）等进行划分和确定，这样便于质量管理和工程质量控制，也便于质量验收。

3. 当无法按表 5-5 的要求划分时，可由建设单位、监理单位、施工单位等各方协商划分检验批，其验收项目、验收内容、验收标准和验收记录等均应符合相关法律法规的规定。

4. 检验批的抽样样本应随机抽取，满足分布均匀、具有代表性的要求，抽样数量应符合专业验收规范的规定。

表 5-5　消防工程子分部工程和分项工程划分

子分部工程代号	子分部工程名称	分项工程名称	检验批	检验批划分方法
01	建筑总平面及平面布置	建筑类别与耐火等级	—	此类型内容不设置检验批，按照《建筑工程消防施工质量验收规范》（DB/T 2000—2022）表 D.0.1 建筑总平面及平面布置查验记录进行查验
		建筑总平面	—	
		建筑平面布置	—	
		有特殊要求场所的建筑布置	—	
02	建筑构造	隐蔽工程	—	此类型内容不设置检验批，按照《建筑工程消防施工质量验收规范》（DB/T 2000—2022）表 D.0.2 建筑构造查验记录进行查验
		安全疏散与避难	—	
		消防电梯	—	
		防火封堵	建筑缝隙（楼板之间、楼板与防火分隔墙体之间、防火分隔墙体之间、变形缝）检验批	检验批划分方法： 1. 检验批数量按防火分区划分，1 个检验批为若干个防火分区。 2. 检验批容量为防火分区数量，如该检验批包含 5 个防火分区，则检验批容量为 5。 3. 检验批部位应写明楼层及相应位置，如有需要可写明相应轴线。 4. 检验批验收依据参考《建筑防火封堵应用技术标准》（GB/T 51410—2020）。 5. 每个防火分区应抽查建筑缝隙封堵总数的 20%，且不少于 5 处，每处取 5 个点；每个防火分区应抽查贯穿孔口封堵总数的 30%，且不少于 5 处，每处取 3 个点；当同类型防火封堵组件少于上述数值时，全数检查
			贯穿孔口（管道）检验批	
		钢结构（钢结构防火保护）	钢结构防火涂料保护检验批	检验批划分方法： 1. 检验批数量按楼层划分，1 个检验批为若干楼层，多层建筑依据每层面积每 1～5 层划分为 1 个检验批，同一检验批中的防火保护方式、材料及施工工艺应相同。
			钢结构防火板保护检验批	
			钢结构柔性毡状材料防火保护检验批	

续表

子分部工程代号	子分部工程名称	分项工程名称		检验批	检验批划分方法
02	建筑构造	钢结构（钢结构防火保护）		钢结构混凝土（砂浆或砌体）防火保护检验批	2. 检验批容量为楼层数，如该检验批包含5个楼层内容，则检验批容量为5层。 3. 检验批部位应写明楼层及相应位置，如有需要可写明相应轴线。 4. 检验批验收依据参考《建筑钢结构防火技术规范》(GB 51249—2017)
				钢结构复合防火保护检验批	
		防火分隔	防火墙及防火隔墙	竖井（管道井、电梯井等）检验批	检验批划分方法： 1. 检验批数量按楼层划分，1个检验批为若干楼层，多层建筑依据每层面积每1～10层划分为1个检验批。 2. 检验批容量为楼层数，如该检验批包含5个楼层内容，则检验批容量为5层。 3. 检验批部位应写明楼层及相应位置，如有需要可写明相应轴线。 4. 检验批验收依据参考设计要求
			防火卷帘	防火卷帘安装检验批	检验批划分方法： 1. 检验批数量按产品数量划分，1个检验批为同一品种、类型和规格的防火卷帘或防火门或防火窗每50樘，不足50樘也应划分为一个检验批。 2. 检验批容量为产品数量数，如该检验批包含同一品种、类型和规格的26樘防火门，则检验批容量为26樘。 3. 检验批部位应写明楼层及相应位置，如有需要可写明相应轴线。 4. 检验批验收依据参考《防火卷帘、防火门、防火窗施工及验收规范》(GB 50877—2014)
				防火卷帘调试检验批	
			防火门	防火门安装检验批	
				防火门调试检验批	
			防火窗	防火窗安装检验批	
				挡烟垂壁安装检验批	

续表

<table>
<tr><th>子分部工程代号</th><th>子分部工程名称</th><th colspan="2">分项工程名称</th><th>检验批</th><th>检验批划分方法</th></tr>
<tr><td rowspan="3">02</td><td rowspan="3">建筑构造</td><td rowspan="2">防烟分隔</td><td rowspan="2">挡烟垂壁</td><td>挡烟垂壁安装检验批</td><td rowspan="2">检验批划分方法：
1. 检验批数量按楼层划分，1个检验批为若干楼层，多层建筑依据每层面积每1～10层划分为1个检验批。
2. 检验批容量为楼层数，如该检验批包含5个楼层内容，则检验批容量为5层。
3. 检验批部位应写明楼层及相应位置，如有需要可写明相应轴线。
4. 检验批验收依据参考《防火卷帘、防火门、防火窗施工及验收规范》（GB 50877—2014）</td></tr>
<tr><td>挡烟垂壁调试检验批</td></tr>
<tr><td colspan="2">防爆</td><td>不发火（防爆）面层检验批</td><td>检验批划分方法：
1. 检验批数量按楼层划分，1个检验批为若干楼层，多层建筑依据每层面积每1～10层划分为1个检验批。
2. 检验批容量为楼层数，如该检验批包含5个楼层内容，则检验批容量为5层。
3. 检验批部位应写明楼层及相应位置，如有需要可写明相应轴线。
4. 检验批验收依据参考设计要求</td></tr>
<tr><td>03</td><td>建筑保温与装修</td><td colspan="2">建筑保温及外墙装饰</td><td>建筑保温及外墙装饰防火检验批</td><td>检验批划分方法：
1. 检验批数量按面积划分，1个检验批为1000m²，不足1000m²划为1个检验批。
2. 检验批容量为所涉及的面积数。
3. 检验批部位应写明楼层及相应位置，如有需要可写明相应轴线。
4. 检验批验收依据参考设计要求</td></tr>
</table>

续表

<table>
<tr><th>子分部工程代号</th><th>子分部工程名称</th><th>分项工程名称</th><th>检验批</th><th>检验批划分方法</th></tr>
<tr><td rowspan="5">03</td><td rowspan="5">建筑保温与装修</td><td rowspan="5">建筑内部装修</td><td>纺织物装修防火检验批</td><td rowspan="5">检验批划分方法：
1. 检验批数量按房间划分，1 个检验批为同品种、同规格每 50 间，不足 50 间划为 1 个检验批，大面积房间和走廊可按面积每 $30m^2$ 计为 1 间。
2. 检验批容量为房间数，如该检验批包含 5 个房间内容，则检验批容量为 5 间。
3. 检验批部位应写明楼层及相应位置，如有需要可写明相应轴线。
4. 检验批验收依据参考《建筑内部装修防火施工及验收规范》（GB50354—2005）</td></tr>
<tr><td>木质材料装修防火检验批</td></tr>
<tr><td>高分子合成材料装修防火检验批</td></tr>
<tr><td>复合材料装修防火检验批</td></tr>
<tr><td>其他材料装修防火检验批</td></tr>
<tr><td>04</td><td>消防给水及灭火系统</td><td>消防水源</td><td>消防水箱和消防水池检验批</td><td>检验批划分方法：
1. 检验批数量按系统划分，1 个检验批容量为 1 个设计系统。若多个单体建筑共用 1 个消防水源系统则检验批数量为 1，若多个单体建筑各自有独立的消防水源系统则检验批数量为消防水源系统的数量。
2. 检验批容量为消防水源所包含的设施和设备的数量总和。
3. 检验批部位应写明该系统所涉及的单体建筑名称、楼层及相应位置，如有需要可写明相应轴线。
4. 检验批验收依据参考《消防给水及消火栓系统技术规范》（GB 50974—2014），《自动喷水灭火系统施工及验收规范》（GB 50261—2017）</td></tr>
</table>

续表

子分部工程代号	子分部工程名称	分项工程名称	检验批	检验批划分方法
04	消防给水及灭火系统	供水设施	消防气压给水设备安装检验批	检验批划分方法： 1. 检验批数量按系统划分，1个检验批容量为1个设计系统，如水泵供水系统所属分项系统。若多个单体建筑共用1个供水设施系统则检验批数量为1，若多个单体建筑各自有独立的供水设施系统则检验批数量为供水设施系统的数量。 2. 设施和设备类检验批容量为1个设计系统中所包含的设施和设备的数量总和。 3. 管道类检验批容量为1个设计系统中的管道长度总和。 4. 检验批部位应写明该系统所涉及的单体建筑名称、楼层及相应位置，如有需要可写明相应轴线。 5. 检验批验收依据参考《消防给水及消火栓系统技术规范》(GB 50974—2014)，《自动喷水灭火系统施工及验收规范》(GB 50261—2017)
			消防水泵和稳压泵安装检验批	
			消防水泵接合器安装检验批	
			管沟及井室检验批	
			管道及配件安装、试压、冲洗检验批录	
			管道及配件防腐、绝热检验批	
			试验与调试检验批	
		消火栓系统	室内消火栓安装	检验批划分方法： 1. 检验批数量按系统划分，1个检验批容量为1～5个设计系统，如设计图纸中所标示1～5个管路编号。 2. 设施和设备类检验批容量为所涉及的设计系统中所包含的设施和设备的数量总和。 3. 管道类检验批容量为所涉及的设计系统中的管道长度总和。 4. 检验批部位应写明该系统所涉及的单体建筑名称、楼层及相应位置，如有需要可写明相应轴线。 5. 检验批验收依据参考《建筑给水排水及采暖工程施工质量验收规范》(GB 50242—2002)
			室外消火栓安装	
			管沟及井室	
			管道及配件安装、试压、冲洗	
			管道及配件防腐、绝热	
			试验与调试	

续表

<table>
<tr><th>子分部工程代号</th><th>子分部工程名称</th><th>分项工程名称</th><th>检验批</th><th>检验批划分方法</th></tr>
<tr><td rowspan="10">04</td><td rowspan="10">消防给水及灭火系统</td><td rowspan="5">自动喷水灭火系统</td><td>喷头安装</td><td rowspan="5">检验批划分方法：
1. 检验批数量按系统划分，1 个检验批容量为 1～5 个设计系统，如设计图纸中所标示 1～5 个管路编号。
2. 设施和设备类检验批容量为所涉及的设计系统中所包含的设施和设备的数量总和。
3. 管道类检验批容量为所涉及的设计系统中的管道长度总和。
4. 检验批部位应写明该系统所涉及的单体建筑名称、楼层及相应位置，如有需要可写明相应轴线。
5. 检验批验收依据参考《自动喷水灭火系统施工及验收规范》（GB 50261—2017）</td></tr>
<tr><td>报警阀组安装</td></tr>
<tr><td>管道及配件安装、试压、冲洗</td></tr>
<tr><td>管道及配件防腐、绝热</td></tr>
<tr><td>试验与调试</td></tr>
<tr><td rowspan="5">自动跟踪定位射流灭火系统</td><td>探测及灭火装置安装</td><td rowspan="5">检验批划分方法：
1. 检验批数量按系统划分，1 个检验批容量为 1～5 个设计系统，如设计图纸中所标示 1～5 个管路编号。
2. 设施和设备类检验批容量为所涉及的设计系统中所包含的设施和设备的数量总和。
3. 管道类检验批容量为所涉及的设计系统中的管道长度总和。
4. 检验批部位应写明该系统所涉及的单体建筑名称、楼层及相应位置，如有需要可写明相应轴线。
5. 检验批验收依据参考《自动跟踪定位射流灭火系统技术标准》（GB 51427—2021）</td></tr>
<tr><td>控制装置安装</td></tr>
<tr><td>管道及配件安装、试压、冲洗</td></tr>
<tr><td>管道及配件防腐、绝热</td></tr>
<tr><td>试验与调试</td></tr>
</table>

续表

子分部工程代号	子分部工程名称	分项工程名称	检验批	检验批划分方法
04	消防给水及灭火系统	水喷雾、细水雾灭火系统	储水、储气瓶组安装	检验批划分方法： 1. 检验批数量按系统划分，1 个检验批容量为 1～5 个设计系统，如设计图纸中所标示 1～5 个管路编号。 2. 设施和设备类检验批容量为所涉及的设计系统中所包含的设施和设备的数量总和。 3. 管道类检验批容量为所涉及的设计系统中的管道长度总和。 4. 检验批部位应写明该系统所涉及的单体建筑名称、楼层及相应位置，如有需要可写明相应轴线。 5. 检验批验收依据参考《水喷雾灭火系统技术规范》（GB 50219—2014）
			水雾喷头安装	
			报警阀组安装	
			管道及配件安装、试压、冲洗	
			管道及配件防腐、绝热	
			试验与调试	
		气体灭火系统（包含二氧化碳灭火系统、探火管灭火装置系统、干粉灭火系统等其他预制系统）	灭火剂储存装置安装	检验批划分方法： 1. 检验批数量按系统划分，1 个检验批容量为 1～5 个设计系统，如设计图纸中所标示 1～5 个管路编号。 2. 设施和设备类检验批容量为所涉及的设计系统中所包含的设施和设备的数量总和。 3. 管道类检验批容量为所涉及的设计系统中的管道长度总和。 4. 检验批部位应写明该系统所涉及的单体建筑名称、楼层及相应位置，如有需要可写明相应轴线。 5. 检验批验收依据参考《气体灭火系统施工及验收规范》（GB 50263—2007）
			选择阀及信号反馈装置安装	
			阀驱动装置安装	
			管道及配件安装、试压、冲洗	
			管道及配件防腐、绝热	
			喷嘴安装	
			预制灭火系统	
			控制组件安装	
			试验与调试	

续表

子分部工程代号	子分部工程名称	分项工程名称	检验批	检验批划分方法
04	消防给水及灭火系统	泡沫灭火系统	泡沫液储罐的安装	检验批划分方法： 1. 检验批数量按系统划分，1个检验批容量为1～5个设计系统，如设计图纸中所标示1～5个管路编号。 2. 设施和设备类检验批容量为所涉及的设计系统中所包含的设施和设备的数量总和。 3. 管道类检验批容量为所涉及的设计系统中的管道长度总和。 4. 检验批部位应写明该系统所涉及的单体建筑名称、楼层及相应位置，如有需要可写明相应轴线。 5. 检验批验收依据参考《泡沫灭火系统技术标准》（GB 50151—2021）
			泡沫比例混合器的安装	
			泡沫产生装置的安装	
			泡沫消火栓的安装	
			管道及配件安装、试压、冲洗	
			管道及配件防腐、绝热	
			试验与调试	
		建筑灭火器	灭火器配置工程检验批	检验批划分方法： 1. 检验批数量按系统划分，1个检验批容量为1～5个楼层。 2. 检验批容量为所涉及的楼层中所包含的灭火器数量总和。 3. 检验批部位应写明该系统所涉及的单体建筑名称、楼层及相应位置，如有需要可写明相应轴线。 5. 检验批验收依据参考《建筑灭火器配置验收及检查规范》（GB 50444—2008）

续表

子分部工程代号	子分部工程名称	分项工程名称	检验批	检验批划分方法
05	消防电气和火灾自动报警系统	消防电源及配电	成套配电柜、控制柜（屏、台）和动力、照明配电箱（盘）安装	检验批划分方法： 1. 变配电室安装工程中分项工程的检验批，主变配电室应作为1个检验批；对于有数个分变配电室，且不属于子单位工程的子分部工程，应分别作为1个检验批，其验收记录应汇入所有变配电室有关分项工程的验收记录中；当各分变配电室属于各子单位工程的子分部工程时，所属分项工程应分别作为1个检验批，其验收记录应作为分项工程验收记录，且应经子分部工程验收记录汇总后纳入分部工程验收记录中。 2. 供电干线安装工程中分项工程的检验批，应按供电区段和电气竖井的编号划分。 3. 对于电气动力和电气照明安装工程中分项工程的检验批，其界区的划分应与建筑土建工程一致。 4. 自备电源和不间断电源安装工程中分项工程，应分别作为1个检验批。 5. 抗震支吊架的检验批，其界区的划分应与建筑土建工程一致。 6. 检验批部位应写明该系统所涉及的单体建筑名称、楼层及相应位置，如有需要可写明相应轴线。 7. 检验批验收依据参考《建筑电气工程施工质量验收规范》（GB 50303—2015）
			柴油发电机组安装	
			不间断电源装置及应急电源装置安装	
			母线槽安装	
			梯架、托盘和槽盒安装	
			导管敷设	
			电缆敷设	
			管内穿线和槽盒内敷线	
			电缆头制作、导线连接和线路绝缘测试	
			电气设备试验和试运行	
			配电间供配电系统	
			配电间设备安装	
			机房系统调试	
			抗震支吊架安装	

续表

子分部工程代号	子分部工程名称	分项工程名称	检验批	检验批划分方法
05	消防电气和火灾自动报警系统	消防应急照明和疏散指示系统	成套配电柜、控制柜（屏、台）和动力、照明配电箱（盘）安装	检验批划分方法： 1. 变配电室安装工程中分项工程的检验批，主变配电室应作为1个检验批；对于有数个分变配电室，且不属于子单位工程的子分部工程，应分别作为1个检验批，其验收记录应汇入所有变配电室有关分项工程的验收记录中；当各分变配电室属于各子单位工程的子分部工程时，所属分项工程应分别作为1个检验批，其验收记录应作为分项工程验收记录，且应经子分部工程验收记录汇总后纳入分部工程验收记录中。 2. 供电干线安装工程中分项工程的检验批，应按供电区段和电气竖井的编号划分。 3. 对于电气动力和电气照明安装工程中分项工程的检验批，其界区的划分应与建筑土建工程一致。 4. 自备电源和不间断电源安装工程中分项工程，应分别作为1个检验批。 5. 抗震支吊架的检验批，其界区的划分应与建筑土建工程一致。 6. 检验批部位应写明该系统所涉及的单体建筑名称、楼层及相应位置，如有需要可写明相应轴线。 7. 检验批验收依据参考《建筑电气工程施工质量验收规范》（GB 50303—2015），《消防应急照明和疏散指示系统技术标准》（GB 51309—2018），《消防安全疏散标志设置标准》（DB11/1024—2013）
			梯架、支架、托盘和槽盒安装	
			抗震支吊架安装	
			导管敷设	
			管内穿线和槽盒内敷线	
			塑料护套线直敷布线	
			电缆头制作、导线连接和线路绝缘测试	
			消防灯具安装	
			建筑照明通电试运行	

续表

子分部工程代号	子分部工程名称	分项工程名称	检验批	检验批划分方法
05	消防电气和火灾自动报警系统	火灾自动报警系统	梯架、托盘、槽盒和导管安装	检验批划分方法： 1. 梯架、托盘、槽盒和导管安装；线缆敷设；抗震支吊架安装等与强电检验批划分原则一致。 2. 设施和设备类检验批容量，按照同一设计系统在建筑土建工程界区划分内的设施和设备数量总和。 3. 检验批部位应写明该系统所涉及的单体建筑名称、楼层及相应位置，如有需要可写明相应轴线。 4. 检验批验收依据参考《火灾自动报警系统施工及验收标准》(GB 50166—2019)
			线缆敷设	
			抗震支吊架安装	
			火灾自动报警系统设备安装	
			软件安装	
			火灾自动报警系统调试	
			系统试运行	
			机房设备安装	
		电气火灾监控系统	梯架、托盘、槽盒和导管安装	检验批划分方法： 1. 梯架、托盘、槽盒和导管安装；线缆敷设；抗震支吊架安装等与强电检验批划分原则一致。 2. 设施和设备类检验批容量，按照同一设计系统在建筑土建工程界区划分内的设施和设备数量总和。 3. 检验批部位应写明该系统所涉及的单体建筑名称、楼层及相应位置，如有需要可写明相应轴线。 4. 检验批部位应写明该系统所涉及的单体建筑名称、楼层及相应位置，如有需要可写明相应轴线。 5. 检验批验收依据参考《火灾自动报警系统施工及验收标准》(GB 50166—2019)
			线缆敷设	
			支吊架安装	
			电气火灾监控系统设备安装	
			软件安装	
			电气火灾监控系统调试	
			系统试运行	
			机房设备安装	

续表

子分部工程代号	子分部工程名称	分项工程名称	检验批	检验批划分方法
05	消防电气和火灾自动报警系统	消防设备电源监控系统	梯架、托盘、槽盒和导管安装	检验批划分方法： 1. 梯架、托盘、槽盒和导管安装；线缆敷设；抗震支吊架安装等与强电检验批划分原则一致。 2. 设施和设备类检验批容量，按照同一设计系统在建筑土建工程界区划分内的设施和设备数量总和。 3. 检验批部位应写明该系统所涉及的单体建筑名称、楼层及相应位置，如有需要可写明相应轴线。 4. 检验批部位应写明该系统所涉及的单体建筑名称、楼层及相应位置，如有需要可写明相应轴线。 5. 检验批验收依据参考《火灾自动报警系统施工及验收标准》（GB 50166—2019）
			抗震支吊架安装	
			线缆敷设	
			建筑设备监控系统设备安装	
			软件安装	
			系统调试	
			系统试运行	
06	建筑防排烟系统	防烟系统（自然通风）	封闭楼梯间、防烟楼梯间的可开启外窗或开口	检验批划分方法： 1. 检验批数量按楼层划分，1 个检验批为若干楼层，多层建筑依据每层面积每 1～5 层划分为 1 个检验批，避难层独立划分为 1 个检验批。 2. 检验批容量为楼层数，如该检验批包含 5 个楼层内容，则检验批容量为 5 层。 3. 检验批部位应写明楼层及相应位置，如有需要可写明相应轴线。 4. 检验批验收依据参考《建筑防烟排烟系统技术标准》（GB 51251—2017）
			独立前室、消防电梯前室的可开启外窗或开口	
			避难层（间）的可开启外窗	

续表

子分部工程代号	子分部工程名称	分项工程名称	检验批	检验批划分方法
06	建筑防排烟系统	防烟系统（机械加压送风）	风管与配件制作	检验批划分方法： 1. 检验批数量按系统划分，1 个检验批容量为 1 个设计系统。 检验批容量为该系统所涉及的风管长度总和。 2. 检验批部位应写明该系统所涉及的全部楼层及相应位置，如有需要可写明相应轴线。 3. 检验批验收依据参考《通风与空调工程施工质量验收规范》（GB 50243—2016）
			部件制作	
			风管系统安装	
			风机安装	
			风管与设备的防腐与绝热	
			风阀、风口安装	
			防火风管安装	
			系统调试	
		排烟系统（自然排烟）	自然排烟窗（口）的面积、数量、位置	检验批划分方法： 1. 检验批数量按楼层划分，1 个检验批为若干楼层，多层建筑依据每层面积每 1～5 层划分为 1 个检验批，避难层独立划分为 1 个检验批。 2. 检验批容量为楼层数，如该检验批包含 5 个楼层内容，则检验批容量为 5 层。 3. 检验批部位应写明楼层及相应位置，如有需要可写明相应轴线。 4. 检验批验收依据参考《建筑防烟排烟系统技术标准》（GB 51251—2017）
		排烟系统（机械排烟）	风管与配件制作	检验批划分方法： 1. 检验批数量按系统划分，1 个检验批容量为 1 个设计系统。 2. 检验批容量为该系统所涉及的风管长度总和。 3. 检验批部位应写明该系统所涉及的全部楼层及相应位置，如有需要可写明相应轴线。 4. 检验批验收依据参考《通风与空调工程施工质量验收规范》（GB 50243—2016）

5.5 消防工程的隐蔽工程

隐蔽工程是指被后续施工所覆盖或遮掩的工程内容，如房屋基础、钢筋、设备基础、电气管线、供水管线等分部分项工程。

为保证工程质量，隐蔽工程在隐蔽前应由施工单位自检合格后，通知监理单位进行验收，并应形成验收文件，验收合格后方可继续施工。

消防工程中所涉及的隐蔽工程及其验收内容，见表 5-6。

表 5-6 消防工程涉及的隐蔽工程和验收内容

序号	隐蔽项目	主要检查内容
消防工程分部中涉及的隐蔽工程内容		
1	消防管线防水套管安装	1. 核实材料进场报验合格。 2. 防水套管安装位置符合设计要求。 3. 套管固定安装牢固，焊接均匀
2	消防水池防水工程	1. 核实材料进场报验合格。 2. 基础表面平整，无空鼓、起沙等缺陷。 3. 地漏、套管、阴阳角等细部处理符合要求
3	防火封堵	1. 核实材料进场报验合格。 2. 封堵填充厚度、安装方式符合设计要求。 3. 与主体架构连接牢固，防腐处理符合要求
4	钢结构防火涂刷	1. 核实材料进场报验合格。 2. 涂装基层的涂料遍数及涂层厚度符合要求。 3. 第三方检测报告合格
5	防火门、窗	1. 核实材料进场报验合格。 2. 预埋件和锚固的位置，与墙体间缝隙处理等符合要求。 3. 防火防腐处理符合要求
6	消防电梯	1. 核实材料进场报验合格。 2. 电梯承重梁，起重吊环埋设，电梯钢丝绳头灌注，电梯井道内导轨、层门的支架、螺栓埋设等
7	消防水	1. 核实材料进场报验合格。 2. 直埋于地下或结构中，暗敷设于沟槽、管井、不进人吊顶内的管道和相关设备，应检查：管道安装位置、标高、管道连接做法及质量、支架固定。 3. 管道强度严密性试验、冲洗等试验合格。 4. 有绝热、防腐要求的管道和相关设备，检查绝热方式、绝热材料规格、绝热管道与支吊架间防结露措施、防腐措施等符合要求

续表

序号	隐蔽项目	主要检查内容
8	防排烟	1. 核实材料进场报验合格。 2. 敷设于竖井内、不进人吊顶内的风道（包括各类附件、部件、设备等），应检查：风道的标高、材质、接头、接口严密性，附件、部件安装位置，支吊架安装、固定，活动部件是否灵活可靠、方向是否正确，风道分支、变径处理是否合理，是否符合要求。 3. 风管漏光、漏风量检测等试验合格。 4. 有绝热、防腐要求的风管及设备，检查绝热方式、绝热材料规格、防腐措施等符合要求
9	消防电	1. 核实材料进场报验合格。 2. 埋于结构内的各种电线导管，应检查：导管的品种、规格、位置、弯扁度、弯曲半径、连接、跨接地线、防腐、管盒固定、管口处理、敷设情况保护层、需焊接部位的焊接质量等。 3. 不进人吊顶内的电线导管，应检查：导管的品种、规格、位置、连接、接地、防腐、需焊接部位的焊接质量，管盒固定，管口处理、固定方式、固定间距等。 4. 不进人吊顶内的线槽，应检查材料品种、规格、位置、连接、接地、防腐、固定方法、固定间距及与其他管线位置关系等。 5. 直埋电缆，应检查：电缆品种、规格、埋设方法、埋深、弯曲半径、标桩埋设情况等。 6. 不进人的电缆沟敷设电缆，应检查：电缆品种、规格、弯曲半径、固定方法、固定间距、标识情况等
其他涉及防火处理的隐蔽工程内容		
1	外墙保温	1. 核实材料进场报验合格。 2. 保温厚度、安装方式符合设计要求。 3. 保温安装牢固，无松动和虚粘现象，锚栓数量和锚固位置、深度、拉拔力符合设计要求。 4. 防火隔离带安装符合要求
2	吊顶工程	1. 核实材料进场报验合格。 2. 吊顶类型，吊顶龙骨材质、规格，吊顶板材质、规格，防腐处理、防火处理等情况符合要求。 3. 吊顶内的各种管道设备的检查及水管试压等合格
3	轻质隔墙工程	1. 核实材料进场报验合格。 2. 轻质隔墙类型，板材种类，预埋件、连接件位置及连接方式符合设计要求。 3. 与周边墙体及顶棚的连接、龙骨连接、间距、防火防腐处理符合设计要求。 4. 填充材料安装情况符合设计要求。 5. 隔墙内预埋电气管线及水管试压等合格

续表

序号	隐蔽项目	主要检查内容
4	饰面板（砖）工程	1. 核实材料进场报验合格。 2. 材料种类、规格、预埋件、连接件、龙骨间距等符合设计要求。 3. 防火处理、防腐处理等符合设计要求。 4. 有防水构造要求的应检查防水层、找平层的构造做法

5.6 消防工程施工试验

施工安装后，应参照施工图设计及规范要求，对涉及安全和主要使用功能进行性能进行检测、试验、调试等，并将结果与标准规定的要求进行比较，形成相关记录，以确定施工安装后的工程质量。

参考《建筑工程施工质量验收统一标准》（GB 50300—2013）及相关专业规范，对消防工程涉及各类试验的方案编制及审批要求、组织实施要求进行归类，对比后形成建议，详见本节 5.6.1 内容及表 5-7。

列举建筑总平面及平面布置、建筑构造、消防给水灭火系统、消防电气和火灾自动报警系统、建筑防排烟系统等子分部涉及消防工程的检测、试验、调试，并依据的相应规范及条文规定注明试验内容及要求、检查数量、检查方法，详见本节 5.6.2～5.6.6 内容及表 5-8～表 5-12。

5.6.1 试验方案和组织

《建筑工程施工质量验收统一标准》（GB 50300—2013）质量控制的相关规定：

3.0.3 第 3 款对于监理单位提出检查要求的重要工序，应经监理工程师检查认可，才能进行下道工序施工。

3.0.4 符合下列条件之一时，可按相关专业验收规范的规定适当调整抽样复验、试验数量，调整后的抽样复验、试验方案应由施工单位编制，并报监理单位审核确认。

《建筑工程施工质量验收统一标准》（GB 50300—2013）建筑工程质量验收的程序和组织的相关规定：

6.0.1 检验批应由专业监理工程师组织施工单位项目专业质量检查员、专业工长等进行验收。

6.0.2 分项工程应由专业监理工程师组织施工单位项目专业技术负责人等进行验收。

6.0.3 分部工程应由总监理工程师组织施工单位项目负责人和项目技术负责人等进行验收。设计单位项目负责人和施工单位技术、质量部门负责人应参加主体结构、节能分部工程的验收。

6.0.6 建设单位收到工程竣工报告后，应由建设单位项目负责人组织监理、施工、设计、勘察等单位项目负责人进行单位工程验收。

参考以上规定及专业规范的相关要求，形成消防工程涉及各类试验的方案编制及审批要求、组织实施要求汇总建议，详见表 5-7。

表 5-7　试验方案和组织对比及建议

<table>
<tr><th>序号</th><th>试验类型</th><th colspan="2">专业及内容分类</th><th>专业规范相关要求</th><th>归类汇总后建议</th></tr>
<tr><td>一</td><td>施工检测</td><td colspan="2">防火涂料厚度检测</td><td>由监理工程师或业主方代表指定抽样样本，见证检测过程；由施工单位质检人员或由其委托的检测机构进行检测</td><td>由监理工程师或业主方代表指定抽样样本，见证检测过程；由施工单位质检人员或由其委托的检测机构进行检测</td></tr>
<tr><td rowspan="3">二</td><td rowspan="3">施工试验</td><td colspan="2">一般施工试验（水箱满水、绝缘电阻、接地电阻等）</td><td>专业规范无明确要求，由监理工程师组织施工单位对施工过程进行检查</td><td>专项方案无明确要求，由监理工程师组织施工单位对施工过程进行检查</td></tr>
<tr><td rowspan="2">系统管网压力试验和水冲洗</td><td>消防给水及消火栓系统、自动喷水灭火系统、自动跟踪定位射流灭火系统</td><td>可行的试压冲洗方案，并经施工单位技术负责人审批，由监理工程师组织施工单位对施工过程进行检查</td><td rowspan="2">编制方案，施工单位技术负责人审批，并经监理单位批准。施工单位实施，监理单位监督</td></tr>
<tr><td>细水雾、水喷雾系统；气体灭火系统；泡沫灭火系统系统</td><td>专业规范无明确要求，由监理工程师组织施工单位对施工过程进行检查</td></tr>
<tr><td rowspan="4">三</td><td rowspan="4">系统调试</td><td colspan="2">消防给水及消火栓系统、自动喷水灭火系统、自动跟踪定位射流灭火系统、气体灭火系统</td><td>专业规范无明确要求，施工单位应按相关专业调试规定进行调试，调试完工后，施工单位应向建设单位提供质量控制资料和各类施工过程质量检查记录，施工过程质量检查组织应由监理工程师组织施工单位人员组成</td><td rowspan="4">系统调试前，施工单位应编制调试方案，并经监理单位批准。建设单位组织，施工单位或设备制造企业负责、监理单位监督，设计单位与建设单位参与和配合。调试合格后，施工单位或设备制造企业向建设单位申请验收</td></tr>
<tr><td colspan="2">固定消防炮灭火系统、细水雾、水喷雾系统、泡沫灭火系统系统</td><td>需要制订调试方案，并经监理单位批准；系统安装完毕、施工单位和监理单位应按照相关标准、规范的规定进行系统调试。调试合格后，施工单位向建系设单位申请验收</td></tr>
<tr><td colspan="2">防烟系统、排烟系统</td><td>系统调试前，施工单位应编制调试方案，报送专业监理工程师审核批准；系统调试应由施工单位负责、监理单位监督，设计单位与建设单位参与和配合。调试结束后，必须提供完整的调试资料和报告</td></tr>
<tr><td colspan="2">消防应急照明和疏散指示系统技术标准、火灾自动报警系统、电气火灾监控系统、消防设备电源监控系统</td><td>系统调试前，应编制调试方案。施工结束后，建设单位应根据设计文件和规范规定，按照规范附录规定的检查项目、检查内容和检查方法，组织施工单位或设备制造企业，对系统进行调试，并按本标准附录E的规定填写记录</td></tr>
</table>

5.6.2 建筑总平面及平面布置

消防工程中建筑总平面及平面布置子分部涉及的检测、试验、调试详见表5-8。

表5-8 建筑总平面及平面布置相关试验

分项工程名称	施工过程检测、试验、调试内容	依据规范条文及内容	备注说明
建筑类别与耐火等级	防火涂料厚度检测	依据：《钢结构工程施工质量验收标准》（GB 50205—2020） 13.4.3 膨胀型（超薄型、薄涂型）防火涂料、厚涂型防火涂料的涂层厚度及隔热性能应满足国家现行标准有关耐火极限的要求，且不应小于－200μm。当采用厚涂型防火涂料涂装时，80%及以上涂层面积应满足国家现行标准有关耐火极限的要求，且最薄处厚度不应低于设计要求的85%。 检查数量：按照构件数抽查10%，且同类构件不应少于3件。 检验方法：膨胀型（超薄型、薄涂型）防火涂料采用涂层厚度测量仪，涂层厚度允许偏差应为－5%。厚涂型防火涂料的涂层厚度采用GB 50205附录E的方法检测	1. 防火涂料施工结束后应进行防火涂料厚度检测。 2. 防火涂料厚度检测属于现场见证检测，由监理工程师或业主方代表指定抽样样本，见证检测过程。 3. 由施工单位质检人员或由其委托的检测机构进行检测。 4. 应出具检测报告或检测记录

5.6.3 建筑构造

消防工程中建筑构造子分部涉及的检测、试验、调试详见表5-9。

表5-9 建筑构造相关试验

分项工程名称	施工过程检测、试验、调试内容	依据规范条文及内容	备注说明
防火分隔	防火卷帘功能调试	依据《防火卷帘、防火门、防火窗施工及验收规范》（GB 50877—2014） 6.2.1 防火卷帘控制器应进行通电功能、备用电源、火灾报警功能、故障报警功能、自动控制功能、手动控制功能和自重下降功能调试。 6.2.2 防火卷帘用卷门机的调试。 6.2.3 防火卷帘运行功能的调试。 调试内容及要求、检查数量、检查方法详见规范上述条文。	1. 防火卷帘、防火门、防火窗安装完毕后应进行功能调试，当有火灾自动报警系统时，功能调试应在有关火灾自动报警系统及联动控制设备调试合格后进行。

续表

分项工程名称	施工过程检测、试验、调试内容	依据规范条文及内容	备注说明
防火分隔	防火门调试功能调试	依据《防火卷帘、防火门、防火窗施工及验收规范》(GB 50877—2014)第 6.3.1～6.3.4 条，常开的防火门，当门任一侧的火灾探测器报警后防火门应自动关闭，并将关闭信号送至消防控制室。如果消防控制室接到火灾报警信号后，向防火门发出关闭指令，防火门也应能自动关闭，并将关闭信号返回消防控制室。 调试内容及要求、检查数量、检查方法详见规范上述条文	2. 调试前施工单位应根据GB50877 第 6.1 条内容核查调试应具备的条件，按规范规定的调试内容和调试方法，制订调试方案，经监理单位批准后执行。 3. 功能调试应由施工单位负责，监理单位监督，建设单位、设计单位参与。 4. 防火卷帘、防火门、防火窗的功能调试应按 GB 50877 附录 C 表 C.0.1-4 填写调试过程检查记录。施工单位应在调试合格后向建设单位申请验收
	防火窗调试功能调试	依据《防火卷帘、防火门、防火窗施工及验收规范》(GB 50877—2014)第 6.4.1～6.4.4 条，活动式防火窗应设有自动关闭装置和手动控制装置。目前，自动关闭装置主要有两种形式，一是与火灾自动报警系统联动。当常开的活动式防火窗任一侧的火灾探测器发出火灾报警信号后，活动式防火窗应能自动关闭，并将关闭信号送至消防控制室；如消防控制室接到火灾报警信号后，向活动式防火窗发出关闭信号，活动式防火窗也应自动关闭，并将关闭信号返回消防控制室。在火灾自动报警系统发生故障或消防电源断电的情况下，当场所温度达到温控释放装置设定的温度时，热敏感元件动作，活动式防火窗自动关闭。 调试内容及要求、检查数量、检查方法详见规范上述条文	

5.6.4 消防给水灭火系统

消防工程中消防给水灭火系统子分部涉及的检测、试验、调试详见表 5-10。

表 5-10 消防给水灭火系统相关试验

分项工程名称	施工过程检测、试验、调试内容	依据规范条文及内容	备注说明
消防水源、供水设施、消火栓系统	消防水箱满水试验	依据《建筑给水排水及采暖工程施工质量验收规范》（GB 50242—2002） 4.4.3 敞口水箱的满水试验和密闭水箱（罐）的水压试验必须符合设计与本规范的规定。试验方法：满水试验静置24h观察，不渗不漏；水压试验在试验压力下10min压力不降，不渗不漏	1. 试验应由施工单位负责，监理单位监督。 2. 消防水箱满水试验应填写试验过程检查记录
	消防水池满水试验	依据《给水排水构筑物工程施工及验收规范》（GB 50141—2008） 9.2.1 满水试验的准备。 9.2.2 池内注水相关规定。 9.2.3 水位观测相关规定。 9.2.4 蒸发量测定相关规定。 9.2.5 渗水量计算相关规定。 试验内容及要求、检查方法详见规范上述条文。	1. 试验应由施工单位负责，监理单位监督。 2. 消防水池满水试验应按GB 50141附录D填写试验过程检查记录
	消防水泵接合器的安全阀定压试验	依据《建筑给水排水及采暖工程施工质量验收规范》（GB 50242—2002） 9.3.6 消防水泵接合器的安全阀应进行定压（定压值应由设计给定），定压后的系统应能保证最高处的一组消火栓的水栓能有10～15m的充实水柱	1. 试验应由施工单位负责，监理单位监督。 2. 消防水泵接合器的安全阀定压试验应填写试验过程检查记录
	系统试压和冲洗	依据《消防给水及消火栓系统技术规范》（GB 50974—2014） 12.4.2 压力管道水压强度试验的试验压力相关规定。 12.4.3 水压强度试验的测试点设置相关规定。 12.4.4 水压严密性试验应在水压强度试验和管网冲洗合格后进行； 12.4.5 水压试验时环境温度相关规定。 12.4.6 消防给水系统的水源干管、进户管和室内埋地管道进行水压强度试验和水压严密性试验相关规定。 12.4.7 气压严密性试验的要求。 12.4.8—12.4.13 管网冲洗的相关规定。 12.4.14 干式消火栓系统管网冲洗结束，管网内水排除干净后，宜采用压缩空气吹干。 试验内容及要求、检查数量、检查方法详见规范上述条文	1. 管网安装完毕后，应进行强度试验、冲洗和严密性试验。 2. 试验前施工单位应根据GB 50974第12.4.1条内容核查试验前应具备的条件，按规范规定的试验内容和试验方法，制订试压冲洗方案，经施工单位技术负责人审批，监理单位批准后执行。 3. 试验应由施工单位负责，监理单位监督。 4. 系统试压完成后，应及时拆除所有临时盲板及试验用的管道，并应与记录核对无误，且应按GB 50974表C.0.2的格式填写记录。 5. 管网冲洗合格后，应按GB 50974表C.0.3的要求填写记录

续表

分项工程名称	施工过程检测、试验、调试内容	依据规范条文及内容	备注说明
消防水源、供水设施、消火栓系统	系统调试	依据《消防给水及消火栓系统技术规范》（GB 50974—2014） 13.1.1 消防给水及消火栓系统调试应具备条件。 13.1.2 系统调试包括内容。 13.1.3 水源调试和测试相关规定。 13.1.4 消防水泵调试相关规定。 13.1.5 稳压泵应调试相关规定。 13.1.6 干式消火栓系统快速启闭装置调试相关规定。 3.1.7 减压阀调试相关规定。 13.1.8 消火栓的调试和测试相关规定。 13.1.9 调试过程中，系统排水相关规定。 13.1.10 控制柜调试和测试相关规定。 13.1.11 联锁试验相关规定。 调试内容及要求、检查数量、检查方法详见规范上述条文	1. 消防给水及消火栓系统调试应在系统施工完成后进行。 2. 调试前施工单位应根据 GB 50974 第 13.1.1 条内容核查调试前应具备的条件，按规范规定的调试内容和调试方法，制订调试方案，经监理单位批准后执行。 3. 调试应由施工单位负责，监理单位监督，建设单位、设计单位参与。 4. 系统调试合格后，由施工单位按 GB 50974 表 C.0.4 填写消防给水及消火栓系统联锁试验记录等系统调试记录或报告，监理工程师（建设单位项目负责人）应组织施工单位项目负责人等进行验收
自动喷水灭火系统	水压试验	依据《自动喷水灭火系统施工及验收规范》（GB 50261—2017） 6.2.1 水压强度试验压力相关规定。 6.2.2 水压强度试验相关规定。 6.2.3 水压严密性试验相关规定。 6.2.4 水压试验环境温度相关规定。 6.2.5 系统的水源干管、进户管和室内埋地管道水压强度试验和水压严密性试验相关规定。 试验内容及要求、检查数量、检查方法详见规范上述条文	1. 管网安装完毕后，必须对其进行强度试验、严密性试验和冲洗。 2. 试验前施工单位应根据 GB 50261 第 6.1 条内容核查试验前应具备的条件，按规范规定的试验内容和试验方法，制订试压冲洗方案，经施工单位技术负责人审批，监理单位批准后执行。 3. 试验应由施工单位负责，监理单位监督。 4. 系统试压完成后，应及时拆除所有临时盲板及试验用的管道，并应与记录核对无误，且应按 GB 50261 表 C.0.2 的格式填写记录。 5. 管网冲洗合格后，应按 GB 50261 表 C.0.3 的要求填写记录
	气压试验	依据《自动喷水灭火系统施工及验收规范》（GB 50261—2017） 6.3.1 气压严密性试验压力相关规定。 6.3.2 气压试验的介质相关规定。 试验内容及要求、检查数量、检查方法详见规范上述条文	

续表

分项工程名称	施工过程检测、试验、调试内容	依据规范条文及内容	备注说明
自动喷水灭火系统	冲洗	依据《自动喷水灭火系统施工及验收规范》(GB 50261—2017) 6.4.1 管网冲洗的水流流速、流量不应小于系统设计的水流流速、流量；管网冲洗宜分区、分段进行；水平管网冲洗时，其排水管位置应低于配水支管。 6.4.2 管网冲洗的水流方向应与灭火时管网的水流方向一致。 6.4.3 管网冲洗应连续进行。当出口处水的颜色、透明度与入口处水的颜色、透明度基本一致时冲洗方可结束。 6.4.4 管网冲洗宜设临时专用排水管道，其排放应通畅和安全。排水管道的截面面积不得小于被冲洗管道截面面积的 60%。 6.4.5 管网的地上管道与地下管道连接前，应在配水干管底部加设堵头后对地下管道进行冲洗。 6.4.6 管网冲洗结束后，应将管网内的水排除干净，必要时可采用压缩空气吹干。 试验内容及要求、检查数量、检查方法详见规范上述条文	1. 管网安装完毕后，必须对其进行强度试验、严密性试验和冲洗。 2. 试验前施工单位应根据 GB 50261 第 6.1 条内容核查试验前应具备的条件，按规范规定的试验内容和试验方法，制订试压冲洗方案，经施工单位技术负责人审批，监理单位批准后执行。 3. 试验应由施工单位负责，监理单位监督。 4. 系统试压完成后，应及时拆除所有临时盲板及试验用的管道，并应与记录核对无误，且应按 GB 50261 表 C.0.2 的格式填写记录。 5. 管网冲洗合格后，应按 GB 50261 表 C.0.3 的要求填写记录
	系统调试	依据《自动喷水灭火系统施工及验收规范》(GB 50261—2017) 7.2.5 报警阀调试相关规定。 7.2.6 调试过程中系统排水相关规定。 7.2.7 联动试验相关规定。 试验内容及要求、检查数量、检查方法详见规范上述条文。	1. 系统调试应在系统施工完成后进行。 2. 调试前施工单位应根据 GB 50261 第 7.2.5 条内容核查调试前应具备的条件，按规范规定的调试内容和调试方法，制订调试方案，经监理单位批准后执行。 3. 调试应由施工单位负责，监理单位监督，建设单位、设计单位参与。 4. 系统调试合格后，由施工单位按 GB 50261 表 C.0.4 填写自动喷水灭火系统联动试验记录等系统调试记录或报告，监理工程师（建设单位项目负责人）应组织施工单位项目负责人等进行验收

续表

分项工程名称	施工过程检测、试验、调试内容	依据规范条文及内容	备注说明
自动跟踪定位射流灭火系统	试压和冲洗	依据《自动跟踪定位射流灭火系统技术标准》(GB 51427—2021) 5.4.4 压力管道水压强度试验的试验压力相关规定。 5.4.5 水压强度试验的相关规定。 5.4.6 水压严密性试验的相关规定。 5.4.7 系统试压过程中，当出现泄漏时，应停止试压，并应放空管网中的试验介质，消除缺陷后，重新再试。 5.4.8 水压试验时环境温度相关规定。 5.4.9 系统的埋地管道进行水压强度试验和严密性试验的相关规定。 5.4.10 系统试压完成后相关规定。 5.4.11～5.4.14 管网冲洗的相关规定。 试验内容及要求、检查数量、检查方法详见规范上述条文。	1. 管网安装完毕后，必须对其进行强度试验、严密性试验和冲洗。 2. 试验前施工单位应根据GB 51427第5.4.3条内容核查试验前应具备的条件，按规范规定的试验内容和试验方法，制订试压冲洗方案，经施工单位技术负责人审批，监理单位批准后执行。 3. 试验应由施工单位负责，监理单位监督。 4. 系统试压完成后，由施工单位按GB 51427表D.0.3的格式填写记录。 5. 管网冲洗合格后，由施工单位按规范表D.0.4的要求填写记录
	自动跟踪定位射流灭火系统调试	依据《自动跟踪定位射流灭火系统技术标准》(GB 51427—2021) 5.5.3 系统调试应包括内容（其中水源调试和测试、消防水泵调试、气压稳压装置调试内容已包含在消防水源、供水设施系统中）。 5.5.7 自动控制阀和灭火装置手动控制功能的调试相关规定。 5.5.8 系统的主电源和备用电源切换测试相关规定。 5.5.9 系统自动跟踪定位灭火模拟调试相关规定。 5.5.10 模拟末端试水装置调试相关规定。 5.5.11 系统自动跟踪定位射流灭火试验相关规定。 5.5.12 联动控制调试相关规定。 5.5.13 系统调试完成后的相关规定。 试验内容及要求、检查数量、检查方法详见规范上述条文	1. 系统调试应在系统施工完成后进行。 2. 调试前施工单位应根据GB 51427第5.4.1、5.4.2条内容核查调试前应具备的条件，按规范规定的调试内容和调试方法，制订调试方案，经监理单位批准后执行。 3. 调试应由施工单位负责，监理单位监督，建设单位、设计单位参与和配合。 4. 系统调试合格后，由施工单位按GB 51427附录D表D.0.5填写自动跟踪定位射流灭火系统调试记录或报告，监理工程师（建设单位项目负责人）应组织施工单位项目负责人等进行验收

续表

分项工程名称	施工过程检测、试验、调试内容	依据规范条文及内容	备注说明
自动跟踪定位射流灭火系统	固定消防炮灭火系统调试	依据《固定消防炮灭火系统施工与验收规范》（GB 50498—2009） 7.1 系统调试的一般规定。 7.2.1 系统手动功能的调试相关规定。 7.2.2 固定消防炮灭火系统的主电源和备用电源进行切换试验相关规定。 7.2.5 泡沫比例混合装置调试相关规定。 7.2.6 消防炮的调试相关规定。 7.2.7 系统各联动单元进行联动功能调试相关规定。 7.2.8 固定消防炮灭火系统的喷射功能调试相关规定。 试验内容及要求、检查数量、检查方法详见规范上述条文	1. 调试应在整个系统施工结束后进行。 2. 调试前施工单位应根据GB 50498第7.1条内容核查调试前应具备的条件，按规范规定的调试内容和调试方法，制订调试方案，经监理单位批准后执行。 3. 调试应由施工单位负责，监理单位监督，建设单位、设计单位参与和配合。 4. 系统调试合格后，由施工单位按GB 50498附录C表C.0.6填写固定消防炮灭火系统调试调试记录或报告，监理工程师（建设单位项目负责人）应组织施工单位项目负责人等进行验收
水喷雾、细水雾灭火系统	水喷雾系统管道水压试验及水冲洗	依据《水喷雾灭火系统技术规范》（GB 50219—2014） 8.3.15 管道安装完毕应进行水压试验，并应符合下列规定： 1. 试验宜采用清水进行，试验时，环境温度不宜低于5℃，当环境温度低于5℃，当环境温度低于5℃时，应采取防冻措施； 2. 试验压力应为设计压力的1.5倍； 3. 试验的测试点宜设在系统管网的最低点，对不能参与试压的设备、阀门及附件，应加以隔离或拆除； 4. 试验合格后，应按本规范表D.0.4记录。 检查数量：全数检查。 检查方法：管道充满水，排净空气，用试压装置缓慢升压，当压力升至试验压力后，稳压10min，管道无损坏、变形，再将试验压力降至设计压力，稳压30min，以压力不降、无渗漏为合格	1. 管网安装完毕后，必须对其进行强度试验、严密性试验和冲洗。 2. 试验前施工单位应根据GB 50219规定的试验内容和试验方法，制订试压冲洗方案，经施工单位技术负责人审批，监理单位批准后执行。 3. 试验应由施工单位负责，监理单位监督。 4. 系统试压完成后，由施工单位按GB 50219表D.0.4的格式填写记录。 5. 管网冲洗合格后，由施工单位按GB 50219表D.0.5的要求填写记录

续表

分项工程名称	施工过程检测、试验、调试内容	依据规范条文及内容	备注说明
水喷雾、细水雾灭火系统	水喷雾系统管道水冲洗	依据《水喷雾灭火系统技术规范》(GB 50219—2014) 8.3.16 管道试压合格后，宜用清水冲洗，冲洗合格后，不得再进行影响管内清洁的其他施工，并应按本规范表 D.0.5 记录。 检查数量：全数检查。 检查方法：宜采用最大设计流量，流速不低于 1.5m/s，以排出水色和透明度与入口水目测一致为合格	1. 管网安装完毕后，必须对其进行强度试验、严密性试验和冲洗。 2. 试验前施工单位应根据本规范规定的试验内容和试验方法，制订试压冲洗方案，经施工单位技术负责人审批，监理单位批准后执行。 3. 试验应由施工单位负责，监理单位监督。 4. 系统试压完成后，由施工单位按 GB 50219 表 D.0.4 的格式填写记录。 5. 管网冲洗合格后，由施工单位按 GB 50219 表 D.0.5 的要求填写记录
	水喷雾调试	依据《水喷雾灭火系统技术规范》(GB 50219—2014) 8.4.5 系统的主动力源和备用动力源进行切换试验相关规定。 8.4.8 雨淋报警阀调试相关规定。 8.4.9 电动控制阀和气动控制阀调试相关规定。 8.4.10 调试过程中系统排水相关规定。 8.4.11 联动试验相关规定。 8.4.12 系统调试合格后相关规定。 试验内容及要求、检查数量、检查方法详见规范上述条文	1. 系统调试应在系统施工结束和与系统有关的火灾自动报警装置及联动控制设备调试合格后进行。 2. 调试前施工单位应根据 GB 50219 第 8.4.2 条内容核查调试前应具备的条件，按规范规定的调试内容和调试方法，制订调试方案，经监理单位批准后执行。 3. 调试应由施工单位负责，监理单位监督，建设单位、设计单位参与和配合。 4. 系统调试合格后，应按 GB 50219 表 D.0.6 填写调试检查记录，并应用清水冲洗后放空，复原系统，监理工程师（建设单位项目负责人）应组织施工单位项目负责人等进行验收

续表

分项工程名称	施工过程检测、试验、调试内容	依据规范条文及内容	备注说明
水喷雾、细水雾灭火系统	细水雾管道冲洗实验	依据《细水雾灭火系统技术规范》(GB 50898—2013) 4.3.8 管道安装固定后，应进行冲洗，并应符合下列规定： 1. 冲洗前，应对系统的仪表采取保护措施，并应对管道支、吊架进行检查，必要时应采取加固措施； 2. 冲洗用水的水质宜满足系统的要求； 3. 冲洗流速不应低于设计流速； 4. 冲洗合格后，应按本规范表D.0.3填写管道冲洗记录。 检查数量：全数检查。 检查方法：宜采用最大设计流量，沿灭火时管网内的水流方向分区、分段进行，用白布检查无杂质为合格	1. 管网安装完毕后，必须对其进行强度试验、严密性试验和冲洗。 2. 试验前施工单位应根据本规范规定的试验内容和试验方法，制订试压冲洗方案，经施工单位技术负责人审批，监理单位批准后执行。 3. 试验应由施工单位负责，监理单位监督。 4. 系统试压完成后，由施工单位按GB 50898表D.0.4的格式填写记录。 5. 管网冲洗合格后，由施工单位按GB 50898表D.0.3的要求填写记录
	细水雾管道压力实验	依据《细水雾灭火系统技术规范》(GB 50898—2013) 4.3.9 管道冲洗合格后，管道应进行压力试验，并应符合下列规定： 1. 试验用水的水质应与管道的冲洗水一致； 2. 试验压力应为系统工作压力的1.5倍； 3. 试验的测试点宜设在系统管网的最低点，对不能参与试压的设备、仪表、阀门及附件应加以隔离或在试验后安装； 4. 试验合格后，应按本规范表D.0.4填写试验记录。 检查数量：全数检查。 检查方法：管道充满水、排净空气，用试压装置缓慢升压，当压力升至试验压力后，稳压5min，管道无损坏、变形，再将试验压力降至设计压力，稳压120min，以压力不降、无渗漏、目测管道无变形为合格	

续表

分项工程名称	施工过程检测、试验、调试内容	依据规范条文及内容	备注说明
水喷雾、细水雾灭火系统	细水雾调试	依据《细水雾灭火系统技术规范》(GB 50898—2013) 4.4.5 分区控制阀调试相关规定。 4.4.6 系统应进行联动试验，对于允许喷雾的防护区或保护对象，应至少在1个区进行实际细水雾喷放试验；对于不允许喷雾的防护区或保护对象，应进行模拟细水雾喷放试验。 4.4.7 开式系统的联动试验相关规定。 4.4.8 闭式系统的联动试验相关规定。 4.4.9 与火灾自动报警系统联动试验相关规定。 4.4.10 系统调试合格后相关规定。 试验内容及要求、检查数量、检查方法详见规范上述条文	1. 系统调试应在系统施工结束和与系统有关的火灾自动报警装置及联动控制设备调试合格后进行。 2. 调试前施工单位应根据 GB 50898 第 8.4.2 条内容核查调试前应具备的条件，按规范规定的调试内容和调试方法，制订调试方案，经监理单位批准后执行。 3. 调试应由施工单位负责，监理单位监督，建设单位、设计单位参与和配合。 4. 系统调试合格后，应按 GB 50898 表 D.0.6 填写调试检查记录，并应用清水冲洗后放空，复原系统，监理工程师（建设单位项目负责人）应组织施工单位项目负责人等进行验收
气体灭火系统	管道强度试验和气密性试验	依据《气体灭火系统施工及验收规范》(GB 50263—2007) 5.5.4 灭火剂输送管道安装完毕后，应进行强度试验和气压严密性试验，并合格。 附录 E 试验方法 E.1 管道强度试验和气密性试验方法相关规定。 试验内容及要求、检查数量、检查方法详见规范上述条文	1. 灭火剂输送管道安装完毕后，应进行强度试验和气压严密性试验。 2. 试验前施工单位应根据 GB 50263 规定的试验内容和试验方法，制订试验方案，经施工单位技术负责人审批，监理单位批准后执行。 3. 试验应由施工单位负责，监理单位监督。 4. 管道强度试验和气灭性试验合格后，施工单位填写记录

续表

<table>
<tr><th>分项工程名称</th><th>施工过程检测、试验、调试内容</th><th>依据规范条文及内容</th><th>备注说明</th></tr>
<tr><td rowspan="3">气体灭火系统</td><td>模拟启动试验</td><td>依据《气体灭火系统施工及验收规范》（GB 50263—2007）
附录E 试验方法
E.2 模拟启动试验方法：
E.2.1 手动模拟启动试验相关规定。
E.2.2 自动模拟启动试验相关规定。
E.2.3 模拟启动试验结果相关规定。
试验内容及要求、检查数量、检查方法详见规范上述条文</td><td rowspan="3">1. 气体灭火系统的调试应在系统安装完毕，并宜在相关的火灾报警系统和开口自动关闭装置、通风机械和防火阀等联动设备的调试完成后进行。
2. 调试前施工单位应根据GB 50263第6.1.1～6.1.4条内容核查调试前应具备的条件，按规范规定的调试内容和调试方法，制订调试方案，经监理单位批准后执行。
3. 调试应由施工单位负责，监理单位监督，建设单位、设计单位参与和配合。
4. 调试完成后应将系统各部件及联动设备恢复正常状态，并应按GB 50263表B—4填写施工过程检查记录，监理工程师（建设单位项目负责人）应组织施工单位项目负责人等进行验收</td></tr>
<tr><td>模拟喷气试验</td><td>依据《气体灭火系统施工及验收规范》（GB 50263—2007）
附录E 试验方法
E.3 模拟喷气试验方法：
E.3.1 模拟喷气试验的条件相关规定；
E.3.2 模拟喷气试验结果相关规定。
试验内容及要求、检查数量、检查方法详见规范上述条文</td></tr>
<tr><td>模拟切换操作试验</td><td>依据《气体灭火系统施工及验收规范》（GB 50263—2007）
附录E 试验方法
E.4 模拟切换操作试验方法：
E.4.1 按使用说明书的操作方法，将系统使用状态从主用量灭火剂储存容器切换为备用量灭火剂储存容器的使用状态。
E.4.2 按本规范第E.3.1条的方法进行模拟喷气试验。
E.4.3 试验结果应符合本规范第E.3.2条的规定。
试验内容及要求、检查数量、检查方法详见规范上述条文</td></tr>
</table>

续表

分项工程名称	施工过程检测、试验、调试内容	依据规范条文及内容	备注说明
泡沫灭火系统	管道水压试验	依据《泡沫灭火系统技术标准》(GB 50151—2021) 9.3.19 条 7 款管道安装完毕应进行水压试验，并应符合下列规定： 1）试验应采用清水进行，试验时环境温度不应低于 5℃，当环境温度低于 5℃时，应采取防冻措施； 2）试验压力应为设计压力的 1.5 倍； 3）试验前应将泡沫产生装置、泡沫比例混合器（装置）隔离； 4）试验合格后，应按本标准附录 B 表 B.0.2—4 进行记录。 检查数量：全数检查。 检查方法：管道充满水，排净空气，用试压装置缓慢升压，当压力升至试验压力后稳压 10min，管道无损坏、变形，再将试验压力降至设计压力，稳压 30min，以压力不降、无渗漏为合格	1. 管网安装完毕后，根据安装部位，应按 GB 50151 要求进行管道水压试验、冲洗试验、气压严密性试验、水压密封试验。 2. 试验前施工单位应根据 GB 50151 规定的试验内容和试验方法，制订试压冲洗方案，经施工单位技术负责人审批，监理单位批准后执行。 3. 试验应由施工单位负责，监理单位监督。 4. 管道试压合格后，由施工单位按 GB 50151 附录 B 表 B.0.2-4 的格式填写记录。 5. 管网冲洗合格后，由施工单位按 GB 50151 附录 B 表 B.0.2-5 的要求填写记录。 6. 泡沫喷雾系统动驱动装置的管道安装后应做气压严密性试验、泡沫喷雾系统动力瓶组和储液罐之间的管道应在隔离储液罐后进行水压密封试验合格后，由施工单位填写记录
	管道水冲洗	依据《泡沫灭火系统技术标准》(GB 50151—2021) 9.3.19 条 8 款管道试压合格后，应用清水冲洗，冲洗合格后不得再进行影响管内清洁的其他施工，并应按本标准附录 B 表 B.0.2—5 进行记录。 检查数量：全数检查。 检查方法：宜采用最大设计流量，流速不低于 1.5m/s，以排出水色和透明度与入口水目测一致为合格	
	泡沫喷雾系统动驱动装置的管道安装后应做气压严密性试验	依据《泡沫灭火系统技术标准》(GB 50151—2021) 9.3.43 条 4 款气动驱动装置的管道安装后应做气压严密性试验。 检查数量：全数检查。 检查方法：气动驱动装置的管道进行气压严密性试验时，应以不大于 0.5MPa/s 的升压速率缓慢升压至驱动气体储存压力，关断试验气源 3min 内压力降不超过试验压力的 10%为合格	

续表

分项工程名称	施工过程检测、试验、调试内容	依据规范条文及内容	备注说明
泡沫灭火系统	泡沫喷雾系统动力瓶组和储液罐之间的管道应在隔离储液罐后进行水压密封试验	依据《泡沫灭火系统技术标准》(GB 50151—2021) 9.3.44 泡沫喷雾系统动力瓶组和储液罐之间的管道应在隔离储液罐后进行水压密封试验。 检查数量：全数检查。 检查方法：进行水压密封试验时，应以不大于0.5MPa/s的升压速率缓慢升压至动力瓶组的最大工作压力，保压5min，管道应无渗漏	
	调试	依据《泡沫灭火系统技术标准》(GB 50151—2021) 9.4.9 泡沫灭火系统的动力源和备用动力应进行切换试验相关规定。 9.4.13 泡沫比例混合器（装置）调试相关规定。 9.4.14 泡沫产生装置的调试相关规定。 9.4.15 报警阀的调试相关规定。 9.4.16 泡沫消火栓冷喷试验相关规定。 9.4.17 泡沫消火栓箱泡沫喷射试验相关规定。 9.4.18 泡沫灭火系统的调试相关规定。 试验内容及要求、检查数量、检查方法详见规范上述条文	1. 泡沫灭火系统调试应在系统施工结束和与系统有关的火灾自动报警装置及联动控制设备调试合格后进行。 2. 调试前施工单位应根据GB 50151第9.4.2～9.4.6条内容核查调试前应具备的条件，按规范规定的调试内容和调试方法，制订调试方案，经监理单位批准后执行。 3. 调试应由施工单位负责，监理单位监督，建设单位、设计单位参与和配合。 4. 系统调试合格后，应用清水冲洗后放空、复原系统，按GB 50151附录B表B.0.2-6填写施工过程调试检查记录，监理工程师（建设单位项目负责人）应组织施工单位项目负责人等进行验收

5.6.5 消防电气和火灾自动报警系统

消防工程中消防电气和火灾自动报警系统子分部涉及的检测、试验、调试详见表5-11。

表 5-11　消防电气和火灾自动报警系统相关试验

<table>
<tr><th>分项工程名称</th><th>施工过程检测、试验、调试内容</th><th>依据规范条文及内容</th><th>备注说明</th></tr>
<tr><td>消防电源及配电</td><td>电气绝缘电阻测试、电气接地电阻测试、电气设备空载试运行、柴油发电机的试验、电气器具通电安全检查、建筑物照明通电试运行等</td><td>依据《建筑电气工程施工质量验收规范》(GB 50303—2015)</td><td>1. 试验应由施工单位负责，监理单位监督。
2. 试验应填写试验过程检查记录</td></tr>
<tr><td rowspan="3">消防应急照明和疏散指示系统</td><td>应急照明控制器、集中电源和应急照明配电箱的调试</td><td>依据《消防应急照明和疏散指示系统技术标准》(GB 51309—2018)
5.3.1～5.3.2 应急照明控制器调试相关规定。
5.3.3～5.3.4 集中电源调试相关规定。
5.3.5～5.3.6 应急照明配电箱调试相关规定。
附录 E 规定的检查要求和检查方法。
试验内容及要求、检查数量、检查方法详见规范上述条文</td><td rowspan="3">1. 施工结束后，建设单位应根据设计文件和 GB 51309 第 5 条的规定，按照本规范附录 E 规定的检查项目、检查内容和检查方法，组织施工单位或设备制造企业，对系统进行调试。
2. 调试前施工单位应根据 GB 51309 第 5.1、5.2 条内容核查调试前应具备的条件，按规范规定的调试内容和调试方法，制订调试方案，经监理单位批准后执行。
3. 调试应由施工单位负责，监理单位监督，建设单位、设计单位参与和配合。
4. 系统调试结束后，施工单位应按本标准附录 E 的规定编写调试报告，监理工程师（建设单位项目负责人）应组织施工单位项目负责人等进行验收。
5. 施工单位、设备制造企业应向建设单位提交系统竣工图，材料、系统部件及配件进场检查记录，安装质量检查记录，调试记录及产品检验报告，合格证明材料等相关材料</td></tr>
<tr><td>集中控制型系统的系统功能调试</td><td>依据《消防应急照明和疏散指示系统技术标准》(GB 51309—2018)
5.4.1～5.4.4 非火灾状态下的系统功能调试相关规定。
5.4.5～5.4.9 火灾状态下的系统控制功能调试相关规定。
附录 E 规定的检查要求和检查方法。
试验内容及要求、检查数量、检查方法详见规范上述条文</td></tr>
<tr><td>非集中控制型系统的系统功能调试</td><td>依据《消防应急照明和疏散指示系统技术标准》(GB 51309—2018)
5.5.1～5.5.3 非火灾状态下的系统功能调试相关规定。
5.5.4～5.5.5 火灾状态下的系统控制功能调试相关规定。
附录 E 规定的检查要求和检查方法。
试验内容及要求、检查数量、检查方法详见规范上述条文</td></tr>
</table>

续表

分项工程名称	施工过程检测、试验、调试内容	依据规范条文及内容	备注说明
消防应急照明和疏散指示系统	备用照明功能调试	依据《消防应急照明和疏散指示系统技术标准》（GB 51309—2018） 5.6.1 根据设计文件的规定，对系统备用照明的功能进行检查并记录，系统备用照明的功能应符合下列规定： 1 切断为备用照明灯具供电的正常照明电源输出； 2 消防电源专用应急回路供电应能自动投入为备用照明灯具供电。系统备用照明功能的调试要求，系统备用照明功能的检查应按附录E规定的检查要求和检查方法进行，并按照附录E的规定填写调试记录。 试验内容及要求、检查数量、检查方法详见规范上述条文	1. 施工结束后，建设单位应根据设计文件和 GB 51309 第 5 条的规定，按照本规范附录 E 规定的检查项目、检查内容和检查方法，组织施工单位或设备制造企业，对系统进行调试。 2. 调试前施工单位应根据 GB 51309 第 5.1、5.2 条内容核查调试前应具备的条件，按规范规定的调试内容和调试方法，制订调试方案，经监理单位批准后执行。 3. 调试应由施工单位负责，监理单位监督，建设单位、设计单位参与和配合。 4. 系统调试结束后，施工单位应按本标准附录 E 的规定编写调试报告，监理工程师（建设单位项目负责人）应组织施工单位项目负责人等进行验收。 5. 施工单位、设备制造企业应向建设单位提交系统竣工图，材料、系统部件及配件进场检查记录，安装质量检查记录，调试记录及产品检验报告，合格证明材料等相关材料
火灾自动报警系统、电气火灾监控系统、消防设备电源监控系统	火灾报警控制器及其现场部件调试	依据《火灾自动报警系统施工及验收标准》（GB 50166—2019） 4.3.1～4.3.3 火灾报警控制器调试相关规定。 4.3.4～4.3.12 火灾探测器调试相关规定。 4.3.13～4.3.16 火灾报警控制器其他现场部件调试相关规定。 附录 E 规定的检查要求和检查方法。 试验内容及要求、检查数量、检查方法详见规范上述条文	

续表

<table>
<tr><th>分项工程名称</th><th>施工过程检测、试验、调试内容</th><th>依据规范条文及内容</th><th>备注说明</th></tr>
<tr><td rowspan="4">火灾自动报警系统、电气火灾监控系统、消防设备电源监控系统</td><td>家用火灾安全系统调试</td><td>依据《火灾自动报警系统施工及验收标准》(GB 50166—2019)
4.4.1～4.4.2 控制中心监控设备调试相关规定。
4.4.3～4.4.5 家用火灾报警控制器调试相关规定。
4.4.6 家用安全系统现场部件调试。
附录 E 规定的检查要求和检查方法。
试验内容及要求、检查数量、检查方法详见规范上述条文</td><td rowspan="4">1. 施工结束后，建设单位应根据设计文件和 GB 50166 第 4 章的规定，按照本规范附录 E 规定的检查项目、检查内容和检查方法，组织施工单位或设备制造企业，对系统进行调试。
2. 调试前施工单位应根据 GB 50166 第 4.1、4.2 条内容核查调试前应具备的条件，按规范规定的调试内容和调试方法，制订调试方案，经监理单位批准后执行。
3. 调试应由施工单位负责，监理单位监督，建设单位、设计单位参与和配合。
4. 系统调试结束后，施工单位应按本标准附录 E 的规定编写调试报告，监理工程师（建设单位项目负责人）应组织施工单位项目负责人等进行验收。
5. 施工单位、设备制造企业应向建设单位提交系统竣工图，材料、系统部件及配件进场检查记录，安装质量检查记录，调试记录及产品检验报告，合格证明材料等相关材料</td></tr>
<tr><td>消防联动控制器及其现场部件调试</td><td>依据《火灾自动报警系统施工及验收标准》(GB 50166—2019)
4.5.1～4.5.4 消防联动控制器调试相关规定。
4.5.5～4.5.8 消防联动控制器现场部件调试相关规定。
附录 E 规定的检查要求和检查方法。
试验内容及要求、检查数量、检查方法详见规范上述条文</td></tr>
<tr><td>消防专用电话系统调试</td><td>依据《火灾自动报警系统施工及验收标准》(GB 50166—2019)
4.6.1 消防电话总机调试相关规定。
4.6.2 消防电话分机调试相关规定。
4.6.3 消防电话插孔调试相关规定。
附录 E 规定的检查要求和检查方法。
试验内容及要求、检查数量、检查方法详见规范上述条文</td></tr>
<tr><td>可燃气体探测报警系统调试</td><td>依据《火灾自动报警系统施工及验收标准》(GB 50166—2019)
4.7.1～4.7.3 可燃气体报警控制器调试相关规定。
4.7.4～4.7.5 可燃气体探测器调试相关规定。
附录 E 规定的检查要求和检查方法。
试验内容及要求、检查数量、检查方法详见规范上述条文</td></tr>
</table>

续表

分项工程名称	施工过程检测、试验、调试内容	依据规范条文及内容	备注说明
火灾自动报警系统、电气火灾监控系统、消防设备电源监控系统	电气火灾监控系统调试	依据《火灾自动报警系统施工及验收标准》(GB 50166—2019) 4.8.1～4.8.3 电气火灾监控设备调试相关规定。 4.8.4～4.8.7 电气火灾监控探测器调试相关规定。 附录 E 规定的检查要求和检查方法。 试验内容及要求、检查数量、检查方法详见规范上述条文	1. 施工结束后，建设单位应根据设计文件和 GB 50166 第 4 章的规定，按照本规范附录 E 规定的检查项目、检查内容和检查方法，组织施工单位或设备制造企业，对系统进行调试。 2. 调试前施工单位应根据 GB 50166 第 4.1、4.2 条内容核查调试前应具备的条件，按本规范规定的调试内容和调试方法，制订调试方案，经监理单位批准后执行。 3. 调试应由施工单位负责，监理单位监督，建设单位、设计单位参与和配合。 4. 系统调试结束后，施工单位应按本标准附录 E 的规定编写调试报告，监理工程师（建设单位项目负责人）应组织施工单位项目负责人等进行验收。 5. 施工单位、设备制造企业应向建设单位提交系统竣工图，材料、系统部件及配件进场检查记录，安装质量检查记录，调试记录及产品检验报告，合格证明材料等相关材料
	消防设备电源监控系统调试	依据《火灾自动报警系统施工及验收标准》(GB 50166—2019) 4.9.1～4.9.3 消防设备电源监控器调试相关规定。 4.9.4 传感器调试相关规定。 附录 E 规定的检查要求和检查方法。 试验内容及要求、检查数量、检查方法详见规范上述条文	
	消防设备应急电源调试	依据《火灾自动报警系统施工及验收标准》(GB 50166—2019) 4.10.1 应将消防设备与消防设备应急电源相连接，接通消防设备应急电源的主电源，使消防设备应急电源处于正常工作状态。 4.10.2 消防设备应急电源主要功能检查相关规定。 附录 E 规定的检查要求和检查方法。试验内容及要求、检查数量、检查方法详见规范上述条文	
	消防控制室图形显示装置和传输设备调试	依据《火灾自动报警系统施工及验收标准》(GB 50166—2019) 4.11.1 消防控制室图形显示装置调试相关规定。 4.11.2 传输设备调试相关规定。 附录 E 规定的检查要求和检查方法。 试验内容及要求、检查数量、检查方法详见规范上述条文	

续表

分项工程名称	施工过程检测、试验、调试内容	依据规范条文及内容	备注说明
火灾自动报警系统、电气火灾监控系统、消防设备电源监控系统	火灾警报、消防应急广播系统调试	依据《火灾自动报警系统施工及验收标准》(GB 50166—2019) 4.12.1～4.12.3 火灾警报器调试相关规定。 4.12.4 消防应急广播控制设备调试相关规定。 4.12.5 扬声器调试相关规定。 4.12.6～4.12.7 火灾警报、消防应急广播控制调试相关规定。 附录 E 规定的检查要求和检查方法。 试验内容及要求、检查数量、检查方法详见规范上述条文	1. 施工结束后，建设单位应根据设计文件和 GB 50166 第 4 章的规定，按照本规范附录 E 规定的检查项目、检查内容和检查方法，组织施工单位或设备制造企业，对系统进行调试。 2. 调试前施工单位应根据 GB 50166 第 4.1、4.2 条内容核查调试前应具备的条件，按规范规定的调试内容和调试方法，制订调试方案，经监理单位批准后执行。 3. 调试应由施工单位负责，监理单位监督，建设单位、设计单位参与和配合。 4. 系统调试结束后，施工单位应按 GB 50166 附录 E 的规定编写调试报告，监理工程师（建设单位项目负责人）应组织施工单位项目负责人等进行验收。 5. 施工单位、设备制造企业应向建设单位提交系统竣工图，材料、系统部件及配件进场检查记录，安装质量检查记录，调试记录及产品检验报告，合格证明材料等相关材料
	防火卷帘系统调试	依据《火灾自动报警系统施工及验收标准》(GB 50166—2019) 4.13.1 防火卷帘控制器调试相关规定。 4.13.2～4.13.3 防火卷帘控制器现场部件调试相关规定。 4.13.4～4.13.6 疏散通道上设置的防火卷帘系统联动控制调试相关规定。 4.13.7～4.13.9 非疏散通道上设置的防火卷帘系统控制调试相关规定。 附录 E 规定的检查要求和检查方法。 试验内容及要求、检查数量、检查方法详见规范上述条文	
	防火门监控系统调试	依据《火灾自动报警系统施工及验收标准》(GB 50166—2019) 4.14.1～4.14.3 防火门监控器调试相关规定。 4.14.4～4.14.7 防火门监控器现场部件调试相关规定。 4.14.8～4.14.9 防火门监控系统联动控制调试相关规定。 附录 E 规定的检查要求和检查方法。 试验内容及要求、检查数量、检查方法详见规范上述条文	

续表

分项工程名称	施工过程检测、试验、调试内容	依据规范条文及内容	备注说明
火灾自动报警系统、电气火灾监控系统、消防设备电源监控系统	气体、干粉灭火系统调试	依据《火灾自动报警系统施工及验收标准》(GB 50166—2019) 4.15.1～4.15.2 气体、干粉灭火控制器调试相关规定。 4.15.3～4.15.6 气体、干粉灭火控制器现场部件调试相关规定。 附录 E 规定的检查要求和检查方法。 试验内容及要求、检查数量、检查方法详见规范上述条文	1. 施工结束后，建设单位应根据设计文件和本规范第 4 章的规定，按照本规范附录 E 规定的检查项目、检查内容和检查方法，组织施工单位或设备制造企业，对系统进行调试。 2. 调试前施工单位应根据本规范第 4.1、4.2 条内容核查调试前应具备的条件，按规范规定的调试内容和调试方法，制订调试方案，经监理单位批准后执行。 3. 调试应由施工单位负责，监理单位监督，建设单位、设计单位参与和配合。 4. 系统调试结束后，施工单位应按本标准附录 E 的规定编写调试报告，监理工程师（建设单位项目负责人）应组织施工单位项目负责人等进行验收。 5. 施工单位、设备制造企业应向建设单位提交系统竣工图，材料、系统部件及配件进场检查记录，安装质量检查记录，调试记录及产品检验报告，合格证明材料等相关材料
	自动喷水灭火系统调试	依据《火灾自动报警系统施工及验收标准》(GB 50166—2019) 4.16.1 消防泵控制箱、柜调试相关规定。 4.16.2～4.16.3 系统联动部件调试相关规定。 4.16.4～4.16.6 湿式、干式喷水灭火系统控制调式相关规定。 4.16.7～4.16.10 预作用式喷水灭火系统控制调试相关规定。 4.16.11～4.16.14 雨淋系统控制调试相关规定。 4.16.15～4.16.19 自动控制的水幕系统控制调试相关规定。 附录 E 规定的检查要求和检查方法。 试验内容及要求、检查数量、检查方法详见规范上述条文	
	消火栓系统调试	依据《火灾自动报警系统施工及验收标准》(GB 50166—2019) 4.17.1～4.17.4 系统联动部件调试相关规定。 4.17.5～4.17.7 消火栓系统控制调试相关规定。 附录 E 规定的检查要求和检查方法。 试验内容及要求、检查数量、检查方法详见规范上述条文	

续表

分项工程名称	施工过程检测、试验、调试内容	依据规范条文及内容	备注说明
火灾自动报警系统、电气火灾监控系统、消防设备电源监控系统	防排烟系统调试	依据《火灾自动报警系统施工及验收标准》(GB 50166—2019) 4.18.1 风机控制箱、柜调试相关规定。 4.18.2～4.18.3 系统联动部件调试相关规定。 4.18.4～4.18.6 加压送风系统控制调试相关规定。 4.18.7～4.18.9 电动挡烟垂壁、排烟系统控制调试相关规定。 附录 E 规定的检查要求和检查方法。 试验内容及要求、检查数量、检查方法详见规范上述条文	1. 施工结束后，建设单位应根据设计文件和本规范第 4 章的规定，按照本规范附录 E 规定的检查项目、检查内容和检查方法，组织施工单位或设备制造企业，对系统进行调试。 2. 调试前施工单位应根据本规范第 4.1、4.2 条内容核查调试前应具备的条件，按规范规定的调试内容和调试方法，制订调试方案，经监理单位批准后执行。 3. 调试应由施工单位负责，监理单位监督，建设单位、设计单位参与和配合。 4. 系统调试结束后，施工单位应按本标准附录 E 的规定编写调试报告，监理工程师（建设单位项目负责人）应组织施工单位项目负责人等进行验收。 5. 施工单位、设备制造企业应向建设单位提交系统竣工图，材料、系统部件及配件进场检查记录，安装质量检查记录，调试记录及产品检验报告，合格证明材料等相关材料
	消防应急照明和疏散指示系统控制调试	依据《火灾自动报警系统施工及验收标准》(GB 50166—2019) 4.19.1 集中控制型消防应急照明和疏散指示系统控制调试相关规定。 4.19.2 非集中控制型消防应急照明和疏散指示系统控制调试相关规定。 附录 E 规定的检查要求和检查方法。 试验内容及要求、检查数量、检查方法详见规范上述条文	
	电梯、非消防电源等相关系统联动控制调试	依据《火灾自动报警系统施工及验收标准》(GB 50166—2019) 4.20.1 应使消防联动控制器与电梯、非消防电源等相关系统的控制设备相连接，接通电源，使消防联动控制器处于自动控制工作状态。 4.20.2 电梯、非消防电源等相关系统的联动控制功能调试相关规定。 附录 E 规定的检查要求和检查方法。 试验内容及要求、检查数量、检查方法详见规范上述条文	

续表

分项工程名称	施工过程检测、试验、调试内容	依据规范条文及内容	备注说明
火灾自动报警系统、电气火灾监控系统、消防设备电源监控系统	系统整体联动控制功能调试	依据《火灾自动报警系统施工及验收标准》(GB 50166—2019) 4.21.1 应按设计文件的规定将所有分部调试合格的系统部件、受控设备或系统相连接并通电运行，在连续运行120h无故障后，使消防联动控制器处于自动控制工作状态。 4.21.2 火灾警报、消防应急广播系统、用于防火分隔的防火卷帘系统、防火门监控系统、防烟排烟系统、消防应急照明和疏散指示系统、电梯和非消防电源等自动消防系统的整体联动控制功能调试相关规定。 附录E规定的检查要求和检查方法。 试验内容及要求、检查数量、检查方法详见规范上述条文	1. 施工结束后，建设单位应根据设计文件和本规范第4章的规定，按照本规范附录E规定的检查项目、检查内容和检查方法，组织施工单位或设备制造企业，对系统进行调试。 2. 调试前施工单位应根据本规范第4.1、4.2条内容核查调试前应具备的条件，按规范规定的调试内容和调试方法，制订调试方案，经监理单位批准后执行。 3. 调试应由施工单位负责，监理单位监督，建设单位、设计单位参与和配合。 4. 系统调试结束后，施工单位应按本标准附录E的规定编写调试报告，监理工程师（建设单位项目负责人）应组织施工单位项目负责人等进行验收。 5. 施工单位、设备制造企业应向建设单位提交系统竣工图，材料、系统部件及配件进场检查记录，安装质量检查记录，调试记录及产品检验报告，合格证明材料等相关材料

5.6.6 建筑防排烟系统

消防工程中建筑防排烟系统子分部涉及的检测、试验、调试详见表5-12。

表5-12 建筑防排烟系统相关试验

分项工程名称	施工过程检测、试验、调试内容	依据规范条文及内容	备注说明
防烟系统、排烟系统	风管制作的强度和严密性检验	依据《建筑防烟排烟系统技术标准》(GB 51251—2017) 6.3.3 按系统类别进行强度和严密性检验相关规定。 检查方法：按风管系统的类别和材质分别进行，查阅产品合格证和测试报告，或实测旁站。	

续表

分项工程名称	施工过程检测、试验、调试内容	依据规范条文及内容	备注说明
防烟系统、排烟系统	风管制作的强度和严密性检验	《通风与空调工程施工质量验收规范》(GB 50243—2016) 4.2.1 风管加工质量强度和严密性要求相关规定。 附录C 风管强度及严密性测试。 试验内容及要求、检查数量详见规范上述条文。	1. 试验应由施工单位负责，监理单位监督。 2. 强度和严密性检验应填写试验过程检查记录
	风管安装完毕后严密性检验	依据《建筑防烟排烟系统技术标准》(GB 51251—2017) 6.3.5 风管（道）系统安装完毕后，应按系统类别进行严密性检验，检验应以主、干管道为主，漏风量应符合设计与本标准第 6.3.3 条的规定。 检查数量：按系统不小于 30% 检查，且不应少于1个系统。 检查方法：系统的严密性检验测试按国家标准《通风与空调工程施工质量验收规范》（GB 50243—2016）的有关规定执行。	
防烟系统、排烟系统	单机调试	依据《建筑防烟排烟系统技术标准》(GB 51251—2017) 7.2.1 排烟防火阀的调试相关规定。 7.2.2 常闭送风口、排烟阀或排烟口的调试相关规定。 7.2.3 活动挡烟垂壁的调试相关规定。 7.2.4 自动排烟窗的调试相关规定。 7.2.5 送风机、排烟风机调试相关规定。 7.2.6 机械加压送风系统风速及余压的调试相关规定。 7.2.7 机械排烟系统风速和风量的调试相关规定。 试验内容及要求、检查数量、检查方法详见规范上述条文	1. 系统调试应在系统施工完成及与工程有关的火灾自动报警系统及联动控制设备调试合格后进行。 2. 调试前施工单位应根据 GB 51251 第 7.1 条内容核查调试前应具备的条件，按规范规定的调试内容和调试方法，制订调试方案，经监理单位批准后执行。 3. 系统调试应由施工单位负责、监理单位监督，设计单位与建设单位参与和配合。 4. 系统调试结束后，施工单位按 GB 51251 附录 D 中表 D-4 填写调试记录，提供完整的调试资料和报告，监理工程师（建设单位项目负责人）应组织施工单位项目负责人等进行验收

续表

分项工程名称	施工过程检测、试验、调试内容	依据规范条文及内容	备注说明
防烟系统、排烟系统	联动调试	依据《建筑防烟排烟系统技术标准》(GB 51251—2017) 7.3.1 机械加压送风系统的联动调试相关规定。 7.3.2 机械排烟系统的联动调试相关规定。 7.3.3 自动排烟窗的联动调试相关规定。 7.3.4 活动挡烟垂壁的联动调试相关规定。 试验内容及要求、检查数量、检查方法详见规范上述条文	1. 系统调试应在系统施工完成及与工程有关的火灾自动报警系统及联动控制设备调试合格后进行。 2. 调试前施工单位应根据GB 51251第7.1条内容核查调试前应具备的条件，按规范规定的调试内容和调试方法，制订调试方案，经监理单位批准后执行。 3. 系统调试应由施工单位负责、监理单位监督，设计单位与建设单位参与和配合。 4. 系统调试结束后，施工单位按GB 51251附录D中表D-4填写调试记录，提供完整的调试资料和报告，监理工程师（建设单位项目负责人）应组织施工单位项目负责人等进行验收

5.7　消防施工质量查验

5.7.1　消防查验程序

1. 建筑工程竣工验收前，建设单位可委托具有相应从业条件的技术服务机构进行消防查验，并形成意见或者报告，作为建筑工程消防查验合格的参考文件。

2. 建设单位应在组织验收前编制“消防查验方案”，在方案中明确消防查验的工作内容，包括所需人员组成、职责分工、查验范围、组织程序等。参与消防查验的人员应根据职责分工对查验的消防施工质量负责。

3. 采取特殊消防设计的建筑工程，其特殊消防设计的内容可进行功能性试验验证，并应对特殊消防设计的内容进行全数查验。对消防检测和消防查验过程中发现的各类质量问题，建设单位应组织相关单位进行整改。

5.7.2　消防查验前置条件

1. 按要求完成消防工程设计和合同约定的各项内容。

2. 具有完整的消防技术档案和施工管理资料，包括但不限于以下内容：

（1）涉及消防的主要材料、设备、构件的质量证明文件，进场检验记录，抽样复验报告，见证试验报告；

（2）隐蔽工程、检验批验收记录和相关图像资料；

（3）分项工程质量验收记录；

（4）子分部工程质量验收记录；

（5）消防设备单机试运转及调试记录；

（6）消防系统联合试运转及调试记录；

（7）其他对工程质量有影响的重要技术资料。

工程质量控制资料缺失时，可委托具有相应从业条件的技术服务机构按有关标准进行相应的实体检验或消防检测。

3. 消防设施性能、系统功能联动调试等内容检测合格。

4. 监理单位组织的预验收已完成，预验收发现的问题整改完毕，预验收合格。

5. 设计单位签署的“工程质量检查报告”、施工单位签署的“工程自检报告”、监理单位签署的“消防工程质量评估报告”已提交建设单位。

5.7.3 消防查验方案

1. 建设单位组织对建筑工程是否符合消防要求进行查验，应符合下列规定：

（1）建设单位应在组织消防查验前制订建筑工程消防施工质量查验工作方案，明确参加查验的人员、岗位职责、查验内容、查验组织方式以及查验结论形式等内容。

（2）消防查验的主要内容包括：

① 消防设计文件的各项内容；

② 消防技术档案和施工管理资料（含消防产品的进场试验报告）；

③ 工程涉及消防的各子分部、分项工程施工质量；

④ 消防设施性能、系统功能联动调试。

2. 消防查验方案应包括以下内容：

（1）概述。

（2）编制依据。

（3）查验范围、内容。

（4）查验组织及部署。

包括查验时间、地点以及参加查验的单位、人员及职责分工、责任与义务。

（5）查验项目及方法。

（6）查验程序。

（7）查验记录。

记录查验情况，参加查验的相关人员应签字并注明查验日期。

（8）查验结论。

3. 示例：“××高山滑雪中心消防查验方案”

一、概述

××中心及配套基础设施建设项目——J1××中心工程所涉及的消防设施已按设计图纸及合同约定内容建设完成，工程于2020年1月27日进行工程完工验收。现场已经组织监理单位、建设单位竣工验收，针对消防联动过程中检查出的问题施工单位已整改完成。本工程已具备工程消防查验条件，为确保消防验收工作顺利实施，特制订本工程消防查验方案。

二、查验范围和内容

（一）范围

××中心及配套基础设施建设项目——J1××中心工程的全部与消防相关的系统为本次查验范围。

（二）内容

查验内容包括：防火分区、安全疏散及工程涉及的消火栓系统、自动喷水灭火系统、防烟排烟系统、气体灭火系统、火灾自动报警及联动控制系统、消防应急广播系统、防火门监控系统、电气火灾监控报警系统、消防电源监控系统、集中电源集中控制型消防应急照明和疏散指示系统的施工质量、功能是否满足使用需求。

三、查验时间和地点

（一）验收时间

2021年6月30日

（二）验收地点

工程地址：××区××镇

1. 验收会议地点：北京××建设有限公司大临会议室

2. 资料验收地点：北京××建设有限公司大临会议室

3. 工程实体质量验收地点：工程现场

四、验收组织形式

（一）验收由建设单位组织，参加验收单位及相关专业人员齐全

1. 验收组织单位：北京××建设有限公司

2. 参加验收单位：

设计单位：中国××设计研究院有限公司

施工单位：上海××集团有限公司

监理单位：北京××工程管理咨询有限公司

消防专业施工单位：北京××工程技术有限公司

消防设施技术检测服务单位：中国××研究院有限公司

（二）参建单位项目负责人

建设单位项目负责人：××，持有本单位授权委托书。

设计单位项目负责人：××，持有本单位授权委托书。

施工单位项目负责人：××，持有本单位授权委托书。

监理单位项目负责人：××，持有本单位授权委托书。

消防施工单位项目负责人：××，持有本单位授权委托书。

消防设施技术检测服务单位项目负责人：××，持有本单位授权委托书。

（三）成立验收组织机构

成立由各参建单位项目负责人组成的消防验收协调领导小组，领导小组成员：××（建设单位项目负责人），××（设计单位项目负责人），××（施工单位项目负责人），

××（监理单位项目负责人）。

现场检查由北京××建设有限公司副总经理××组织，分为如下 4 个小组进行：

1. 土建组

（1）组长：××（监理单位）

（2）组员：××（建设单位）；××（设计单位）；××（施工单位）

（3）职责分工：

××：负责组织、管理工作，汇总组员意见，形成小组意见。

××：负责记录数据。

××：负责核查图纸及规范要求。

××：负责实际操作、测量工作。

2. 电气组

（1）组长：××（监理单位）

（2）组员：××（建设单位）；××（设计单位）；××（施工单位）

（3）职责分工：

××：负责组织、管理工作，汇总组员意见，形成小组意见。

××：负责记录数据。

××：负责核查图纸及规范要求。

××：负责实际操作、测量工作。

3. 消防水

（1）组长：××（建设单位）

（2）组员：××（监理单位）；××（设计单位）；××（施工单位）

（3）职责分工：

××：负责组织、管理工作，汇总组员意见，形成小组意见。

××：负责记录数据。

××：负责核查图纸及规范要求。

××：负责实际操作、测量工作。

4. 防排烟

（1）组长：××（监理单位）

（2）组员：××（建设单位）；××（设计单位）；××（施工单位）

（3）职责分工：

××：负责组织、管理工作，汇总组员意见，形成小组意见。

××：负责记录数据。

××：负责核查图纸及规范要求。

××：负责实际操作、测量工作。

（四）查验项目及方法

1. 土建工程消防查验项目及方法

查验项目：建筑分类和耐火等级、防火封堵、总平面布局和平面布置、防火、防烟分区和建筑构造、安全疏散。

查验方法：核对图纸，现场查看。

2. 装饰装修工程消防查验项目及方法

查验项目：建筑室内装修、幕墙、外墙装饰层、门窗。

查验方法：核对图纸，现场查看。

3. 建筑节能工程消防查验项目及方法

查验项目：围护结构、空调设备及管网。

查验方法：核对图纸，现场查看。

4. 消防给水和灭火设备查验项目及方法

查验项目：消防水源、室外消火栓给水系统、室内消火栓给水系统、自动喷水灭火系统、气体灭火系统。

查验方法：核对图纸，现场查看、测试，记录数据，查验消防水池、高位水箱有效容积、双路供水；查验消防水泵启泵功能；消火栓系统试射充实水柱大于10米；自动喷水灭火系统末端试水装置功能测试；气体灭火系统手动启动和自动启动。

5. 防烟、排烟和通风、空气调节工程消防查验项目及方法

查验项目：自然排烟系统、机械防烟排烟系统设置、防烟排烟系统功能、通风、空气调节。

查验方法：核对图纸，现场查看、测试，记录数据。测试风机远程，就地启动控制；测试排风口风量；测试防烟楼梯间余压值。

6. 电气工程消防查验项目及方法

查验项目：消防电源及其配电、火灾应急照明和疏散指示标志、电力线路及电器装置、电工套管和电器设备外壳及附件、火灾自动报警系统、电气火灾监控系统。

查验方法：核对图纸，现场查看、测试，记录数据；查验消防电源双路供电及主备电自动转换；查验应急灯具和疏散指示安装；火灾自动报警系统联动测试；电气火灾监控系统泄漏电流测试。

7. 建筑灭火器配置查验项目及方法

查验项目：建筑灭火器配置。

查验方法：核对图纸，现场查看。

（五）查验程序

1. 建设单位主持人介绍参会的各方领导、各方参加人员。

2. 总承包单位项目负责人介绍工程的整体情况，消防设施的完成情况及联调情况。

3. 各现场验收组组长召集组员，对消防验收内容进行现场查验。

4. 各小组组长汇报实地查验情况，如验收达成一致意见，各方项目负责人签署“建设工程竣工验收消防查验报告”。若达不成一致意见，协商提出解决的方法，待意见一致后，重新组织验收。

5. 建设单位主持人总结发言。

五、附件（略）

附件1：查验路线

附件2：查验所需检测工具

附件3：小组查验意见表

5.7.4 消防查验成果

建设单位在消防查验工作完成后，应按照要求形成“北京市建筑工程消防施工质量查验报告”，主要内容如下：

1. 项目基本情况

项目基本情况包括建筑、结构相关参数以及使用性质、耐火等级、装饰装修、建筑保温等情况。

2. 建筑工程消防施工质量查验情况

建筑工程消防施工质量查验情况包括建设单位、设计单位、监理单位、施工单位及技术服务机构的查验内容、查案结果、查验结论。

3. 建筑工程消防施工质量查验结论

建筑工程消防施工质量查验结论应包括以下内容：

(1) 建筑整体布局；

(2) 建筑构造；

(3) 建筑保温与内装修；

(4) 消防给水及灭火系统；

(5) 消防电气和火灾报警系统；

(6) 建筑防烟排烟系统。

4. 建筑工程消防施工质量查验意见

(1) 参加消防查验的单位应明确查验意见。

查验意见可以填写“消防施工质量符合有关标准”，也可以按照以下方式具体填写：

① 完成消防设计文件的各项内容；

② 有完整的消防技术档案和施工管理资料（含消防产品的进场试验报告）；

③ 消防设施性能、系统功能联动调试等内容检测合格。

(2) 参加查验单位的项目负责人应签字，并加盖查验单位公章。

(3) 日期填写查验结论为合格的查验时间。

5.8 消防工程竣工图要求

消防工程竣工图是工程竣工验收后，真实反映消防工程项目施工结果的图纸，是最重要的消防工程档案，是消防工程维修、改造、救援及灾后鉴定的重要依据。建设单位是消防工程的管理和使用者，组织编制消防工程竣工图是建设单位的责任。

5.8.1 编制原则

1. 消防工程竣工图应按所含子分部分别进行编制，即建筑总平面及平面布置、建筑构造、建筑保温与装修、消防给水及灭火系统、消防电气和火灾自动报警系统、建筑防烟排烟系统。

2. 消防工程竣工图所含专业类别应与施工图相对应。

3. 消防工程竣工图可由建设单位委托施工单位编制，编制完成的竣工图应由编制单位逐张加盖竣工图章并签署，经监理审核签字认可。

4. 消防工程竣工图应完整、准确、清晰、规范、修改到位，真实反映消防工程竣工验收时的实际情况。

5.8.2 编制要求

1. 消防工程竣工图应依据消防工程相关施工图、图纸会审记录、设计变更通知单、工程洽商记录等进行绘制。

2. 凡按图施工没有变动的，由消防工程竣工图编制单位在消防工程相关施工图（必须是新图）上加盖并签署竣工图章。

3. 一般性图纸变更且能在原图上作修改补充的，可在原施工图（必须是新图）上更改，加盖并签署竣工图章，并标注变更通知或其他变更批准文件编号。

4. 涉及平面布置、建筑构造、专业系统等重大改变及图面变更面积超过35%的，应重新绘制竣工图。

5. 消防工程竣工图应有编制总说明及各专业的编制说明，叙述编制原则、各专业目录及编制情况。

6. 所有消防工程竣工图均应加盖竣工图章。竣工图章应使用不易褪色的印泥，应盖在图标栏上方空白处。

7. 消防工程竣工图应按国家和地方标准规定的方法绘制和折叠。

5.8.3 竣工图内容

根据《建设工程消防设计审查验收工作细则》（建科规〔2020〕5号）第十五条第三款规定，涉及消防的建设工程竣工图纸与经审查合格的消防设计文件相符。所以，消防工程竣工图的内容应符合消防设计审查内容要求。

1. 特殊建设工程

根据《建设工程消防设计审查验收工作细则》（建科规〔2020〕5号）第七条规定，特殊建设工程的竣工图应当包括下列内容：

（1）封面：项目名称、设计单位名称、设计文件交付日期。

（2）扉页：设计单位法定代表人、技术总负责人和项目总负责人的姓名及其签字或授权盖章，设计单位资质，设计人员的姓名及其专业技术能力信息。

（3）设计文件目录。

（4）设计说明书，包括：

1）工程设计依据，包括设计所执行的主要法律法规以及其他相关文件，所采用的主要标准（包括标准的名称、编号、年号和版本号），县级以上政府有关主管部门的项目批复性文件，建设单位提供的有关使用要求或生产工艺等资料，明确火灾危险性。

2）工程建设的规模和设计范围，包括工程的设计规模及项目组成，分期建设情况，本设计承担的设计范围与分工等。

3）总指标，包括总用地面积、总建筑面积和反映建设工程功能规模的技术指标。

4）标准执行情况，包括：

① 消防设计执行国家工程建设消防技术标准强制性条文的情况；

② 消防设计执行国家工程建设消防技术标准中带有“严禁”“必须”“应”“不应”“不得”要求的非强制性条文的情况；

③ 消防设计中涉及国家工程建设消防技术标准没有规定内容的情况。

5）总平面，应当包括有关主管部门对工程批准的规划许可技术条件，场地所在地的名称及在城市中的位置，场地内原有建构筑物保留、拆除的情况，建构筑物满足防火间距情况，功能分区，竖向布置方式（平坡式或台阶式），人流和车流的组织、出入口、停车场（库）的布置及停车数量，消防车道及高层建筑消防车登高操作场地的布置，道路主要的设计技术条件等。

6）建筑和结构，应当包括项目设计规模等级，建构筑物面积，建构筑物层数和建构筑物高度，主要结构类型，建筑结构安全等级，建筑防火分类和耐火等级，门窗防火性能，用料说明和室内外装修，幕墙工程及特殊屋面工程的防火技术要求，建筑和结构设计防火设计说明等。

7）建筑电气，应当包括消防电源、配电线路及电器装置，消防应急照明和疏散指示系统，火灾自动报警系统，以及电气防火措施等。

8）消防给水和灭火设施，应当包括消防水源，消防水泵房、室外消防给水和室外消火栓系统、室内消火栓系统和其他灭火设施等。

9）供暖通风与空气调节，应当包括设置防排烟的区域及其方式，防排烟系统风量确定，防排烟系统及其设施配置，控制方式简述，以及暖通空调系统的防火措施，空调通风系统的防火、防爆措施等。

10）热能动力，应当包括有关锅炉房、涉及可燃气体的站房及可燃气、液体的防火、防爆措施等。

（5）设计图纸，包括：

1）总平面图，应当包括：场地道路红线、建构筑物控制线、用地红线等位置；场地四邻原有及规划道路的位置；建构筑物的位置、名称、层数、防火间距；消防车道或通道及高层建筑消防车登高操作场地的布置等。

2）建筑和结构，应当包括：平面图，包括平面布置，房间或空间名称或编号，每层建构筑物面积、防火分区面积、防火分区分隔位置及安全出口位置示意，以及主要结构和建筑构配件等；立面图，包括立面外轮廓及主要结构和建筑构造部件的位置，建构筑物的总高度、层高和标高以及关键控制标高的标注等；剖面图，应标示内外空间比较复杂的部位（如中庭与邻近的楼层或者错层部位），并包括建筑室内地面和室外地面标高，屋面檐口、女儿墙顶等的标高，层间高度尺寸及其他必需的高度尺寸等。

3）建筑电气，应当包括：电气火灾监控系统，消防设备电源监控系统，防火门监控系统，火灾自动报警系统，消防应急广播，以及消防应急照明和疏散指示系统等。

4）消防给水和灭火设施，应当包括：消防给水总平面图，消防给水系统的系统图、平面布置图，消防水池和消防水泵房平面图，以及其他灭火系统的系统图及平面布置图等。

5）供暖通风与空气调节，应当包括：防烟系统的系统图、平面布置图，排烟系统的系统图、平面布置图，供暖、通风和空气调节系统的系统图、平面图等。

6）热能动力，应当包括：所包含的锅炉房设备平面布置图，其他动力站房平面布置图，以及各专业管道防火封堵措施等。

2. 采用特殊消防设计的特殊建设工程

根据《建设工程消防设计审查验收工作细则》（建科规〔2020〕5 号）第八条规定，采用特殊消防设计的两类特殊建设工程，竣工图还应当包括特殊消防设计技术资料。

1）国家工程建设消防技术标准没有规定，必须采用国际标准或者境外工程建设消防技术标准的

（1）特殊消防设计文件，包括：

① 设计说明。应当说明设计中涉及国家工程建设消防技术标准没有规定的内容和理由，必须采用国际标准或者境外工程建设消防技术标准进行设计的内容和理由，特殊消防设计方案说明以及对特殊消防设计方案的评估分析报告、试验验证报告或数值模拟分析验证报告等。

② 设计图纸。涉及采用国际标准、境外工程建设消防技术标准的消防设计图纸。

（2）应提交设计采用的国际标准、境外工程建设消防技术标准的原文及中文翻译文本。

（3）应用实例。应提交两个以上、近年内采用国际标准或者境外工程建设消防技术标准在国内或国外类似工程应用情况的报告；

（4）建筑高度大于 250m 的建筑，除上述三项以外，还应当说明在符合国家工程建设消防技术标准的基础上，所采取的切实增强建筑火灾时自防自救能力的加强性消防设计措施。包括：建筑构件耐火性能、外部平面布局、内部平面布置、安全疏散和避难、防火构造、建筑保温和外墙装饰防火性能、自动消防设施及灭火救援设施的配置及其可靠性、消防给水、消防电源及配电、建筑电气防火等内容。

2）消防设计文件拟采用的新技术、新工艺、新材料不符合国家工程建设消防技术标准规定的

（1）特殊消防设计文件，包括：

① 设计说明。应当说明设计不符合国家工程建设消防技术标准的内容和理由，必须采用不符合国家工程建设消防技术标准规定的新技术、新工艺、新材料的内容和理由，特殊消防设计方案说明以及对特殊消防设计方案的评估分析报告、试验验证报告或数值模拟分析验证报告等。

② 设计图纸。涉及采用新技术、新工艺、新材料的消防设计图纸。

（2）采用新技术、新工艺的，应提交新技术、新工艺的说明；采用新材料的，应提交产品说明，包括新材料的产品标准文本（包括性能参数等）。

（3）应用实例。应提交采用新技术、新工艺、新材料在国内或国外类似工程应用情况的报告或中试（生产）试验研究情况报告等。

3. 其他建设工程

《建设工程消防设计审查验收工作细则》（建科规〔2020〕5 号）第三十二条规定，其他建设工程，建设单位申请施工许可或者申请批准开工报告时，应当提供满足施工需要的消防设计图纸及技术资料。

5.8.4 竣工图纸目录（示例）

某办公楼（10F/B3）项目的消防报验竣工图主要包含建筑、给排水、暖通和电气四个专业的图纸，竣工图纸目录示例如下：

编号	图纸名称
一、建筑专业	
1	原图纸封面
2	原图纸目录
3	建筑专业施工图设计说明
4	门窗表及门窗立面
5	装修材料做法表
6	办公楼幕墙详图
7	车库地下三层至地下一层平面图
8	办公楼首层至十层平面图
9	办公楼屋顶层平面图
10	办公楼立面图
11	1—1～4—4 剖面图
12	10＃防护单元出口详图
13	1＃核心筒详图
14	2＃核心筒详图
15	3＃LT—04 楼梯详图
16	3＃PD—01 坡道详图
17	3＃PD—02 坡道详图
18	办公楼墙身节点详图
二、给排水专业	
1	原图纸目录
2	给排水设计施工总说明
3	人防给排水设计施工说明
4	给水、中水及冷却塔补水系统原理图
5	排水系统原理图
6	雨水系统原理图
7	消火栓系统原理图
8	自动喷水灭火系统原理图
9	车库地下三层至地下一层给排水平面图
10	车库地下三层至地下一层消防平面图
11	办公楼首层至十层给排水及消防平面图

续表

编号	图纸名称
12	办公楼屋顶层给排水及消防平面图
13	车库给水、中水泵房、人防水箱间及集水坑详图
14	办公楼卫生间给排水详图
三、暖通专业	
1	原图纸目录
2	图例
3	暖通专业设计与施工说明
4	人防设计及施工说明
5	主要设备明细表
6	人防主要设备明细表
7	办公楼冷热源系统原理图
8	办公楼正压送风系统原理图
9	办公楼通风及排烟系统原理图
10	办公楼空调通风系统原理图
11	办公楼空调水系统原理图
12	办公楼地下三层至地下一层风道平面图
13	办公楼一层至十层风道平面图
14	办公楼屋顶风道平面图
15	办公楼地下三层至地下一层水管平面图
16	办公楼一层至十层水管平面图
17	办公楼屋顶水管平面图
18	办公楼制冷机房大样图
19	办公楼通风机房大样图
20	办公楼空调机房大样图
四、电气专业	
1	原图纸目录
2	电气设计说明
3	电气图例
4	办公楼电力供电干线系统图
5	办公楼火灾自动报警及联动控制系统图
6	办公楼防火门监控系统图
7	办公楼电气火灾报警系统图
8	办公楼消防设备电源监控系统图

续表

编号	图纸名称
9	配电系统图
10	办公楼综合布线系统图（外网）
11	办公楼综合布线系统图（内网+POS+无线网）
12	办公楼物业设备管理网系统图
13	办公楼安全综合防范系统图
14	办公楼建筑设备监控系统图
15	办公楼能耗计量系统图
16	办公楼无线对讲系统图
17	办公楼出入口控制系统图
18	办公楼建筑设备监控原理图
19	办公楼建筑设备监控点表
20	办公楼集中直流低压应急照明系统图
21	办公楼地下三层至地下一层动力平面图
22	办公楼首层至十层动力平面图
23	办公楼屋顶层动力平面图
24	办公楼地下三层至地下一层照明平面图
25	办公楼首层至十层照明平面图
26	办公楼屋顶层照明平面图
27	办公楼地下三层至地下一层弱电干线平面图
28	办公楼首层至十层弱电干线平面图
29	办公楼屋顶层弱电干线平面图
30	办公楼地下三层至地下一层火灾自动报警及联动控制平面图
31	办公楼首层至十层火灾自动报警及联动控制平面图
32	办公楼机房层火灾自动报警及联动控制平面图
33	办公楼屋面防雷平面图
34	办公楼地下三层接地平面图
35	机房及竖井大样图

附录1　消防工程施工图审图要点

为使消防工程施工图审图人员了解检查要点，结合某省房屋建筑工程消防设计技术审查要点，对消防工程施工图审图要点予以索引说明。

1. 相关法律和技术标准

《中华人民共和国消防法》(简称《消防法》)

《消防设施通用规范》(GB 55036—2022，简称《消通规》)

《建筑防火通用规范》(GB 55037—2022，简称《防通规》)

《建筑设计防火规范（2018年版）》(GB 50016—2014，简称《建规》)

《人民防空工程设计防火规范》(GB 50098—2009，简称《人防消规》)

《建筑内部装修设计防火规范》(GB 50222—2017，简称《装修消规》)

《汽车库、修车库、停车场设计防火规范》(GB 50067—2014，简称《车库消规》)

《消防给水及消火栓系统技术规范》(GB 50974—2014，简称《消水规》)

《气体灭火系统设计规范》(GB 50370—2005，简称《气规》)

《自动喷水灭火系统设计规范》(GB 50084—2017，简称《喷规》)

《建筑灭火器配置设计规范》(GB 50140—2005，简称《灭规》)

《建筑给水排水设计标准》(GB 50015—2019，简称《建水标》)

《自动跟踪定位射流灭火系统技术标准》(GB 51427—2021，简称《射流标》)

《固定消防炮灭火系统设计规范》GB 50338—2003 ，简称《炮规》)

《细水雾灭火系统技术规范》(GB 50898—2013，简称《细水雾规》)

《民用建筑电气设计标准》(GB 51348—2019，简称《民标》)

《火灾自动报警系统设计规范》(GB 50116—2013，简称《火规》)

《消防应急照明和疏散指示系统技术标准》(GB 51309—2018，简称《应照标》)

《供配电系统设计规范》(GB 50052—2009，简称《供电规》)

《建筑防烟排烟系统技术标准》(GB 51251—2017，简称《烟标》)

《地铁设计防火标准》(GB 51298—2018，简称《地铁防火标准》)

《混凝土结构耐久性设计规范》(GB /T 50476—2008，简称《混规》)

《民用机场航站楼设计防火规范》(GB 51236—2017，简称《航站楼消规》)

《物流建筑设计规范》(GB 51157—2016，简称《物流》)

《体育建筑设计规范》JGJ 31—2003，简称《体育》)

《剧场建筑设计规范》JGJ 57—2016，简称《剧场》)

《电影院建筑设计规范》JGJ 58—2008，简称《电影院》)

《医院洁净手术部建筑技术规范》(GB 50333—2013，简称《手术部》)

《洁净厂房设计规范》(GB 50073—2013，简称《洁净厂房》)

《医药工业洁净厂房设计标准》(GB 50457—2019，简称《医药洁净》)

《电子工业洁净厂房设计规范》(GB 50472—2008，简称《电子洁净》)

《锅炉房设计标准》(GB 50041—2021，简称《锅炉房标》)

《城镇燃气设计规范》(GB 50028—2006 ，简称《城镇气规》)

《医用气体工程技术规范》(GB 50751—2012，简称《医气规》)

《广播电影电视建筑设计防火标准》(GY 5067—2017，简称《广电火规》)

2. A类是《消通规》《防通规》中对应其他的国家工程建设消防技术标准中原有的强制性条文，B类是其他的国家工程建设消防技术标准中带有“严禁”“必须”“应”“不应”“不得”要求的非强制性条文。

技术审查要点和规范条文对照表

项	子项	技术审查要点	规范条文分类		审查部位
			A	B	
1 建筑分类和耐火等级	1.1 建筑分类	1. 根据生产中使用或产生的物质性质及数量或储存物品的性质和可燃物数量等审查工业建筑的火灾危险性类别是否准确	《锅炉房标》：第 15.1.1 条	《建规》：第 3.1.1、3.1.3 条	设计说明
		2. 根据使用功能、建筑高度、建筑层数、单层建筑面积审查民用建筑的分类是否准确		《建规》：第 5.1.1 条	设计说明
		3. 建筑高度和层数计算设计依据和方法是否准确		《建规》：第 A.0.1、A.0.2 条	设计说明、总平面图、立面图、剖面图
		4. 根据停车数量和总面积确定汽车库、修车库、停车场的分类		《车库消规》：第 3.0.1 条	设计说明
		5. 是否存在住宅与其他使用功能合建的建筑（该建筑与邻近建筑的防火间距、消防车道和救援场地的布置、室外消防给水系统设置、室外消防用水量计算、消防电源的负荷等级确定等，需要根据该建筑的总高度和消防设计标准中有关建筑的分类要求，按照公共建筑的要求确定）	《建规》：第 5.4.10 条		设计说明
	1.2 建筑耐火等级	1. 根据建筑的分类，审查建筑的耐火等级是否符合消防技术标准	《建规》：第 5.1.3 条 《车库消规》：第 3.0.3 条		设计说明
		2. 民用建筑内特殊场所，如托儿所、幼儿园、老年人照料设施、医院等平面布置与建筑耐火等级之间的匹配关系		《建规》：第 5.1.8 条	设计说明
		3. 厂房和仓库的耐火等级是否符合消防技术标准	《建规》：第 3.2.2 ～ 3.2.7 条	《建规》：第 3.2.1、3.2.5、3.2.6、3.2.8 条	
	1.3 建筑构件的耐火极限和燃烧性能	1. 建筑、结构构件的耐火极限及燃烧性能是否达到建筑耐火等级的要求	《建规》：第 3.2.9、3.2.15、6.7.4 条 《车库消规》：第 3.02 条	《建规》：第 5.1.2、5.1.5～5.1.9、3.2.1、3.2.10、3.2.11～3.2.14、3.2.16、3.2.17、3.2.19 条	设计说明、措施表

续表

项	子项	技术审查要点	规范条文分类		审查部位
			A	B	
1 建筑分类和耐火等级	1.3 建筑构件的耐火极限和燃烧性能	2. 当建筑物的建筑构件采用木结构、钢结构时，采用的防火措施是否与建筑物耐火等级匹配，是否符合消防技术标准	《建规》：第 11.0.3 条	《建规》：第 11.0.1、11.0.2 条	设计说明
		3. 建筑构配件的选用以及防火涂料、防火玻璃等建筑材料的选用是否符合相关材料（产品）技术标准			设计说明
	1.4 其他	其他消防设计相关内容			
2 总平面布局和平面布置	2.1 工程选址	1. 火灾危险性大的石油化工企业、烟花爆竹工厂、石油天然气工程、钢铁企业、发电厂与变电站、加油加气站等选址是否满足其他专门防火设计标准和专业设计标准的防火要求			建筑设计说明、总图区位图
		2. 建设工程用地红线是否与规划局审批相一致			总平面图
	2.2 防火间距	1. 民用建筑的防火间距	《建规》：第 5.2.2、5.2.6 条		总平面图
		2. 厂房的防火间距	《建规》：第 3.4.1、3.4.2、3.4.4、3.4.7 条	《建规》：第 3.4.3、3.4.8 条	总平面图
		3. 仓库的防火间距	《建规》：第 3.5.1、3.5.2 条	《建规》：第 3.5.4 条	总平面图
		4. 甲类、乙类、丙类液体罐（区）的防火间距	《建规》：第 4.2.1～4.2.3 条		总平面图
		5. 可燃、助燃气体储罐（区）的防火间距	《建规》：第 4.3.1～4.3.3 条		总平面图
		6. 液化石油气储罐（区）的防火间距	《建规》：第 4.4.1、4.4.2 条		总平面图
		7. 可燃材料堆场的防火间距		《建规》：第 4.5.1～4.5.3 条	总平面图
		8. 汽车库、修车库、停车场的防火间距	《车库消规》：第 4.2.1、4.2.4、4.2.5 条	《车库消规》：第 4.2.2、4.2.3、4.2.6～4.2.11 条	总平面图

续表

项	子项	技术审查要点	规范条文分类		审查部位
			A	B	
2 总平面布局和平面布置	2.2 防火间距	9. 加油、加气、加氢站，石油化工企业、石油天然气工程、石油库等建设工程与周围居住区、相邻厂矿企业、设施以及建设工程内部建（构）筑物、设施之间的防火间距是否符合消防技术标准	相关专业设计规范		总平面图
	2.3 平面布置	1. 工业建筑内的高火灾危险性部位、中间仓库以及总控制室、员工宿舍、办公室、休息室等场所的布置位置是否符合消防技术标准	《建规》：第 3.3.5、3.3.6、3.3.8、3.3.9、3.6.8、3.6.9 条	《建规》：第 3.3.10 条	平面图
		2. 建筑内油浸变压器室、多油开关室、高压电容器室、柴油发电机房、锅炉房、歌舞娱乐放映游艺场所、托儿所、幼儿园的儿童用房、老年人照料设施、儿童活动场所、医院和疗养院的住院部分、商业服务网点等的布置位置、厅室建筑面积等是否符合消防技术标准	《建规》：第 5.4.2～5.4.4、5.4.4B、5.4.5、5.4.6、5.4.9、5.4.11～5.4.13、5.4.15、5.4.17 条 《锅炉房标》：第 4.1.3、15.1.2 条	《建规》：第 5.4.4A、5.4.7、5.4.8、5.4.14 条	平面图
		3. 汽车库、修车库的平面布置是否符合消防技术标准	《车库消规》：第 4.1.3 条	《车库消规》：第 4.1.1、4.1.2、4.1.4～4.1.11 条	平面图
		4. 存在住宅与其他使用功能合建的建筑	《建规》：第5.4.10、5.4.11 条		平面图
	2.4 防火分区和建筑层数	1. 注意根据火灾危险性类别、耐火等级确定工业建筑最大允许建筑层数和相应的防火分区面积是否符合消防技术标准	《建规》：第 3.2.2、3.2.3、3.2.7、3.3.1 条		设计说明
		2. 民用建筑不同耐火等级建筑的允许建筑高度或层数、防火分区的最大允许面积是否符合消防技术标准	《建规》：第 5.3.1、5.3.4 条	《建规》：第 5.3.3 条	设计说明、平面图
		3. 当建筑物内设置自动扶梯、中庭、敞开楼梯或敞开楼梯间等上下层相连通的开口时，是否采用符合消防技术标准的防火分隔措施	《建规》：第 5.3.2 条		平面图、剖面图

续表

项	子项	技术审查要点	规范条文分类		审查部位
			A	B	
2 总平面布局和平面布置	2.4 防火分区和建筑层数	4. 旅馆建筑以及民用建筑内设有观众厅、电影院、汽车库、商场、展厅、餐厅、宴会厅等功能区时，防火分区是否符合消防技术标准的专门要求；竖向防火分区划分情况是否符合消防技术标准	《建规》：第 5.4.3 条 《电影院》：第 6.1.2 条 《剧场》：第 8.1.14 条		平面图、剖面图
		5. 用于防火分隔的下沉式广场、防火隔间、避难走道设置是否符合消防技术标准	《建规》：第 5.3.5 条	《建规》：第 6.4.12、6.4.13、6.4.14 条	平面图、剖面图
	2.5 消防控制室和消防水泵房	消防控制室、消防水泵房的所在楼层、疏散门、防水淹的技术措施等是否符合消防技术标准	《建规》：第 8.1.6~8.1.8 条		平面图
	2.6 特殊场所	医院、学校、养老建筑、汽车库、修车库、铁路旅客车站、图书馆、旅馆、博物馆、电影院等的总平面布局和平面布置是否符合消防技术标准			平面图
	2.7 其他	其他消防设计相关内容			
3 建筑结构及构造防火	3.1 墙体构造与结构体系	1. 防火墙、防火隔墙、防火挑檐的设置部位、形式（含防火墙的支撑结构形式）、耐火极限和燃烧性能是否符合消防技术标准。甲类、乙类厂房和甲类、乙类、丙类仓库内的防火墙耐火极限不应低于 4.00h	《建规》：第 6.1.1、6.1.2、6.1.5、6.1.7、6.2.4、3.2.9 条	《建规》：第 6.1.3、6.1.4、6.1.6 条	平面图、剖面图
		2. 建筑内设有厨房、设备房、儿童活动场所、影剧院、歌舞娱乐场所等场所时的防火分隔情况是否符合消防技术标准。医疗建筑内的手术室或手术部、产房、重症监护室、贵重精密医疗装备用房、储藏间、实验室、胶片室等，附设在建筑内的托儿所、幼儿园的儿童用房和儿童游乐厅等儿童活动场所、老年人照料设施、住宅建筑中的商业服务网点等特殊部位的防火分隔情况是否符合消防技术标准	《建规》：第 5.4.11、6.2.2 条	《建规》：第 6.2.1、6.2.3 条	平面图

续表

项	子项	技术审查要点	规范条文分类		审查部位
			A	B	
3 建筑结构及构造防火	3.1 墙体构造与结构体系	3. 民用建筑内的附属库房、厂房（仓库）内布置有不同火灾危险性类别的房间时的特殊建筑构造是否符合消防技术标准		《建规》：第 6.2.3 条	平面图
		4. 防火分隔是否完整、有效，防火分隔所采用的防火墙、防火门、窗、防火卷帘、防火玻璃等建筑构件、消防产品的耐火性能是否符合相关材料（产品）的技术标准要求			平面图、剖面图
		5. 防火墙、防火隔墙开有门、窗、洞口时是否采取了符合消防技术标准的替代防火分隔措施，防火墙两侧外墙的防火构造是否符合消防技术标准	《建规》：第 6.1.2、6.1.5、6.1.7 条	《建规》：第 6.1.3、6.1.4 条	平面图
		6. 层间实体墙高度、住宅建筑外墙上相邻户开口之间的墙体宽度是否符合消防技术标准	《建规》：第 6.2.5 条		平面图、立面图、剖面图
		7. 楼梯间外窗与相邻空间门窗洞口距离是否符合消防技术标准		《建规》：第 6.4.1 条（第 1 款）	平面图
		8. 可燃气体和甲类、乙类、丙类液体的管道的设置，严禁穿过防火墙。防火墙内不应设置排气道	《建规》：第 6.1.5 条		平面图
	3.2 防火门、窗和防火卷帘	1. 防火门、防火窗的设置是否符合消防技术标准		《建规》：第 6.5.1、6.5.2 条	门窗表、平面图
		2. 防火卷帘的设置是否符合消防技术标准		《建规》：第 6.5.3 条	设计说明、平面图
		3. 防火门、窗和防火卷帘设置等级或耐火极限是否符合消防技术标准	《建规》：第 6.2.7、6.2.9、6.4.10、6.4.11 条		设计说明
	3.3 井道构造	1. 电梯井、管道井、电缆井、排气道、排烟道、垃圾道等竖向井道是否独立设置，井壁、检查门、排气口的设置是否符合消防技术标准	《建规》：第 6.2.9 条		平面图

续表

项	子项	技术审查要点	规范条文分类		审查部位
			A	B	
3 建筑结构及构造防火	3.3 井道构造	2. 电缆井、管道井每层楼板处和与走道、其他房间连通处的防火封堵是否符合消防技术标准	《建规》：第 6.3.5 条		设计说明、平面图
	3.4 屋顶、闷顶和建筑缝隙	1. 屋顶、闷顶材料的燃烧性能、耐火极限是否符合消防技术标准		《建规》：第 6.3.1、6.3.2 条	平面图、剖面图
		2. 闷顶内的防火分隔和入口设置是否符合消防技术标准		《建规》：第 6.3.3 条	平面图、剖面图
		3. 变形缝构造基层材料燃烧性能是否符合消防技术标准，电缆、可燃气体管道和甲类、乙类、丙类液体管道穿过变形缝时是否按消防技术标准要求采取措施		《建规》：第 6.3.4 条	平面图、大样图
	3.5 建筑保温、建筑幕墙的防火构造	1. 建筑外墙和屋面保温的防火构造是否符合消防技术标准，保温材料的燃烧性能等级是否符合消防技术标准	《建规》：第 6.7.2、6.7.4 条	《建规》：第 6.7.7 条	设计说明、措施表
		2. 电气线路穿越或敷设在 B1 或 B2 级保温材料时，是否采取防火保护措施		《建规》：第 6.7.11 条	
		3. 当采用 B1、B2 级保温材料时，防护层设计是否符合消防技术标准		《建规》：第 6.7.7、6.7.8 条	
		4. 中庭等各种形式的上下连通开口部位及玻璃幕墙上下、水平方向的防火分隔措施是否符合标准			平面图、剖面图
	3.6 建筑外墙装饰	建筑外墙装修的设置是否符合消防技术标准	《建规》：第 6.7.5、6.7.6 条	《建规》：第 6.2.10、6.7.12 条	材料表、详图
	3.7 天桥、栈桥和管沟	天桥、栈桥和管沟的防火构造是否符合消防技术标准	《建规》：第 6.6.2 条	《建规》：第 6.6.1 条	材料表、详图
	3.8 其他	其他消防设计相关内容			

续表

项	子项	技术审查要点	规范条文分类		审查部位
			A	B	
4 安全疏散与避难设施	4.1 安全出口	1. 每个防火分区以及同一防火分区的不同楼层的安全出口不少于两个；当只设置一个安全出口时，是否符合消防技术标准规定的设置一个安全出口的条件	《建规》：第 3.7.2、3.8.2、5.5.8、5.5.25、5.5.29、5.5.30 条	《建规》：第 5.5.9、3.7.1、3.8.1 条	平面图
		2. 高层建筑直通室外的安全出口上方设置挑出宽度不小于 1.0m 的防护挑檐		《建规》：第 5.5.7 条	平面图、剖面图
		3. 确定疏散的人数的依据是否准确、可靠	《建规》：第 3.7.2 条		设计说明
		4. 安全出口的净宽度	《建规》：第 5.5.18、5.5.21、5.5.30 条		平面图
		5. 安全出口和疏散门的净宽度是否与疏散走道、疏散楼梯梯段的净宽度相匹配			平面图
		6. 建筑内是否存在要求独立或分开设置安全出口的特殊场所	《建规》：第 3.3.5、3.3.9 条		平面图
	4.2 疏散楼梯和疏散门的设置	1. 疏散楼梯的设置形式和数量、位置、宽度是否符合消防技术标准	《建规》：第 3.7.6、3.8.7、5.5.8、5.5.12、5.5.13、6.4.1～6.4.3、6.4.5、5.5.18 条 《电影院》：第 3.2.7 条	《建规》：第 5.5.9～5.5.11、5.5.13A、5.5.27、6.4.1 条	平面图
		2. 疏散楼梯的防排烟设施是否符合消防技术标准；疏散楼梯的围护结构的燃烧性能和耐火极限是否符合要求，不得以防火卷帘代替；防烟楼梯间前室的设置形式和面积是否符合消防技术标准	《建规》：第 6.4.2、6.4.3 条		设计说明、平面图
		3. 疏散楼梯在避难层是否分隔、同层错位或上下层断开，其他楼层是否上、下位置一致	《建规》：第 5.5.23、6.4.4 条		平面图

续表

项	子项	技术审查要点	规范条文分类		审查部位
			A	B	
4 安全疏散与避难设施	4.2 疏散楼梯和疏散门的设置	4. 疏散门的数量、净宽度和开启方向是否符合消防技术标准	《建规》：第 5.5.15、5.5.18、6.4.2、6.4.11 条 《电影院》：第 6.2.2 条 《剧场》：第 8.2.2 条	《建规》：第 5.5.16、5.5.19 条	平面图
		5. 疏散楼梯间、前室、合用前室的自然通风防烟开窗面积，机械加压送风时固定窗设置情况是否符合消防设计标准			平面图
	4.3 疏散距离和疏散走道	1. 疏散距离是否符合消防技术标准	《建规》：第5.5.17、5.5.29条		平面图
		2. 疏散走道的宽度是否符合消防技术标准	《建规》：第 5.5.18 条	《建规》：第 5.5.20 条	平面图
	4.4 避难层（间）	1. 根据建筑物使用功能、建筑高度审查该建筑是否需要设置避难层（间）	《建规》：第 5.5.23、5.5.24、5.5.31 条	《建规》：第 5.5.24A 条	平面图
		2. 避难层（间）的设置楼层、平面布置、防火分隔是否符合消防技术标准	《建规》：第 5.5.23、5.5.24 条		平面图
		3. 避难层（间）的防火、防烟等消防设施、有效避难面积是否符合消防技术标准	《建规》：第 5.5.23（第 9 款）、5.5.24（2）条	《建规》：第 5.5.24A 条	平面图
		4. 避难层（间）的疏散楼梯和消防电梯的设置是否符合消防技术标准	《建规》：第 5.5.23（第 2 款）条		平面图
	4.5 厂房的安全疏散	1. 厂房安全出口的数量和相邻两个安全出口的最近距离是否符合消防技术标准，设置一个安全出口的条件是否符合消防技术标准	《建规》：第 3.7.2、3.7.3 条	《建规》：第 3.7.1 条	平面图

续表

项	子项	技术审查要点	规范条文分类		审查部位
			A	B	
4 安全疏散与避难设施	4.5 厂房的安全疏散	2. 厂房的疏散净宽度和最大直线距离是否符合消防技术标准	《建规》：第3.7.2、3.7.3条	《建规》：第3.7.4、3.7.5条	平面图
		3. 疏散楼梯设置形式是否符合消防技术标准	《建规》：第3.7.6条		平面图
	4.6 仓库的安全疏散	1. 仓库的安全出口的数量和相邻两个安全出口的最近距离是否符合消防技术标准，设置一个安全出口的条件是否符合消防技术标准。	《建规》：第3.8.2条	《建规》：第3.8.1、3.8.4、3.8.5、3.8.6条	平面图
		2. 地下或半地下仓库的安全出口的设置是否符合消防技术标准	《建规》：第3.8.3条		平面图
		3. 高层仓库疏散楼梯设置是否符合消防技术标准	《建规》：第3.8.7条		平面图
		4. 仓库提升设施设置是否符合消防技术标准		《建规》：第3.8.8条	平面图
	4.7 其他	其他消防设计相关内容			
5 灭火救援设施	5.1 消防车道	1. 根据建筑物的性质、高度、沿街长度、规模等，审查消防车道的设置要求、消防车道的形式（环形车道还是沿长边布置，是否需要设置穿越建筑物的车道）是否符合消防技术标准	《建规》：第7.1.2、7.1.3条	《建规》：第7.1.4、7.1.7条	总平面图
		2. 消防车道的宽度、坡度、承载力、转弯半径、回车场、净空高度、与建筑外墙的距离等是否符合消防技术标准	《建规》：第7.1.8条	《建规》：第7.1.9条	设计说明、总平面图
		3. 消防车道与建筑之间是否有妨碍消防车操作的树木、架空管线等障碍物	《建规》：第7.1.8条		总平面图、绿化图
	5.2 救援场地和入口	1. 根据建筑高度、规模、使用性质和重要性，审查建筑是否需要设置消防登高操作场地	《建规》：第7.2.1条		消防总平面图

续表

项	子项	技术审查要点	规范条文分类		审查部位
			A	B	
5 灭火救援设施	5.2 救援场地和入口	2. 消防登高操作场地的设置长度、宽度、坡度、场地承载力、消防登高场地与建筑外墙的距离等是否符合消防技术标准	《建规》：第 7.2.2 条		消防总平面图
		3. 救援场地范围内的外墙是否设置供灭火救援的入口；厂房、仓库、公共建筑的外墙在每层适当位置是否设置可供消防救援人员进入的窗口，开口的大小、位置是否满足要求，标识是否明显	《建规》：第 7.2.3、7.2.4 条	《建规》：第 7.2.5 条	总平面图、平面图、立面图
	5.3 消防电梯	1. 根据建筑的性质、高度和楼层的建筑面积或防火分区情况，审查建筑是否需要设置消防电梯	《建规》：第 7.3.1 条		设计说明、平面图
		2. 消防电梯的设置位置和数量，每台电梯的服务面积，消防电梯前室、合用前室的面积及其短边尺寸，消防电梯运行的技术要求，如防水、排水、电源、电梯井壁的耐火性能和防火构造、通信设备、轿厢内装修材料等是否符合消防技术标准	《建规》：第 7.3.2、7.3.5、7.3.6 条	《建规》：第 7.3.7、7.3.8 条	设计说明、平面图
		3. 建筑内的其他货梯或客梯与消防电梯共用同一电梯厅（前室）时，审查所采取的措施应满足消防电梯的运行要求			设计说明
	5.4 直升机停机坪	1. 审查屋项直升机停机坪或供直升机救助设施的设置情况是否符合消防技术标准，包括直升机停机坪与周边突出物的距离、出口数量和宽度、四周航空障碍灯、应急照明、消火栓的设置情况等是否符合消防技术标准		《建规》：第 7.4.2 条	平面图
		2. 直升机停机坪的设置除应符合消防救援的要求外，还应符合航空飞行安全的要求		《建规》：第 7.4.2 条	平面图

续表

项	子项	技术审查要点	规范条文分类		审查部位
			A	B	
6 消防给水和灭火设施	6.1 消防水源	1. 根据建筑的用途及其重要性、火灾危险性、火灾特性和环境条件等因素综合审查消防给水的设计		《建规》：第 8.1.1、8.1.13 条	设计说明 建筑设计说明
		2. 消防水源的形式，各功能类别的火灾延续时间、消防水量及消防总用水量的确定		《消水规》：第 3.1、3.2.2、3.3~3.6、4.1.3 条 《喷规》：第 9.1.1、9.1.3~9.1.10、10.1.2~10.1.4 条	设计说明
		3. 利用天然水源的，应审查天然水源的水量、水质、消防车取水高度、取水设施是否符合消防技术标准	《消水规》：第 4.4.4、4.4.5、4.4.7 条	《消水规》：第 4.4.2、4.4.3 条	设计说明、总图
		4. 由市政给水管网供水的，应审查市政给水管网供水管数量、供水管径及供水		《消水规》：4.2.2	设计说明、总图
		5. 设置消防水池的，应审查消防水池的设置位置，有效容积、标高、补水措施、水位显示和报警、取水口、取水高度、防冻等是否符合消防技术标准	《消水规》：第 4.1.5、4.1.6、4.3.4、4.3.8、4.3.9 条	《消水规》：第 4.3.1~4.3.3、4.3.5、4.3.7、4.3.10、4.3.11 条	设计说明、 平面大样、 总图
	6.2 供水设施	1. 消防水泵的性能是否满足消防给水系统要求，消防水泵的配置、性能参数、安装、材质、吸水管和出水管的设置及阀门配件等是否符合消防技术标准		《消水规》：第 5.1.4、5.1.10~5.1.14、5.1.16、5.1.17 条 《喷规》：第 10.2.3、10.2.4 条	设计说明、 泵房大样、 系统图
		2. 设置消防水箱的，应审查消防水箱的设置位置、有效容积、标高、保温防冻、补水措施、阀门配件、水位显示和报警等是否符合消防技术标准	《消水规》：第 5.2.5 条； 《喷规》：第 10.3.3 条	《消水规》：第 5.2.1、5.2.2、5.2.4、5.2.6、6.1.9 条 《喷规》：第 10.3.1、10.3.2、10.3.4 条	设计说明、 水箱大样、 系统图
		3. 设置稳压泵的，应审查稳压泵的位置、配置、性能参数、启停泵压力、阀门配件等是否符合消防技术标准		《消水规》：第 5.3.2~5.3.6 条	设计说明、 平面图、 系统图

续表

项	子项	技术审查要点	规范条文分类		审查部位
			A	B	
6 消防给水和灭火设施	6.2 供水设施	4. 水泵接合器的数量和设置位置等是否符合消防技术标准	《建规》：第 8.1.3 条；《消水规》：第 5.4.1、5.4.2 条	《建规》：第 8.1.11 条；《消水规》：第 5.4.4～5.4.7、5.4.9 条《喷规》：第 10.4 条	设计说明、总图、系统图
		5. 消防水泵房的位置、防火、防冻和防水淹没措施、排水和设备布置等是否符合消防技术标准	《建规》：第 8.1.6、8.1.8 条；《消水规》：第 5.5.12 条	《消水规》：第 5.5.2、5.5.4～5.5.9、5.5.11、5.5.14 条	设计说明、平面图
	6.3 室外消防给水及消火栓系统	1. 根据建筑的用途及其重要性、火灾危险性、火灾特性和环境条件等因素综合审查室外消防给水及消火栓系统的设计是否符合消防技术标准	《建规》：第 8.1.2 条	《建规》：第 8.1.11 条；《消水规》：第 6.1.1、6.1.3～6.1.5、6.1.11、7.1.1 条	设计说明
		2. 室外消防给水管网的设计是否符合消防技术标准。重点审查进水管的数量、水压、阀门设置、连接方式、管径、管材选用、管道布置等的设计	《消水规》：第 7.2.8 条	《消水规》：第 7.2.7、8.1.1～8.1.4、8.1.8、8.2.1～8.2.4、8.2.6～8.2.13、8.3.1 条	设计说明、平面图、系统图
		3. 室外消火栓的设计是否符合消防技术标准。重点审查室外消火栓数量、布置、间距和保护半径等的设计。地下式消火栓应设置明显标志	《消水规》：第 7.3.10 条	《建规》：第 8.1.12 条；《消水规》：第 7.2.4～7.2.6、7.2.11、7.3.1、7.3.2、7.3.4、7.3.6、7.3.7、7.3.9 条	设计说明、平面图、系统图
		4. 冷却水系统的设计流量、管网设置等是否符合消防技术标准		《建规》：第 8.1.4、8.1.5 条；《消水规》：第 3.4 条	设计说明、总图、大样图
	6.4 室内消火栓系统	1. 根据建筑的用途及其重要性、火灾危险性、火灾特性和环境条件等因素综合审查室内消火栓系统和消防软管卷盘的设置是否符合消防技术标准	《建规》：第 8.2.1 条《消水规》：第 7.1.2 条	《建规》：第 8.2.4 条；《消水规》：第 6.1.1、6.1.8、6.1.11、6.1.13、7.1.5、7.1.6 条	设计说明

续表

项	子项	技术审查要点	规范条文分类		审查部位
			A	B	
6 消防给水和灭火设施	6.4 室内消火栓系统	2. 室内消防给水管网的设计是否符合消防技术标准。重点审查引入管的数量、管径和选材、连接，管网和竖管的布置形式，竖管的间距和管径，阀门的设置和启闭要求、低压压力开关、流量开关等的设计	《消水规》：第 8.3.5 条	《消水规》：第 8.1.2、8.1.3、8.1.5、8.1.6、8.2.1～8.2.4、8.2.6～8.2.13、8.3.1、8.3.4 条	设计说明、平面图、系统图
		3. 室内消火栓的设计是否符合消防技术标准。重点审查室内消火栓的布置、保护半径、间距计算等的设计	《消水规》：第 7.4.3 条	《消水规》：第 7.4.1、7.4.2、7.4.4～7.4.9、7.4.12、7.4.15、7.4.16 条	设计说明、平面图
		4. 消火栓系统分区是否合理、水力计算是否符合消防技术标准。重点审查系统设计流量、消火栓栓口所需水压、充实水柱、管网压力、剩余水压、减压孔板规格和减压阀的选用		《消水规》：第 6.2.1、6.2.2、6.2.4、6.2.5、10.1.1、10.1.2、10.1.8、10.1.9、10.3 条	设计说明、计算书
		5. 系统的操作与控制要求	《消水规》：第 11.0.2、11.0.5、11.0.9、11.0.12 条	《消水规》：第 11.0.1、11.0.4、11.0.6 条	设计说明
	6.5 自动喷水灭火系统	1. 根据建筑的用途及其重要性、火灾危险性、火灾特性和环境条件等因素审查自动喷水灭火系统的设置和选型是否符合消防技术标准	《建规》：第 8.3.1～8.3.4、8.3.7 条	《喷规》：第 3.0.1、3.0.2、4.1、4.2.1～4.2.6、4.3.2 条	设计说明
		2. 系统的设计基本参数。主要是根据系统设置部位的火灾危险等级、净空高度等因素，审查喷水强度、作用面积、喷头工作压力、持续喷水时间等的设计	《喷规》：第 5.0.1、5.0.2、5.0.4～5.0.6、5.0.8 条	《喷规》：第 5.0.3、5.0.7、5.0.10～5.0.17 条	设计说明

续表

项	子项	技术审查要点	规范条文分类		审查部位
			A	B	
6 消防给水和灭火设施	6.5 自动喷水灭火系统	3. 系统组件的选型与布置。重点审查喷头的选用和布置，报警阀组、水流指示器、压力开关、流量开关末端试水装置等的设置和供水管道的选材、连接和布置	《喷规》：第 6.5.1 条	《喷规》：第 6.1.1、6.1.3～6.1.5、6.1.8～6.1.10、6.2.1～6.2.3、6.2.5、6.2.7、6.2.8、6.3、6.4、6.5.2、6.5.3、7.1.1～7.1.7、7.1.10～7.1.17、7.2.2～7.2.7、8.0.1、8.0.3 ～ 8.0.5、8.0.7、8.0.8、8.0.10 条	设计说明、平面图、系统图
		4. 喷淋系统分区合理、系统水力计算、减压措施，以及系统的操作和控制		《喷规》：第 9.1.1、9.1.3～9.1.10、9.2.2、9.2.4、9.3、11.0.1 ～ 11.0.4、11.0.7 ～ 11.0.9 条	设计说明、平面图、系统图
		5. 当采用泡沫一水喷淋系统时，系统的设计基本参数。主要审查喷水强度、作用面积、设计水量、泡沫液选择、混合比、泡沫容积、喷头工作压力、持续喷水时间等的设计	《泡沫规》：第 3.2.1、7.1.3、7.3.5 条	《泡沫规》：第 3.2.2、7.3.4 条	设计说明、平面图、系统图
	6.6 气体灭火系统	1. 根据建筑使用性质、规模系统审查系统的设置场所和类型是否符合消防技术标准	《建规》：第 8.3.9 条	《气规》：第 3.2.1 ～ 3.2.3 条	设计说明
		2. 系统防护区的设置、划分；重点审查防护区的数量限制、保护容积的限制、泄压设施等的设计	《建规》：第 6.1.5 条；《气规》：第 3.1.4、3.1.5、3.1.15、3.1.16、3.2.7、3.2.9 条	《气规》：第 3.1.1 ～ 3.1.3、3.1.6～3.1.12 条	设计说明、平面图、系统图
		3. 系统的设计是否符合消防技术标准，包括灭火设计用量、灭火设计浓度、惰化设计浓度、灭火设计密度设计喷放时间、喷头工作压力等的设计	《气规》：第 3.3.1、3.3.7、3.3.16、3.4.1、3.4.3、4.1.8 条	《气规》：第 3.3.6、3.3.8～3.3.11、3.3.14、3.3.15、3.4.4、3.4.5、3.4.7、3.4.8、3.4.9 条	设计说明

续表

项	子项	技术审查要点	规范条文分类		审查部位
			A	B	
6 消防给水和灭火设施	6.6 气体灭火系统	4. 系统的操作与控制要求，包括管网灭火系统的启动方式，明确延迟喷射或无延迟喷射的启动方式	《气规》：第5.0.2条	《气规》：第5.0.3条	设计说明
		5. 系统的安全要求，包括设置的预制灭火的充压压力、有人防护区的灭火设计浓度或实际浓度等安全要求，管网的安全要求	《气规》：第6.0.7、6.0.8条		设计说明
	6.7 其他自动灭火系统	1. 自动跟踪定位射流灭火系统：根据规范要求设置自动跟踪定位射流灭火系统，明确设置位置、设计参数、系统组件、管道与阀门、供水、控制等	《射流标》：第4.2.2、4.2.8、4.8.1～4.8.3条	《射流标》：第3.1.2、4.1、4.2.1、4.2.3～4.2.7、4.2.9～4.2.10、4.3～4.5、4.6.2条	设计说明、平面图、系统图
		2. 固定消防炮灭火系统：根据规范要求设置固定消防炮灭火系统，消防炮选择及布置、系统组件和管道布置、设计参数、供水、控制等	《炮规》：第3.0.1、4.1.6、4.2.1、4.2.2、4.2.4、4.2.5、4.3.1、4.3.3、4.3.4、4.3.6、4.4.1、4.4.3、4.4.4、4.4.6、4.5.1、4.5.4、5.1.1、5.1.3、5.3.1、5.6.1、5.6.2、5.7.3、6.2.4条	《炮规》：第4.1.2～4.1.5、4.3.5、4.6.1、4.6.3、5.2.1条	设计说明、平面图、系统图
		3. 细水雾灭火系统：根据规范要求设置细水雾灭火系统，喷头选择及布置、系统组件和管道布置、设计参数、供水、控制等	《细水雾规》：第3.3.10、3.3.13、3.4.9、3.5.1、3.5.10条	《建规》：第8.3.11条；《细水雾规》：第3.1.1～3.1.3、3.2、3.4.1、3.4.5～3.4.8、3.4.15～3.4.21、3.5.2～3.5.11、3.6.1条	设计说明、平面图
		4. 其他	《建规》：第8.3.8、8.3.10条		

续表

项	子项	技术审查要点		规范条文分类		审查部位
				A	B	
6 消防给水和灭火设施	6.8 建筑灭火器	灭火器配置部位、火灾种类、危险等级、配置种类、最低配置标准、最大保护距离，灭火器平面布置满足规范要求		《灭规》：第 4.1.3、4.2.1～4.2.5、5.1.1、5.1.5、5.2.1、5.2.2、6.1.1、6.2.1、6.2.2、7.1.2、7.1.3 条	《建规》：第 8.1.10 条；《灭规》：第 3.1.1、3.2、4.1.1、6.1.3、6.2.3、6.2.4、7.1.1、7.2.1、7.2.2、7.3.1 条	设计说明、平面图
	6.9 消防排水	消防排水及测试排水是否满足消防技术标准		《消水规》：第 9.2.3、9.3.1 条	《消水规》：第 9.1.2、9.2.1、9.2.2、9.2.4 条	平面图、系统图
	6.10 其他	其他消防设设计相关内容				
7 防烟排烟及供暖、通风和空气调节系统的防火措施	7.1 防烟设施	1. 防烟系统设置	（1）设置部位：审查建筑内需要设置防烟设施的部位或场所是否按规范要求设置了防烟设施	《建规》：第 8.5.1 条	《烟标》：第 3.1.4、3.1.6、3.1.8、3.1.9 条	设计说明、平面图
			（2）设置形式： ①审查建筑高度超过 50m 的公共建筑、工业建筑和建筑高度超过 100 m 的住宅建筑防烟系统形的选择是否符合消防技术标准；	《烟标》：第 3.1.2 条		设计说明、平面图
			②审查建筑高度小于等于 50m 的公共建筑、工业建筑和建筑高度小于等于 100m 的住宅建筑防烟系统形式的选择是否符合消防技术标准；		《烟标》：第 3.1.3、3.1.5 条（第 1 款）	设计说明、平面图
			③合用前室、剪刀楼梯间的机械加压送风系统设置是否符合消防技术标准	《烟标》：第 3.1.5 条（第 2、3 款）		设计说明、平面图

续表

项	子项	技术审查要点		规范条文分类		审查部位
				A	B	
7 防烟排烟及供暖、通风和空气调节系统的防火措施	7.1 防烟设施	2. 自然通风	（1）防烟楼梯间（或封闭楼梯间）、独立前室、合用前室、共用前室、消防电梯前室等采用自然通风时的可开启外窗（或开口）的面积是否符合消防技术标准（暖通专业审查对开窗面积的要求，建筑专业审查开窗面积的具体实施）	《烟标》：第 3.2.1、3.2.2 条		设计说明、平面图
			（2）避难层（间）采用自然通风时可开启外窗的设置（不同朝向和面积）是否符合消防技术标准	《烟标》：第 3.2.3 条		设计说明、平面图
			（3）可开启外窗是否方便开启，开启方式是否符合消防技术标准		《烟标》：第 3.2.4 条	设计说明
		3. 机械加压送风	（1）系统设置： ①审查服务高度大于 100m 的加压送风系统是否按标准要求进行了分段设计	《烟标》：第 3.3.1 条		设计说明、平面图、系统图
			②直灌式加压送风系统设计是否符合消防技术标准		《烟标》：第 3.3.3 条	设计说明、平面图、系统图
			③楼梯间地上、地下部分加压送风系统的设置是否符合消防技术标准		《烟标》：第 3.3.4 条	设计说明、平面图、系统图
			（2）送风机：审查送风机的机房设置是否符合消防技术标准		《建规》：第 8.1.9 条 《烟标》：第 3.3.5 条第 5 款	设计说明、平面图

续表

项	子项	技术审查要点		规范条文分类		审查部位
				A	B	
7 防烟排烟及供暖、通风和空气调节系统的防火措施	7.1 防烟设施	3. 机械加压送风	（3）进风口：审查送风机的进风口是否直通室外；进风口的设置是否符合国家及地方的规范标准要求不受烟气影响		《烟标》：第 3.3.5 条（第 1、3 款）	设计说明、平面图
			（4）送风口： ①审查楼梯间送风口的设置是否符合消防技术标准；		《烟标》：第 3.1.7、3.3.6 条（第 1 款）	设计说明、平面图
			②审查前室送风口型式、位置、控制、开启方式是否符合消防技术标准；		《烟标》：第 3.3.6 条（第 2 款）	设计说明、平面图
			③审查送风口的风速是否符合消防技术标准			设计说明、平面图
			（5）风管与风道： ①加压送风风管与风道的选择是否符合消防技术标准；管道的制作材料及不同材质条件下风道的风速、壁厚等是否符合消防技术标准；	《烟标》：第 3.3.7 条	《烟标》：第 6.2.1 条	设计说明、施工说明、平面图
			②加压送风管道的设置和耐火极限是否符合消防技术标准		《烟标》：第 3.3.8 条	设计说明、施工说明
			（6）系统设计计算： ①审查机械加压送风系统的计算风量、余压值等是否满足国家及地方的规范标准要求；封闭避难层（间）、避难走道的计算加压送风量、余压值等是否符合消防技术标准		《烟标》：第 3.4.2～3.4.8 条	设计说明、设备表

续表

项	子项	技术审查要点		规范条文分类		审查部位
				A	B	
7 防烟排烟及供暖、通风和空气调节系统的防火措施	7.1 防烟设施	3. 机械加压送风	（7）系统控制：（暖通专业审查对系统控制的要求，电气专业审查系统控制的具体实施） ①加压送风机、常闭加压送风口的启动控制是否满足标准要求，与火灾自动报警系统的联动控制是否符合消防技术标准；	《烟标》：第5.1.2、5.1.3条		设计说明、设备表
			②机械加压送风系统是否设置测压装置和风压调节装置			设计说明、系统图、平面图
		4. 固定窗	设置机械加压送风系统的封闭楼梯间、防烟楼梯间是否按国家标准的规定设置了固定窗，固定窗的设置要求（面积和位置）是否明确，是否符合国家及地方的规范标准的规定（暖通专业审查对固定窗设置的要求，建筑专业审查固定窗的具体实施）	《烟标》：第3.3.11条		设计说明
		5. 其他	设置加压送风的避难层（间）的可开启外窗有效面积是否提出要求（暖通专业审查对开窗面积的要求，建筑专业审查开窗面积的具体实施）		《烟标》：第3.3.12条	设计说明、平面图

续表

项	子项	技术审查要点		规范条文分类		审查部位
				A	B	
7 防烟排烟及供暖、通风和空气调节系统的防火措施	7.2 排烟设施	1. 排烟系统设置	（1）建筑内需要设置排烟设施部位或场所是否按规范要求设置了排烟设施	《建规》：第 8.5.2、8.5.3、8.5.4 条； 《车库消规》：第 8.2.1 条； 《剧场》：第 8.4.1 条； 《洁净厂房》：第 6.5.7 条（第 1 款）； 《电子洁净》：第 7.6.1 条	《烟标》：第 4.1.3 条； 《剧场》：第 8.4.2～8.4.4 条； 《电影院》：第 6.1.9 条； 《体育》：第 8.1.9 条； 《物流》：第 15.7.1 条； 《航站楼消规》：第 4.3.1、4.3.2 条； 《手术部》：第 12.0.10 条； 《洁净厂房》：第 6.5.7 条（第 2 款）； 《医药洁净》：第 8.2.10 条； 《电子洁净》：第 7.6.2 条	设计说明、平面图
			（2）同一个防烟分区是否采取同一种排烟方式		《烟标》：第 4.1.2 条	平面图
		2. 防烟分区	（1）防烟分区是否跨越防火分区		《烟标》：第 4.2.1 条； 《车库消规》：第 8.2.2 条	设计说明或平面图
			（2）防烟分区的划分（位置、面积、长边最大允许长度）、挡烟设施（储烟仓）的设置是否符合消防技术标准		《烟标》：第 4.1.3、4.1.4、4.2.2、4.2.4 条	平面图
			（3）敞开楼梯、自动扶梯穿越楼板的开口部位是否设置挡烟垂壁或防火卷帘		《烟标》：第 4.2.3 条	平面图

续表

项	子项	技术审查要点		规范条文分类		审查部位
				A	B	
7 防烟排烟及供暖、通风和空气调节系统的防火措施	7.2 排烟设施	3. 自然排烟	(1) 自然排烟窗（口）的设置、开启方式等是否符合消防技术标准		《烟标》：第 4.3.2、4.3.3（第 1～3 款）、4.3.3（第 5 款）、4.3.4、4.3.6 条； 《车库消规》：第 8.2.4 条（第 2、3 款） 《物流》：第 15.7.7 条	设计说明
			(2) 自然排烟场所的排烟量及自然排烟窗（口）有效面积是否符合消防技术标准（暖通专业仅审查开窗面积的要求，建筑专业审查开窗面积的具体实施）		《烟标》：第 4.6.3、4.6.5～4.6.13 条； 《车库消规》：第 8.2.4 条（第 1 款）； 《剧场》：第 8.4.2 条； 《物流》：第 15.7.2～15.7.4、15.7.6 条； 《航站楼消规》：第 4.3.2 条	设计说明、平面图
		4. 机械排烟	(1) 系统设置： ①当沿水平布置时每个防火分区的排烟系统是否独立设置，当竖向布置时排烟系统是否按标准要求进行了分段设计	《烟标》：第 4.4.1、4.4.2 条	《航站楼消规》：第 4.3.2 条	设计说明、平面图、系统图
			②通风空调系统合用的排烟系统设计是否符合消防技术标准		《烟标》：第 4.4.3 条 《电子洁净》：第 7.6.3 条	平面图
			(2) 排烟风机： ①排烟风机烟气出口与加压送风机、补风机进风口的垂直距离或水平距离是否符合消防技术标准		《烟标》：第 4.4.4 条	平面图

续表

项	子项	技术审查要点		规范条文分类 A	规范条文分类 B	审查部位
7 防烟排烟及供暖、通风和空气调节系统的防火措施	7.2 排烟设施	4. 机械排烟	②排烟风机的选型及机房设置是否符合消防技术标准		《建规》8.1.9 《烟标》：第4.4.5、4.4.6条 《车库消规》：第8.2.7条	设备表、平面图
			（3）风管与风道：排烟风管与风道的选择是否满足国家及地方的规范标准要求；排烟管道的制作材料及不同材质条件下风道的风速、壁厚等是否符合消防技术标准	《烟标》：第4.4.7条	《烟标》：第6.2.1条（第1款） 《车库消规》：第8.2.9条	施工说明、平面图
			（4）排烟口的设置位置、高度、面积、最大允许排烟量及其风口风速等是否符合消防技术标准		《烟标》：第4.4.12条（第2～6款）、4.4.13条（第1、3款） 《手术部》：第12.0.11条	设计说明、平面图
			（5）排烟补风： ①排烟场所是否按国家及地方的规范标准要求设置补风设施；补风是否直接从室外引入，补风量是否符合消防技术标准；	《烟标》：第4.5.1、4.5.2条	《车库消规》：第8.2.10条 《物流》：第15.7.8条	设计说明、平面图
			②补风机的设置（位置和机房）、补风口的布置、补风管的耐火极限是否符合消防技术标准；		《烟标》：第4.5.3、4.5.4、4.5.7条	施工说明、平面图
			③补风风口风速、管材、壁厚等是否符合消防技术标准		《烟标》：第6.2.1条	施工说明、平面图
			（6）系统设计计算： ①排烟系统的设计风量是否不小于其计算风量的1.2倍	《烟标》：第4.6.1条		设计说明、设备表

续表

项	子项	技术审查要点		规范条文分类		审查部位
				A	B	
7 防烟排烟及供暖、通风和空气调节系统的防火措施	7.2 排烟设施	4. 机械排烟	②各场所及系统的计算排烟量是否符合消防技术标准		《烟标》：第 4.6.3 ～ 4.6.13 条 《车库消规》：第 8.2.5 条； 《物流》：第 15.7.6 条	设计说明、平面图
			（7）系统控制：（暖通专业审查对系统控制的要求，电气专业审查系统控制的具体实施） ①排烟风机、补风机的启动控制以及排烟防火阀与排烟风机的连锁关闭控制是否符合消防技术标准	《烟标》：第 5.2.2 条	《烟标》：第 4.5.5 条； 《车库消规》：第 8.2.8 条； 《物流》：第 15.7.8 条	设计说明、控制要求
			②系统中常闭排烟阀（口）与火灾自动报警系统的联动控制是否符合标准要求；审查自动排烟窗、活动挡烟垂壁的控制是否符合消防技术标准；审查常闭排烟阀（口）的就地手动开启装置是否符合消防技术标准		《烟标》：第 4.3.6、5.2.3～5.2.7 条； 《物流》：第 15.7.9 条	设计说明
		5. 固定窗	设置机械排烟系统的地上建筑或部位是否按国家标准的规定设置了固定窗，固定窗的设置要求（面积和位置）是否明确，是否符合规范标准的相关规定；当采用可熔性采光带代替固定窗时，其设置面积是否满足消防技术标准（暖通专业审查固定窗设置的要求，建筑专业审查固定窗的具体实施）		《烟标》：第 4.1.4、4.4.14、4.4.15、4.4.17 条	设计说明

续表

项	子项	技术审查要点	规范条文分类		审查部位
			A	B	
7 防烟排烟及供暖、通风和空气调节系统的防火措施	7.3 供暖	1. 甲类、乙类厂房（仓库）内是否采用明火和电热散热器供暖	《建规》：第 9.2.2 条		设计说明或平面图
		2. 不应采用循环使用热风供暖的场所是否采用循环热风供暖	《建规》：第 9.2.3 条		设计说明或平面图
		3. 供暖管道的布置及其绝热材料是否符合消防技术标准		《建规》：第 9.2.4、9.2.5、9.2.6 条	设计说明或施工说明、平面图
	7.4 通风和空气调节系统	1. 通风、空气调节系统的设置、设备的选择及送、排风管的布置是否符合消防技术标准		《建规》：第 9.3.1、9.3.4 条	设计说明或平面图
		2. 甲类、乙类厂房的空气是否按照规范要求不循环使用；丙类厂房内含有燃烧或爆炸危险粉尘、纤维的空气在循环使用前是否经净化处理，且净化后含尘浓度是否符合消防技术标准	《建规》：第 9.1.2 条		平面图
		3. 为甲类、乙类厂房服务的送风设备与排风设备是否布置在不同通风机房内，且排风设备不应和其他房间的送排风设备布置在同一通风机房内	《建规》：第 9.1.3 条		平面图
		4. 民用建筑内空气中含有容易起火或爆炸危险物质的房间，是否设置自然通风或独立的机械通风设施且其空气不循环使用	《建规》：第 9.1.4 条		平面图
		5. 厂房内有爆炸危险场所的排风管道是否穿越防火墙和有爆炸危险的房间隔墙	《建规》：第 9.3.2 条		平面图

续表

项	子项	技术审查要点	规范条文分类		审查部位
			A	B	
7 防烟排烟及供暖、通风和空气调节系统的防火措施	7.4 通风和空气调节系统	6. 排除有燃烧和爆炸危险粉尘的排风系统，其除尘器的选择和布置是否符合规范的相关规定；净化或输送有爆炸危险粉尘和碎屑的除尘器、过滤器或管道，是否按规定设置了泄压装置，除尘器和过滤器的布置是否符合消防技术标准	《建规》：第9.3.5、9.3.8条	《建规》：第9.3.6、9.3.7条	平面图、设备表
		7. 排除有燃烧或爆炸危险气体、蒸气和粉尘的排风系统，其静电接地装置的设置、排风设备和排风管道的选择和布置是否符合规范要求（静电接地装置的设置由电气专业实施）	《建规》：第9.3.9条		设计说明、施工说明、平面图
		8. 通风、空气调节系统的风管材料以及设备、管道的绝热材料是否符合消防技术标准		《建规》：第6.1.6、9.3.10、9.3.14条	施工说明
		9. 燃油或燃气锅炉房的通风系统设置是否符合消防技术标准	《建规》：第9.3.16条		平面图、设备表
	7.5 其他	1. 可燃气体和甲类、乙类、丙类液体管道是否穿越通风空调机房和通风空调管道，是否紧贴风管外壁敷设		《建规》：第9.1.6条	平面图、施工说明
		2. 加压送风管道、排烟管道、通风、空气调节系统的风管相应部位是否按规定设置防火阀；防火阀的动作温度选择、防火阀的设置位置和设置要求是否符合规范的规定	《烟标》：第4.4.10条 《建规》：第9.3.11条	《建规》：第9.3.12、9.3.13条	设计说明、平面图
		3. 穿越防火隔墙、楼板和防火墙处的风管耐火极限是否符合消防技术标准。防火阀两侧各2m范围内的风管及其绝热材料材质是否符合消防技术标准	《建规》：第6.3.5条	《建规》：第9.3.13条	
		4. 其他消防设计相关内容			

续表

项	子项	技术审查要点	规范条文分类		审查部位
			A	B	
8 电气、火灾自动报警系统、消防应急照明和疏散指示系统	8.1 消防用电负荷等级	建筑物的消防用电负荷等级是否符合消防技术标准	《建规》：第 10.1.1、10.1.2 条	《民标》：第 13.7.3 条；《商电标》：第 3.3.2 条	设计说明
	8.2 消防电源	1. 消防电源设计是否与规范规定的相应用电负荷等级要求一致	《供电规》：第 3.0.2、3.0.3、3.0.9 条		设计说明
		2. 消防用电按一级、二级负荷供电的建筑物，消防备用电源采用自备发电机时，发电机的功率、设置位置、启动方式、供电时间等是否符合消防技术标准	《建规》：第 5.4.13、5.4.15 条	《建规》：第 10.1.4 条；《民标》：第 13.7.9 条	设计说明、柴油发电机房大样图
		3. 消防备用电源的供电时间和容量，是否满足该建筑物火灾延续时间内各消防用电设备的要求；应急照明和疏散指示标志的蓄电池备用电源连续供电时间和容量是否符合消防技术标准	《建规》：第 10.1.5、10.1.6 条；《应照标》：第 3.2.4 条		设计说明、应急照明系统图
		4. 配电房、柴油发电机房疏散是否符合消防技术标准		《民统标》：第 8.3.1、8.3.3 条	大样图
	8.3 消防配电	1. 消防用电设备是否采用专用供电回路，当建筑内生产、生活用电被切断时，仍能保证消防用电	《建规》：第 10.1.6 条	《建规》：第 10.1.9 条；《民标》：第 7.6.3 条	设计说明、低压配电系统图、配电箱系统图
		2. 配电设施。按一级、二级负荷供电的消防设备，其配电箱是否独立设置。消防配电设备是否设置明显标识。消防控制室、消防水泵房、防烟和排烟风机房的消防设备、消防电梯等的供电，是否在其配电线路的最末一级配电箱处设置自动切换装置	《建规》：第 10.1.8 条	《建规》：第 10.1.9 条；《民标》：第 13.7.4（第 2～6 款）、13.7.5、13.7.8、13.7.11 条；《民标》：第 13.7.6 条	设计说明、竖向配电系统图

续表

项	子项	技术审查要点	规范条文分类		审查部位
			A	B	
8 电气、火灾自动报警系统、消防应急照明和疏散指示系统	8.3 消防配电	3. 线路及其敷设。消防配电线路是否满足火灾时连续供电需要，其敷设是否符合消防技术标准	《建规》：第 6.2.9、10.1.10 条	《民标》：第 8.9.1、13.8.4、13.8.5、13.6.6、13.7.16 条	设计说明
	8.4 用电系统防火	1. 架空电力线与甲类、乙类厂房（仓库）、可燃材料堆垛以及其他保护对象的最近水平距离是否符合规范要求，电力电缆及用电线路等配电线路敷设是否符合消防技术标准	《建规》：第 10.2.1 条	《建规》：第 10.2.2、10.2.3 条	设计说明
		2. 开关、插座和照明灯具靠近可燃物时，是否采取隔热、散热等防火措施；可燃材料仓库灯具的选型是否符合规范要求，灯具的发热部件是否采取隔热等防火措施，配电箱及开关的设置位置是否符合消防技术标准	《建规》：第 10.2.4 条	《建规》：第 10.2.5 条	设计说明
		3. 火灾危险性较大场所是否按规范要求设置电气火灾监控系统		《建规》：第 10.2.7 条	设计说明、低压配电系统、电气火灾监控系统图
	8.5 火灾自动报警系统	1. 根据建筑的使用性质、火灾危险性、疏散和扑救难度等因素，审查系统的设置部位、系统形式的选择、火灾报警区域和探测区域的划分	《建规》：第 8.4.1、8.4.3 条；《火规》：第 3.1.7 条	《建规》：第 8.4.2、5.4.12（第 7 款）、5.4.13 条（第 5 款）；《火规》：第 3.2.1～3.2.4、3.3.1～3.3.3、7.1.1、7.1.2、7.2.1～7.2.4 条	设计说明
		2. 根据工程的具体情况，审查火灾报警控制器和消防联动控制器的选择及布置是否符合消防技术标准		《火规》：第 6.1.1～6.1.3 条	设计说明
		3. 审查火灾报警控制器和消防联动控制器容量和每一总线回路所容纳的地址编码总数		《火规》：第 3.1.5 条	设计说明、系统图

续表

项	子项	技术审查要点	规范条文分类		审查部位
			A	B	
8 电气、火灾自动报警系统、消防应急照明和疏散指示系统	8.5 火灾自动报警系统	4. 审查总线短路隔离器、火灾探测器、火灾手动报警按钮、火灾应急广播、火灾警报装置、消防专用电话、模块的设置及其他所有系统设备的设置是否符合消防技术标准	《火规》：第 3.1.6、6.5.2、6.7.1、6.7.5、6.8.2、6.8.3 条；《建规》：第 5.5.23 条（第 7 款）	《火规》：第 6.2.1～6.2.10 、6.2.14～6.2.18、7.3.1～7.3.2、6.3.1、6.3.2、6.4.1、6.4.2、6.5.1、6.5.3、7.5.1、7.5.2、6.6.1、6.6.2、7.6.1 ～ 7.6.4、6.7.2～6.7.4、6.8.4 条	设计说明、平面图
		5. 系统的布线设计，着重审查系统导线的选择，系统传输线路的敷设方式；审查系统供电的可靠性，系统的接地等设计是否符合消防技术标准	《火规》：第 10.1.1、11.2.2、11.2.5 条	《火规》：第 10.1.2、10.1.4、10.1.5、10.1.6、10.2.1～10.2.4、11.2.1、11.2.3、11.2.6、11.2.7 条；《民标》：第 13.8.4 条（第 1 款）	设计说明、系统图
		6. 根据建筑使用性质和功能不同，审查消防联动控制系统的设计。着重审查系统的自动喷水灭火系统、室内消火栓系统、气体灭火系统、泡沫和干粉灭火系统、防排烟系统、空调通风系统、防火门及卷帘系统、电梯、火灾警报和应急广播、消防应急照明和疏散指示系统、消防通信系统、相关联动控制等的联动和连锁控制设计	《火规》：第 4.1.1、4.1.3、4.1.4、4.1.6、4.8.1、4.8.4、4.8.5、4.8.7、4.8.12 条	《火规》：第 4.2 ～ 4.7、4.8.2、4.8.8、4.8.10、4.8.11、4.9、4.10 条	设计说明、系统图
		7. 根据建筑物内是否有散发可燃气体、可燃蒸气，审查是否按规范设置可燃气体报警系统，系统是否独立组成		《火规》：第 8.1.1、8.1.2、8.1.6、8.3.1 条	设计说明、系统图
		8. 消防控制室选址、室内设施的设计是否符合消防技术标准	《火规》：第 3.4.1、3.4.4、3.4.6 条	《火规》：第 3.4.2、3.4.3、3.4.7、3.4.8 条	设计说明、消防控制室平面布置图

续表

项	子项	技术审查要点	规范条文分类		审查部位
			A	B	
8 电气、火灾自动报警系统、消防应急照明和疏散指示系统	8.6 消防应急照明及疏散指示系统	1. 应急照明和疏散指示系统的设置场所是否符合消防技术标准。特殊场所是否增设能保持视觉连续的灯光疏散指示标志	《建规》：第 6.4.4.3、10.3.1～10.3.3 条	《建规》：第 5.3.6（第 9 款）、10.3.4～10.3.6 条； 《民标》：第 13.2.3 条（第 3 款） 《应照标》：第 3.2.5、3.2.7～3.2.11 条； 《商电规》：第 5.3.6 条	设计说明、平面图
		2. 应急照明和疏散指示系统类型的选择是否符合消防技术标准		《应照标》：第 3.1.2 条	设计说明、消防应急照明及疏散指示系统图
		3. 系统内蓄电池供电时的持续工作时间；系统内应急照明灯、标志灯的选择和是否符合消防技术标准	《建规》：第 10.1.5 条； 《应照标》：第 3.2.4、4.5.11 条（第 6 款）	《应照标》：第 3.2.1～3.2.3 条	设计说明、平面图
		4. 应急照明和疏散指示系统的配电、应急照明控制器及集中控制型系统通信线路的设计是否符合消防技术标准	《应照标》：第 3.3.1、3.3.2 条	《应照标》：第 3.3.3～3.3.8、3.4.1～3.4.8 条 《民标》：第 13.6.1 条	设计说明、消防应急照明及疏散指示系统图
		5. 系统线路的选择是否符合消防技术标准		《应照标》：第 3.5.1～3.5.6 条； 《民标》：第 13.6.3 条	设计说明、消防应急照明及疏散指示系统图
		6. 集中控制型系统和非集中控制型系统的控制设计是否符合消防技术标准		《应照标》：第 3.6、3.7.1、3.7.3～3.7.5 条	设计说明、消防应急照明及疏散指示系统图

续表

项	子项	技术审查要点	规范条文分类		审查部位
			A	B	
8 电气、火灾自动报警系统、消防应急照明和疏散指示系统	8.6 消防应急照明及疏散指示系统	7. 备用照明设计是否符合消防技术标准	《建规》：第 10.3.3 条	《应照标》：第 3.8.1、3.8.2 条； 《民标》：第 13.2.3、13.6.4 条	设计说明、平面图
	8.7 其他	1. 消防设备电源监控是否按要求设置		《民标》：第 13.3.8 条	
		2. 其他消防设计相关内容			
9 建筑防爆	建筑防爆	1. 有爆炸危险的甲类、乙类厂房的设置是否符合消防技术标准，包括是否独立设置，是否采用敞开或半敞开式，承重结构是否采用钢筋混凝土或钢框架、排架结构	《建规》：第 3.6.8 条	《建规》：第 3.6.1 条	设计说明、平面图
		2. 有爆炸危险的厂房或厂房内有爆炸危险的部位、有爆炸危险的仓库或仓库内有爆炸危险的部位、有粉尘爆炸危险的筒仓、燃气锅炉房是否采取防爆措施、设置泄压设施，是否符合消防技术标准。 （1）确定危险区域的范围，核查泄压口位置是否影响室内、外的安全条件，是否避开人员密集场所和主要交通道路； （2）泄压面积是否充足、泄压形式是否适当； （3）泄压设施是否采用轻质屋面板、轻质墙体和易于泄压的门、窗等，是否采用安全玻璃等在爆炸时不产生尖锐碎片的材料。屋顶上的泄压设施是否采取防冰雪积聚措施。作为泄压设施的轻质屋面板和墙体的质量是否符合消防技术标准		《建规》：第 3.6.13 条	总图、平面图

续表

项	子项	技术审查要点	规范条文分类		审查部位
			A	B	
9 建筑防爆	建筑防爆	3. 有爆炸危险的甲类、乙类生产部位、设备、总控制室、分控制室的位置是否符合消防技术标准。 （1）有爆炸危险的甲类、乙类生产部位，是否布置在单层厂房靠外墙的泄压设施或多层厂房顶层靠外墙的泄压设施附近； （2）有爆炸危险的设备是否避开厂房的梁、柱等主要承重构件布置； （3）有爆炸危险的甲类、乙类厂房的总控制室是否独立设置； （4）有爆炸危险的甲类、乙类厂房的分控制室宜独立设置，当贴邻外墙设置时，是否采用符合耐火极限要求的防火隔墙与其他部位分隔	《建规》：第 3.6.8 条		平面图
		4. 散发较空气轻的可燃气体、可燃蒸气的甲类厂房是否采用轻质屋面板作为泄压面积。顶棚是否平整、无死角，厂房上部空间是否通风良好		《建规》：第 3.6.5 条	平面图、立面图
		5. 散发较空气重的可燃气体、可燃蒸气的甲类厂房和有粉尘、纤维爆炸危险的乙类厂房是否采用不发火花的地面。 （1）采用绝缘材料作整体面层时是否采取防静电措施； （2）散发可燃粉尘、纤维的厂房，其内表面是否平整、光滑、易于清扫； （3）厂房内不宜设置地沟，必须设置时，是否符合消防技术标准的要求	《建规》：第 3.6.6 条		措施表
		6. 使用和生产甲类、乙类、丙类液体厂房，其管、沟是否与相邻厂房的管、沟相通，其下水道是否设置隔油设施	《建规》：第 3.6.11 条		平面图

续表

项	子项	技术审查要点	规范条文分类		审查部位
			A	B	
9 建筑防爆	建筑防爆	7. 甲类、乙类、丙类液体仓库是否设置防止液体流散的设施。遇湿会发生燃烧爆炸的物品仓库是否采取防止水浸渍的措施	《建规》：第 3.6.12 条		平面图
		8. 设置在甲类、乙类厂房内的办公室、休息室，必须贴邻本厂房时，是否设置防爆墙与厂房分隔。有爆炸危险区域内的楼梯间、室外楼梯或与相邻区域连通处是否设置门斗等防护措施	《建规》：第 3.3.5 条	《建规》：第 3.6.10 条	平面图
		9. 安装在有爆炸危险的房间的电气设备、通风装置是否具有防爆性能		《建规》：第 10.2.6 条	设计说明
		10. 危险区域划分与电气设备保护级别及爆炸性环境电力系统接地设计是否符合消防技术标准	《爆电规》：第 5.2.2（第 1 款）、5.5.1 条		设计说明
		11. 燃油或燃气锅炉房、直燃型溴化锂冷（热）水机组的机房的机械通风设施是否设置导除静电的接地装置	《建规》：第 9.3.16 条		设计说明
		12. 排除有燃烧或爆炸危险气体、蒸气和粉尘的排风系统是否设置导除静电的接地装置	《建规》：第 9.3.9 条（第 1 款）		设计说明
10 建筑内部装修防火	10.1 建筑类别和规模、使用功能	1. 查看设计说明及相关图纸，明确装修工程的建筑类别、装修范围、装修面积。装修范围要明确所在楼层，若不是整层装修则要明确局部装修范围的轴线			设计说明

续表

项	子项	技术审查要点	规范条文分类		审查部位
			A	B	
10 建筑内部装修防火	10.1 建筑类别和规模、使用功能	2. 审查装修工程的消防设计是否与通过审批的原建筑设计相一致。 （1）装修工程的使用功能如果与原建筑设计不一致，则应判断是否引起整栋建筑的性质变化，是否需要重新申报土建调整； （2）各类消防设施的设计和点位是否与原建筑设计一致，是否符合消防技术标准			
	10.2 装修工程的平面布置	1. 审查装修工程的平面布置是否符合消防技术标准。 （1）装修工程的平面布置是否满足疏散要求，由点——楼梯、线——走道、面——防火分区组成的立体疏散体系是否完整和畅通； （2）楼梯间应核对楼梯间形式、宽度、数量； （3）走道应核对疏散距离、疏散宽度； （4）防火分区应核对面积大小、防火墙和防火卷帘的设置、分区的界线是否清晰			平面图、原工程平面图
		2. 审查建筑内部装修是否有减少、改动、拆除、遮挡消防设施、疏散指示标志、安全出口、疏散出口、疏散走道和防火分区、防烟分区等的情况，是否有妨碍消防设施和疏散走道等的正常使用	《装修消规》：第 4.0.1、4.0.2 条		
	10.3 装修材料燃烧性能等级	1. 审查内部各部位装修材料的燃烧性能等级是否符合消防技术标准	《装修消规》：第 5.1.1、5.2.1、5.3.1、6.0.1、6.0.5 条		材料表、平面图、内立面图、天花图
		2. 装修范围内是否存在装修材料的燃烧性能等级需要提高或者满足一定条件可以降低的房间和部位，其做法是否符合消防技术标准	《装修消规》：第 4.0.4～4.0.6、4.0.8～4.0.10、4.0.12、4.0.13 条	《装修消规》：第 4.0.7 条	材料表、平面图、内立面图、天花图

续表

项	子项	技术审查要点	规范条文分类		审查部位
			A	B	
10 建筑内部装修防火	10.4 设备装修防火	1. 审查电气设备的防火隔热措施是否符合消防技术标准。 （1）配电箱的设置位置是否符合消防技术标准。建筑内部的配电箱、控制面板、接线盒、开关、插座等的安装部位的装修材料设计是否符合消防技术标准； （2）照明灯具及电气设备、线路的高温部位，当靠近非 A 级装修材料时，是否采取隔热、散热等保护措施； （3）灯饰的材料燃烧性能等级是否符合消防技术标准； （4）展览性场所展台与高温灯具贴邻部位的材料是否符合消防技术标准	《装修消规》：第 4.0.14 条	《装修消规》：第 4.0.16、4.0.17 条	大样图、平面图、内立面图、天花图
		2. 审查供暖设备的防火隔热措施是否符合消防技术标准。建筑内部安装电加热供暖系统和水暖（或蒸气）供暖系统时，安装部位和空间的装修材料是否符合消防技术标准		《装修消规》：第 4.0.18 条	
11 热能动力防火	11.1 锅炉房	1. 地下室、半地下室锅炉房的气体燃料选择是否符合消防技术标准	《锅炉房标》：第 3.0.4 条		设计说明、平面图
		2. 建筑内设置的锅炉容量是否符合消防技术标准	《建规》：第 5.4.12 条		设计说明、平面图
		3. 燃油锅炉房内的油箱储油量是否符合消防技术标准	《建规》：第 5.4.12 条		设计说明、平面图
		4. 锅炉房室内油箱，油箱排放管设置是否符合消防技术标准	《锅炉房标》：第 6.1.9 条	《锅炉房标》：第 6.1.11 条	设计说明、平面图
		5. 燃用液化石油气的锅炉间和有液化石油气管道穿越的室内地面，通向室外的管沟（井）或地道等的设置是否符合消防技术标准	《锅炉房标》：第 7.0.3 条		

续表

项	子项	技术审查要点	规范条文分类		审查部位
			A	B	
11 热能动力防火	11.1 锅炉房	6. 锅炉房使用液化石油气是否符合消防技术标准	《建规》：第 5.4.17 条	《锅炉房标》：第 7.0.4 条	设计说明、平面图
	11.2 柴油发电机房	柴油发电机房内的油箱储油量是否符合消防技术标准	《建规》：第 5.4.13 条（第 4 款）		
	11.3 燃油、燃气管道	1. 建筑内锅炉、柴油发电机的燃料（燃油或燃气）供给管道，在进入建筑物前和设备间内是否按规范设置切断阀；高层民用建筑是否采用管道供气；建筑内锅炉、柴油发电机储油间的油箱及其通气管、呼吸阀、阻火器等的设置是否符合消防技术标准；油箱下部是否设置了防止油品流散的设施	《建规》：第 5.4.15 条	《建规》：第 5.4.16 条	设计说明、平面图、系统图
		2. 燃气管道的材料及阀件、敷设、连接是否符合消防技术标准	《城镇气规》：第 10.2.7、10.2.14、10.2.23、10.2.24、10.2.26 条		设计说明、系统图、平面图
		3. 燃气计量是否符合消防技术标准	《城镇气规》：第 10.3.2 条		
		4. 商业用气是否符合消防技术标准	《城镇气规》：第 10.5.3、10.5.7 条		
		5. 燃烧烟气的排除是否符合消防技术标准	《城镇气规》：第 10.7.1、10.7.3、10.7.6 条		
	11.4 其他	1. 医用气体供应源设置位置是否符合消防技术标准	《医气规》：第 4.6.7 条		设计说明、平面图
		2. 液氧储罐的容量和数量是否符合消防技术标准		《建规》：第 4.3.4 条	设计说明、平面图、设备表

续表

项	子项	技术审查要点	规范条文分类		审查部位
			A	B	
11 热能动力防火	11.4 其他	3. 医用液氧储罐站设计是否符合消防技术标准		《医气规》：第 4.6.3 条（第 1 款）	设计说明、平面图、设备表
		4. 医用气体阀门设置是否符合消防技术标准		《医气规》：第 5.1.14、5.1.15 条	设计说明、平面图
		5. 其他消防设计相关内容			

附录 2　某项目消防工程施工方案——建筑结构工程

某项目消防工程施工方案
（建筑结构工程）

工程名称： ××办公区××项目
编制单位： 北京××集团
编制时间： 20××年 11 月

目　　录

7.2 防止周围环境污染、大气污染的具体措施

7.3 防止水污染的具体措施

7.4 防止噪声污染的具体措施

7.5 废弃物的管理

7.6 公共卫生管理

8 季节性施工管理措施

8.1 雨期施工措施

8.2 冬期施工措施

9 成品保护措施

9.1 土建成品保护措施

9.2 原材料保护措施

9.3 装饰材料包装及运输保护措施

1 编制依据

1.1 施工图纸

类别	图纸编号	出图日期
总图	××办公区××地块项目总施 01—03	2022 年 3 月
建筑	××办公区××地块项目建施 101—614	2022 年 3 月
结构	××办公区××地块项目结施 001—346	2022 年 3 月
电气	××办公区××地块项目电施 001—431	2022 年 3 月
暖通	××办公区××地块项目设施 001—503	2022 年 3 月
给排水	××办公区××地块项目水施 001—405	2022 年 3 月

1.2 主要规范、规程

类别	名称	编号
国家标准	建筑设计防火规范（2018 年版）	GB 50016—2014
	汽车库、修车库、停车场设计防火规范	GB 50067—2014
	建筑工程施工质量验收统一标准	GB 50300—2013
	混凝土结构工程施工质量验收规范	GB 50204—2015
	混凝土结构工程施工规范	GB 50666—2011
	砌体结构工程施工质量验收规范	GB 50203—2011
	钢结构工程施工质量验收标准	GB 50205—2020
	钢结构工程施工规范	GB 50755—2012
	建筑地面工程施工质量验收规范	GB 50209—2010
	通风与空调工程施工规范	GB 50738—2011
	建筑电气工程施工质量验收规范	GB 50303—2015
	通风与空调工程施工质量验收规范	GB 50243—2016
	建筑给水排水及采暖工程施工质量验收规范	GB 50242—2002
	建筑防火封堵应用技术标准	GB/T 51410—2020
行业标准	建筑工程冬期施工规程	JGJ/T 104—2011
	施工现场临时用电安全技术规范	JGJ 46—2005
	建筑工程检测试验技术管理规范	JGJ 190—2010
	采暖通风与空气调节工程检测技术规程	JGJ/T 260—2011
	建筑工程资料管理规程	JGJ/T 185—2009
地方标准	建筑工程消防施工质量验收规范	DB11/T 2000—2022
	装配式建筑设备与电气工程施工质量及验收规程	DB11/T 1709—2019

续表

类别	名称	编号
地方标准	建筑工程施工组织设计管理规程	DB11/T 363—2016
	建筑工程资料管理规程	DB11/T 695—2017
	建筑工程施工现场安全资料管理规程	DB11/383—2017
	绿色施工管理规程	DB11/T 513—2018
	建设工程施工现场安全防护、场容卫生及消防保卫标准	DB11/945—2012
	建筑工程施工安全操作规程	DB11/T 1833—2021

1.3　施工组织设计

类别	名称	编号
施组	××办公区××地块项目施工组织设计	BGQ－001

2　工程概况

2.1　总体情况

序号	项目	内容
1	工程名称	××办公区××地块项目
2	工程地址	北京市××区××镇
3	建设单位	××建设管理办公室
4	设计单位	××建筑设计研究院
5	勘察单位	××地质工程勘察院
6	监理单位	××工程管理咨询有限公司
7	施工总承包单位	××（集团）有限公司
8	资金来源	政府投资（地方），100%，已落实
9	合同承包范围	承包范围为：按照招标人约定的标准、规范、工程的功能、规模、考核目标和竣工日期等要素，完成本项目（包括地基与基础、主体结构、建筑装饰装修、屋面、建筑给水排水及供暖、通风与空调、建筑电气、智能建筑、建筑节能、电梯工程及室外工程等）的施工图设计及施工图预算、专项及深化设计、材料及设备采购、施工、联调联试、竣工验收、竣工备案，直至交付使用，并在保修期内维修其任何缺陷和质量问题等全过程的工程总承包
10	结算方式	总价合同，按月度确认产值，单月支付人工费，双月支付进度款
11	合同工期	计划工期：1186日历天； 计划开工日期：2022年3月1日； 计划竣工日期：2024年10月31日

续表

序号	项目	内容
12	质量目标	施工要求的质量标准：合格； 质量奖项目标：结构长城杯、建筑长城杯

2.2 建筑设计概况

<table>
<tr><th>序号</th><th>项目</th><th colspan="4">内容</th></tr>
<tr><td>1</td><td>建筑功能</td><td colspan="4">办公及配套</td></tr>
<tr><td>2</td><td>建筑分类</td><td colspan="4">高层公建</td></tr>
<tr><td rowspan="2">3</td><td rowspan="2">建筑面积（m²）</td><td>总建筑面积</td><td>175693</td><td>占地面积</td><td>38362</td></tr>
<tr><td>地下建筑面积</td><td>76540</td><td>地上建筑面积</td><td>99153</td></tr>
<tr><td rowspan="2">4</td><td rowspan="2">建筑层数
（地上/地下）</td><td colspan="2">1＃办公楼</td><td colspan="2">8（局部 9）/－3</td></tr>
<tr><td colspan="2">2＃配楼</td><td colspan="2">3/－3</td></tr>
<tr><td rowspan="5">5</td><td rowspan="5">建筑层高</td><td colspan="2" rowspan="3">地下部分层高（m）</td><td>地下 1 层</td><td>6.6</td></tr>
<tr><td>地下 2 层</td><td>3.9</td></tr>
<tr><td>地下 3 层</td><td>3.9</td></tr>
<tr><td colspan="2" rowspan="2">地上部分层高（m）</td><td>首层、2 层</td><td>4.5</td></tr>
<tr><td>3～9 层</td><td>4</td></tr>
<tr><td rowspan="5">6</td><td rowspan="5">建筑高度（m）</td><td>绝对标高</td><td colspan="3">±0.000 相对绝对标高为 22.10</td></tr>
<tr><td>室内外高差</td><td colspan="3">－0.45</td></tr>
<tr><td>基底标高</td><td colspan="3">－15.70/－15.40</td></tr>
<tr><td>1＃办公楼</td><td colspan="3">34.15（局部 38.15）</td></tr>
<tr><td>2＃配楼</td><td colspan="3">18.65</td></tr>
<tr><td rowspan="2">7</td><td rowspan="2">建筑防火</td><td colspan="4">建筑防火类别：一类高层</td></tr>
<tr><td colspan="4">建筑耐火等级：地下一级，地上一级</td></tr>
<tr><td>8</td><td>节能保温防火</td><td colspan="4">屋面保温采用 100mm 厚挤塑聚苯板 B1 级；
主体外墙采用 130mm 厚憎水岩棉复合板 A 级；
屋顶机房外墙采用 100mm 厚憎水岩棉复合板 A 级；
底部接触室外空气的架空或外挑楼板采用 110mm 厚憎水岩棉复合板 A 级；
与供暖层相邻的非供暖地下室车库顶板采用 70mm 厚超细无机纤维 A 级；
供暖房间与有外围护结构非供暖房间或空间之间的隔墙采用 200mm 厚蒸压加气混凝土砌块 A 级、30mm 厚憎水膨珠浆料保温 A 级；
变形缝采用 100mm 厚憎水岩棉复合板 A 级</td></tr>
<tr><td>9</td><td>隔墙防火</td><td colspan="4">防火墙采用 200mm 厚蒸压加气混凝土砌块（防火墙下部的梁等承重结构的耐火极限不小于 3.00）；
水泵房、空调机房采用 200mm 厚蒸压加气混凝土砌块（墙面吸声处理）；
厨房、卫生间隔墙采用 200mm 厚蒸压加气混凝土砌块（墙面防水处理）；
变配电室、电梯机房隔墙、汽车库与其他部位之间隔墙、楼梯间、电梯井隔墙、会议室采用 200mm 厚蒸压加气混凝土砌块；</td></tr>
</table>

续表

<table>
<tr><th>序号</th><th>项目</th><th colspan="2">内容</th></tr>
<tr><td>9</td><td>隔墙防火</td><td colspan="2">办公室采用 200mm 厚蒸压加气混凝土条板、150mm 厚轻钢龙骨石膏板墙（双层双面 2×12mm＋50mm＋2×12mm 厚内填玻璃棉）；
走廊采用 150mm 厚蒸压加气混凝土砌块（防火玻璃隔断）、200mm 厚蒸压加气混凝土条板；
管井采用 100mm/200mm 厚蒸压加气混凝土砌块</td></tr>
<tr><td>10</td><td>外装修防火</td><td colspan="2">玻璃幕墙、石材幕墙（包含墙上铝合金窗、百叶等）、铝板幕墙等</td></tr>
<tr><td>11</td><td>内装修</td><td>地面</td><td>水泥砂浆地面、细石混凝土地面、细石混凝土地面（内配钢筋网）、细石混凝土防水地面、细石混凝土防水地面、耐磨混凝土地面（内配钢筋网）、铺地砖防滑防水地面、铺地砖防滑地面、抗静电架空线槽活动地板、水泥砂浆楼面、铺地砖防滑楼面、花岗石楼面、铺地砖防滑防水楼面、细石混凝土楼面（内配钢筋网）、防滑地砖低温热水辐射采暖楼面、防滑防水地砖低温热水辐射采暖楼面、花岗石低温热水辐射采暖楼面、耐磨混凝土楼面（内配钢筋网）、不发火细石混凝土楼面</td></tr>
<tr><td>12</td><td>门窗工程</td><td colspan="2">木门、铝合金门、钢制防火门、玻璃门、铝合金门联窗、推拉门、钢质门、防火卷帘、防火窗、铝合金窗、金属百叶、玻璃天窗等</td></tr>
</table>

2.3　结构设计概况

<table>
<tr><th>序号</th><th>项目</th><th colspan="4">内容</th></tr>
<tr><td rowspan="2">1</td><td rowspan="2">结构形式</td><td>基础结构形式</td><td colspan="3">筏形基础、抗拔桩</td></tr>
<tr><td>主体结构形式</td><td colspan="3">地上：钢框架支撑结构；
地下：钢筋混凝土框架剪力墙结构</td></tr>
<tr><td rowspan="12">2</td><td rowspan="12">混凝土
强度等级</td><td rowspan="2">基础</td><td colspan="2">基础垫层</td><td>C20</td></tr>
<tr><td colspan="2">筏板、独立柱基、基础拉梁</td><td>C40</td></tr>
<tr><td rowspan="2">墙、柱</td><td colspan="2">地下室外墙、与土相接的柱</td><td>C40</td></tr>
<tr><td colspan="2">内墙、柱</td><td>普遍 C40（局部 C50）</td></tr>
<tr><td rowspan="7">梁、板</td><td colspan="2">地下室顶板无上部结构的部位</td><td>C40</td></tr>
<tr><td rowspan="2">地下二层楼板</td><td>人防顶板</td><td>C40</td></tr>
<tr><td>非人防顶板</td><td>C30</td></tr>
<tr><td colspan="2">地下一层楼板有上部结构区域</td><td>C30</td></tr>
<tr><td colspan="2">一层楼板有上部结构区域</td><td>C40</td></tr>
<tr><td colspan="2">地上种植屋面（绿化屋面）</td><td>C30</td></tr>
<tr><td colspan="2">其他钢筋桁架楼承板</td><td>C30</td></tr>
<tr><td>其他</td><td colspan="2">楼梯、防倒塌棚架</td><td>C30</td></tr>
</table>

续表

序号	项目	内容		
2	混凝土 强度等级	其他	圈梁、构造柱、过梁、位于基础底板及室外填土上的设备基础	C25
			消防水池、汽车坡道	C30
3	抗震设计	抗震设防烈度	8 度	
		抗震设防类别	标准设防类（丙类）	
4	结构断面尺寸 （mm）	基础底板厚度	700、1000	
		外墙厚度	450、550、650	
		内墙厚度	100、150、200、300、400、500	
		楼板厚度	150、220、250、300、400	
5	二次结构	蒸压加气混凝土砌块、蒸压加气混凝土条板、轻钢龙骨石膏板墙		

2.4 工程重点、难点分析

2.4.1 工程特点

根据对施工图纸、施工合同的认真阅读理解，本工程的特点为：

序号	工程特点	内容
1	绿色建筑设计标准高	严格落实绿建三星设计要求。按照《绿色建筑评价标准》（GB/T 50378—2019）进行施工管理，对施工管理和运营管理指标进行评价
2	质量要求高	施工质量标准为：合格。 质量奖项目标：结构长城杯、建筑长城杯
3	安全管理要求高	确保北京市绿色安全样板工地
4	协同管理要求高	高层建筑，进入机电安装及装修施工阶段，多种专业、不同分包之间穿插施工，现场综合管理要求高
5	装配式，装配率高	本工程地上结构采用钢框架支撑结构，二次结构施工中包含蒸压加气混凝土条板、轻钢龙骨石膏板墙施工，工程装配率较高

2.4.2 工程重点、难点

1. 重点分析

本工程确保取得北京市结构长城杯、建筑长城杯，公司从高层领导到普通员工必须做到高度重视，严格按照我公司确定的质量目标，精心设计、层层把关，确保质量目标的实现是本工程的重点。

2. 针对性措施

（1）由公司总工作为总指挥，公司质量部门负责节点考核及动态管理。项目部在施工前，首先编制创优策划，确定责任分工、阶段目标及创优措施。在施工过程中的每一个施工工序均按照长城杯的标准严格把关检查，通过严格的过程控制、程序控制和环节控制，通过“过程精品”，将工程建造成为一流的艺术精品。

(2) 建立完善有效的质量控制体系，严格按规范化的质量体系文件进行操作，加强项目质量管理，规范管理工作程序。公司“分层控制、分级管理”质量控制模式和“以过程精品为主线、以动态管理为特点、以目标考核为内容、以严格奖罚为手段”的质量运行机制，建立以“目标管理、创优策划、过程监控、阶段考核、持续改进”为基础的“创优”体系。

(3) 分解、量化总体质量目标，将总体质量目标分解为主体阶段、装修阶段、竣工阶段，通过对各个分解目标的控制来确保整体质量目标的实现。

(4) 强化质量预控和过程控制，消除质量通病。针对同类工程易出现的质量问题，设立若干质量控制点，编制详细施工方案，防止质量通病的出现。

(5) 强化项目质量管理制度建设，特别加强“样板引路”“三检制”“奖罚制”的落实。在施工过程中坚持检查上道工序、保障本道工序、服务下道工序，做好三级检查制度；严格工序管理。

(6) 通过土建和消防采取一体化管理，密切联系合作消除土建和消防分家的现象，并在项目成立机电部，将消防管理纳入项目经理部的日常管理中，打破以前两家处于总承包与分包的关系。机电管理部的现场管理、计划管理等实行一体化管理，便于土建与消防专业的协调，解决了以前土建和消防的配合难、质量影响大的问题。

3　施工安排

3.1　人员职责分工

1. 项目经理

(1) 根据单位法定代表人授权的范围、时间和内容，对项目自开工准备至竣工验收各阶段实施全过程、全面管理。

(2) 负责项目施工的统筹协调管理。

(3) 制订与调整项目的阶段性目标和总体控制计划，负责监督、检查、督促进出计划的实施。

(4) 负责牵头建立健全各层级、各组织、各阶段的例会，达到信息畅通、高效联动。

2. 技术总工

(1) 督促指导施工技术人员严格按照设计图纸、施工规范和操作规程组织施工。

(2) 主管项目技术部、BIM工作室，负责落实设计意图、质量标准、技术协调等工作。

(3) 协助项目经理负责项目管理体系的建立、运行、审核、改进等各项工作。

(4) 在项目经理的总体领导下，负责项目的设计和技术方面的协调管理，全面保证项目的设计进度、质量和费用符合项目合同的要求。

3. 工程部

(1) 核实、验证分包商的资质、专业工种上岗证书。

（2）每日核对持上岗证书的具体操作人员，对特殊工种连续监控。

（3）负责项目机械管理，对进场机械设备按照机械设备型号、规格、性能、数量等进行验证和认可，对进场设备进行维护、保养工作，要对设备运行状态进行跟踪，每月填写机械设备检查记录。

（4）负责施工过程控制。负责组织、协调、处理各分包单位、各工序间的各项问题及作业计划安排。

（5）负责实施施工组织设计、方案、技术措施。

（6）负责工程综合进度安排和实施，确保合同工期。

4．技术部

（1）负责编制和监督实施施工组织设计、方案、技术措施、程序化文件、物资试验计划。

（2）负责编制“工程项目质量管理策划书”。

（3）负责工程项目的技术资料、工程质量记录管理。

（4）参加工程质量的调查分析，制订纠正和预防措施。

（5）执行工程质量的法令、法规等，对施工全过程负责质量检查、评定。

（6）负责项目计量、试验和标养室的管理。

5．安全部

（1）执行公司要求的有关规章制度，结合工程特点制订安全活动计划，做好安全宣传工作。

（2）贯彻安全生产法规标准，组织实施检查，督促各分包的月、周、日安全活动。

（3）负责现场安全保护、文明施工的预控管理。

（4）进行安全教育和特殊工种的培训，检查持证上岗，并办理入场证件。

（5）定期组织现场综合考评工作，填报汇集上级发放各类表格，并负责对综合考评结果的奖罚执行。

（6）做好安全生产方面的内业资料及本部门的各种台账。

（7）对安全隐患下达整改通知单并进行复查。

（8）负责现场动火证的办理工作。

6．质量部

（1）贯彻国家及地方的有关工程施工规范、工艺标准、质量标准。

（2）严格执行施工质量验收规范，行使质量否决权。确保项目总体质量目标和阶段质量目标的实现。

（3）编制项目“过程检验计划”，增加施工预控能力和过程中的检查，使质量问题消除在萌芽之中。

（4）负责分解质量目标，制订质量创优实施计划，并监督实施情况。

（5）监督“三检制”与“样板制”的落实，参与分部分项工程的质量验收，同时进行标识管理。

（6）不合格品控制及检验状态管理。

（7）组织、召集各阶段的质量验收工作，并做好资料申报填写工作。

（8）参与质量事故的调查、分析、处理，并跟踪检查，直至达到要求。

（9）按ISO 9001标准进行质量记录文件的记录、收集、整理和管理。

7. 物资部

（1）负责工程部提出的材料计划接收、传递。

（2）掌握工期进度和主要材料的进场时间及需用量，督促公司物资公司及时供应。

（3）严格材料进场验证，保证验证计量器具有效。

（4）材料进场按现场阶段平面布置根据施工进度到位，按规格要求堆码整齐标识。

（5）负责料具的保管、发放、耗用，并核算工程竣工工作。

8. 商务部

（1）负责编制工程概算、结算书和工程款结算。

（2）参与投标报价与合同签订工作。

（3）办理预算外签证。定期盘点，协助做内部成本核算。

（4）协调公司内部专业分公司施工，为上级领导部门提供各类经济信息。

（5）有效控制成本费用的开支，做好成本分析。

（6）建立健全各类台账、报表等内业资料管理，进行合同管理。

（7）负责工程变更洽商的增补预算，施工预算，工料分析和索赔。

（8）负责工程分包商的结算审核工作。

3.2 管理目标

工期目标：计划工期：1186日历天；计划开始工作日期：20××年3月1日；计划竣工日期：20××年10月31日。

质量目标：合格。

质量奖项目标：结构长城杯、建筑长城杯。

安全文明施工目标：零事故、零火情，安全生产标准化，北京市绿色安全样板工地。

3.3 施工部署及总体施工顺序

3.3.1 总体施工顺序

1. 施工原则

（1）在空间上的部署原则——交叉立体施工的考虑

为了贯彻空间占满时间连续，均衡协调有节奏，力所能及留有余地的原则，保证工程按总体施工进度计划完成，需要采用结构阶段分施工段流水作业，便于加快架料周转和混凝土浇筑、钢构件安装、二次结构、装修工种提前插入；装修和安装各工种的立体交叉施工。

（2）总体施工顺序上的部署原则

按照先地下，后地上；先二次结构，后装修；先顶棚，后墙面，再地面；先隐蔽，后饰面；先埋线，后安装；外线施工穿插进行的总施工顺序原则进行部署。

2. 施工总体安排

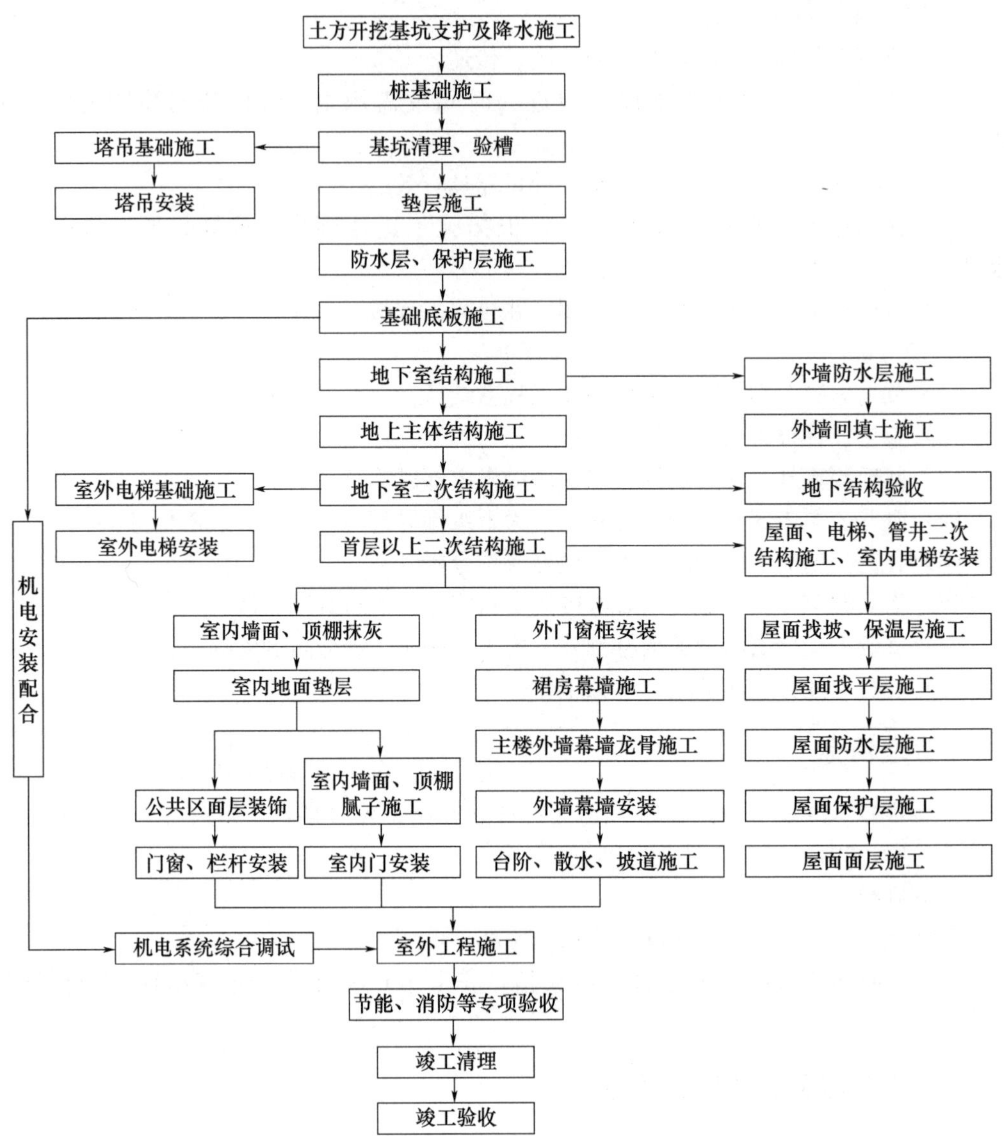

3.3.2 各个阶段施工流程

1. ±0.00 以下结构施工阶段

（1）±0.00 以下结构施工主体结构施工。此阶段主要工作包括：人工清槽、验槽、垫层浇筑、测量放线、防水保护墙、防水层及保护层施工、放线、基础底板施工、地下结构施工等工作内容。工程项目地下为整体地下室，东西长约 207m，南北宽约 136m，自西向东推进施工。

（2）垫层自西向东推进施工，在验槽后立即进行垫层施工。垫层超出保护墙不小于 100mm。

(3) 待垫层干燥完毕后，插入防水施工。防水层验收合格后插入防水保护层施工。

(4) ±0.00以下结构施工（含基础底板）采用跳仓法进行施工，共为18个施工段，由西向东推进流水施工。

(5) 地下三层至地下二层利用车库出入口作为出料口，地下一层利用下沉庭院作为出料口。地下结构施工拆除的模板、架设工具等周转材料采用塔吊由此预留孔洞倒运至地上施工周转使用。

(6) 地下室外墙防水及回填土施工在地下室结构完成后及时插入，即可减少边坡危险，同时可为后续施工创造条件。

(7) 投入主要资源：4台TCT7526塔吊，1台QTZ8050塔吊；根据地下室施工分区情况及混凝土浇筑方量，此阶段采用4台HBT80混凝土地泵，辅以2台汽车泵进行混凝土浇筑。

2. 地上主体结构施工阶段

(1) 1#楼结构封顶后进行室外电梯安装施工，并投入施工电梯使用，作为人员及材料上下通道，同时开始砌筑样板施工。外用电梯采用4台SC200/200施工升降机用于装修阶段的垂直运输。2#配楼不再布置外用电梯。

(2) 1#楼分1—A#、1—B#、1—C#楼，地上钢结构按照单体分别组织施工，2#配套办公楼及1—D#楼等在最后阶段施工，钢结构施工期间组织两家施工队伍进行施工，并采用南北分区进行管理。

(3) 此阶段同时完成相关专业分包、暂估价专业分包工程图纸深化设计、审核、材料设备加工定货及进场准备等工作，为后续工程施工提供有力的保障，同时各专业陆续插入，时间衔接紧，要重点做好以下三方面内容：

① 场内平面二次规划，合理、动态划分施工场地、责任区，尽量满足主体结构、各分包对作业场所、材料堆场等方面需求；

② 精准计算材料用量，在施工进度计划的基础上，制定详细的月、周、日的材料进场计划；做好场内外运输策划，确保材料及时进场，进场后及时消化，做到场内平面资源高效利用；

③ 做好塔吊、施工电梯等垂直运输机械协调管理，通过每日垂直运输设备协调会，合理分配垂直运输资源，促使施工各方平稳高效完成日常施工。

(4) 安装预埋预留和防雷接地随结构施工进行，在本阶段要对设备安装的图纸进行深化设计，保证施工时一次成优，避免施工过程中的返工现象。

(5) 投入主要资源：4台TCT7526塔吊，1台QTZ8050塔吊；根据混凝土浇筑方量和施工区域划分情况，此阶段现场布置3台HBT80C混凝土地泵，并辅以汽车泵进行配套设施的混凝土浇筑，根据现场施工情况适当增减。

3. 二次结构、装饰装修、机电安装及室外工程施工阶段

(1) 本阶段主要开展二次结构墙体施工、屋面工程、室内外装修、机电安装等施工。

(2) 现场共布置4台SCD200/200双笼施工升降机用于装修阶段的垂直运输。

(3) 根据二次结构墙体施工进度，及时插入精装修施工；二次结构施工以设备机房为主，提前组织设备机房装饰装修施工，按时移交机房施工单位，为地下室设备机房内

的设备提供安装条件。

（4）装修阶段分地下室装修、地上室内装修、外装修三个作业区，分别组织三家室内、一家室外施工队伍组织施工，室外装修靠前安排，尽早提供封闭施工环境，水电安装随室内装修穿插施工。

（5）地下部分二次结构及装修阶段材料利用车库出入口及下沉庭院进行倒运。地上部分垂直运输采用4台室外电梯完成，2＃配楼属于大空间作业，采用室内吊机运输材料。

（6）二次结构阶段施工优先组织外墙砌筑，为外檐装修施工创造条件。屋面施工安排在主体结构完成后及时进行，为室内装修创造条件，同时外檐装修施工采用吊篮布置在屋面上，在屋面完成防水保护层后布置。

（7）室内装修施工原则：

按照“自上而下、先隔墙安装后装修、先湿后干、先基层后罩面、先机房竖井后普通房间、先设备管线后装饰、先墙后顶再地面、先粗装后精装”的原则进行平行流水施工。所有罩面板的封闭，须待水、电安装工程确认合格后方可进行。

具体从施工平面及立面空间来说，其施工顺序如下：

① 平面安排方面：先房间，后走廊、过道，最后电梯前室及楼梯出入口。

② 局部安排方面：先施工工序多、施工复杂的部位，后施工工序少、施工简单的部位，对于设备机房等房间应提前配合结构改造和初步装修，为专业分包提前插入创造条件。

③ 吊顶部分：从专业角度划分，先专业管线安装，后吊顶骨架，最后饰面板的安装。

④ 地面部分：先垫层，后面层。

（8）机电安装工程以满足精装修条件为前提，先行进行楼内管井的施工工作，在地面垫层浇筑前，完成户内穿线、地面水暖管道敷设及试压工作。地面垫层施工时地面管道需带压浇筑。当户内具备移交精装修条件后，插入地下室管线施工工作，同时穿插设备机房设备安装工作，后期配合装修进行灯具、开关面板、散热器等末端的安装。

（9）提前进行风管的制作及水管、支架的预制加工工作，为后续管道的大面积施工创造条件。

（10）设备机房提供出工作面后大型设备组织进场就位，并及时封闭预留通道、施工洞等。

（11）机电及设备安装阶段：

① 按照机电施工区段划分工作面，提前将材料预制完成并运输到各施工段，为后续施工节约工期。

② 机电安装工程根据结构的施工进度适时的插入施工，在工程施工前进行机电管线空间布置上的协调，按计划绘制出机电综合管线施工图和机电管线预留洞图，在机电管线综合施工图和机电管线预留洞图的基础上，开始进行机电管线的施工，施工先后顺序是：排水管道安装，风管安装，线槽或插接母线安装，空调水管道安装，消防管道安装，其他机电管线安装的顺序进行施工。

（12）屋面工程施工阶段：

此阶段主要为屋面装饰施工、屋面找平层修补、屋面保温层、屋面找坡层、屋面防水层施工、保护层施工等工作内容。屋面防水的尽早完工能为室内大面积展开装修作业提供保障。屋面设备及时进行招标采购工作，确保屋面及机房内设备按施工进度计划如期安装。

（13）外立面装饰施工阶段：

主体结构验收完成后插入外立面装饰工程施工。此阶段外装修主要工作为：埋件安装、龙骨安装、保温材料安装、次龙骨及石材安装、外窗和玻璃安装、收边收口、打胶固定及清理。幕墙施工采用吊篮施工，幕墙施工与外用电梯和内装修的进度积极配合为后续工作创造工作面。

（14）分区域分阶段插入管线埋设、市政道路施工。注意室内外管线的接口的衔接问题，特别是标高的准确。

（15）室外市政、园林景观施工阶段：

① 本工程室外管线种类较多，包括：雨污水管线、给排水管线、电力管线、热力管线等，外管线的施工主要以施工区域为界限，区域内具备条件即插入施工，为以后的区域之间接驳以及大市政的接驳创造条件，区域之间管线接驳见缝插针，具备条件即完成接驳，总体时间安排如下：

② 道路、绿化及园林等室外工程总体开始时间安排在场区建、构筑物实体施工完成后进行。

（16）联合调试前要求完成所有机电工程的管道及设备安装工作，完成各专业分系统的试运行、设备单机试运转工作。要求编制详细的系统调试方案。配合装饰专业，进行最终封闭隐蔽工作。

（17）投入主要资源：4 台 SC200/200 双笼施工升降机。

4. 联合调试、竣工验收备案施工阶段

（1）本阶段主要完成工程整体设备综合调试、规划验收、消防验收、环境检测、节能验收、人防验收、电梯验收、档案验收、防雷验收、竣工验收等工作。

（2）此阶段还将进行设施、设备的布置及成品保护，进行楼内保洁清理。

（3）本阶段主要完成各专业分项工程的验收，工程资料收集、整理、完善，并完成竣工验收、备案，最后向建设单位办理移交。

（4）设备综合调试前完成所有机电工程的管道及设备安装和单项调试工作，完成各专业分系统的试运行、设备试运转工作，为消防验收做好准备，机电安装 20××年 8 月 13 日前完成联合调试。

（5）竣工验收前完成所有合同内容，并提前组织预验收、档案预验收等工作。

（6）组织专业技术人员对业主、物业维护管理人员免费进行机电设备、设施等操作和维护的培训。

（7）本阶段完成工程资料收集、整理、完善，编制用户使用说明书，做好与物业的交接、培训工作。

3.4　施工区域、流水段划分

3.4.1　施工区域、流水段划分

1. 本工程地下结构施工流水段利用设计中的施工后浇带来进行分段划分；地上施工流水段按单体划分，每一个单体为一个施工段。

2. 根据工期节点要求，采用同一个劳务分包施工。地下面积 76540.51m²，地上面积 99153.4m²。

3. 尽量使各段的工程量和面积平均，使各资源投入量均匀连续，尽量做等节奏流水施工。

4. 流水段划分以保障整体工期节点为原则，塔吊尽量保障覆盖范围内使用，尽量减少多台塔吊跨范围作业。同时因为场地狭小，根据可用加工场地情况做出划分。

5. 满足施工场地现场制约条件的要求，同时也要满足模板周转的需求。

3.4.2 施工区域、流水段划分的布置图（地下部分、地上部分）

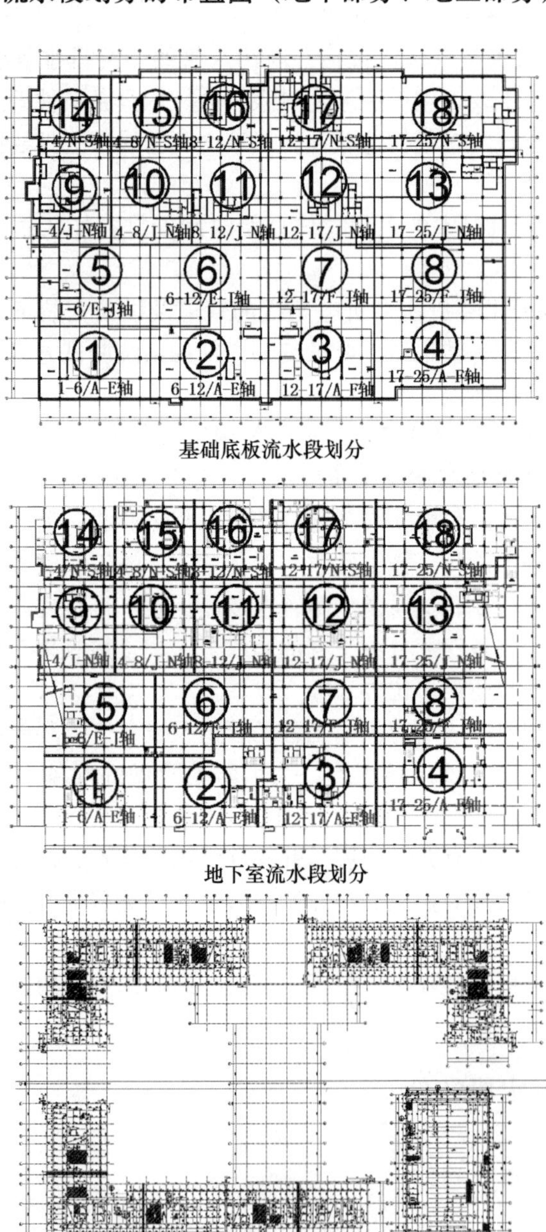

基础底板流水段划分

地下室流水段划分

地上流水段

3.5　施工进度计划

本工程计划的关键控制点：

序号	关键节点	开始时间	结束时间	总工期（天）
1	地上主体结构	20××.7.20	20××.5.11	296
2	二次结构	20××.10.13	20××.8.4	150
3	屋面工程	20××.6.9	20××.10.3	482
4	外檐装饰	20××.7.15	20××.8.9	391
5	室内装饰	20××.2.16	20××.7.20	520

4　施工准备

4.1　一般性准备工作

1. 组织项目部有关人员熟悉图纸，图纸会审，发现设计存在的问题。

2. 确定设计交底的时间，并组织设计交底。

3. 准备好本工程所需用主要规程、规范、标准、图集和法规。

4. 项目总工程师组织有关人员学习规程、规范的重要条文，加深对规范的理解，并认真学习现行版本强制性条文。

4.2　计量器具配置

包括测量、检测、试验等计量器具配置。

序号	器具名称	型号	精度	数量	检测状态
1	全站仪	R－202NE	2″	1	正常
2	50m 钢卷尺	50m	一级	1	正常
3	水准仪	NL32	S3	1	正常
4	5m 钢卷尺	5m	—	5	正常
5	标准恒温恒湿养护室控制仪	WS－02	—	1	正常
6	高低温度计	—	—	3	正常
7	振动台	800mm×800mm	—	1	正常
8	干湿温度计	—	—	1	正常
9	干湿温度计	272－A	—	2	正常
10	塌落度筒	100×200×300mm	—	5	正常
11	混凝土抗压试模	100×100×100mm	—	80	正常
12	抗渗试模	175×185×150mm	—	30	正常
13	砂浆试模	70.7×70.7×70.7mm	—	4	正常
14	脱模气泵	小型	—	1	正常

续表

序号	器具名称	型号	精度	数量	检测状态
15	不锈钢试块养护架	1.5m×1.6m×0.43m	—	8	正常
16	钢制试块笼	400mm×120mm×180mm	—	50	正常

4.3 施工方案编制

序号	方案名称	编制人	编制完成时间	审批人	方案类别
1	施工组织设计		20××.3.31		
2	测量方案		20××.10.3		D
3	钢筋工程施工方案		20××.3.10		C
4	模板工程施工方案		20××.3.10		B
5	混凝土工程施工方案		20××.3.10		C
6	地下结构检验批方案		20××.3.10		D
7	雨期施工方案		20××.5.20		C
8	钢结构施工方案		20××.7.10	专业分包技术负责人	A
9	砌筑施工方案		20××.9.15		D
10	冬期施工方案		20××.11.10		C
11	装饰装修方案		20××.2.10	专业分包技术负责人	D
12	屋面工程施工方案		20××.6.1		D
13	幕墙施工方案		20××.7.2	专业分包技术负责人	A
14	室外工程施工方案		20××.4.20	专业分包技术负责人	D

5 施工质量要求

建筑工程室外绿化、景观等的深化设计和施工，不应改变消防车道和消防车登高操作场地布置。建筑规模（面积、高度、层数）和性质，应符合相关现行消防技术标准和消防设计文件要求。

5.1 建筑总平面要求

1. 建筑物的位置应符合规划及消防安全布局的要求，同时符合消防技术标准和消防设计文件的防火间距要求，并应检查下列内容：

（1）查阅相关审批文件，核查建筑物规划定位符合性；

（2）对照设计文件等资料现场核查防火间距的符合性。

2. 消防车道的设置应符合相关消防技术标准和消防设计文件要求，并已按设计文件施工完毕，满足消防车通行及回车要求。消防车道应便于使用，严禁擅自改变用途，并有避免被占用的措施。应检查下列内容是否满足设计文件和相关标准要求：

（1）消防车道设置位置，有无障碍物和相关提示；

（2）车道的净宽、净高及转弯半径；

（3）消防车道设置形式、坡度、承载力、回车场等。

3. 消防车登高面的设置应符合相关消防技术标准和消防设计文件要求，便于使用消防车，严禁擅自改变用途。对照总平面图，沿建筑的登高扑救面全程检查，应检查下列内容：

（1）裙房是否影响登高救援；

（2）首层消防疏散出口设置；

（3）车库出入口、人防出入口是否影响消防登高救援；

（4）登高面上各楼层消防救援口的设置情况。

4. 消防车登高操作场地的设置应符合相关消防技术标准和消防设计文件要求，并重点检查下列内容：

（1）消防车登高操作场地设置的长度、宽度、坡度、承载力；

（2）是否有影响登高救援的树木、架空管线等障碍物。

5.2 建筑平面布置要求

1. 安全出口的设置形式、位置、数量、平面布置、防烟措施和防火分隔等应符合消防技术标准和消防设计文件要求，并应检查下列内容：

（1）安全出口的设置形式、位置、数量、平面布置；

（2）疏散楼梯间、前室（合用前室）的防烟措施；

（3）管道穿越疏散楼梯间、前室（合用前室）处及门窗洞口等防火分隔设置情况；

（4）地下室、半地下室与地上层共用楼梯的防火分隔；

（5）疏散宽度、建筑疏散距离、前室面积。

2. 避难层（间）的设置应符合消防技术标准和消防设计文件要求，并应检查下列内容：

（1）避难层设置位置、形式、平面布置和防火分隔；

（2）防烟条件；

（3）疏散楼梯、消防电梯的设置；

（4）疏散宽度、疏散距离、有效避难面积。

3. 消防控制室设置应符合消防技术标准和消防设计文件要求，并应检查下列内容：

（1）消防控制室设置位置、防火分隔、安全出口；

（2）应急照明设置；

（3）管道布置、防淹措施，除消防以外的其他管道穿越。

4. 消防水泵房设置应符合消防技术标准和消防设计文件要求，并应检查下列内容：

（1）消防水泵房设置位置、防火分隔、安全出口；

（2）应急照明设置；

（3）防淹措施。

5. 防烟风机机房和排烟风机机房设置应符合消防技术标准和消防技术文件要求，并应检查下列内容：

(1) 防排烟机房与其他机房合用情况;

(2) 防火分隔;

(3) 应急照明设置。

5.3 有特殊要求场所的建筑布局要求

1. 儿童活动场所、老年人照料设施场所、地下或半地下商店、厨房等特殊场所的设置应符合消防技术标准和消防设计文件要求，并应重点检查上述场所的设置位置、平面布置、防火分隔、疏散通道等内容是否满足要求。

2. 变压器室、配电室、柴油发电机房、空调机房等设备用房，以及电动车充电区的设置应符合消防技术标准和消防设计文件要求，并应重点检查其设置位置、平面布置、防火分隔等内容是否满足要求。

5.4 防火和防烟分区要求

1. 防火分区的设置应符合消防技术标准和消防设计文件要求，并重点核查施工记录，核对防火分区位置、形式、面积及完整性。

2. 防火墙的设置应符合消防技术标准和消防设计文件要求，并应核查下列内容:

(1) 设置位置及方式;

(2) 防火封堵情况;

(3) 防火墙的耐火极限;

(4) 防火墙上门、窗洞口等开口情况;

(5) 不应有可燃气体和甲类、乙类、丙类液体的管道穿过，应无排气道。

3. 防火卷帘的产品质量、安装、功能等应符合消防技术标准和消防设计文件要求，并应核查下列内容:

(1) 产品质量证明文件及相关资料;

(2) 现场检查判定产品外观质量;

(3) 设置类型、位置和防火封堵的严密性;

(4) 测试手动、自动控制功能。

4. 防火门、窗的产品质量、各项性能、设置位置、类型、开启方式等应符合消防技术标准和消防设计文件要求，并应核查下列内容:

(1) 产品质量证明文件及相关资料;

(2) 现场检查判定产品外观质量;

(3) 设置类型、位置、开启、关闭方式;

(4) 安装数量，安装质量;

(5) 常闭防火门自闭功能，常开防火门、窗控制功能。

5. 建筑内的电梯井、电缆井、管道井、排烟道等竖向井道应符合消防技术标准和消防设计文件要求，并应检查下列内容:

(1) 设置位置和检查门的设置;

(2) 井壁的耐火极限;

(3) 检查门、孔洞等防火封堵的严密性。

6. 其他有防火分隔要求的部位应符合消防技术标准和消防设计文件要求，并重点检查窗间墙、窗槛墙、建筑幕墙、防火墙、防火隔墙两侧及转角处洞口、防火阀等的设置、分隔设施和防火封堵。

7. 防烟分区的设置应符合消防技术标准和消防设计文件要求，并重点核查防烟分区设置位置、形式、面积及完整性，防烟分区不应跨越防火分区。

8. 防烟分隔设施的设置应符合消防技术标准和消防设计文件要求，并重点核查防烟分隔材料耐火性能。

5.5 疏散门、疏散走道、消防电梯要求

1. 疏散门的设置应符合消防技术标准和消防设计文件要求，并应核查下列内容：

(1) 疏散门的设置位置、形式和开启方向；

(2) 疏散宽度；

(3) 逃生门锁装置。

2. 疏散走道的设置应符合消防技术标准和消防设计文件要求，并重点核查疏散走道的设置形式，查看走道的排烟条件。

3. 消防电梯及其前室（合用前室）的设置、消防电梯井壁及机房的设置、消防电梯的性能和功能、消防电梯轿厢内装修材料的燃烧性能、电梯井的防水排水措施、迫降功能、联动功能、对讲功能、运行时间等应符合消防技术标准和消防设计文件要求，并应核查下列内容：

(1) 设置位置、数量；

(2) 前室门的设置形式，前室的面积；

(3) 井壁及机房的耐火极限和防火构造；

(4) 电梯载重量、电梯井底的防水排水措施；

(5) 轿厢内装修材料；

(6) 消防电梯迫降功能、联动功能、对讲功能、运行时间。

5.6 防火封堵要求

1. 防火封堵应根据建筑工程不同部位的要求，按照现行国家标准、设计文件、相应产品的技术说明书和操作规程，以及相应产品测试合格的防火封堵组件的构造节点图进行施工，施工质量应符合现行国家标准《建筑防火封堵应用技术标准》（GB/T 51410）的规定。

2. 建筑缝隙防火封堵的材料选用、构造做法等应符合消防技术标准和设计文件要求；变形缝内的填充材料和构造基层材料的选用应符合消防技术标准和消防设计文件要求，并应检查下列内容：

(1) 防火封堵的外观，直观检查有无脱落、变形、开裂等现象；

(2) 防火封堵的宽度、深度、长度；

(3) 变形缝内的填充材料和构造基层材料的燃烧性能。

3. 贯穿孔口防火封堵的材料选用、构造做法等应符合消防技术标准和设计文件要求，并应检查下列内容：

（1）防火封堵的外观；

（2）防火封堵的宽度、深度。

5.7 隐蔽工程验收要求

施工中应对下列部位及内容进行隐蔽工程验收，并按资料归档要求提供详细文字记录和必要的影像资料：

1. 防火墙、楼板洞口及缝隙的防火封堵；
2. 变形缝伸缩缝的防火处理；
3. 吊顶木龙骨的防火处理；
4. 窗帘盒木基层的防火处理及构造；
5. 其他按相关规定应做隐蔽验收的工程。

6 质量保障措施

6.1 建立质量保证体系

建立一个由项目经理为主责任人，由项目总工和生产经理领导监控，项目各职能部门执行监督、分包队伍严格实施的项目组织体系。项目质量管理组织机构图如下：

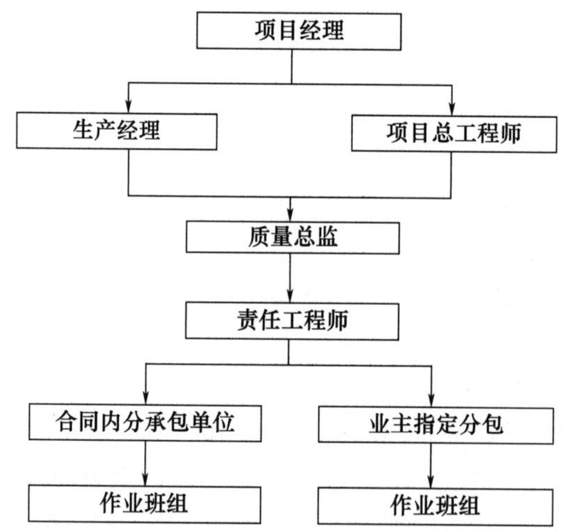

6.2 建立各种制度以保证工程质量

1. 工程实测实量制

（1）项目部必须配备实测实量的工具和仪器，并保证计量器具检定合格。

（2）项目质量部门制订实测实量计划，按照班组自检、质量检查员验收两类情况明确实测实量部位、方式方法、频次，由项目经理审批。

（3）实测实量的结果在现场要有标识，质检员验收的实测实量数据作为检验批验收记录中允许偏差项目填写的依据，保证填写数据真实性和一致性。

（4）对发现的问题进行纠正整改，要对数据定期统计分析，制订纠正措施。

2. 三检制

坚持三检制是指班组要设自检员，施工队设专检人员，每道工序都要坚持自检、互检、交接检，否则不得进行下道工序。

（1）自检：在每一项分项工程施工完后均需由施工班组对所施工产品进行自检，如符合质量验收标准要求，由班组长填写自检记录表。

（2）专检：经自检合格的分项工程，由项目经理部专业监理工程师组织配属队伍工长及质量员进行相同工序之间的施工班组互检，对互检中发现的问题应认真及时地予以解决。

（3）交接检：下道工序班组通过检查认为符合分项工程质量验收标准要求，在双方填写交接检记录，经配属队伍工长签字认可后，方可进行下道工序施工。

3. 坚持样板制

（1）在分部（子分部）工程施工图完成后，及时组织专业技术人员根据设计文件和工程办要求，梳理施工过程中需要进行施工工艺样板及首段验收的工序，按分部工程形成"施工工艺样板一览表""首段（首件）验收一览表"，并经监理单位审核后报项目管理公司和质量管理部，项目管理公司审核后报质量管理部。

（2）施工单位应严格按照设计和规范要求进行施工工艺样板及首段（首件）施工，施工完成后施工总承包单位应及时报监理单位组织验收。

（3）监理单位应及时组织设计、施工单位工艺样板及首段验收，并及时形成验收表；项目管理单位项目专业负责人、设计单位项目专业负责人、施工单位项目专业负责人、监理单位专业监理工程师应参加验收。验收前应同时通知质量管理部。

（4）施工单位应根据验收时各方提出的意见进行整改，验收合格后方可进行大面积施工。

样板制度实施内容见下表：

样板范围	工序样板、分项工程样板、样板墙体、样板间等
样板施工时间	各分项工程（工序）施工前
样板施工依据	"施工验收规范""图纸会审""设计变更施工组织设计""施工方案技术交底"
样板施工前准备	1. 由责任工程师依施工方案和技术交底组织操作人员进行认真的书面及现场技术交底，明确工序操作标准和要求； 2. 在施工部位挂牌：注明工序名称、施工责任人、技术交底人、操作班长、施工日期等
样板施工中要求	1. 检查方案、交底在样板施工中的执行情况； 2. 组织本工种人员到现场学习施工标准及要求
样板施工结束	1. 样板施工结束后必须经监理、业主及设计方确认后方可进行大面积施工； 2. 样板未通过验收前不得进行下一步施工

4. 奖罚制

根据施工质量的高低以及对施工要求的执行程度，采取相应的保证和提高施工质量的奖罚措施。质量奖罚的实施，依据公司"质量问题处罚办法"。

5. 质量例会制度

每周五开一次包括各专业分包在内的质量例会，汇总一周的质量问题，安排下周的质量工作重点。对各专业施工队伍进行讲评，并结合实际情况组织现场联合大检查，互相对比、互相促进。对存在问题的单位要及时提出整改要求，并形成书面的会议记录，备案留存。

6. 质量分析会制度

针对现场出现的较为突出的质量问题，必须及时开展专题讨论和分析，并制订明确措施，同时形成会议记录。出现严重质量问题或质量事故，必须按照公司的相关程序，上报公司及有关单位，对整改方案要征得设计或专家的认可，不得私自处理，更不得瞒报。

7. 质量否决制

坚持质量一票否决制，管理人员所负责质量方面出了问题，扣发奖金；施工分项没有达到规定标准，不予拨付工程款、工程量不得确认；质量没把握，不得继续施工。

8. 分包方的质量控制制度

（1）签订分包合同中，明确对分包队伍的质量要求、人员保证。

（2）分包队伍进场后，依据分包方提供的施工人员名录核查人员是否正确。对所有进场人员进行质量意识教育，同时，对技术人员、特殊工种进行技术培训，要求他们不仅要熟悉施工规范要求，而且对企业标准、施工工艺要达到熟知应会，熟练操作要求，并且在分项工程施工前进行技术交底。检查其计量装置（如盒尺、游标卡尺等）施工图纸及施工所需的规范、图集等配置情况。

（3）在施工过程中，将分包队伍纳入企业质量管理体系中，项目的质量管理体系组织结构直接深入分包队伍，对分包队伍负责的分项施工过程作为施工过程控制的重要监控点。涉及到特殊、关键过程的施工项目，严格按照特殊、关键过程的程序要求进行控制。坚持执行技术交底制度，对施工过程存在的质量隐患及时提出问题，制订纠正、预防措施并严格落实，设专人进行验证。

（4）在每个分项施工完成后，由项目质量总监组织分包方进行质量检验，确保分包所施工的质量满足工程质量目标要求。

9. 质量检验制度

（1）做好分项工程质量检验批报验工作。

（2）所有隐蔽记录必须经建设单位、监理、公司有关单位验收签字认可，才能组织下道工序施工。

（3）技术资料对工程质量具有否决权，因此技术资料必须齐全、完整、及时、真实交圈。

（4）严格执行公司对工程质量的奖罚规定，以经济手段促进和确保工程质量的全面提高。

6.3 质量突发事件的应急措施

1. 重大质量事故发生后，项目部应做好现场保护，采取有效措施，防止事故扩大，减少损失。

2. 对于符合住房城乡建设部“关于做好房屋建筑和市政基础设施工程质量事故报

告和调查处理工作的通知”所规定等级的质量事故，应按规定程序逐级上报，等候有关部门调查。

6.4　对违规事件的报告和处理

1. 发生一般质量事故，项目部应及时调查分析，在分析会后五日内书面上报公司质量监督部。

2. 发生严重质量事故，项目部应根据事故情况的紧急程度，决定立即上报或于两日内书面上报公司质量监督部。

3. 发生重大质量事故，项目部应必须以最快方式，将事故的简要情况向公司质量监督部和相关领导报告。由公司总经理按照住房城乡建设部《关于做好房屋建筑和市政基础设施工程质量事故报告和调查处理工作的通知》中规定的报告程序上报有关部门。

6.5　质量管理和技术措施

1. 施工材料的质量控制措施

（1）物资采购

施工材料的质量，尤其用于结构施工的材料质量，将会直接影响到整个工程结构安全，因此材料的质量保证是工程质量保证的前提条件。

为确保工程质量，施工现场所需要的材料均由材料部门统一采购，如所需材料在合格的材料供应商范围内不能满足，就要进行其他厂家的评审，合格后再进行采购。物质采购遵循在诸多厂家中优中选优，执行首选名牌产品的采购原则。

建立物资评审小组，由材料部门、项目经理部及有关专业技术人员参加，对材料供应商的能力、产品质量、价格和信誉进行预审，建立材料供应商的评审卡。采购部门的负责人定期（半年度）组织对于选定的材料供应商进行审核。如审核中发现不合格的，将其从合格材料供应商花名册中除名。

为了保证本工程使用的物资设备、原材料、半成品、成品的质量，防止使用不合格产品，必须以适当的手段进行标志，以便追溯和更换。

所有标识均应建立台账，做好记录、以使其具有追溯性。

（2）物资进场试验

对规定做理化试验的物资，材料员应通知试验员，由试验员根据物资进场数量按验收批量的规定，取样送检并取回复试报告后反馈材料员，材料员根据试验结果进行物资试验状态标志。

对于业主提供的产品，应根据合同规定，按照物资检验和试验的相关规定，组织相关人员对顾客提供的产品进行检验和试验，保证未经检验或试验的产品不投入使用。

2. 施工技术的质量控制措施

施工技术的先进性、科学性、合理性决定了施工质量的优劣。发放施工图之后，专业技术人员会同施工工长先对图纸进行深化、熟悉、了解，提出施工图之中的问题、难点、错误，并在图纸会审、技术交底时予以解决。同时，根据设计图纸的要求，对在施工过程中，质量难以控制，或要采取相应的技术措施、新的施工工艺才能达到保证质量目的的内容进行摘录，并组织有关人员进行深入研究，编制相应的作业指导书，从而在技术上对此类问题进行质量上的保证，并在实施过程中加以改进。

施工工长在熟悉图纸、施工方案或作业指导书的前提下，合理地安排施工工序、劳动力，并向操作人员做好相应的技术交底工作，落实质量保证计划、质量目标计划，特别是对一些施工难点、特殊点、更应落实至班组每一个人，而且应让他们了解本次交底的施工流程、施工进度图纸要求、质量控制标准，以便操作人员心里有数，从而保证操作中按要求施工，杜绝质量问题的出现。

在本工程施工过程中将采用三级交底模式进行技术交底。

由项目总工向生产负责人、专项技术负责人进行交底，由生产负责人、专业技术负责人向施工员、质检员、试验员等进行交底，由施工员对一线施工人员进行交底。

在本工程中，将对以下的技术保证进行重点控制：施工前各种大样图；原材料的材质证明、合格证、复试报告；各种试验分析报告；基准线、控制轴线、高程标高的控制；沉降观测；混凝土、砂浆的配合比的试配及强度报告、地下室防水、钢结构吊装及焊接等。

7　安全文明施工与环境保护

7.1　贯彻国家、地方有关法规

为了保护和改善生活环境与生态环境，防止由于建筑施工造成的作业污染和扰民，必须做好建筑施工现场的环境保护工作，施工现场的环境保护是文明施工的具体表现，也是施工现场管理达标考评的一项重要指标。本工程环境保护按 ISO 14001 标准执行，项目部依据《中华人民共和国环境保护法》《北京市建设工程施工现场管理办法》《绿色施工管理规程》，参照公司有关文件实行环境保护责任制管理。

7.2　防止周围环境污染、大气污染的具体措施

1. 对办公区和生活区的裸露场地进行绿化或硬化。施工现场主要道路用混凝土硬化。

2. 及时清理施工现场，安排专人清扫施工道路，并洒水降尘。

3. 土方应集中堆放。对裸露的场地和集中堆放的土方采用防尘网进行覆盖。

4. 施工现场大门口设置洗车设备。要求从事土方、渣土和施工垃圾运输的车辆必须为密闭式车辆，出场时必须将车辆清理干净。

5. 遇有四级以上大风天气，不得进行土方回填、转运以及其他可能产生扬尘污染的施工。

6. 施工区进行机械剔凿作业时，作业面局部应遮挡、掩盖或采取水淋等降尘措施。

7. 施工现场设置封闭式垃圾站，以免产生扬尘，建筑物内施工垃圾的清运，必须采用相应容器运输，严禁凌空抛掷。同时根据垃圾数量及时清运出施工现场，清运时提前适量洒水，垃圾车每次装完后，用苫布或编织布盖好，避免途中遗洒或造成扬尘。

8. 生活区设置 1 个生活垃圾站，生活垃圾按照《北京市关于生活垃圾分类和处理的决定》，分类收集、分类投放。垃圾要及时运入垃圾站，垃圾站当天的垃圾当天运出。

垃圾站定时清理。

9. 施工现场外围立面采用密目安全立网，降低楼层内风速，阻挡灰尘进入施工现场周围的环境。

7.3 防止水污染的具体措施

1. 施工期间，生活区和施工区分别设置厕所，严禁随地大小便，厕所保证每天清运一次；厕所经常打扫、喷药，保持良好的卫生状况。

2. 确保雨水管网与污水管网分开使用，严禁将非雨水类的其他水体排进市政雨水管网。

3. 工人生活区、工人食堂、油料库等主要生产污水的部位均设置在场地外，所以不会对工程造成污染。

7.4 防止噪声污染的具体措施

1. 防止噪声污染：施工过程中不定期进行噪声监测，控制施工的设备噪声均在国家和北京市允许的范围内。不同施工阶段的作业噪声限值如下表：

施工阶段	主要噪声源	噪声限值单位：分贝（A）	
		白天	夜间
结构	振捣棒、电锯等	70	55
装饰	吊车、升降机等	65	55

2. 选用噪声标准较低的施工机械、设备，同时做好机械设备日常维护工作。施工场地的强噪声设备采取封闭、隔离等措施降低噪声。

3. 所有运输车辆设标识，进入现场后禁止鸣笛，减少噪声。装卸材料轻拿轻放。

4. 木工棚、地泵等高噪声设备实行封闭式隔声处理（必须有门）。施工时，应提前做好装修材料预算，如果需要进行切割，必须提前在场外加工，施工现场只允许进行拼装，把噪声降到最低。

5. 手持电动工具或切割器具应尽量避免使用，夜间施工禁止使用电动工具。使用电锤开洞、凿眼时，应合用合格的电锤，及时在钻头上注油或水。

6. 噪声监测应编制检测计划，绘制检测控制点平面布置图，做好监测记录。

7.5 废弃物的管理

1. 施工现场设立专门的废弃物临时贮存场地，废弃物应分类存放，对有可能造成二次污染的废弃物必须单独贮存、设置安全防范措施且有醒目标识。

2. 废弃物的运输确保不散撒、不混放，送到政府批准的单位或场所进行处理。

3. 对可回收的废弃物做到再回收利用。

7.6 公共卫生管理

1. 施工区

（1）施工现场要整齐清洁，无积水。

（2）车辆出入不得遗撒或夹带泥水。

（3）工地发生法定传染病和食物中毒时，要及时向卫生行政部门报告，并采取措施防止传染病传播。

（4）办公室、宿舍、食堂、饮水站、厕所、垃圾站等要设统一标牌。

（5）施工现场应设置饮水茶炉（电热水器），并有专人管理定期清洗，保持卫生。

2. 办公区

工地办公用房采用轻钢结构岩棉彩钢板一层到三层活动板房。板房要清洁、整齐、美观、做到窗明几净。办公区配备垃圾桶，派专人每天清扫。

3. 生活区

（1）工人宿舍采用岩棉彩钢板三层活动板房，保证工人基本居住、使用条件。

（2）工人宿舍内高度为 2.8m，平均每人居住室内面积 $2m^2$，室内床铺间通道宽度不得小于 0.8m。

（3）生活区周围污水入污水管道，保持设施及环境的清洁卫生，保证上下水畅通。

（4）生活区内垃圾集中在生活垃圾站，及时清理运走。

4. 食堂

（1）施工现场食堂由总承包单位规划，分包单位管理。

（2）食堂必须有卫生许可证，炊事人员有身体健康证和卫生知识培训证。

（3）食堂操作间，储存间生熟食品要分开存放，制作食品生熟分开。

（4）操作间刀、盆、案板等炊具必须分开，各种炊具要干净无锈。

（5）食堂内墙贴瓷砖，操作间内墙面到顶，锅台用瓷砖贴面，食堂、操作间、库房地面用水泥抹面，屋顶采用石膏板吊顶，无散落灰尘。

（6）食堂、操作间、储存间要清洁卫生，做到无蝇、无鼠、无蛛网，并有防灭措施。

（7）炊事人员上岗必须穿戴工作服帽，经常清洗并搞好个人卫生。

5. 厕所

（1）墙壁严密，门窗齐全有效，地面铺贴地砖，墙面瓷砖到顶。

（2）厕所应采用冲水措施，保持通风无异味。

（3）厕所有专人清扫保洁，有灭蝇、灭蛆等消毒措施。

8 季节性施工管理措施

8.1 雨期施工措施

1. 钢筋模板混凝土工程

（1）雨期施工试验员要随时测定商品混凝土坍落度，通知搅拌站及时调整施工配合比，要求严格控制水灰比。

（2）避开雨天进行混凝土浇筑，特别是大体积混凝土底板施工，应该收听计划浇筑时间段内（3d 左右）的天气预报，决定是否进行底板浇筑。当混凝土浇筑中因突遇大雨被迫中止时，必须按规范规定留好施工缝，已浇筑的混凝土用塑料布覆盖，待大雨过后清除积水。

（3）雨后将模板表面淤泥、积水及钢筋上的淤泥清除掉。

（4）雨天使用的木模板拆下后应放平，并进行覆盖，以免受潮变形。

（5）模板拼装后尽快浇筑混凝土，防止模板遇雨变形。若模板拼装后不能及时浇筑混凝土，又被雨淋过，则浇筑混凝土前应重新检查、加固模板和支撑。

（6）现场钢筋必须堆放在搁置架上，以防钢筋泡水锈蚀。露天堆放的钢筋必须覆盖。雨天钢筋视情况进行防锈处理，严禁把锈蚀钢筋用于结构上。

（7）雨天避免进行钢筋焊接施工。若焊后下雨，应采取覆盖措施，不得让雨水淋在未冷却的焊点上，待完全冷却才能撤掉覆盖，以保证钢筋焊接质量；如遇大雨、大风天气，立即停止施工。焊条、焊剂按规定进行烘干处理，方可使用。

2. 脚手架工程

（1）脚手架基础座的基土必须坚实，并有可靠排水措施，防止积水浸泡地基。

（2）五级及五级以上大风和雾、雨天应停止脚手架作业，雨、雾后上架操作应有防滑措施。大风雨过后，要观察有无变化，发现问题及时处理。

（3）在雨期施工期间，要及时对脚手架进行清扫，并要采取防滑和防雷措施，防雷接地电阻不大于10Ω。

（4）雨期要及时排除架子基底积水，大风暴雨后要认真检查，发现立杆下沉、悬空、接头松动等问题应及时处理，并经验收合格后方可使用。

（5）脚手架、上人马道要采取防滑措施。脚手架的坡道要加防滑条，防滑条间距不大于30cm，并安装挡脚板和防护网。

（6）人员在施工时，必须佩戴安全带与搭好的立杆、横杆挂劳，穿防滑鞋。

3. 机电安装工程

（1）消防器材有防雨防晒措施；地下消火栓要高出地面防止泡水。

（2）敷设于潮湿场所的电线管路、管口、管子连接处应作密封处理。

（3）雨水系统尽可能安排在雨期前完成，已施工完的管道，要加强成品保护，保证排水畅通。

（4）地下室通风管道、电气的金属线槽施工完毕，一定要保持地下室有良好的通风，地下室设备安装完毕，及时封堵设备洞口，及时采取措施防止受潮、被水浸泡。

（5）雨期施工期间，空气潮湿、多雨天气对防腐施工影响极大，针对钢板、管材、安装附件等防腐施工，需搭建临时施工棚，保持通风干燥。如果涂层长期受雨水浸湿、或者在日夜温差太大易结露的部位，都会较快地受到腐蚀，使用寿命均会降低。

（6）雨期施工前，检查室外管线未封闭的管头，一律加堵封严；井、池的预留洞口也应临时封闭。

（7）雨期施工期间，排气管两端及三通等其他甩口均应填上，以免泥水进入管内。排完管后马上矫正。管口要及时养护，盖好草袋子，并经常洒水，保持湿润。

（8）地下管线的施工要及时下管、试压、确认、验收、回填。

（9）原则上不安排大而深的管沟开挖，必须开挖时，要制定安全合理的支护措施，保证边坡稳定，管沟一次开挖不宜过长，严禁在雨期大量开挖土方。

（10）管沟两侧1.5m内严禁存土及堆放重物，沟底应有排水沟及集水坑，设潜水泵，及时排除雨水。回填土前，管沟内不得存水，并保证沟底基本干燥。

8.2 冬期施工措施

1. 钢筋工程

(1) 钢筋调直冷拉温度不宜低于－20℃。在负温下冷拉后的钢筋，应逐根进行外观质量检查，其表面不得有裂纹和局部颈缩。

(2) 钢筋负温焊接，可采用闪光对焊、电弧焊、电渣压力焊等方法。钢筋连接应优先选用机械连接，当温度低于－20℃时，不宜进行钢筋直螺纹连接或焊接连接。负温条件下使用的钢筋，施工过程中应加强管理和检验，钢筋在运输和加工过程中应防止撞击和刻痕。

(3) 雪天或施焊现场风速超过三级风时，应采取遮蔽措施，焊接后未冷却的接头应避免碰到冰雪。

2. 模板工程

(1) 模板使用草帘被覆盖保温，使用中如有破坏应及时补充。

(2) 冬期施工脱模剂须采用油性脱模剂。

3. 混凝土工程

(1) 冬期施工混凝土选用外加剂应符合现行国家标准《混凝土外加剂应用技术规范》(GB 50119—2003) 的相关规定。

(2) 项目所用混凝土中掺加的防冻剂必须符合当地建设行政主管部门的规定（北京市的项目要采用建委已公布的备案产品）。防冻剂商品名称、商标、生产厂家必须一致，正在办理备案的产品不得使用。

(3) 混凝土在浇筑前，应清除模板和钢筋上的冰雪和污垢。运输和浇筑混凝土用的容器应有保温措施。

(4) 室外气温及环境温度：每昼夜不少于 4 次（2 点、8 点、14 点、20 点），在进入规定冬期施工前 15d 开始进行大气测温。

(5) 混凝土出罐温度：每一工作班不少于 4 次，商品混凝土从罐车放出时测定。混凝土入模温度：每一工作班不少于 4 次，混凝土浇筑到模板内尚未振捣前测定。采用综合蓄热法施工，混凝土入模温度不得低于 5℃。

(6) 冬期混凝土试块的留置，除按常温施工执行外，另增加不少于 2 组同条件养护试块，分别用于检验各龄期（达到受冻临界强度时；拆模或拆除支撑前；负温转常温试块养护）强度和结构实体检验。要保证同条件养护试块与施工现场结构养护条件相一致。

4. 砌筑工程

(1) 砂浆采用防冻型预拌砂浆，按厂家使用说明书使用。

(2) 砂浆试块的留置，除应按常温规定要求外，应增加留置满足冬施条件的试块，参照混凝土冬施试块留置。如有特殊需要，可另外增加相应龄期的同条件试块。

(3) 搅拌砂浆时，周围环境温度不应低于 5℃，并尽可能减少在搅拌、运输、储存过程中的热量损失。砂浆应随拌、随运、随用，不得露天存放或二次倒运。

（4）砂浆应随拌随用，不要积存过多，以免冻结。不得使用已受冻的砂浆，不得在砌筑时随意向砂浆中加热水，不得大面积铺灰排砖。

（5）砌体在当日施工完毕后，必须将砖面灰渣清理干净。

5. 钢结构安装工程

冬期焊接的质量保证关键在于施工过程控制。施焊前后，注意收集气象预报资料，当恶劣天气即将到来，如无确切把握抵挡时，则放弃施焊。若焊缝已开焊，要抢在恶劣天气来临前，至少焊完板厚的 1/3 方能停焊，且严格做好后热处理，并且进行保温处理。再次焊接时，将预热温度相应提高。

（1）焊接预热处理

焊接预热处理采用火焰加热法，焊缝焊接前在施焊焊缝坡口两侧进行，宽度为板厚的 1.5 倍且不小于 150mm，加热至 36℃以上方可施焊，在焊接过程中均不可低于 36℃。

（2）焊接层温控制

采用氧气和乙炔气体中性焰加热方法，焊缝焊接的层间温度应控制在不低于 80℃且不高于 200℃的温度范围内，焊接过程中使用温度测温仪进行监控，当焊缝焊接温度低于要求时，立即加热到规定要求之后在进行焊接，单节点焊缝应连续焊接完成，不得无故停焊，层间温度过低或超高时，应立即采取补热、停焊的方法，待层间温度达到施焊条件后在进行焊缝焊接。

如遇特殊情况中途必须停止焊接，应立即对焊缝进行保温处理，当焊缝再次焊接时需重新对焊缝进行加热，加热温度比焊前预热温度相应提高 20～30℃。

（3）冬期焊接焊后保温

在寒冷劲风多发地区，一切焊前加热、中间再加热、后热等都围绕着消除骤冷骤热、消除胀缩不均、延缓冷却收缩这个质保目的，但是仅上述措施还不能阻止温度热量的快速散失、特别是防止边沿区域冷却较缝中部冷却过快的现象。

最有效最直接的方法是加盖保温性能好、耐高温的保温棉。在寒冷地区，须加盖保温棉，在钢柱接头焊接部位密封围护棚阻止空气流通，使其缓慢冷却，达到常温后，方可除去保温措施。焊后，普工立即包裹一层保温棉，宽度 600mm±50mm，用铁丝将其与钢柱连接，24h 后立即进行探伤，期间不需监管。

由于较厚的保温棉可基本阻止外界空气对构件焊接区的直接冷却，构件的绝大部分焊接热通过构件两端的延伸部分传递，这个过程温度的渐变较缓慢，只要保温棉围护严密，焊接质量即可保证，围护后不可随意对围护区遮蔽措施进行拆解。

6. 机电安装工程

（1）所有暗配管路应在上冻前把管道清理干净，以防管内积水结冰，影响穿线。

（2）电工配管后，所有管口要封堵好，防止水以及杂物进入管内。

（3）水电配合工程，钢管煨弯要大一些，因为天气干燥寒冷，钢管又脆又硬，煨弯要大于 10 倍的钢管直径。

（4）工地临时用水管应采取必要的保温、防冻措施。

（5）经除锈、防腐处理后的管材、管件、型钢、托吊卡架等金属制品应放在设有防雪防滑措施的专用场地。

9 成品保护措施

9.1 土建成品保护措施

1. 墙、板如需开洞、开凿应事先同设计进行联系，设计同意后方可进行。严禁在砖墙板上随意开洞、开槽，未经许可不得擅自切割结构钢筋。

2. 砖墙及其他材质的墙体开洞、开槽应按工程要求，先划线后再进行施工。开槽、开洞使用专用开槽机及开孔机。

3. 现场设置的施工设备应由木板或其他材料垫离地面，防止油污粘贴在地面上。

4. 在进行电焊、气焊作业时，应采取隔离措施，以防损坏已做好的地面和墙面。

5. 在已施工完的墙外和吊顶上进行安装施工时，施工人员佩戴干净手套并穿戴干净工作服后方可进行施工。

6. 积极开展教育全体参建职工成品保护教育，严禁在土建建筑上乱涂乱画，发现，将立即责令当事人出场。

9.2 原材料保护措施

1. 所有原辅材料经验收合格后，由仓库管理员负责材料入库，做好入库手续，并按规定标记清楚，严禁混合堆放。

2. 所有材料储存时均制订保护措施，存放时底部使用水平木材垫平，每层之间须以薄木条隔离，且材料堆放最高不宜超过 10 层；玻璃须竖直存放在专用支架上，每块玻璃之间有隔离纸。

3. 工厂材料搬运中所需运输均应有防护措施，禁止铁件、硬件等直接接触，以免损坏材料。

4. 材料加工平台须按规定铺垫毛毯，并注意不得有杂物，严禁在平台上拖动材料，所有材料移动须垂直抬放。

5. 加工完成的材料或成品，须将表面内腔的杂屑全部清除，并进行清洁及加贴保护膜。

6. 每道工序的完成人员均须将本人工号打在流程卡上，经自检合格后方可转入下道工序，并接受质管人员的随时抽检。

7. 当班质管员负责对加工完成的材料或成品按工艺标准进行检验，并检查流程卡填写情况，在流程卡上签名确认。

8. 只有检验合格的材料及成品才进入成品库。成品库管理员对入库材料须按流程卡上的合同号分类存放，并进行清楚标识。

9. 材料库及成品均须按规范进行管理，做好防尘、防霉、防火等工作，所有材料均须进行覆盖，且登记造册。

9.3 装饰材料包装及运输保护措施

1. 型材表面除加保护膜外，另应使用专用包装纸捆扎。

2. 玻璃板块等除在装饰表面按规定加贴保护膜外，在准备发运装车时应在板块中间加隔离板，并用紧线机捆扎结实，严防运输过程中造成摩擦损坏。

3. 所有材料及成品在包装时应注意规格，不同尺寸、品种的料应避免包扎在一起。

4. 玻璃板块边安装边清洁，并检查上下防护网，防止杂物掉落污染或损坏玻璃。

5. 以厚胶纸或三合板在室内遮挡玻璃部分，以免焊点、防火喷剂、水泥抹灰及其他不利影响等污染玻璃面层或导致其破碎，但以上保护材料不应与玻璃有直接接触。

6. 材料表面的保护纸不得任意撕毁，以免装饰表面被硬物划破或被水泥砂浆污。

附录3　某项目消防工程施工方案——消防给水工程

某项目消防工程施工方案
（消防给水工程）

工程名称：某××项目工程
编制单位：北京××集团
编制时间：2022年11月

目　　录

9.3　成品保护工作的内容及措施

9.4　成品保护管理的基本原则

9.5　成品保护、半成品保护小组

9.6　产品保护措施的控制

9.7　保护措施

9.8　消防成品保护

9.9　土建、装饰产品的保护措施

9.10　其他专业单位的产品保护

9.11　半成品保护措施

第一章　编制说明

1. ××项目工程招标文件
2. 施工图纸
3. 施工合同文件
4. ××项目工程降噪设计施工技术指南〔2021〕4号
5. 现行的国家及地方主要规范、规程、标准、图集

序号	名称	编号
1	《室外给水设计标准》	GB 50013—2018
2	《建筑设计防火规范》(2018年版)	GB 50016—2014
3	《消防给水及消火栓系统技术规范》	GB 50974—2014
4	《自动喷水灭火系统设计规范》	GB 50084—2017
5	《建筑灭火器配置设计规范》	GB 50140—2005
6	《汽车库、修车库、停车场设计防火规范》	GB 50067—2014
7	《大空间智能型主动喷水灭火系统技术规程》	CECS263：2009
8	《绿色建筑评价标准》	GB /T 50378—2019
9	《建筑防火封堵应用技术标准》	GB /T 51410—2020
10	《绿色建筑评价标准》	DB11/T 825—2015
11	《自动喷水灭火系统施工及验收规范》	GB 50261—2017
12	《建筑灭火器配置验收及检查规范》	GB 50444—2008
13	《室内管道支架》	05R417—1
14	《建筑节能工程施工质量验收标准》	GB 50411—2019

第二章　工程概况

2.1　总体概况

工程名称	某××项目
建设单位	××办公室
设计单位	中国××××设计有限公司
监理单位	北京××工程管理咨询有限公司
施工单位	××集团
建筑性质及分类	高层公建
结构类型	地上钢框架支撑结构，地下钢筋混凝土框架剪力墙结构
建筑面积	总面积175693.91m^2，其中地上面积99153.4m^2，地下面积76540.51m^2
地理位置	××××街区，北京市××区××镇，北至××街，南至××街，西至××路，东至××路

2.2 消防水专业概况

系统名称	系统概况
消防水源	1. 消防用水水源为市政给水管网。由××路和××路市政给水管分别接入 *DN*200 和 *DN*200 引入管。市政给水管网设计供水压力为 0.18MPa。 2. 室内消防用水总量 497m³，全部储存于地下一消防水池，水池有效容积 497m³。 3. 1#楼 A 座顶层 36.5m 标高处设置有效贮水容积为 36m³ 的高位消防水箱，水箱间设稳压装置。消火栓、自动喷水系统共用高位水箱，分别设稳压装置。 4. 消防水池、消防水箱最低报警水位设置在低于正常水位 100mm 处，以确保有效灭火水量，同时设置最高、最低、超低报警水位，各水位关系见消防系统图和水池（箱）详图。消防控制中心或泵房控制柜应能显示消防水池、消防水箱等水源的正常水位以及最高、最低水位报警信号。最高、最低水位报警信号在消防工况下无效
室内消火栓系统	1. 为临时高压给水系统，平时系统压力由消防水箱和稳压泵维持。 2. 系统竖向不分区，用 1 组消防泵供水，供水压力详见消火栓系统图。 3. 消火栓：均采用带灭火器箱组合式消防柜，箱体材料和箱内配置见设备器材表。 4. 水泵接合器：室内消火栓水量 30L/s，需设不少于 2 个 *DN*150 水泵接合器。水泵接合器均位于室外消火栓 15～40m 范围内，供消防车向室内消火栓系统补水用。并在水泵接合器处设置永久性标志铭牌，注明供水系统、供水范围、系统设计流量和额定压力等参数
自动喷水灭火系统	1. 系统设计流量为 48L/s，设计用水量 173m³。 2. 设置范围：除不能用水扑救的场所及 4#楼净高大于 12m 的展示空间（已设大空间智能型主动喷水灭火系统）外，其余均设有自动喷淋头保护。 3. 自动喷水系统分类为： （1）湿式系统：用于地下一层及以上各层区域； （2）预作用系统：用于地下层车库区域。 4. 供水系统：采用临时高压系统，竖向不分区，用 1 组加压泵供水。供水压力及分区详见自动喷水系统图。 5. 报警阀：共设 20 个湿式报警阀，8 个预作用报警阀，分别设置在地下一层。各报警阀处的系统工作压力均不超过 1.6MPa，负担喷头数不超过 800 只（不计吊顶内喷头），且喷头处的工作压力不大于 1.2MPa。水力警铃设于报警阀附近的公共通道墙上。 6. 水流指示器：每层每个防火分区均设水流指示器和电触点信号阀。中危险级场所配水管入口供水动压大于 0.4MPa 者，在配水管上水流指示器前加减压孔板，设置楼层和孔口直径见自动喷水系统图，孔板前后管段长度不宜小于 5 倍管段直径。 7. 末端试水装置和试水阀：每个报警阀所负担的最不利喷头处，设末端试水装置。每层每个防火分区的管网均设 *DN*25 的试水阀。试水装置和试水阀有明显标识，距地面高度 1.5m，试水阀设锁定装置（不被随意动用）。 8. 水泵接合器：设 6 套地下式水泵接合器，分设 2 处，均位于室外消火栓 15～40m 范围内。水泵接合器处设置永久性标志铭牌，注明供水系统、供水范围、系统设计流量和额定压力等参数
大空间智能型主动喷水灭火系统	1. 设置部位：2#办公楼净空高度大于 12m 的展示空间。 2. 设计参数：采用大空间自动扫描射水高空水炮灭火装置，系统设计流量 10L/s，作用时间为 1h。装置标准流量：5L/s，装置标准工作压力为 0.60MPa，装置最大安装高度为 20m，接管管径 *DN*25，一个装置最大保护半径为 20m。 3. 系统型式：与自动喷水系统合用一套供水系统，在报警阀前管道分开，单独设置水流指示器和模拟末端试水装置。

续表

系统名称	系统概况
大空间智能型主动喷水灭火系统	4. 系统动作和信号： （1）大空间智能型主动喷水灭火系统与火灾自动报警系统及联动控制系统综合配置，红外探测组件探测到火灾，启动相关灭火装置自动扫描，对准起火部位，打开相应装置上的电磁阀，同时自动启动相应加压泵。 （2）装置上的电磁阀同时具有消防控制室手动强制控制和现场手动控制的功能。 （3）消防控制中心能显示红外探测组件的报警信号，信号阀、水流指示器、电磁阀的状态和信号

第三章　施工准备

本工程必须靠一流的施工策划与运作、一流的管理与协调、一流的技术与工艺、一流的设备与材料、一流的承包商与劳动力素质等来实现一流的管理和控制，从而以过程精品达到工程精品，满足业主对工期、质量等方面的要求。

3.1　组织准备

针对该工程施工要求高，工期提前的情况下，必须建立一个严密的现场管理体系，实行任务到组、质量到人，严格要求，精心施工。对本工程施工人员进行思想教育和组织建设，加强学习，健全岗位责任制。把技术交底、质量标准、操作工艺、安全消防交底贯彻到施工班组，要使每一个施工员牢固树立质量第一的思想，从组织上保证优质工程。

3.2　技术准备

首先，责任工程师及相关技术人员应认真熟悉图纸及有关技术资料，将专业施工图与结构图、建筑图进行核对，熟悉流程，熟练掌握施工及验收规范标准，熟悉现场环境及土建进度安排、施工管理等情况，拟定与总进度计划相协调的专业施工进度计划。相关人员组织好图纸会审，并且把不清楚和需要修改的地方与设计协商解决。技术人员根据实际情况编制有针对性的施工方案和技术交底。

其次，责任人工程师要积极组织施工班组有关人员熟悉施工图，学习有关本工程的质量要求、技术操作规程。从而实现在管理层和操作层对施工工艺、质量标准的熟悉和掌握，使工程施工有条不紊、按期保质地完成。

最后，广泛采用新技术、新材料、新工艺。针对工程特点和难点采用先进的施工技术、工艺、材料和机具和BIM技术等先进的管理手段，提高施工速度，从而保证各阶段工期目标和总体工期目标。

3.3　施工机具设备

根据总进度计划、专业进度计划和工机具需用量计划，及时与总部联系确定调用、租赁或购买方案，并根据总进度计划及专业进度计划逐步组织工机具进场，工机具安放在工机具库房或预制加工厂。

3.4 物资准备

根据施工方案和进度计划的要求，结合施工图预算和施工预算材料用量要求，进行物资准备工作。

工程物资、设备进场，按照物资检验和试验的相应规定，组织有关人员产品进行检验和试验，经验收合格后，按《建筑工程资料管理规程》规定及工程监理要求向监理单位报请验收，附件应提供齐全，保证未经检验或试验的产品不投入使用。

3.5 物资报验流程

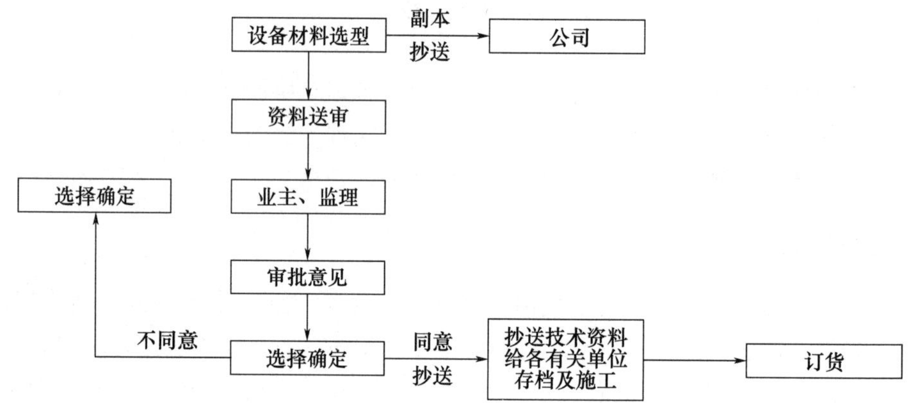

第四章　施工安排

4.1 组织机构

本工程选派经验丰富的管理人员组成项目经理部。严格履行专业职责，密切配合土建，实现统一计划、统一现场管理、统一施工管理。项目经理部组织机构图如下：

4.2 工程管理目标

（1）质量目标：中国安装之星、中国建设工程鲁班奖。

（2）工期目标：严格执行合同约定总工期。

（3）施工安全目标：北京市绿色安全样板工地、全国建设工程项目施工安全生产标准化工地。

（4）科技工程目标：住房城乡建设部绿色施工科技示范工程。

（5）用户服务目标："用户满意工程"，用户服务满意率100%，在工程保修阶段提供细心周到的服务。并定期回访，承担保修责任，提供详实的用户服务手册。

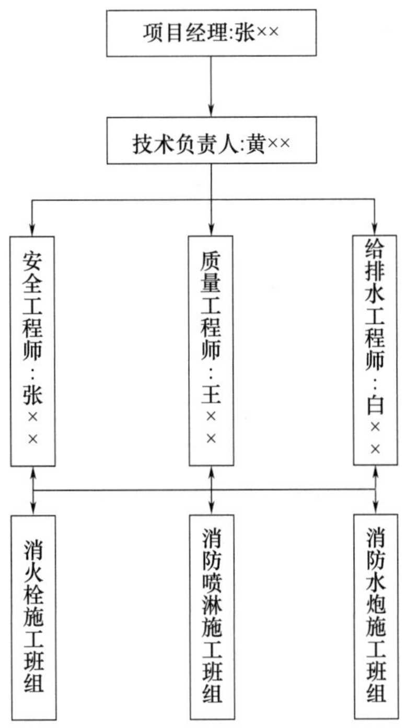

4.3　施工部署

4.3.1　施工进度计划

详见施工总控进度计划（详见附1）。

4.3.2　劳动力计划安排

根据本工程特点，项目部将根据施工进度计划优化人力、机械、材料、资金、技术等生产要素，并根据施工阶段性要求，满足项目施工的动态管理，确保工序作业紧密连接，确保工期、质量目标的实现（详见施工阶段投入劳动力投入计划）（详见附2）。

4.3.3　主要施工机具准备

序号	机具名称	规格型号	单位	数量
1	剪型高空作业平台	作业高度5m	台	8
2	剪型高空作业平台	作业高度8m	台	6
3	液压叉车	1～10t	台	2
4	直流弧焊机	ZX7-400A	台	3
5	液动调速管道切割坡口机	HYD-300	台	2
6	台钻	JZ-25	台	5

续表

序号	机具名称	规格型号	单位	数量
7	电锤	Z1C-HW-2600A	把	15
8	多功能手电钻	GBM450	把	10
9	角向磨光机	S1M-MH3-125A 10000r/min	个	6
10	砂轮切割机	CQ400	台	10
11	电动套丝机	*DN*15～50	台	10
12	电动套丝机	*DN*50～100	台	5
13	电动试压泵	4D—SY25/38 4MPa	台	4
14	焊烟净化器	—	台	3
15	手动试压泵	SB-1.6	台	4
16	液压手动拖车	CBY-ZT (2.5～5t)	台	2
17	搬运小坦克	CRS-12	个	4
18	搬运小坦克	CRS-30	个	2
19	卷扬机	JM2（3～10t）	台	2
20	手拉葫芦	2～10t	台	2
21	氩弧焊焊机	WS-400	台	6
22	割管机	20～300mm	台	5
23	滚槽机	WHT06	台	10
24	开孔机	25～100mm	把	10

4.3.4 主要检测、试验准备

序号	设备名称	规格型号	单位	数量
1	钢卷尺	5m	把	20
2	游标卡尺	—	把	6
3	千分尺	—	把	6
4	镀锌层测厚仪	—	台	2
5	水平尺	—	把	8
6	光电转速表	—	个	4
7	数字式温湿度计	—	个	8
8	红外测温仪	—	个	8
9	压力表	—	块	20

4.3.5　保证工期措施

4.3.5.1　技术保障措施

1. 组织技术质量人员学习技术规范、熟悉施工图纸。
2. 利用BIM技术做好与机电管道其他管线综合排布。
3. 提前做好各分项工程的施工方案与材料试验，及时申报。

4.3.5.2　劳动力保障措施

根据总体施工控制进度计划，做出劳动力使用计划，加强劳动力调度，选派有同类工程施工经验的队伍进场施工，从数量、素质方面予以保证。

4.3.5.3　材料保障措施

保证料源充足，开工前做出备料计划，提前考察各种材料的货源、储量、运距等，详细制订出进料计划，保证各种物资的供应。

把好材料质量关，在经过考察的基础上，采购合格的原料与半成品，防止因不合格材料影响工期。

每月做出具体的材料使用计划与进场计划，若有遗漏，及时做出追补计划。

第五章　主要施工方法

5.1　施工工艺

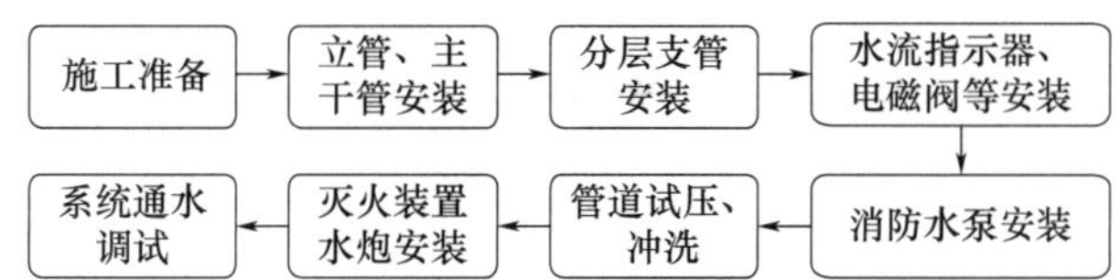

5.2　管道支吊架安装

5.2.1　管道支吊架安装流程

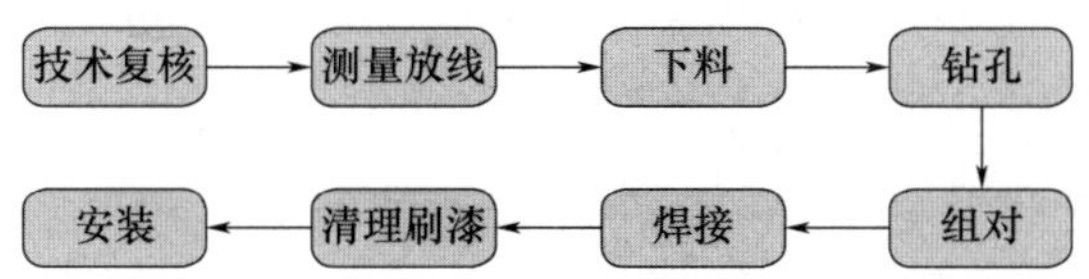

5.2.2　支吊架间距要求

（略）

5.2.3　钢管管道支架最大间距（m）

公称直径	15	20	25	32	40	50	70	80	100	125	150	200	250	300
保温管	2	2.5	2.5	2.5	3	3	4	4	4.5	6	7	7	8	8.5

公称直径	15	20	25	32	40	50	70	80	100	125	150	200	250	300
不保温管	2.5	3	3.5	4	4.5	5	6	6	6.5	7	8	9.5	11	12

金属管道立管管卡安装应符合下列规定：楼层高度小于或等于 5m，每层必须安装 1 个；楼层高度大于 5m，每层不得少于 2 个；管卡安装高度，距地面应为 1.5～1.8m，2 个以上管卡应匀称安装，同一房间管卡应安装在同一高度上。

5.2.4 管道支吊架制作安装

5.2.5 安装要求

工作内容	要求
一般要求	1. 管道支架加工制作前应根据管道的材质、管径大小等按标准图集进行选型。支架的高度应与其他专业进行协调后确定，防止施工过程中管道与其他专业的管线发生碰撞，对采用非标准型式的支架应进行核算。对于机房、管井内的大管径管道应将相应的技术参数提给结构专业，在结构专业允许的情况下方可施工。 2. 支架上的管道、桥架固定螺栓孔应采用钻、冲孔，不得使用气割。 3. 管道支架的设置和选型要保证正确，符合管道补偿移位和设备推力的要求，防止管道振动。管道支架必须满足管道的稳定性和安全性，滑动支架应允许管道自由伸缩。 4. 在每一个支点、吊点的支架形式选择前，应仔细研究管道周围的建筑结构以及邻近的管道和设备，支吊架必须支撑在可靠的建筑物上，且不影响设备检修和其他的管道安装。 5. 常规的管道支架应采用工厂化制作，制作质量必须符合规范要求，制作成形后应进行除锈和防腐处理。 6. 管道支架部件不应用于作为其他物件吊运或安装之用。 7. 近似水平布置的管道应控制一定的支架间距，特别要考虑到法兰、阀门等部件的集中荷载的作用，以保证管道不产生过大的挠度、弯曲应力和剪切应力。 8. 支架安装时应根据测量放线时的编号对应进行安装
垂直管道支架安装	垂直管道应设置防晃支架和固定承重固定支架。管道的干管三通与管道弯头处应加设支架固定，管道支吊架应固定牢固，固定支架必须安装在设计规定的位置上，不得任意移动。立管支架现场安装制作时，采用“吊垂线”法，从立管安装位置的顶端，吊线锤，逐层核对，在能够确保该管线能够施工的有效尺寸范围内。再确定好该管线具体安装位置，标注需要设置支架的地点，测量出该点支架外形尺寸，编号登记，依次逐一制作安装
有坡度要求的平面层支管支架安装	为保证管道坡度要求，同时保证平面层支架横向、纵向支架在同一条水平线上。采用“十字交叉法”首先按管道坡度走向拉一条管线走向直线，再在按规范要求设支架点，拉一条直线，该两条线交叉点，为支架安装点，分别测出该点尺寸，编号登记，依次逐一制作安装
对无坡度的水平管支架安装	两端拉直线，在需设支架的点，测出该点尺寸，编号登计，逐一制作安装。对采用沟槽连接的大口径水平管，在卡箍连接点，需增设支架
临近大口径的阀门和其他大件管道支架安装	须安装辅助支架，以防过大的应力，临近泵接头处亦须安装支架以免设备受力。对于机房内压力管道及其他可把振动传给建筑物的压力管道，必须安装弹簧支架并垫橡胶垫圈以达到减振的目的

5.2.6 主要支吊安装示意

支架形式	安装示意图	支架形式	安装示意图
通丝吊架	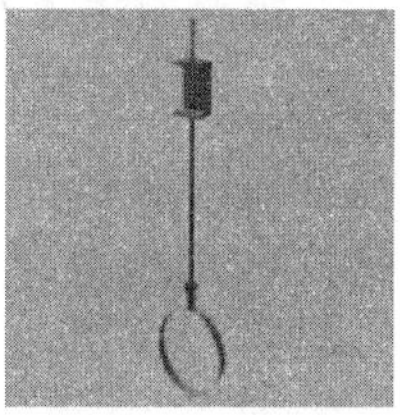	通丝吊架	
单支角钢吊架	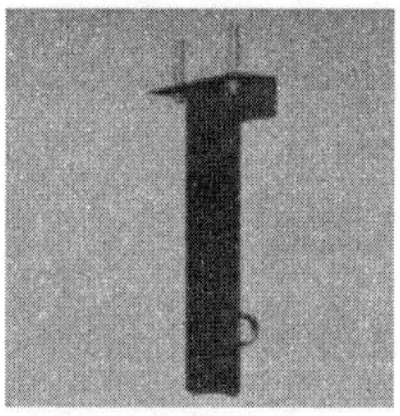	角钢龙门吊架	
槽钢龙门吊架	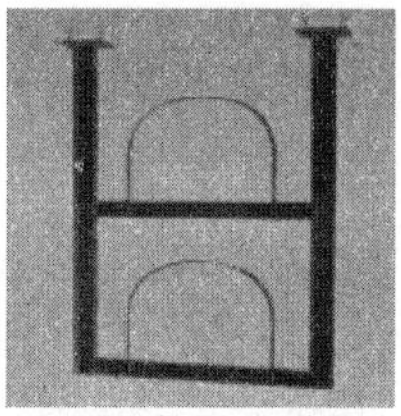	附墙式角钢支架	
附墙式角钢支架		管井槽钢支架	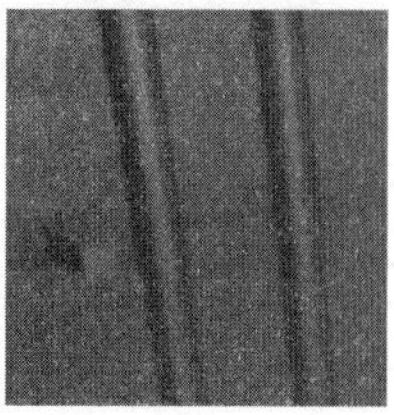
立管固定支架安装示意图			

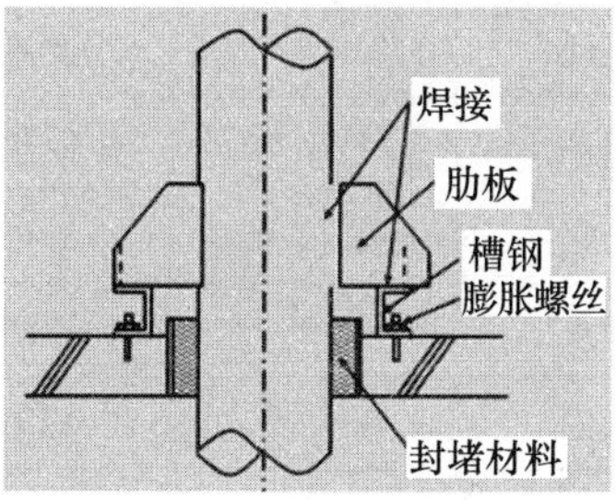

5.2.7 管道吊架和支架的安装

（略）

5.2.8 支吊架的制作技术要求

5.2.8.1 本工程选用固定管卡支吊架，支吊架采用角钢或槽钢制作。

5.2.8.2 管道支吊架的制作必须按照施工图中的大样图和给排水标准图集中的样图进行。

5.2.8.3 受力部件如膨胀螺栓的规格必须符合设计及有关技术标准规定。

5.2.8.4 管道支吊架的焊接按照金属结构焊接工艺，焊接厚度不得小于焊件最小厚度，不能有漏焊、结渣或焊缝裂纹等缺陷；管卡的螺栓孔位置要准确。

5.2.8.5 吊架制作完毕后，其外表面进行除锈，再涂防锈漆两遍。

5.2.9 支吊架安装的技术要求

5.2.9.1 管道支架设置原则

1. 管道不允许有因介质通过发生作用而产生位移的部位，应设置固定支架，固定支架要牢固地固定在可靠的结构上。

2. 在管道无垂直位移或垂直位移很小的地方，可装设活动支架或刚性支架。

3. 喷淋系统的分支管道设置吊架，主管的每条分支管道设置一个防晃支架。

5.2.9.2 安装前的准备工作——放线定位

首先根据设计图纸要求定出支吊架位置。根据管道的设计标高，把同一水平直管段的两端的支架位置画在墙上或柱上，根据两点间的距离和坡度大小，算出两点的高度差，标在末端支架位置上，在两高差点拉一根直线，按照支架的间距在墙上或柱上标出每个中间支架的安装位置。钢管管道支架的最大间距不应超过下表规定。

DN（mm）	25	32	40	50	65	80	100	125	150	200	250	300
支架的最大间距（m）	3.5	4	4.5	5	6	6	6.5	7	8	9.5	11	12

5.2.9.3 管道支架形式及材料明细表

序号	公称直径	横担材料	规格	斜撑材料	规格	生根方式
1	*DN*15～32	角铁	∟25×3	角铁	∟25×3 M10	膨胀螺栓
2	*DN*40～50	角铁	∟30×3	角铁	∟30×3 M10	膨胀螺栓
3	*DN*70～80	角铁	∟40×4	角铁	∟40×4 M12	膨胀螺栓
4	*DN*100	角铁	∟50×5	角铁	∟50×5 M12	膨胀螺栓
5	*DN*150	角铁	∟75×7	角铁	∟75×7 M12	膨胀螺栓

5.2.9.4 吊架安装

1. 将制作好的支吊架用膨胀螺栓固定在指定的位置上，所用膨胀螺栓的规格和质量必须符合有关标准要求。

2. 支吊架横梁应牢固地固定在墙、柱、板或其他结构上，横梁长度方向应水平，顶面应与管子中心平行。

3. 管道支吊架上管道距墙、柱及管与管中间的距离应满足下表要求。

DN (mm)	管中心线至柱面的距离 (mm)	管中心线到管中心线的距离 (mm)
25	40	50
32	40	60
40	50	65
50	60	70
65	70	80
80	80	95
100	100	105
125	125	120
150	150	130
200	200	160

4. 当层高小于或等于5m时，立管上每层安装1个管卡，当层高大于5m时，立管上每层至少安装两个管卡。管卡安装高度为距地面1.8m，2个以上的管卡可均匀安装。

5. 管道支吊架的安装位置不应妨碍喷头的喷水效果；管道支吊架与喷头之间距离不宜小于300mm；与末端喷头与之间的距离不宜大于750mm。

6. 配水支管上每1直管段、相邻两喷头之间的管段设置的吊架均不宜少于1个；当两个喷头之间的距离小于1.8m时，可隔段设置吊架，但吊架的间距不宜大于3.6m。

7. 当管道的公称直径大于或等于50 mm时，每段配水干管或配水管设置防晃支架不应少于1个；当管道改变方向时，应增设防晃支架。

8. 垂直管道应在每根立管的中部用经认可的钢托架支撑，以防摇晃、下垂、振动和共振，避免支架或固定支架之间的拽拉或扭弯而使管道承受压力。

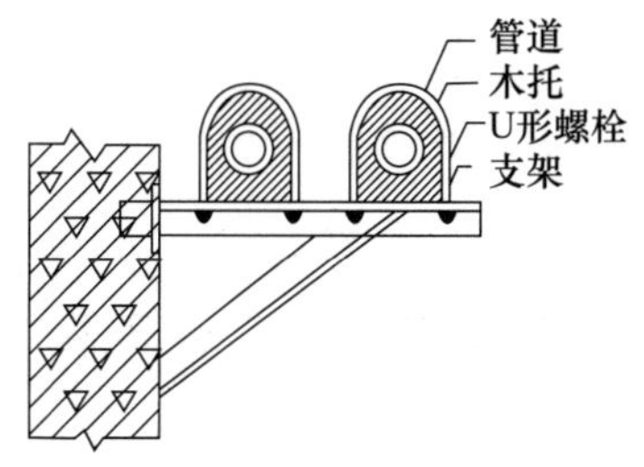

9. 所有固定支架和吊架应用有足够强度的膨胀螺栓固定。

10. 把吊架固定到嵌藏在混凝土中的金属嵌件中，如果没有这种嵌件，可用膨胀螺栓锚固于混凝土中。

11. 支吊架加工时严禁使用电气焊割眼，应用台钻打眼，支吊架加工应规矩，支吊架加工安装时应尽量保证满足规范要求前提下在一条线上。

12. 地上水平管排支架

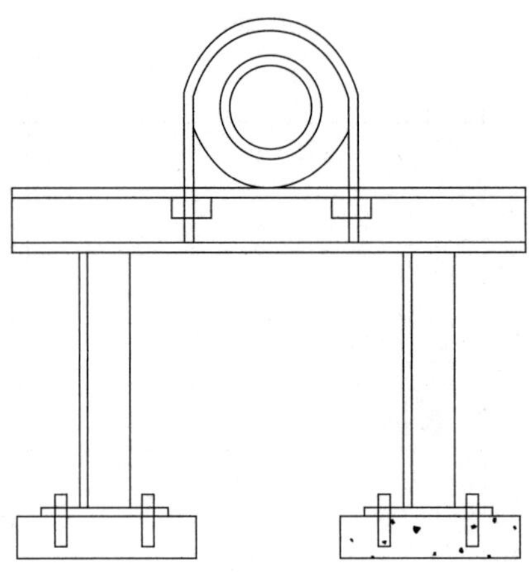

13. 卡箍式吊架

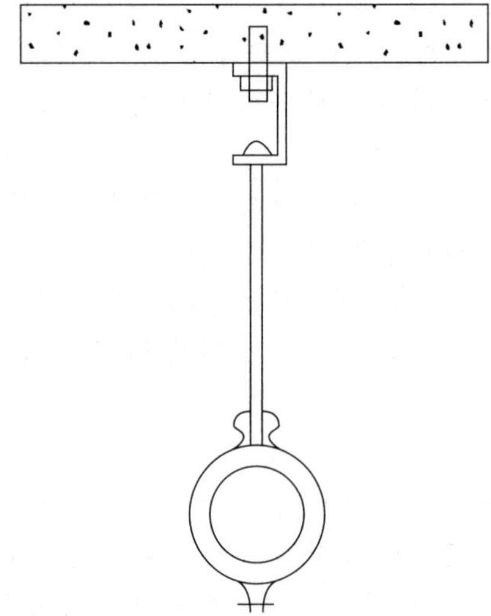

14. 立管垂直管卡

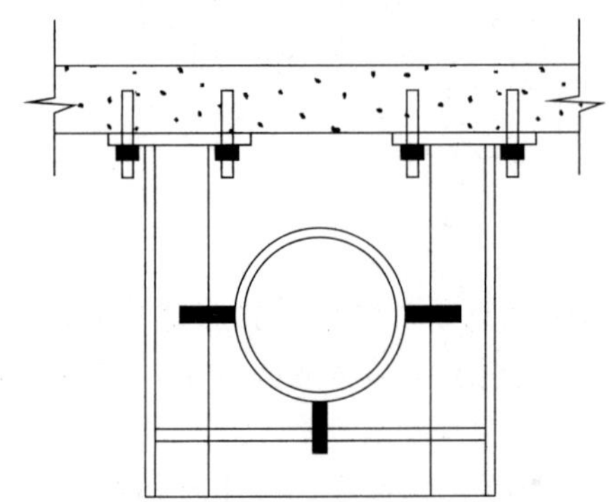

15. 管道固定支架

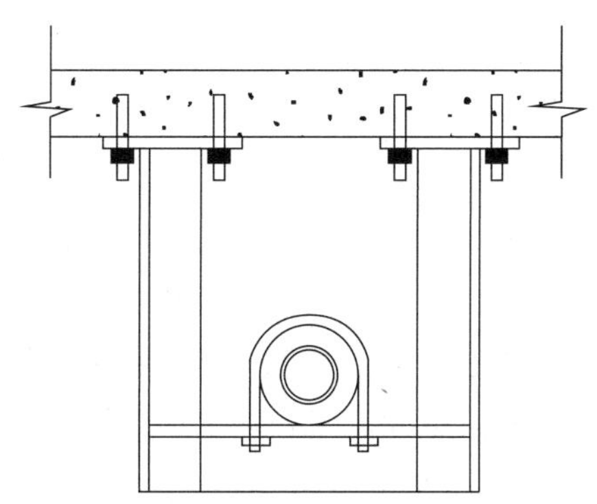

5.3　管材的选用及安装方式

序号	系统类别	管 材	连接方式
1	室内生活冷、热水管	304薄壁不锈钢给水管，室内埋墙拟采用覆塑304不锈钢管	DN15～DN50规格的管材采用卡压连接，DN65～DN200规格的管材采用承插氩弧焊连接
2	空调冷凝水排水管	UPVC给水管	粘接
3	重力流排水管	柔性铸铁管	卡箍连接
4	重力流雨水管	内外壁热镀锌钢管	卡箍连接
5	压力排水管	衬塑钢管	卡箍连接
6	室内消火栓管、自动喷淋管、大空间智能灭火管道	系统压力不大于1.2MPa时采用内外壁热浸镀锌钢管 系统压力大于1.2MPa时采用热浸镀锌无缝钢管	不大于DN50时采用丝扣连接，不小于DN65时采用卡箍连接
7	中水管道	钢塑复合管	螺纹连接
8	冷却水循环管	无缝钢管	焊接
9	气体灭火系统	无缝钢管	焊接

序号	系统类别	管 材	连接方式
1	消火栓系统	3层及以下采用内外壁热镀锌加厚钢管，可锻铸铁管件，4层及以上采用内外壁热镀锌钢管，可锻铸铁管件	消火栓栓口和$DN \leqslant 50$mm者螺纹连接，$DN > 50$mm者（消火栓栓口除外）沟槽连接或法兰连接。机房内管道采用法兰连接
2	喷淋系统	采用内外壁热镀锌钢管，可锻铸铁管件	内外壁热镀锌钢管$DN \leqslant 50$mm者丝扣连接，$DN > 50$mm的内外壁热镀锌钢管沟槽连接。喷头与管道采用锥形管螺纹连接

序号	系统类别	管 材	连接方式
3	泵房内管道	同各系统管材	法兰连接

5.4 管道安装基本要求

1. 全部给排水、消防管道除车库、机房、库房、设备层、管道间明设外，其余全部暗装在吊顶、管井、墙槽、后包管窿内、垫层和找平层内。地下室埋地排水管道敷设在覆土层内。明装管道的安装应尽量减小对建筑视觉效果的影响，沿墙柱敷设的立管除图中注明者外，均以最小安装距离敷设。明装的给水塑料管不得敷设在灶台上边缘，立管不得敷设在距灶台边缘 0.4m 之内。

2. 管道穿墙和楼板时应设套管，套管内径应比管子外径大 10～20mm，设于厨房、卫生间、机房楼板的套管顶面比楼板装饰地面高 50mm，设于其他部位楼板的套管顶面比楼板装饰地面高 20mm，套管下面与楼板齐。塑料立管的金属套管应高出楼板装饰地面 100mm。安装在墙壁内的套管其两端与饰面相平。

3. 排水管道穿楼板应预留孔洞，器具排水管的孔洞位置应根据订货器具的尺寸排定。当楼板有防水层时，立管周围应设高出楼板面设计标高 10～20mm 的阻水圈。

4. 管道穿钢筋混凝土墙壁或穿梁时，应根据图中所注管道标高、位置配合土建工种预留孔洞或预埋套管。除图中注明套管管径者外，预留孔洞和预埋套管尺寸宜较管外径大 1～2 号。

5. 穿楼板和墙体的管道周边的缝隙应采用纤维玻璃（不燃材料）填实，端面应平滑，再用水泥砂浆或防水油膏（穿楼板处）封口。生活给水泵房内管道穿出泵房墙和楼板处，管道周边的缝隙应采用吸声软性材料填实，防止固体传声。管道的接口不应设在套管内。穿越防火隔墙、楼板和防火墙处的管道周边的孔隙应采取用防火封堵材料封堵。

6. 敷设在垫层、找平层内的给水、热水、中水管道不得有配件接口，且地面上宜有管道位置的临时标识。

7. 嵌墙暗管墙槽尺寸的宽度宜为 DN40mm，深度宜为 DN20mm。

8. 自动喷水管道穿墙体和楼板时按照现行国家标准《自动喷水灭火系统施工及验收规范》(GB 50261) 执行。自动喷水系统不同管径的管道连接，避免使用补芯，应采用异径管。在弯头上不得采用补芯。当需要采用补芯时，三通上可用一个，四通上不应超过 2 个，DN 大于 50mm 的管道不宜采用活接头。配水干管和配水管端头及管段凹型的底部均应用丝堵堵塞，以供系统冲洗用。轻危险级和中危险Ⅰ级场所的湿式系统，洒水喷头与吊顶内配水支管局部可采用消防洒水软管连接，软管长度不应大于 1.8m。

9. 管道坡度：各种管道坡度应根据图中所注标高施工，当未注明时，均按现行国家标准《建筑给水排水及采暖工程施工质量验收规范》(GB 50242)（以下简称“验收规范”）的相关坡度要求安装，其中，生活排水横干管不得小于“验收规范”第 5.2.2 条中的最小坡度，支管不应小于标准坡度；通气横管以 0.01 的上升坡度坡向通气立管。87 斗雨水排水系统悬吊管和排出横管的坡度不宜小于 0.005，重力系统悬吊管和排出横管的坡度不宜小于 0.01。加压提升排出横管按不小于 0.003 的坡度坡向室外。

5.5 管道安装施工工艺

5.5.1 沟槽连接

安装步骤	安装示意图	施工步骤
切管		1. 用专用断管机垂直断管，切管后应去除管口内外毛刺、并整圆； 2. 做好固定支撑，加工管端沟槽； 3. 按管材、管件的规格，选用相应的卡箍件和鞍形橡胶密封圈； 4. 密封圈内侧用清洁剂涂抹（严禁用油润滑剂），其鞍型两侧分别套在被连接管材沟槽的端头处（即密封圈的中心，为两根管材的接合面处），它不可有损伤、扭曲、气泡、裂口、外观应平整； 5. 校直定位后的管道轴心线； 6. 在橡胶密封圈的外侧安装卡箍件（即卡箍件内壁包裹住密封圈），然后把卡箍件的内缘全圆周嵌固在两根被连接管材端部的沟槽内； 7. 压紧卡箍件至端面闭合后，安装紧固螺栓和螺帽，用力矩扳手均匀、对称地拧紧，起密封作用，此时密封圈不起皱、不外凸，厚壁均匀受力。 8. 管道与阀门、水表、水嘴等的连接采用转换接头，严禁在薄壁不锈钢管上套丝。安装完毕的干管，不得有明显的起伏、弯曲等现象，管外壁无损伤。
压槽		
放置胶圈		
安装卡箍		
拧紧螺母		

5.5.2 机械式沟槽卡箍连接

5.5.2.1 施工机具及沟槽连接示意

沟槽式连接实例图	滚槽机	沟槽式连接件示意图	
			1—沟槽L； 2—螺母/螺栓L； 3—密封圈L； 4—外壳
沟槽加工意图			
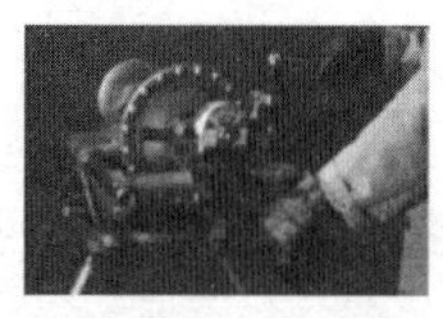		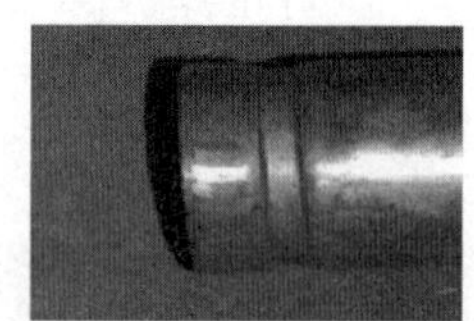	

5.5.2.2 沟槽加工步骤

序号	加工步骤	安装说明
1	固定压槽机	把压槽机固定在一个宽敞的水平面上，也可固定在铁板上，必须确保压槽机稳定、可靠
2	检查压槽机	检查压槽机空运转时是否良好，发现异常情况应及时向机具维修人员反映，以便及时解决
3	架管	把管道垂直于压槽机的驱动轮挡板水平放置，使钢管和压槽机平台在同一个水平面上，管道长度超过 0.5m 时，要有能调整高度的支撑尾架，且把支撑尾架固定、防止摆动，如下图所示 符号说明： 1-衬塑镀锌铜管； 2-水平尺； 3-压槽机； 4-支撑尾架
4	检查压轮	检查压槽机使用的驱动轮和压轮是否与所压的管径相符
5	确定沟槽深度	旋转定位螺母，调整好压轮行程，确定沟槽深度和沟槽宽度
6	压槽	操作液压手柄使上滚轮压住钢管，然后打开电源开关，操动手压泵手柄均匀缓慢下压，每压一次手柄行程不超过 0.2mm，钢管转动一周，一直压到压槽机上限位螺母到位为止，然后让机械再转动两周以上，以保证壁厚均匀
7	检查	检查压好的沟槽尺寸，如不符合规定，再微调，进行第二次压槽，再一次检查沟槽尺寸，以达到规定的标准尺寸

用压槽机压槽时，管道应保持水平，且与压槽机驱动轮挡板呈 90°，压槽时应保持持续渐进，槽深应符合下表要求：

公称直径（mm）	沟槽至管端尺寸（mm）	沟槽深度（mm）	沟槽宽度（mm）
*DN*65	14.5	2.2	9.5
*DN*80	14.5	2.2	9.5
*DN*100	16	2.2	9.5
*DN*125	16	2.2	9.5
*DN*150	16	2.2	9.5
*DN*200	19	2.5	13
*DN*250	19	2.5	13
*DN*300	19	5.5	13

5.5.2.3　沟槽式卡箍管件安装

采用机械截管，截面应垂直轴心，允许偏差：管径不大于 100mm 时，偏差不大于 1mm；管径大于 125mm 时，偏差不大于 1.5mm。

沟槽式卡箍管件安装前，检查卡箍的规格和胶圈的规格标识是否一致，检查被连接的管道端部，不允许有裂纹、轴向皱纹和毛刺，安装胶圈前，还应除去管端密封处的泥沙和污物。沟槽连接步骤如下：

安装步骤	安装示意图	施工步骤
上橡胶垫圈		将密封橡胶圈套入一根钢管的密封部位，注意不得损坏密封橡胶圈
管道连接	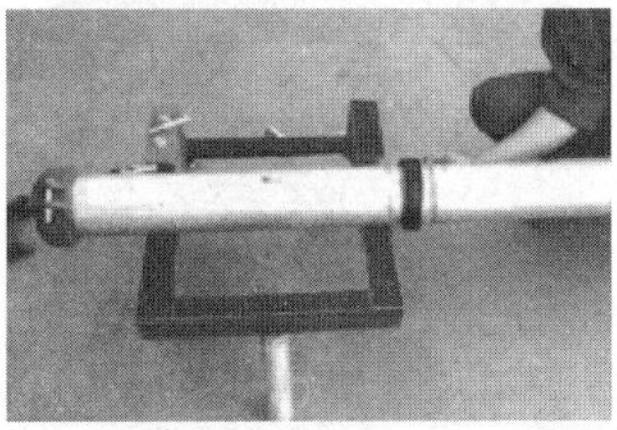	将另一根加工好的管道与该管对齐，两根管道之间留有一定间隙，移动胶圈，调整胶圈位置，使胶圈与两侧钢管的沟槽距离相等
涂润滑剂	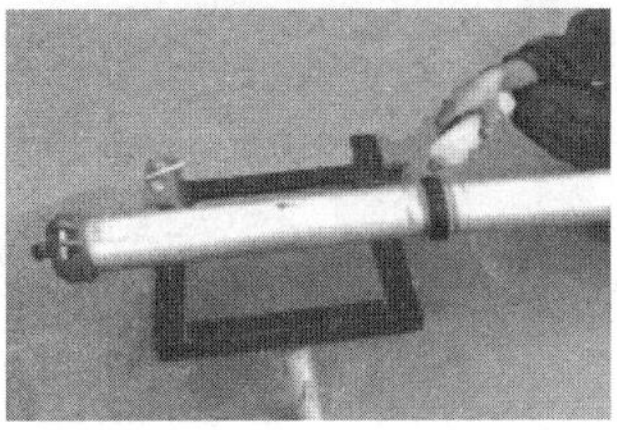	在管道端部和橡胶圈上涂上润滑剂

续表

安装步骤	安装示意图	施工步骤
安装卡箍	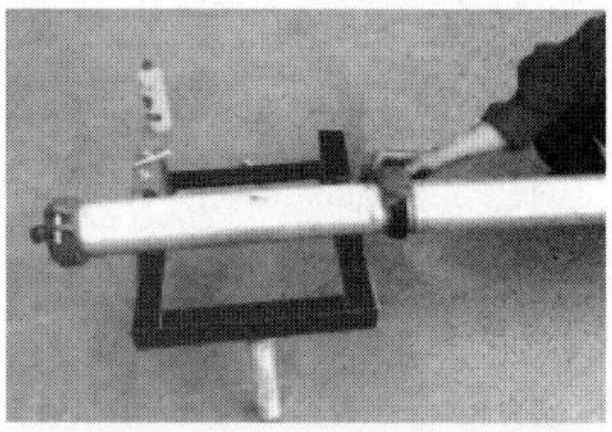	将卡箍上、下紧扣在密封橡胶圈上，并确保卡箍凸边卡进沟槽内
拧紧螺母	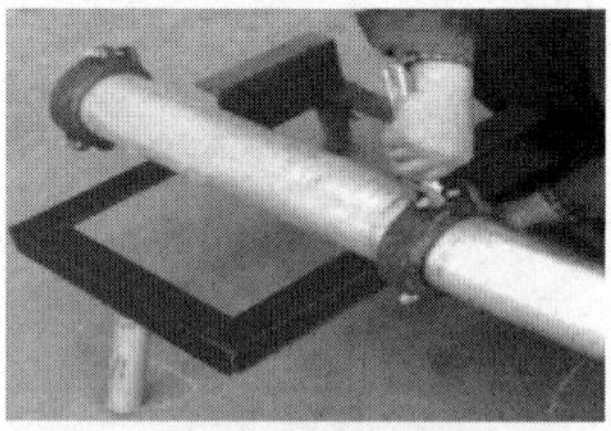	用手压紧上下卡箍的耳部，使上下卡箍靠紧并穿入螺栓，螺栓的根部椭圆颈进入卡箍的椭圆孔，用扳手均匀轮换同步进行拧紧螺母，确认卡箍凸边全圆周卡进沟槽内
检查	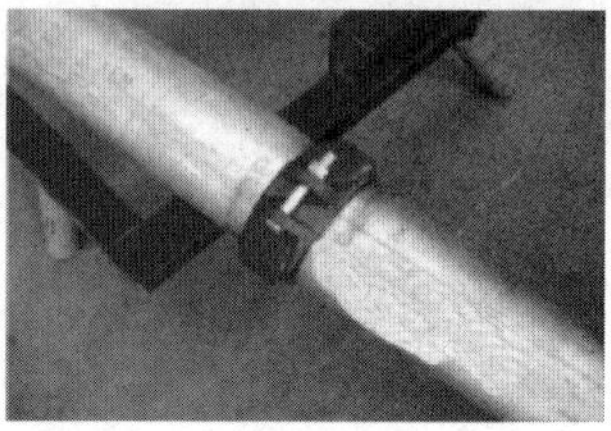	检查上下卡箍的合面是否靠紧，以达不存在间隙为止

5.5.2.4　机械三通安装

安装机械三通，需要在管道上开孔，开孔必须使用专用的开孔机，不允许使用气割开孔，开孔后必须做好开孔断面的防锈处理。

管道开孔及安装机械三通节点详图如下：

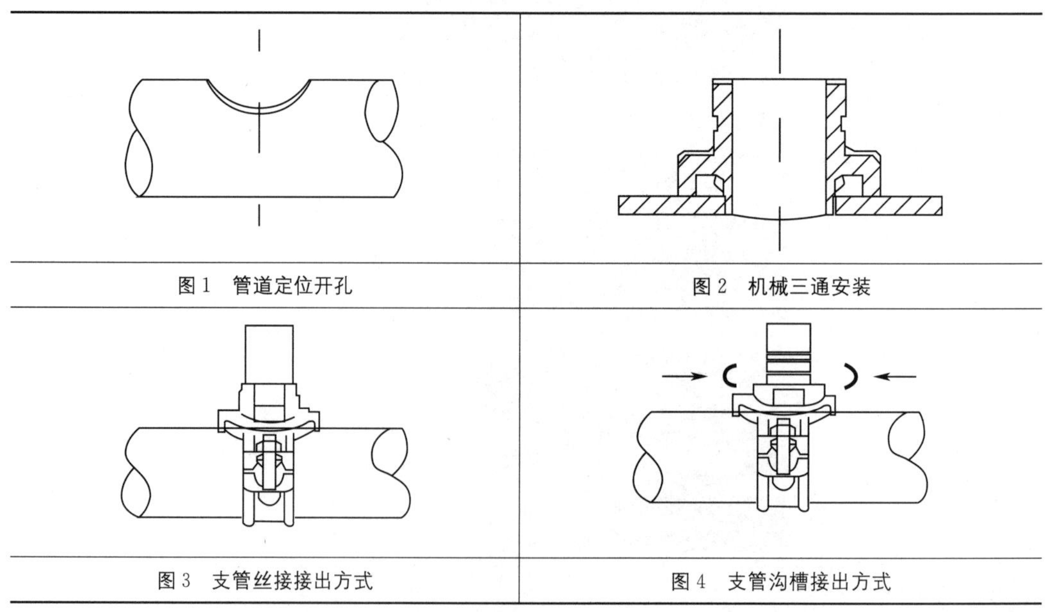

图1　管道定位开孔

图2　机械三通安装

图3　支管丝接接出方式

图4　支管沟槽接出方式

管道开孔及安装机械三通步骤如下：

序号	安装步骤	安装说明
1	画线	根据施工现场测量、定位，在需要开孔的部位用画线器准确地做出标志
2	固定管道与开孔机	用链条将开孔机固定于管道预定开孔位置处，用水平尺调整管道至水平
3	开孔	启动电机转动钻头，操作设置在支柱顶部的手轮，缓慢地下压转动手轮，完成钻头在钢管上的开孔作业
4	清理	清理钻落的碎片和开孔部位的残渣，用砂轮机打磨孔口的毛刺，再刷两道防锈漆
5	安装机械三通	将机械三通置于钢管孔洞上，机械三通、橡胶密封圈与孔洞间隙应保持均匀，拧紧螺栓

5.5.2.5　机械四通安装

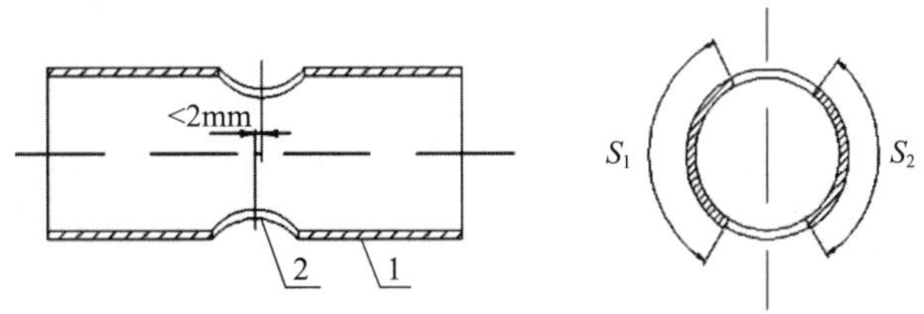

注：1—镀锌钢管；2—机械四通开孔

为了提高开孔精度保证安装质量，开孔时必须保证上下两孔对称，在管道上划平行线确定一点，在这点上划圆周线，旋转180°后再确定一点，以这两点为定位点，分别加工所需要的孔，两孔中心轴间距错位小于2mm，圆周方向弧长误差 $S_1-S_2<6$mm。

5.5.2.6　管件安装

沟槽式连接管件备有成品同径三通、异径三通、90°弯头、45°弯头、大小头等以适应管路系统连接的不同要求，成品管件必须与管箍配套使用。

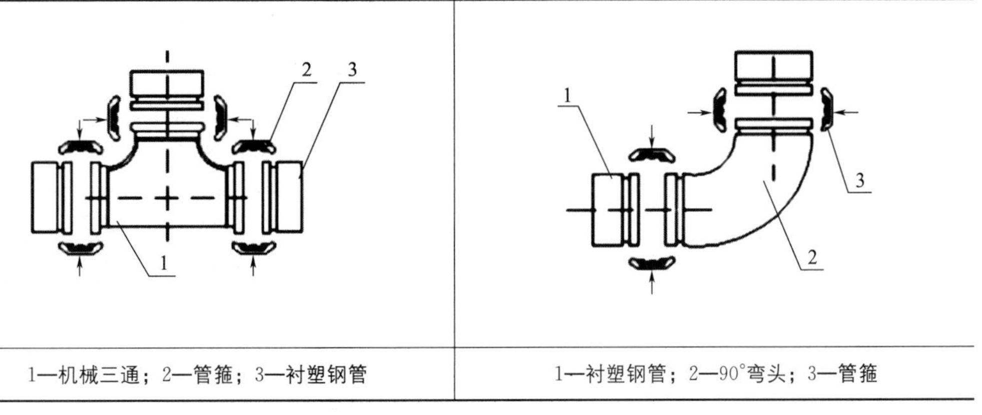

1—机械三通；2—管箍；3—衬塑钢管　　1—衬塑钢管；2—90°弯头；3—管箍

5.5.3 螺纹连接

安装步骤	安装示意图	施工步骤
切管		管材切割宜采用金属锯，不得采用砂轮切割，当采用盘锯切割时，其转速不得大于800r/min，当用手工切管时，其断面应垂直于管轴心
套丝、清理		1. 套丝采用自动套丝机，套丝机使用前应用润滑油润滑，加工次数为1～4次不等，管径*DN*15～32，套2次；管径*DN*40～50，套3次；管径*DN*70以上，套3～4次，套丝完成后的管螺纹应采用标准螺纹规检验。 2. 套丝后应使用细锉将管端的毛边锉光，再用毛刷清除管端和螺纹内的切屑，用专用绞刀将衬塑层厚度1/2倒角，倒角坡度宜为10°～15°
防腐		管端及管螺纹清理加工后，应进行防腐、密封处理，宜采用防锈密封胶或聚四氟乙烯生料带缠绕螺纹，同时应用色笔在管壁上标记拧入深度
螺纹连接		管材与管件连接前，应检查管件是否完好无损，然后将管件用手捻上管端丝扣，在确认管件接口已插入镀锌钢管后，用管钳按下表参数进行管材与管件的连接，不得逆向旋转

镀锌钢管丝扣连接标准旋入螺纹扣数及标准紧固扭矩表：

公称直径（mm）	旋入		扭矩（N·m）	管钳规格（mm）×施加压力（kN）
	长度（mm）	螺纹扣数（扣）		
15	11	6.0～6.5	40	350×0.15
20	13	6.5～7.0	60	350×0.25
25	15	6.0～6.5	100	450×0.30
32	17	7.0～7.5	120	450×0.35
40	18	7.0～7.5	150	600×0.30
50	20	9.0～9.5	200	600×0.40
65	23	10.0～10.5	250	900×0.35
80	27	11.5～12.0	300	900×0.40

管材与管件连接后，外露的螺纹部分及所有钳痕和表面损伤的部位应进行防腐（涂刷防锈漆）处理。镀锌钢管与阀门、消火栓等直接连接时，应采用内外螺纹专用过渡管件，并在其外螺纹的端部采取防腐（涂刷防锈漆）处理。

5.6　阀门等管道附件安装

5.6.1　阀门安装

<table>
<tr><th>阀门名称</th><th>阀门示意图</th><th>主要安装要求</th></tr>
<tr><td>止回阀</td><td> </td><td rowspan="5">1. 检查其种类、规格、型号及质量，阀杆不得弯曲，按规定对阀门进行强度（为公称压力的1.5倍）和严密性试验（出厂规定之压力）。
2. 选用的法兰盘的厚度、螺栓孔数、水线加工、有关直径等几何尺寸要符合管道工作压力的相应要求。
3. 水平管道上的阀门安装位置尽量保证手轮朝上或者倾斜45°或者水平安装，不得朝下安装。
4. 阀门法兰盘与钢管法兰盘相互平行，一般误差应小于2mm，法兰要垂直于管道中心线，选择适合介质参数的垫片置于两法兰盘的中心密合面上。
5. 连接法兰的螺栓、螺杆突出螺母长度不宜大于螺杆直径的1/2。螺栓同法兰配套，安装方向一致；法兰平面同管轴线垂直，偏差不得超标，并不得用扭螺栓的方法调整</td></tr>
<tr><td>泄压阀</td><td> </td></tr>
<tr><td>缓闭止回阀</td><td> </td></tr>
<tr><td>软密封闸阀</td><td> </td></tr>
<tr><td>遥控浮球阀</td><td> </td></tr>
</table>

续表

<table>
<tr><th>阀门名称</th><th>阀门示意图</th><th>主要安装要求</th></tr>
<tr><td>自动排气阀</td><td></td><td rowspan="3">6. 安装阀门时注意介质的流向，水流指示器、止回阀、减压阀及截止阀等阀门不允许反装。阀体上标示箭头，应与介质流动方向一致。
7. 螺纹式阀门，要保持螺纹完整，按介质不同涂以密封填料物，拧紧后螺纹要有 3 扣的预留量，以保证阀体不致拧变形或损坏。紧靠阀门的出口端装有活接，以便拆修。安装完毕后，把多余的填料清理干净。
8. 过滤器：安装时要将清扫部位朝下，并要便于拆卸。
9. 截止阀和止回阀安装时，必须注意阀体所标介质流动方向，止回阀还须注意安装适用位置</td></tr>
<tr><td>Y 型过滤器</td><td></td></tr>
<tr><td>蝶阀</td><td></td></tr>
</table>

5.6.2 压力表安装

压力表在选择表盘刻度范围值时，一般选择表盘刻度极限值为介质工作压力的 1.5～2 倍。压力表在安装前必须经过有关部门进行校验，合格后方能进行安装。压力表在管道冲洗、试压后进行安装。

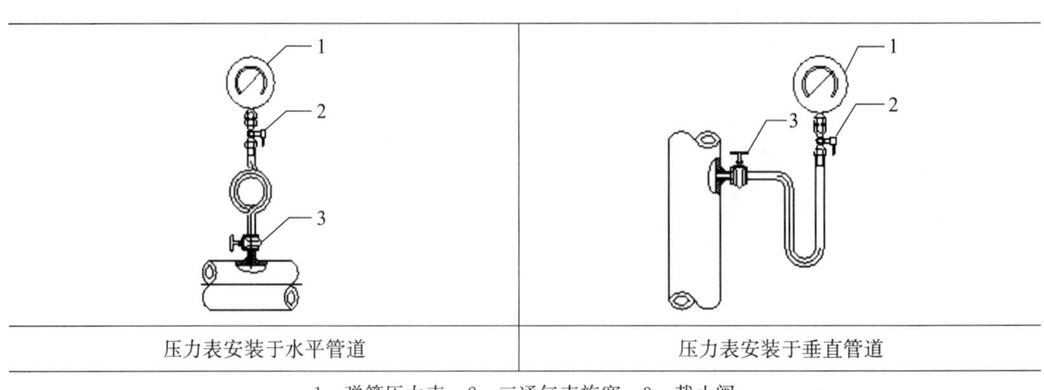

压力表安装于水平管道	压力表安装于垂直管道
1—弹簧压力表；2—三通气表旋塞；3—截止阀	

5.6.3 补偿器安装

波纹管膨胀节不能承重，应单独吊装，除非对波纹管膨胀节采取加固措施，否则不允许波纹管膨胀节与管道焊接后一齐吊装。安装前应先检查波纹管膨胀节的型号、规格及管道的支座配置应符合设计要求。尤其需要注意管道固定支架、导向支架的位置与做法，须要进行核定计算后方可安装。对带内衬筒的波纹管膨胀节注意使内衬筒的方向与介质流动方向一致，平面角向型波纹管膨胀节的铰链转动平面与位移平面一致。需要进行冷紧的波纹管膨胀节，其预变形所用的辅助构件应在管道安装完毕后拆除。除设计要求预拉伸（或压缩）或"冷紧"的预变形量外，严禁用使波纹管变形的方法来调整管道的安装偏差，以免影响波纹管膨胀节的正常功能，降低使用寿命和增加管道、设备接管及支撑构件的载荷。安装过程中不允许焊渣飞溅到波纹管膨胀节表面和使波纹管受到其他机械性损伤。

管道安装完毕应立即拆除波纹管上作安装运输保护的辅助定位机构的紧固件，并按设计要求将限位装置调到规定位置。波纹管膨胀节的所有活动元件不得被外部构件卡死或限制其活动部位正常工作。波纹管膨胀节安装时，卡、吊架不得设置在波节上，必须距波节 100mm 以上。试压时不得超压，不允许侧向受力，将其固定牢。

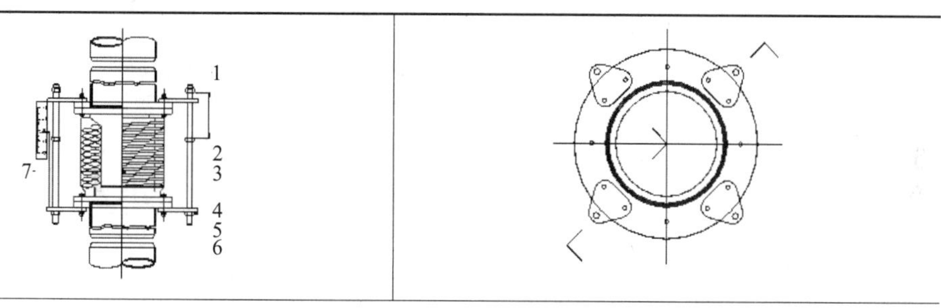

标准垂直或横向伸缩器安装示意图

1—前置伸缩螺母用于安装；2—在伸缩器安装之前固定用；3—镀锌拉杆在安装之前用作固定杆；4—拉杆螺母；5—水管；6—在伸缩定位焊接前管道必须倒角；7—伸缩器

5.7 消防系统管道附件安装

5.7.1 水流指示器安装

水流指示器的安装应在管道试压和冲洗合格后进行。水流指示器应水平安装，倾斜度不宜过大，保证叶片活动灵敏，水流指示器前后应保持有 5 倍安装管径长度的直管段，安装时注意水流方向与指示器的箭头一致。国内产品可直接安装在丝扣三通上，进口产品可在干管开口用定型卡箍紧固。喷淋分支水流指示器后不得连接其他用水设施，每路分支均设置测压装置。

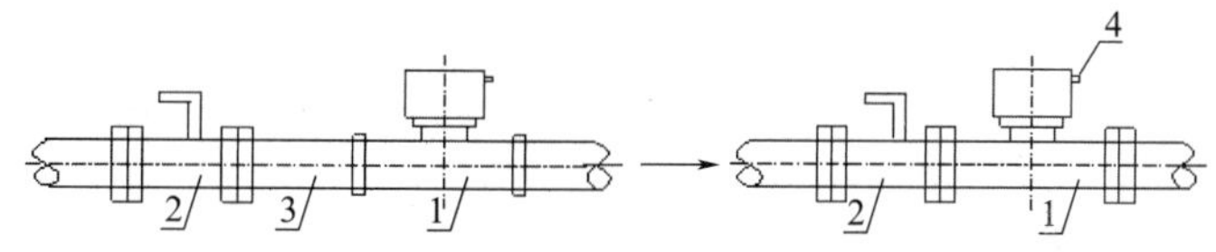

1—水流指示器；2—蝶阀；3—短管；4—接线柱

水流指示器安装示意图

5.7.2　湿式报警阀组安装

1. 报警阀的安装应在供水管网试压、冲洗合格后进行。

2. 报警阀应设在明显、易于操作的位置，距地高度宜为1.2m。报警阀处地面应有排水措施，安装时应与深化设计部加强沟通，以免遗漏。

3. 报警阀组装应符合产品说明书和设计要求，控制阀应有启闭指示装置，并使阀门工作处于常开状态。

4. 报警阀配件安装应在交工前进行，延迟器安装在闭式喷头自动喷水灭火系统上，应装在报警阀与水力警铃之间的信号管上，水力警铃安装在报警阀附近。

（1）实例效果

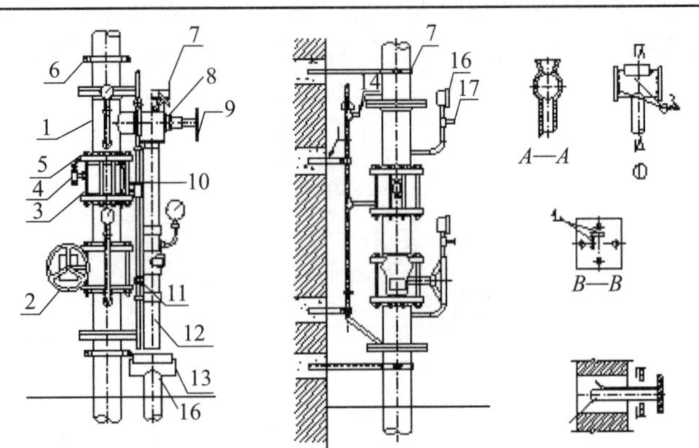

湿式报警阀组原理及安装示意图

（2）安装示意图

1—装配管；2—信号蝶阀；3—湿式阀；4—排水阀；5—螺栓；6—固定支架；7—压力开关；8—试验阀；9—泄放试验阀；10—起顶螺栓 11—排水小孔接头；12—试验排水短管；13—排水漏斗；14—截止阀；15—固定支架；16—压力表；17—表前阀

5.7.3　喷淋末端试水装置安装

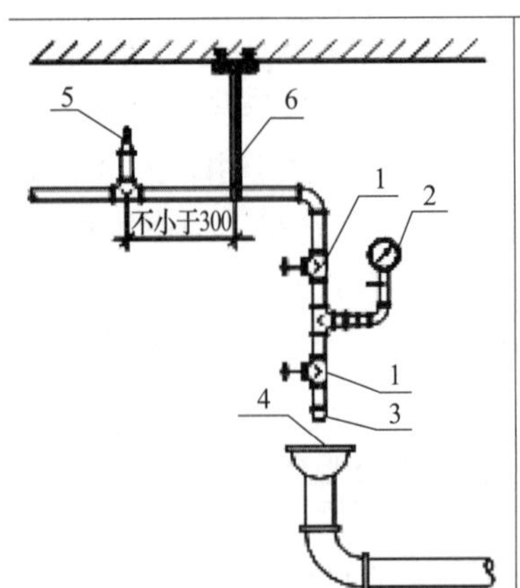

1. 防晃支架设置位置应符合规范要求。

2. 阀门设置立管时，应设置固定支架，阀门手柄设置在便于操作的位置。

3. 排水漏斗应有过滤网，防止杂物堵塞排水管道。

4. 压力表、喷头等规格应符合设计要求。

5. 如排水漏斗与试水接头水平位置较远时，采用临时软管进行连接

1—阀门；2—压力表；3—试水接头；4—排水漏斗；5—最不利点处喷头；6—防晃支架

喷淋末端试水装置安装示意（单位：mm）

5.7.4　喷淋头安装

1. 喷头安装应在系统试压、冲洗合格后进行。

2. 无吊顶的部位采用直立型喷头向上安装，其余吊顶部位采用下垂型喷头或吊顶型喷头。喷头的温度等级为68℃。净空高度大于800mm的闷顶和技术夹层内的电缆、风道及设备管线均采用不燃材料，无须增设喷头。

3. 净空高度8～12m的中途采用$K \geqslant 115$的快速响应喷头。

4. 喷头进场需进行抽测压力试验。

5. 喷头安装应在系统试压、冲洗合格后进行。喷头安装时宜采用专用的弯头、三通。喷头安装时，不得对喷头进行拆除、改动，并严禁给喷头附件加任何装饰性涂层。

6. 喷头安装应该使用专用扳手，严禁利用喷头的框架施拧。当喷头安装时，溅水盘与吊顶、门、窗洞口或墙面的距离应符合设计要求。当设计无规定时应满足下列要求：

喷头与隔断的水平距离和最小垂直距离

水平距离（mm）	150	220	300	375	450	600	750	>900
最小垂直距离（mm）	75	100	150	200	236	313	336	450

喷头溅水盘高于梁底、通风管道腹面的最大垂直距离

喷头与梁、通风管道的水平距离（mm）	喷头溅水盘高于梁底、通风管道腹面的最大垂直距离（mm）
300～600	25
600～750	75
750～900	75
900～1050	100
1050～1200	150
1200～1350	180
1350～1500	230
1500～1680	280
1680～1830	360

7. 吊顶内的喷淋头末端一段支管，不能与分支干管同时顺序完成，要与吊顶装修同步进行。吊顶龙骨装完，根据吊顶材料厚度定出喷淋头预留口标高，并保证喷淋头平面位置安装准确，喷头与吊顶接触牢固。支管装完，预留口用丝堵拧紧，准备系统试压。

8. 试压完后冲洗管道，合格后封闭吊顶。吊顶材料在管箍甩口处开一个30mm的孔，把预留口露出，吊顶装修完后把丝堵卸下安装喷淋头。

9. 喷淋头安装的保护面积、喷头间距及距墙、柱的距离应符合设计和规范要求。

10. 安装喷头应使用特制专用扳手（灯叉型），玻璃球支撑壁严禁受力，填料宜采用聚四氟乙烯带，并且在吊顶处安装喷头时工人应戴好手套进行安装，防止损坏和污染吊顶，并严禁给喷头附加任何装饰性涂层。

11. 停车场、设备房及机房内上喷的喷淋头有条件的，可与分支干管顺序安装好。其他管道安装完后不易操作的位置也应先安装好向上喷的喷淋头。

12. 无吊顶处，直立型标准喷头，其溅水盘与顶板的距离宜为 75～150mm。

13. 当楼板或屋面板为耐火极限不小于 0.5h 的非燃烧体时，喷头溅水盘与楼板或屋面板距离不宜大于 300mm。

14. 喷头的安装方式如下图所示：

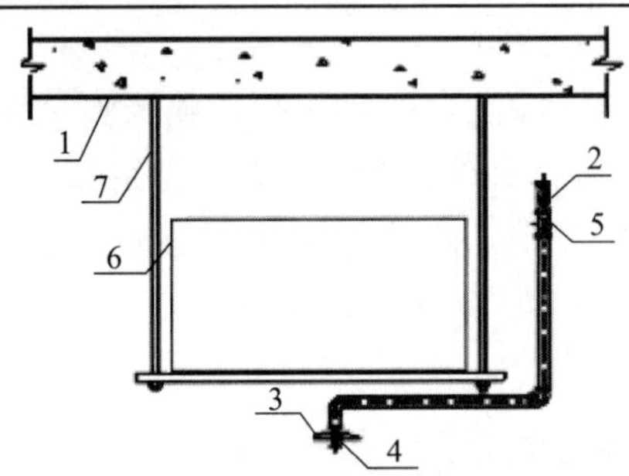

1—顶板; 2—直立型喷头; 3—集热罩; 4—下喷型玻璃球喷头;
5—水平干管; 6—风管; 7—管道吊架; 8—喷淋支管

障碍物下方下喷型喷头安装示意图

备注：

1. 风管下方及宽度大于 1.2m 的整排管道下方的喷头，配水管支管尽量贴紧风管和水管底，喷头溅水盘距风管或水管底不大于 150mm。同时在喷头的上方设置平面面积不小于 0.12mm 的圆形金属积热罩，周边向下弯边，弯边高度与喷头溅水盘平齐。

2. 喷头选型符合设计要求，厨房选用 93℃、吊顶内上喷型选用 79℃、其他空间选用 68℃

<table>
<tr>
<td>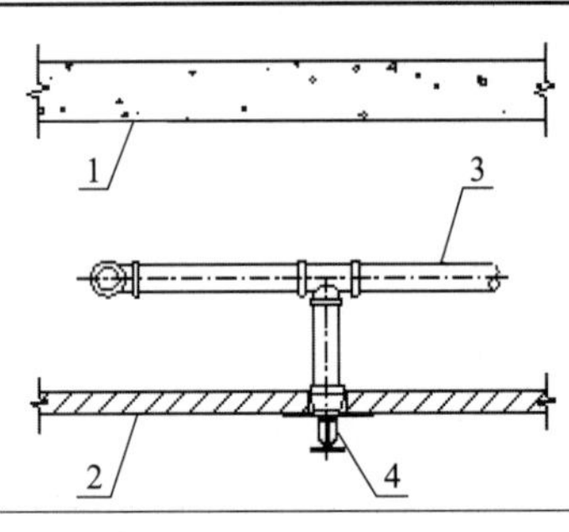</td>
<td>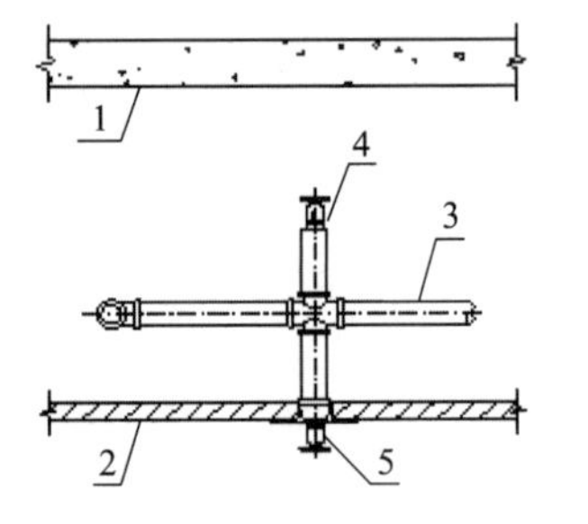</td>
<td rowspan="2">备注：
1. 吊顶净空高度大于 800mm 的房间内喷头采用此种形式安装。
2. 上喷型喷头距顶板的距离不小于 75mm 且不大于 150mm。
3. 喷头选型符合设计要求，厨房选用 93℃、吊顶内上喷型选用 79℃、其他空间选用 68℃</td>
</tr>
<tr>
<td>1—顶板；2—吊顶；3—喷淋支管（最小管径为 DN25）；4—下喷型玻璃球喷头
下喷型玻璃球喷头安装示意图</td>
<td>1—顶板；2—吊顶；3—喷淋支管（最小管径为 DN25）；4—上喷型玻璃球喷头；5—下喷型玻璃球喷头
上喷型、下喷型玻璃球喷头安装示意图</td>
</tr>
</table>

5.7.5 室内消火栓箱安装

1. 室内消火栓一般由消防栓箱、消火栓、快速接头、消防水带、水枪、卷盘、控制按钮、指示灯等组成。

2. 消火栓箱安装必须取下箱内的水枪、消防水带等部件，不允许用钢钎撬，锤子敲的方法将箱硬塞入预留孔内，而应将消防箱平稳地放入定好位后，四周缝隙用填料填补饱满。

3. 消火栓栓口应朝外，栓口中心距地面为 1.1m，允许偏差 20mm。

4. 栓口中心距箱侧面为 140mm，距箱后表面为 100mm，允许偏差均是 5mm。

5. 消防水带与连接头绑扎好后，应根据箱内构造将消防水带挂在挠钉上或盘绕在带盘上。

6. 消火栓箱采用带灭火器箱的组合式消防柜，每个消防箱配置 3 具 3A（5kg 充装量）灭火器。

5.7.6　水泵接合器安装

水泵按合器的组成部分、组合顺序、安装尺寸、位置与标高必须符合设计要求。其组合顺序应是：法兰短管、法兰闸阀、安全阀、单向阀、水泵接合器。单向阀的流向应朝向室内管网。组装好的水泵接合器组应平衡地设置在坚实可靠的混凝土基础上，以避免各法兰连接处承受非轴向外力。

5.7.7　大空间智能灭火系统组件施工

1. 火灾探测器的安装：探测器的保护范围（可视视角）内，不应有遮挡物。探测器宜水平安装，当必须倾斜安装时，倾斜角不应大于 45°。

2. 在安装自动消防炮前，供水管网应完成水压强度和严密性试验，同时完成管网冲洗。

3. 自动消防炮距墙距离应不妨碍自动消防炮转动。

4. 短立管应固定牢固，自动消防炮入口法兰下 10cm 处设固定点。

5. 电动阀、水流指示器、闸阀水平安装。

6. 在消防水炮的扫描范围内应无障碍物影响消防水炮的动作和运行。

7. 消防水炮的现场控制盘应安装于方便操作的位置，且在操作现场控制盘时，应能够清楚地观察到数控消防水炮的运动方向和停留位置。

8. 消防水炮的连接线缆应绑扎成束，且固定牢靠。在消防水炮扫描火源时，不会脱落或影响消防水炮的移动。

9. 灭火装置的安装：消防水炮采用吊装安装方式，灭火装置应在建筑物桁梁上牢靠固定，以保证在喷射时，不致因后重反力而晃动，影响灭火准确性。

10. 每台灭火装置设有检修阀、电磁阀、水流指示器，电磁阀宜在靠近灭火装置处安装，检修阀在电磁阀的来水方向，在电磁阀安装前应进行管道试压和冲洗。

11. 主管网最高点应设置自动排气阀。

5.7.8　消防水箱安装

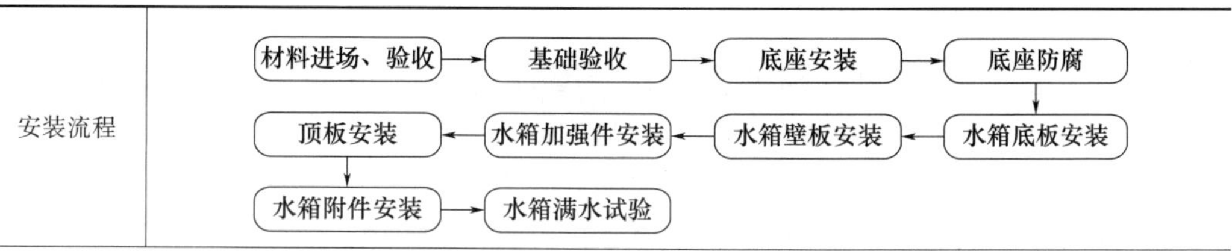

水箱配管大样图	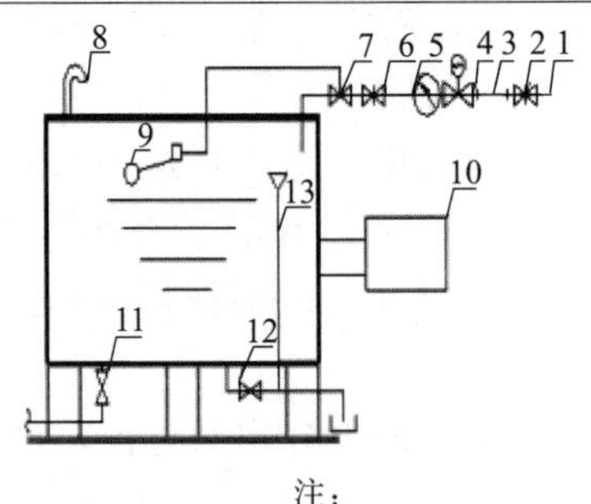 注： 1—市政水干管；2、6—闸阀；3—Y 型过滤器；4—电动阀； 5—水表；7—液压水位控制阀；8—通气管（加防虫网罩）；9—浮球； 10—生活水箱外置消毒仪；11—连接给水变频设备；12—泄水阀；13—溢流管
不锈钢水箱安装效果图	安装要求
	不锈钢生活水箱制作安装规范，绿色给水管道支架设置到位，设施周圈设置排水沟。水箱溢流管和泄放管设置在排水地点附近，但不得与排水管直接连接，且溢流管排水口应安装防护罩，并应留出不小于 100mm 的隔断空间

5.8 消防水系统试验

5.8.1 消防管道试压

1. 管道试压工艺流程

熟悉图纸→试压准备→试压注水→系统检查→系统升压→系统稳压→系统验收→拆除试压装置、排水。

2. 试压准备

试压水源为工程临时用水水源，利用每层设用水点。为确保管道一次性试压成功，现场成立试压组。把管道系统分成若干段，分段分区单独试压，可分以下几个阶段：各层水平管试压。干管、立管及阀部件完成后试压。系统全部完成后整体试压。

3. 试压一般要求

管道在隐蔽前做好单项水压试验。系统安装完后进行综合水压试验。

试压前要先封好盲板，认真检查管路是否连接正确，有无管内堵死现象。

管路上的各种阀门在安装前应拆开清洗，检查阀柄是否灵活，并经试压不漏后方可安装。

压力管道试压注水应从底部缓慢进行，等最高点放气阀出水，确认无空气时再打压，打至工作压力时检查管道以及各接口、阀门有无渗漏，如无渗透漏时再继续升压至试验压力，如有渗透漏时应及时修好，重新打压。如均无渗漏，持续规定时间内，观察其压力下降在允许范围内，通知有关人员验收，办理交接手续，然后把水泄净。

压力管道试压设备采用电动打压泵或手动打压泵，试压用的压力表不少于2只，精度不应低于1.5级，量程应为试验压力值的1.5～2倍。

试压时应设多人进行巡回检查，严防跑水、冒水现象。

4. 试压要求

序号	系统类别	试验方法
1	消防给水管道	消防给水管道的试验压力为系统试验压力1.66MPa。应将管网内的空气排净，并应缓慢升压，达到试验压力后在此压力下稳压30min，管网无渗漏、无变形且压降不大于0.05MPa
2	自动喷淋系统	对管网注水时应将管网内的空气排净，并应缓慢升压，达到试验压力1.73MPa后稳压30min后，管网应无泄漏、无变形，且压力降不应大于0.05MPa。水压严密性试验应在水压强度试验和管网冲洗合格后进行。试验压力应为设计工作压力，稳压24h应无泄漏

5.8.2　管道系统冲洗

1. 管道系统试压合格后，应分段用水对管道进行冲洗。冲洗用水应为清洁水。

2. 水冲洗的排放管应接入可靠的排水井或沟中，并保证排泄畅通和安全，排放管的截面不应小于被冲洗截面的60%。

3. 冲洗时，以系统内最大设计流量或不小于1.5m/s的流速进行。

4. 水冲洗应连续进行。当设计无规定时，则以出口水色和透明度与入口目测一致为合格。

5. 管道冲洗后应将水排尽，需要时可用压缩空气吹干。

第六章　质量保障技术措施

6.1　质量控制具体实施措施

6.1.1　建立以项目经理为首的专业工程质量领导小组，加强过程中质量问题的控制，制订专项控制措施。

6.1.2　质量分析会制：每周五定为质量活动日，在当天组织现场检查，并随后召开质量分析会，实施质量联检、评比。

6.1.3　坚持样板制：所有工序施工前，必须先做样板，经各有关人员验收合格后，方可进行工序的大面积施工。

6.1.4　坚持三检制：班组要设自检员，施工队设专检人员，每道工序都要坚持自检、互检、交接检，否则不得进行下道工序。

6.1.5　坚持方案先行制：每项工作必须有实用有效的书面技术措施，否则不得施工。

6.1.6　坚持审核制：每一项工作至少一个人进行审核，特别对技术措施及施工实施，必须多道把关、双重保险。

6.1.7　坚持质量目标管理制：根据本工程质量目标为合格，制订详细的阶段目标及分部分项工程质量目标，确保质量总目标的顺利实现。

6.2 质量控制重点

根据工程实际情况，设置强制性条文实施监控点与工程重点部位、重要环节质量监控点。

质量目标设计表

序号	分项工程名称	质量目标	控制要点	措施
1	消防管道安装	合格	管口渗漏	水压试验、隐检
2	消防喷洒管道安装	合格	管口渗漏	水压试验、隐检
3	大空间水炮管道安装	合格	管口渗漏	水压试验、隐检
4	管道支架	合格	不正、不稳	预检、技术交底、隐检
5	阀门	合格	接口渗漏	水压试验、隐检
6	报警装置	合格	基础渗水	预检、试运转
7	水泵安装	合格	基础渗水	预检、试运转
8	消火栓箱配件安装	合格	箱体不正	预检
9	喷洒头安装	合格	喷头位置	预检、技术交底
10	配件安装	合格	接口渗漏	预检、技术交底

第七章 安全文明施工与环境保护

7.1 安全管理措施

7.1.1 安全管理工作

1. 项目经理部负责整个现场的安全生产工作，严格遵照施工组织设计和施工技术措施规定的有关安全措施组织施工。专业责任工程师要检查分配属队伍、专业分公司，认真做好分部分项工程安全技术书面交底工作，被交底人要签字认可。

2. 防护设备的变动必须经项目经理部安全总监理批准，变动后要有相应有效的防护措施，作业完后按原标准恢复，所有书面资料由经理部安全总监理保管。

3. 对安全生产设施进行必要的、合理的投入。重要劳动防护用品必须购买定点厂家的认定产品。

4. 坚持现场用火审批制度，电气焊工作要有灭火器材，操作岗位上禁止吸烟，对易燃、易爆物品使用要按规定执行，指定专人设库房分类管理。建设工程内不准积存易燃、可燃材料。

5. 使用电气设备和化学危险品，必须符合技术规范和操作规程，严格防火措施，确保施工安全，禁止违章作业。

6. 建立严格的安全教育制度，工人入厂前进行安全教育，坚持特殊工种持证上岗。重点工作设消防保卫人员，施工现场值勤人员昼夜值班，搞好“四防”工作。

7. 坚持安全技术交底制度，层层进行安全技术交底。对分部分项工程进行安全交底，并做好记录。班长每班前进行安全交底，坚持每周的安全活动，让施工人员掌握基本的安全技术和安全常识。

8. 对于施工难度大的分项工程必须制订专项安全保证措施。

7.1.2　安全管理制度

1. 安全技术交底制：根据安全措施要求和现场实际情况，各级管理人员需亲自、逐级进行书面交底。

2. 班前检查制：责任工程师和专业监理工程师必须督促与检查施工方、专业分公司对安全防护措施是否进行了检查。

3. 持证上岗制：特殊工种必须持有上岗操作证，严禁无证操作。

7.1.3　安全施工保证措施

1. 进入施工现场时，作业人员必须按要求穿戴好劳动防护用品。

2. 现场人员严禁在起吊物件下行走或停留，不得随意通过危险地段。现场人员应随时注意运转中的机械设备，避免被绞伤或被尖锐物体刺伤。非电工人员严禁乱动现场内的电气开关和电气设备，未经允许不得乱动分本职工作范围内的一切机械和设施，不准搭乘运料机械上下。进入现场前，应首先检查施工现场及周围环境是否达到安全要求，安全设施是否完好。

3. 高空作业应将安全带的钩绳的根部连接到背部尽头处，并将绳子系牢。

4. 使用的工具应放在随身携带的工具袋中，不便入袋的工具应放在稳当的地方。严禁上下抛掷工具及材料。

5. 电气焊作业应严格遵守焊工安全操作规程。作业前或停工时间较长再工作时，须检查所有设备。氧乙炔气瓶及橡胶软管接头、阀门、紧固件应紧固牢靠，不准有破损漏气现象。在氧气瓶及附件、橡胶软管和工具上均不得占有油脂或泥垢。电焊机应作保护措施，并装有漏电保护器。高空进行电气焊作业时，严禁其下方或附近有易燃易爆物品，必要时设专人监护或采取隔离措施。

7.1.4　施工用电安全保证措施

1. 现场施工用电采用三相五线制。

2. 配电箱设置总开关，同时做到“一机、一闸、一漏电保护器”。

3. 照明与动力用电分开，插座上标明设备使用名称。

4. 移动电箱内动力与照明分箱设置。

5. 施工现场的电器设备设施有效的安全管理制度，现场电线电气设备设施有专业电工经常检查整理，发现问题及时解决。

6. 凡是触及或接近带电体的地方，均采取绝缘保护以及保留安全距离等措施。

7. 电线和设备安装完毕以后，由安全部门对施工现场进行验收，合格后方可使用。

8. 经常对职工进行电气安全教育，未经考核合格的电工、机工和其他人员一律不准上岗作业。

9. 现场施工用电必须严格按照《施工现场临时用电安全技术规范》(JGJ 46—2005) 执行。

7.1.5 高空作业施工的安全要求

1. 担任高处作业人员必须进行体检，确保身体健康。不宜从事高处作业病症的人员，不准参加高处作业。凡发现工作人员有饮酒、精神不振时，禁止登高作业。

2. 高处作业均须先搭建脚手架或采取防止坠落措施，脚手架搭设符合规程要求并经常检查维修，作业前先检查稳定性，验收合格后，方可进行。

3. 临边区域作业，临空一面应装设安全网或防护栏杆，工作人员须使用安全带。

4. 在没有脚手架或者在没有栏杆的脚手架上工作，高度超过 1.5m 时，必须使用安全带或采取其他可靠的安全措施。

5. 安全带的挂钩或绳子应挂在结实牢固的构件上，或专为挂安全带用的钢生命绳上，高挂低用。禁止挂在移动或不牢固的物件上。

6. 高处作业应一律使用工具袋，较大的工具应用绳拴在牢固的构件上，不准随便乱放，以防止从高空坠落发生事故。

7. 在进行高处工作时，除有关人员外，不准他人在工作地点的下面通行或逗留，工作地点下面应有围栏或装设其他保护装置，做好标识，防止落物伤人。如在格栅式的平台上工作，为了防止工具和器材掉落，应铺设平板。

8. 不准将工具及材料上下投掷，要用绳系牢后往下或往上吊送，以免打伤下方工作人员或击毁脚手架。

9. 上下层同时进行工作时，中间必须搭设严密牢固的防护隔板、罩棚或其他隔离设施。工作人员必须戴安全帽。并尽可能避免交叉施工。

10. 在 6 级及以上的大风以及暴雨、打雷、大雾等恶劣天气，应停止露天高处作业。

11. 禁止登在不坚固的结构上进行工作。为了防止误登，必要时要在不坚固的结构物处挂上警告牌。

12. 现场动火作业必须办理动火作业许可证，平台拼装动火作业区域配备足够的灭火器、并派专职监护人进行跟踪监护。

7.2 文明施工与环境保护措施

7.2.1 文明施工目标

争创施工现场文明施工样板工地。做到“施工操作标准化，施工场容整洁化，场地布置合理化，材料堆放有序化，卫生清洁经常化”。

7.2.2 文明施工组织措施

1. 项目经理是创建文明工地的第一责任人，项目副经理全面负责，综合负责其日常工作。

2. 施工负责人员对施工现场必须统一布置，统一安排，划分责任范围，建立班组岗位责任制。各施工班组长是现场文明施工管理的直接责任人，分管各自施工范围的工作，将文明施工落实到每一个施工人员身上。

3. 坚持每周召开一次文明施工总结会，总结上一周的工作成绩及存在的不足之处，做好下一步工作的安排。

4. 组织每一个职工认真学习各项规章制度，加强对现场文明施工的认识，对违反制度以及屡教不改者，将处以重罚，或将其清退出现场。

7.2.3　文明施工保证措施

1. 现场临时设施，包括生产、办公、仓库、料场、临时水电设施、加工场等，按规范合理布置，搭设整齐。施工过程中产生的锤击噪声、机械运转声音，电弧火花等，尽量采取消声、隔离、阻挡等有效措施。以避免施工作业对周围环境的影响。

2. 严格遵守业主制订的有关现场管理条例，施工产生的施工垃圾及时运至指定地点。

3. 施工中产生的生活污水、生产废水应经沉淀处理，集中排入排水沟。施工现场应保持清洁、整齐，遵守当地社区环境管理规定并办理有关手续。

4. 为保证附近居民拥有一个安静的生活环境，如在夜间施工时要作好周密计划，将严重影响睡眠的工序安排在白天，确保生活区白天噪声小于 70dB（A），夜间小于55dB（A）。

5. 认真学习“建筑工程现场综合文明施工检查评分表”，争创安全文明施工样板工地。在进场之前，对所有施工进场人员召开一次专题会议，讲解本工程的特点、难点、工期要求、质量要求及相关管理制度，部署好现场文明施工的工作。

6. 按照“管理正规化、施工规范化、行动军事化、服务优质化”的指导方针来组织本工程的施工生产，坚持每天召开班前会，检查着装、安排生产、强调安全，排队进入施工现场。

7. 施工人员进入现场作业，必须穿工作服、工作鞋、戴安全帽，佩戴工号牌，每日上岗前安排 5 分钟班前安全和技术交底会，针对特别要求的部位，派专人跟班现场指挥作业。

8. 教育员工讲道德、讲礼貌，与人联系态度诚恳。不随地吐痰，维护公共清洁。

9. 现场材料堆放整齐，并派专人负责保管，随时清理施工垃圾，做到“完工一处，干净一处”。临时仓库布置合理，在满足施工需要的前提下，做到材料贮量最小，贮备期最短，运距最短，装卸及转运费最省。

10. 在施工现场悬挂、张贴醒目的安全宣传警示标牌，提醒员工时刻注意安全，搞好安全防护工作，在管道井边注意设置好安全隔板。

11. 加强施工临时设施管理。临时电源派专门持证电工接线检查，确保不漏电，且敷设应符合规范方能投入使用。上班合闸前检查一遍，下班切断电源，严禁带电作业。值班电工做好值班记录。

12. 防止大气污染，对于易飞扬的细颗粒散体材料，应库内存放，室外临时露天存放时，必须上盖下垫，严密遮盖，防止扬尘，防止粉尘污染。严禁使用有毒有害废弃物，防止噪声污染，采取吸声、隔声等处理的方法来降低噪声。

13. 在现场设置宣传栏，定期更换刊物内容，丰富职工的知识，宣传好人好事，公布项目部生产情况及奖罚情况。

14. 制订完善各项规章制度，坚决按制度办事，处理决不手软，做到奖罚分明，提高施工人员的自觉性。

15. 因本工程属高空作业，严禁施工人员酒后施工。

16. 积极主动处理好与业主及其他施工单位的关系。

17. 为保持场内整洁，施工人员住宿不安排在施工现场。

18. 派专人负责清扫工作，抓好职工的生活和住宿环境，定期组织消毒，搞好卫生工作。

19. 特别是要抓好疾病预防工作，进入工地人员必须进行身体健康检查，做好施工人员进场登记，严防流行病发生。

20. 建立卫生公约，轮流值日，对不遵守公约的给予经济处罚。

21. 在施工现场设置操作规程标牌，并标明操作者的姓名，所有施工设备专人管理。

7.2.4 建设工地文明管理标准

1. 场地周边要围挡，出入口地面应平整、整洁、卫生，主要出入口位置要有醒目的工程标示牌。

2. 工地临时设施搭设牢固整齐。高空作业要使用密目式安全防护网，防止高空坠物伤人。

3. 施工场地道路畅通，材料堆放整齐有序，场容场貌清洁，场内无积水。爱护工地一草一木，对成品、半成品要爱护，制订切实的保护措施，严禁人为损坏。

4. 施工垃圾不得往窗外抛撒，要集中堆放，及时清运，工地车辆进入街道不得带有泥土。

5. 工地门卫有专人看守，非工地人员未经许可不得进入，市民尤其是小孩不准在工地穿行玩耍。工地有专人清扫地面，污水不外流。

6. 施工人员应讲究文明卫生，遵纪守法，不准赤背、穿拖鞋进入工地。

7. 工地办公室清洁明亮，有关资料夹、图表、证照等悬挂有序。

8. 工地施工人员宿舍通风干燥、整洁卫生。上下铺床位，一人一铺。

9. 工地食堂要清洁卫生，有防蝇防尘设施。炊事员须持健康证上岗。

10. 施工人员进入施工现场不得随地大小便，不嬉闹打斗或互相谩骂，不乱写乱画，不乱堆乱放，不到处逗留闲逛，不在工地打牌赌博、酗酒及进行有伤风化的活动。

7.2.5 施工现场环境保护

1. 环境保护的目标

做环保卫士，树企业形象。做到“施工不扰民、垃圾不乱扔、车辆不沾泥、泥浆不外流、管线不破坏、粉尘不飞扬”。

2. 施工中引起的环境干扰及预防措施

（1）噪声污染：采取围护、隔离、消声等措施减轻噪声分贝。将产生严重干扰的施工工序安排在白天。减少晚间作业由电焊产生的电弧光污染、碘钨灯引起的强光污染。电焊作业区采取隔离、围护措施，电焊作业尽量不安排在晚间进行，即使晚间赶进度，最晚不超过晚上十一点。晚间作业，除了普通的白炽灯照明外，强照明灯光应关闭，夜间加班需用强光照明时，灯光应加以遮盖。

（2）生活污水、施工垃圾污染：排水设施保持畅通，施工垃圾及时清理。排水设备应有专人维护，生产、生活产生的污水排至指定地点。

第八章　雨期、冬期施工管理措施

8.1　雨期施工措施

8.1.1　根据工程特点和施工进度的安排要求，在满足现行国家规范、地方标准和北京市文明安全施工管理规定的前提下，针对施工部位，认真组织有关人员分析施工特点，制订科学合理的雨期施工措施，对雨期施工项目进行统筹安排，本着先重点后一般的原则，采取合理的交叉作业施工，确保工程工期不受天气影响。

8.1.2　设专人负责记录天气预报，及时了解长季、短季、即时天气预报，准确掌握气象趋势，防止暴风雨等的突然袭击，指导施工有利于合理安排每日的工作。

8.1.3　做好施工人员的雨期施工培训工作，组织相关人员进行一次全面检查，检查施工现场的准备工作，包括临时设施、临电、机械设备等。

8.1.4　按现场施工平面图的要求，做好现场排水，保证雨后路干，道路畅通。

8.1.5　提前准备好雨期施工所需的材料、雨具及设备，料场周围应有畅通的排水沟，以防积水。堆在现场的配料、设备、材料等必须避免存放在低洼处，必要时应将设备垫高，同时用苫布盖好，以防雨淋日晒，并有防腐蚀措施。

8.1.6　雨期施工季间，天气炎热，应调整作息时间，尽可能避开高温时间，提前准备好消暑药品，避免工人中暑，并安排充足的饮用水，加强对施工人员的监护工作，及时制止身体不适者作业。

8.1.7　高处作业时，应先对作业面检查、清理，做好防滑措施，并加强对安全带、安全网的检查，彻底杜绝事故隐患，确保人身安全。

8.1.8　设备预留孔洞做好防雨措施。如本工程地下室Ⅶ、Ⅷ区已安装完毕的设备，要采取措施防止设备受潮、被雨水浸泡。

8.1.9　施工现场外露的管道或设备，应用防雨材料盖好；敷设于潮湿场所的管路、管口、管道连接处应作密封处理。

8.1.10　所有机电设备应设有防雨罩或置于棚内，并有安全接零和防雷装置，移动电闸箱有防雨措施，漏电保护装置可靠，保证雨期安全用电；使用用电设备前，对其进行绝缘摇测，达不到绝缘要求的电动工具严禁使用。

8.1.11　对敷设的电缆及导线两端用绝缘防水胶布缠绕密封，防止进水影响其绝缘性。

8.1.12　对已安装的泵类设备应进行一次检查，将存留在设备内的积水清除；未安装的设备在安装前也应进行检查，对于有怀疑的必要时应拆卸或用干燥的压缩空气吹扫。

8.1.13　氧气乙炔瓶不能放在太阳下暴晒，应有妥善的保护措施。

8.1.14　在地下车库的工具房要做好防水和通风处理，在地上的工具房也要做好排水措施。

8.1.15　考虑到雨期的实际情况，施工中每一个阶段都必须仔细规划好施工现场的排水设施，并严格按照已经拟订的方案进行实施，并于施工中保持排水沟的畅通，如果必须截断排水沟，必须报经批准后方可实施，并采取适当的处理方案，保证现场排水的顺畅。

8.1.16 雨天作业必须设专人看护，防止塌方，存在险情的地方未采取可靠的安全措施之前禁止作业施工。

8.1.17 安排好应急疏散通道及安全集结中心。

8.1.18 雨期施工时间内应充分加强电缆及用电设备的监护，防止由于高温状态下热量不易于散发引起火灾，电气焊作业时必须对周围场地进行整理并加强监护措施，防止火花溅射到干燥物体上引起火灾。

8.2 冬期施工措施

8.2.1 根据国家规定，当平均气温连续5天低于5℃，即进入冬期施工。进入冬施，就必须做好冬季气温的监测工作，指定专人根据气象台提供的有关资料及现场测控建立气象监测台账，该台账上需要反映出下一阶段天气趋势和基本天气状态，供本工程施工安排时进行参考。

8.2.2 成立以技术负责人为主的冬期施工领导小组，根据本工程冬期施工部位，进行全面调研，掌握必要的数据，根据天气和气温状况科学合理地安排生产，针对既定的生产计划制订切实可行的冬期施工措施，以克服季节特点带来的困难，达到保证进度、工程质量和施工安全的目的。

8.2.3 凡进行冬期施工的工程项目，在入冬前要统筹考虑、明确安排；凡属冬期施工所必须的材料储备，入冬前必须完成。

8.2.4 本项目冬期施工严格执行现行行业标准《建筑工程冬期施工规程》JGJ/T 104—2011。

8.2.5 入冬前组织相关人员进行一次全面检查，作好施工现场的过冬准备工作，包括临时设施、机械设备及保温等项工作，及时地对打过压，灌过水的各类管道及附件的易积水处做详细检查，彻底放净积水，防止冻坏事故发生。

8.2.6 组织技术人员、工长、现场管理人员进行冬期施工的交底，明确职责。让施工人员了解冬期施工的施工方法和注意事项。

8.2.7 冬期施工中要加强天气预报工作，及时接收天气预报，防止寒流突然袭击。

8.2.8 冬期施工要做好水管的防冻保温工作，结合冬期施工情况，做好安全技术交底，作业面要配备足够的消防器材。

8.2.9 复查施工进度安排，对有不适合冬期施工要求的施工部位，应及时向甲方、监理提出调整施工进度计划，合理统筹安排劳动力。对于工程技术要求高的施工项目，要进行冬期施工技术可行性综合分析。

8.2.10 冬季管道焊接时应尽量安排在气温0℃以上进行，环境温度低于−10℃时不得施焊；当环境温度低于−5℃条件下进行焊接时，除遵守常温焊接的有关规定外，应调整焊接工艺参数，适当加大焊接电流，减缓焊接速度，使焊缝和热影响区缓慢冷却。

8.2.11 在空间不大或有条件的作业环境中，如果作业时间较长，应采取封闭门窗洞口或可靠加温方法保持环境温度大于5℃。

8.2.12 管道试压，应在环境温度大于5℃时方可进行，试压前根据系统特点和现场情况编制系统试压方案，并报请甲方、监理进行审批，经监理批准后方可进行。试压后要采取可靠措施将余水放净，防止管道冻裂。

8.2.13　加强对冬期施工的领导，组织定期不定期的工程质量、技术检查，了解措施执行情况。

8.2.14　安排专人检查水管的防冻保温措施，每天进行巡视，记录检查情况。

8.2.15　施工面用火要有专人负责管理，须取得用火证后方可操作，操作时要有人监护，用完后人走火灭，并应备足消防器材。

8.2.16　在冬施过程中，因露天作业受天气环境的影响，人们反应迟缓。在搬运材料、设备等重物时，要有统一指挥人员，口令一致，起落动作要一致，避免在搬运材料和设备就位过程发生砸伤、撞伤事故。

8.2.17　施工结束后清理工作场地，并切断各种机具设备的电源及使用的水源。

8.2.18　易燃易爆的材料要在室外单独存放，并要配置相应消防灭火设备。

8.2.19　冬期施工气候冷、冰多路滑，必须加强安全工作，保护好“四口”“五临边”，场地内临时道路、脚手架、钢平台等需要及时清理积水、冻雪、冰凌等，并采取适当的防滑措施，避免意外事故的发生；对高空及交叉作业人员要经常进行安全教育。

8.2.20　加强用电管理，防止触电事故。

第九章　成品保护方案

9.1　成品保护管理措施

9.1.1　严格按照质量管理体系和管理制度执行，成立以项目副经理牵头，工程部、安质部为主的成品保护小组，分区、分片包干管理，做好成品保护，做到每个成品都有人负责；施工场区保证有一个人日夜巡视。

9.1.2　对施工人员进行成品保护教育，增强其主人翁思想，在施工过程中做到自觉自律。每天的调度会由项目经理或项目总工对各班组负责人进行教育；班前会，要求班长要强调职工的成品保护意识，提高员工的职业道德和职业素养。

9.1.3　施工员负责根据施工现场的实际情况制订成品保护措施并向班组进行交底和督促检查实施情况，确保成品完好无损。

9.1.4　针对各专业（消防电、水、气灭）实际情况，各作业队应单独编制分项工程成品保护措施，责任到人，严格管理，认真落实。

9.1.5　安装时应注意不损坏已安装好的设备，尤其土建工程的门窗、玻璃、墙面、地面都比较易损坏、易碎。所以必须强调树立现场成品保护的责任感，并应做到成品保护人人有责，做好大力宣传工作。在施工中，当设备施工有碍安装，因二次装修影响施工时，要经有关主管领导协调统一解决。

9.1.6　建立工序交接施工制度，各工种间相互做到互不破坏、互不污染，确有相互干扰或更改的要征得总工程师和项目经理的同意，拿出具体的方案。各工种进行施工前要进行现场交接，后施工的工种和工序，不得破坏上道工序的和其他工种的成品，并把责任落实到班长。

9.1.7　加强与其他系统或专业承包商之间的联系，避免相互扯皮和相互干扰，相互影响。由于施工工序等原因不得不破坏成品时，由总承包方或建设方统一协调相互关系，把损失减少到最低限度。

9.1.8 成品保护必须贯穿于施工全过程，从原材料、半成品、直至成品各个环节都必须进行切实有效地保护，最终使建筑产品成为完美无缺的凝固艺术。

9.2 成品保护的范围

9.2.1 粗装修阶段：楼内的机械设备、水暖设备、通风系统、强弱电缆电线、门、窗、玻璃幕、墙壁、吊顶、地面等。

9.2.2 细装修阶段：木质面饰、石材面饰、特质面饰、灯具照明系统、卫生洁具、电信终端、消防配套产品及工程内应加以保护的成品。

9.3 成品保护工作的内容及措施

9.3.1 内容：防火、防水、防盗、防破坏、防自然灾害、防污染及维护环境卫生、严禁大小便，即”六防一维护”。

9.3.2 措施：勤巡视、勤观察、勤提示、勤汇报、勤记录，即“腿勤、眼勤、嘴勤、手勤”等“四勤”。

9.4 成品保护管理的基本原则

9.4.1 成品安装的原则：成品已安装就位，必须按技术附加措施予以保护。只许装不许拆；准许进不许出。成品就位后，需移动、拆改、修补、维护的，应持有关负责人的批条，交成保人员后方可施工。

9.4.2 成品在施工和安装过程中的原则：谁施工、谁负责成品保护工作；成品保护员只负责监督、检查、管理。一旦发现成品损坏的肇事人，交有关部门解决，做好值班记录。

9.4.3 成品保护队接收成品的程序是，坚持按施工工序完毕后，在甲方的监督下，由施工方向成品保护队分项书面交底，填好交接清单，经验收确认后，双方签字生效。

9.4.4 坚持配合，协调原则：甲乙双方加强配合协调意识，是搞好成品保护工作的重要原则。乙方现场负责人，应主动向甲方有关负责人汇报工作，互通情况统一认识，求得甲方支持。甲方应向乙方实行领导统一布置，统一指挥，共同朝着一个实施目标；工程进度一定能够顺利完成。

9.4.5 搞好成品保护工作要有超前意识；进场前要对成品保护人员进行岗前培训，一方面进行法则、职业道德、安全教育，成品保护工作的重要性，另一方面针对性地对进驻工程进行详细交底，使成保员明确工作内容，明确责任把问题想到“损坏”前面，做到会干、会说、会管理，行之有效。

9.5 成品保护、半成品保护小组

本工程由项目经理部组织成立以工程技术部经理为领导的成品保护小组，设专职成品保护员。肩负对成品和半成品的看护责任，并对文明施工、安全施工提供宣传监督、登记物账、依法管理的防火，防水，防盗，防破坏，防污染，维护文明施工的基础工作。总体原则的保护管理措施：采用“护”“包”“盖”“封”等保护措施，对成品、半成品进行防护，并由各分包责任专人巡视检查，发现有保护措施损坏的要及时恢复。

岗位职责

1. 工程技术部经理：对项目经理负责，负责安排各专业、工种作业时间计划，协调各工种、各专业交叉作业。既要保证整体工期计划的落实，又要使产品不被交叉污染和破坏；负责协调物资部做好物资原材料、半成品、成品保护；负责协调技术部做好物资检验、试验、验收；负责组织各工种、各专业产品过程验收，办理产品保护交接手续；负责产品保护同各工种、专业之间的协调并处理产品保护纠纷。

2. 物资设备部：对采购的原材料、半成品、成品质量负责；对采购物资包装、运输过程的产品保护负责。

3. 专业施工班组：对专业内工程产品保护负责；对专业施工区内其他专业的产品保护负责；对本专业进入现场的材料、设备临时存放产品保护负责；本专业施工后对其他专业下道工序施工的可行性负责。

4. 成品保护队长：负责成品保护队的日常管理工作；负责组织对移交产品的日常保护；负责监督、检查各工种、专业产品保护落实情况。

5. 专职成品保护员：执行总承包职责，具体负责落实产品保护工作，记录并汇报产品保护工作情况。

9.6　产品保护措施的控制

9.6.1　公司会根据本工程项目的特点，在项目开工前编制的“工程质量计划”中具体确定产品保护措施和实施要求，保证产品在交付顾客前不致损坏或变质。

9.6.2　产品保护措施交底项目部在实施产品保护措施前，项目经理应根据“工程质量计划”的具体规定，及时组织项目部各有关人员，进行产品保护措施交底，并由施工员填写“施工交底记录表”。

9.6.3　在交付顾客前，由项目经理组织项目部各有关人员，“工程质量计划”的具体规定进行产品保护措施的实施与控制。

9.6.4　项目经理应定期或不定期地组织检查，如发现保护措施不力，由相应责任人限期整改完善；如发现产品受损或变质，必须报公司主管部门，并按“不合格品控制程序”规定组织返工返修报废更换。

9.7　保护措施

9.7.1　进场材料设备的保护措施

1. 现场仓库内的货架采用金属货架、木质垫板，排列整齐。

2. 材料、设备分仓分门别类存放，摆放整齐，并标志清楚。

3. 设备在搬运时要防止磕碰、并设专仓集中保管，为防止配件丢失或损坏，如压力表、铜阀门等配件应在竣工前才统一安装。

4. 阀门、消防箱、喷淋头、烟感头、报警阀组件、成套配电柜等设备运至现场暂不安装时，不得拆箱，入库妥善保管。必要时用苫布盖好，并把苫布绑扎牢固，防止设备受损。

5. 设备搬运过程中，不许将设备倒立，防止设备油漆、电器元件损坏。

6. 设备入库后应码放整齐、稳固，并要注意防潮。

9.7.2 成品保护：对本工种已完成品、半成品制订保护措施，同时也要注意保护他人的成品，具体应落实到人，措施落实到物。

9.7.3 设备保管：在现场为专业安装提供必要的保管仓库，防止材料、工具等失落。并搭设一定量防雨棚，并应带箱堆放，保管时做到不淋雨、不受潮、不被碰撞，零部件、开关等不被拆盗，设备移动时要经过责任人员同意，使设备处于完整无损状态。对安放在地下室的各类设备、电器、自控器件要采取通风和排水措施，以防受潮或浸水。

9.7.4 装修阶段：用水、用电及接水、接电要有控制，不能超负荷。污水排放要有组织、有控制进行，避免污水污染施工成品或设备。已安装设备的房间应上锁封闭派人监护，以防丢失或偷盗。

9.7.5 水、电施工排管应考虑对结构的保护，结构施工时应预先对预留洞、预埋件等详细校核，并与水、电等专业工种配合，由专业队确认土建的留洞和埋件等，防止乱打、乱凿破坏结构。

9.7.6 视不同阶段、不同产品、不同部位的保护要求，编制严密的施工保护手册，供施工管理人员加强产品保护，确保产品的最后质量。

1. 设备开箱点件后对于易丢失、易损部件应指定专人负责入库妥善保管，各类小型仪表元件及零部件，在安装前不要拆包装。设备搬运时明露在外的表面应防止碰撞。

2. 对管道、通风保温成品要加强保护，不得随意拆、碰、压，防止损坏。

3. 对已施工完毕的地面，可覆盖塑料纸，防止墙面、顶棚装饰施工砂浆及其他装饰材料对地面的污染。对各类易燃、易爆应采取隔离保护或分类存放，以防火灾或丢失。

9.8 消防成品保护

9.8.1 水管保温的保护：水管及部件保温施工完毕的保护表面要清理干净。并注意保护，不让其他物品、管道等重物压在上面或碰撞，更不可上人踩，以免影响效果和美观。

9.8.2 管道的保护：

1. 管道的预制加工、防腐、安装、试压等工序应紧密衔接进行，如施工有间断，应及时将管口封闭，以免进入杂物堵塞管道。

2. 吊装重物不得采用已安装好的管道作吊、支承点，也不得在管道上支撑，也不得踩蹬。

3. 过墙孔洞修补必须在建筑面层粉饰之前完成。

4. 室外管道在进行土方回填时，宜先采用细土进行回填，不得用石块、砖块回填，以免损伤管道。

9.8.3 预埋件的成品保护：设备基础预埋件安装完毕后，必须设专人进行监护。在施工中，如发现预埋件因碰撞等原因而发生位移或偏移时，马上停止施工，并通知监理工程师。待预埋件调整正确后，再进行施工。

9.8.4 信号阀、水流指示器、报警设备、消防泵、自动报警阀、按钮等报警设备及喷淋头应在装修完成后安装，安装时要保护好已装修好的墙面、顶面。安装好后，对消防设备要加以保护，以防丢失、损坏。施工现场不清洁时，绝不允许安装各种探测器，以免灰尘引起报警不灵敏等问题。

9.8.5 管道的水压试验：必须先通知相关的施工单位，保护好怕潮的物体；试验时，安排一定人员进行检查，发现有渗水、漏水现象，马上停止试验进行检修，合格后再进行水压试验。水压试验及冲洗的废水必须排放到市政污水管网。

9.9 土建、装饰产品的保护措施

9.9.1 装饰门、窗的保护措施：

1. 禁止各类人员对装饰门、窗的踩踏，不得在其上面安放脚手架，悬挂重物。
2. 在清洁时，保护胶纸要妥善剥离，注意不得划伤，刮花表面。

9.9.2 隔墙板、保温板的保护措施：

1. 板面不得乱写乱画。
2. 安装好的隔墙板、保温板不允许碰撞，不得大面积剔凿。

9.9.3 涂料保护措施：在涂料干燥前，应防止尘土玷污和空气的侵蚀，消防施工人员不得随意触摸。

9.9.4 厨房、卫生间防水的保护措施：

1. 要对其他专业施工的涂膜防水层作完后的厨房、卫生间等区域加以防护，在保护层未作之前，任何人不得进入。
2. 其他专业做保护层时，要特别注意，防水面上不得使用坚锐或其他过硬的工具直接在其上进行操作。

9.9.5 屋面的保护措施：

1. 苯板和找平层上禁止推车和堆放重物，在凝固后的找平层上推车时，车腿要用软布包裹，找平层上禁止进行管道加工等施工作业。
2. 其他专业防水卷材施工完成后，消防专业也要对防水保护层做好防护。在施工中运送材料的手推车支腿应用麻袋或胶皮包扎，防止将防水层刮破。
3. 防水层上禁止堆放材料和其他任何作业。

9.9.6 地砖保护措施：基底砂浆尚未达到强度前，各类工种不得进入同一施工区域操作。可以施工时，应尽量避免尖锐物品直接作用于瓷砖表面。

9.9.7 瓷砖保护措施：基底砂浆尚未达到强度前，各类工种不得进入同一施工区域操作。可以施工时，不得使用铁制爬梯，以防破坏瓷砖。消防安装开关槽或在墙面固定设备时，应事先预留好位置，尽量避免在瓷砖上直接开洞。各类工种施工时，应尽量避免尖锐物品直接作用于瓷砖表面。

9.10 其他专业单位的产品保护

在做好自身产品保护的同时，严禁对于其他专业单位的产品进行破坏，不得损坏其产品的防护设施。施工过程中，如需其他专业设备进行移位、拆除时，必须事先与有关单位协调解决，严禁私自移位或拆除。

9.11 半成品保护措施

消防管道及设备

1. 报警阀配件、消火栓箱内附件，各部位的仪表可在交工验收前统一安装，防止误动漏水，损坏装修成品，防止丢失和损坏。

2. 喷洒头安装时不得污染和损坏吊顶装饰面。

3. 各专业施工遇有交叉现象发生，不得擅自拆改，需经设计、甲方及有关部门协商，协调解决后，方可施工。

附件1 进度计划横道图（略）

附件2 劳动力计划表

单位：工日

时间 工种	时间				
	2022年9月20日	2022年9月25日—2023年7月20日	2023年7月21日—2023年10月14日	2023年10月15日—2023年11月15日	2023年11月25日—2023年12月30日
技术人员	8	8	8	8	6
电气焊	3	5	5	3	2
水工	10	80	60	50	20
壮工	10	60	40	40	20
合计	31	153	113	101	48
水工序	进场准备	主、支管道安装	设备安装	系统调试	检测、验收

编制依据及说明

【依据一】《建筑工程消防施工质量验收规范》(DB11/T 2000—2022)

3.0.5 消防工程施工前施工单位应编制有针对性的施工方案，并按相关程序经审批后实施。

【依据二】《建筑工程施工组织设计管理规程》(DB11/T 363—2016)

附录4　某项目消防工程通风空调与防排烟专业试验计划

某项目消防工程通风空调与防排烟专业试验计划

工程名称：北京××地块××项目1＃A－1库工程

编制单位：北京××工程公司

编制时间：2022年9月

目 录

一、工程概况

工程总体概况如下：

工程名称：北京××地块××项目—1 ＃ A—1 库

建设单位：北京××服务有限公司

工程位置：北京×× 地块

建筑面积：地下汽车库建筑面积为 11091.06m^2、共划分为四个防火分区。

建筑功能：本工程平时功能为地下汽车库，人防区可停车 85 辆。战时功能为专业队队员掩蔽部（合移动电站）、专业队装备（车辆）掩蔽部、二等人员掩蔽所。

建筑层数及层高：地下人防区为地下一层，层高为 4.8m。

抗震设防烈度：8 度。

结构形式：钢筋混凝土框架结构/剪力墙结构

防排烟系统概况如下：

地下车库共四个防火分区，其中防火分区一、分区四分为两个防烟分区，防火分区二、分区三为一个防烟分区。每个防烟分区设置一台柜式高心排烟风机。平时通风，火灾时排烟。排烟风量按《汽车库、修车库、停车场设计防火规范》（GB 50067—2014）表 8.2.4 选取。有直接对外的汽车坡道的防火分区平时通风时城道自然进风。火灾时坡道自然补风。无直接对外的汽车城道的防火分区设置一台补风机，平时通风时机械进风，火灾时机械补风。补风量按不小于排烟量的 50％设计。

地下楼梯均为封闭楼梯间，在首层均设有不小于 1.2m^{2}的可开启外窗或直通室外疏散门，采用自然通风方式。

车库排风量按 6 次/h 换气次数计算，进风量按排风量的 80％计算，机械进风不足部分靠坡道自然进风。

二、编制依据

1. 施工图纸；

2. 施工合同文件；

3. 现行的国家、地方、行业规范、规程、技术标准标准、施工验收规范：

《汽车库、修车库、停车场设计防火规范》（GB 50067—2014）

《工业建筑供暖通风与空气调节设计规范》（GB 50016—2015）

《建筑防烟排烟系统技术标准》（GB 51251—2017）

《建筑设计防火规范（2018 年版）》（GB 50016—2014）

《通风与空调工程施工质量验收规范》（GB 50243—2016）

《建筑工程检测试验技术管理规范》（JGJ 190—2010）

三、主要材料和设备进场及施工过程检验批划分计划

1. 材料设设备进场计划

根据总体施工进度计划及预算工程量，本项目需进行检测试验的主要材料设备进场

计划安排如下：

<table>
<tr><th>序号</th><th>材料/（设备）类型</th><th>名称</th><th>规格型号</th><th>计划数量</th><th>施工部位</th><th>计划进场时间</th></tr>
<tr><td rowspan="7">1</td><td rowspan="7">风管</td><td>镀锌钢板风管</td><td>2200mm×400mm</td><td>128m</td><td rowspan="6">排烟系统防火分区1～4</td><td rowspan="7">2022年9月下旬</td></tr>
<tr><td>镀锌钢板风管</td><td>1600mm×400mm</td><td>66m</td></tr>
<tr><td>镀锌钢板风管</td><td>1250mm×400mm</td><td>96m</td></tr>
<tr><td>镀锌钢板风管</td><td>1000mm×320mm</td><td>32m</td></tr>
<tr><td>镀锌钢板风管</td><td>800mm×320mm</td><td>84m</td></tr>
<tr><td>镀锌钢板风管</td><td>630mm×320mm</td><td>64m</td></tr>
<tr><td>镀锌钢板风管</td><td>800mm×800mm</td><td>8m</td><td>防火分区2</td></tr>
<tr><td rowspan="6">2</td><td rowspan="6">各类阀（口）部件</td><td>单层百叶风口（带调节阀）</td><td>600mm×400mm</td><td>68个</td><td rowspan="5">排烟系统防火分区1～4</td><td rowspan="6">2022年9月下旬</td></tr>
<tr><td>280℃排烟防火阀</td><td>1000mm×1000mm</td><td>12个</td></tr>
<tr><td>280℃排烟防火阀</td><td>2000mm×400mm</td><td>12个</td></tr>
<tr><td>蝶阀</td><td>2000mm×400mm</td><td>6个</td></tr>
<tr><td>70℃防火阀</td><td>1000mm×100mm</td><td>2个</td></tr>
<tr><td>蝶阀</td><td>800mm×320mm</td><td>1个</td><td>排烟补风系统防火分区2</td></tr>
<tr><td rowspan="2">3</td><td rowspan="2">风机</td><td>低噪声通风消防两用柜式离心风机（电机外置）PF（Y）－B1－1～6</td><td>L＝35040m^3/h，P＝883Pa（全压），转速700r/min，N＝15kW，380V 噪声：73dB</td><td>6台</td><td>排烟系统防火分区1～4</td><td rowspan="2">2022年11月中旬</td></tr>
<tr><td>低噪声柜式离心风机S（B）－B1－1</td><td>L＝17840m^3/h，P＝546Pa（全压），转速700r/min，N＝5.5kW，380V 噪声：67dB</td><td>1台</td><td>排烟补风系统防火分区2</td></tr>
</table>

2. 施工过程检验批划分计划

本项目计划根据防火分区划分检验批，共划分4个检验批，划分情况如下图所示：

四、试验计划

在本项目中，材料和设备进场检验试验包括风管进场检验试验、防排烟系统中各类阀（口）部件进场检验试验、风机进场检验试验，检测及试验根据本计划材料设设备进场计划进行。施工过程质量检测试验包括：风管（道）系统严密性检验、单机调试、联动调试，检测及试验根据本计划施工过程检验批划分计划进行。

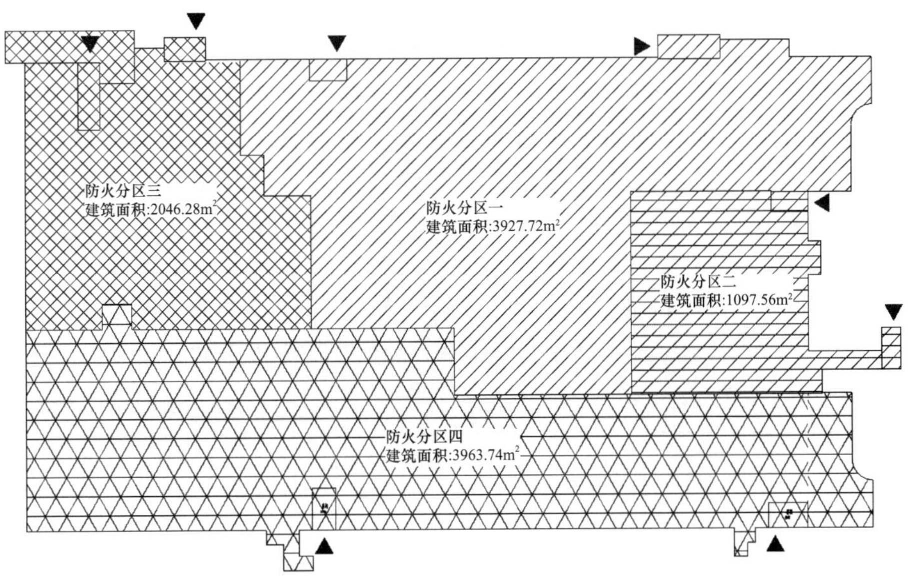

1. 风管进场检验试验计划

1）具体要求、检查数量及检查方法

（1）风管的材料品种、规格、厚度等应符合设计要求和现行国家标准的规定。当采用金属风管且设计无要求时，钢板或镀锌钢板的厚度应符合下表规定：

风管直径 D 或长边尺寸 B（mm）	送风系统（mm）		排烟系统（mm）
	圆形风管	矩形风管	
D（B）≤320	0.50	0.50	0.75
320<D（B）≤450	0.60	0.60	0.75
450<D（B）≤630	0.75	0.75	1.00
630<D（B）≤1000	0.75	0.75	1.00
1000<D（B）≤1500	1.00	1.00	1.20
1500<D（B）≤2000	1.20	1.20	1.50
2000<D（B）≤4000	按设计	1.20	按设计

注：螺旋风管的钢板厚度可适当减小10%～15%；不适用于防火隔墙的预埋管。

检查数量：按风管、材料加工批的数量抽查10%，且不得少于5件。

检查方法：尺量检查、直观检查，查验风管、材料质量合格证明文件、性能检验报告。

（2）有耐火极限要求的风管的本体、框架与固定材料、密封垫料等必须为不燃材料，材料品种、规格、厚度及耐火极限等应符合设计要求和国家现行标准的规定。

检查数量：按风管、材料加工批的数量抽查10%，且不应少于5件。

检查方法：尺量检查、直观检查与点燃试验，查验材料质量合格证明文件。

（3）有耐火极限要求的风管类型

机械加压送风管道的设置和耐火极限应符合下列规定：竖向设置的送风管道应独立设置在管道井内，当确有困难时，未设置在管道井内或与其他管道合用管道井的送风管道，其耐火极限不应低于1.00h；水平设置的送风管道，当设置在吊顶内时，其耐火极限不应低于0.50h；当未设置在吊顶内时，其耐火极限不应低于1.00h。

排烟管道的设置和耐火极限应符合下列规定：排烟管道及其连接部件应能在280℃时连续30min保证其结构完整性；竖向设置的排烟管道应设置在独立的管道井内，排烟管道的耐火极限不应低于0.50h；水平设置的排烟管道应设置在吊顶内，其耐火极限不应低于0.50h；当确有困难时，可直接设置在室内，但管道的耐火极限不应小于1.00h；设置在走道部位吊顶内的排烟管道，以及穿越防火分区的排烟管道，其管道的耐火极限不应小于1.00h，但设备用房和汽车库的排烟管道耐火极限可不低于0.50h。

2）检验试验计划

序号	名称及规格	规格型号	检测试验参数及方式	检测试验数量及规格	代表批量	施工部位	计划检验/试验时间	是否需要见证试验
1	镀锌钢板风管	2200mm×400mm	1. 品种、规格符合合计要求：直观检查； 2. 厚度1.5mm：尺量检查； 3. 本体、框架与固定材料、密封垫料不燃性：点燃试验； 4. 耐火极限：材料质量合格证明文件	2200mm×400mm×1200mm成品风管15件	128m	防火分区1～4	2022年9月下旬	否
2	镀锌钢板风管	1600mm×400mm	1. 品种、规格符合合计要求：直观检查； 2. 厚度1.5mm：尺量检查； 3. 本体、框架与固定材料、密封垫料不燃性：点燃试验； 4. 耐火极限：材料质量合格证明文件	1600mm×400mm×1200mm成品风管6件	66m	防火分区1～4	2022年9月下旬	否
3	镀锌钢板风管	1250mm×400mm	1. 品种、规格符合合计要求：直观检查； 2. 厚度1.2mm：尺量检查； 3. 本体、框架与固定材料、密封垫料不燃性：点燃试验； 4. 耐火极限：材料质量合格证明文件	1250mm×400mm×1200mm成品风管5件	96m	防火分区1～4	2022年9月下旬	否

续表

序号	名称及规格	规格型号	检测试验参数及方式	检测试验数量及规格	代表批量	施工部位	计划检验/试验时间	是否需要见证试验
4	镀锌钢板风管	1000mm×320mm	1. 品种、规格符合合计要求：直观检查； 2. 厚度 1.0mm：尺量检查； 3. 本体、框架与固定材料、密封垫料不燃性：点燃试验； 4. 耐火极限：材料质量合格证明文件	1000mm×320mm×1200mm 成品风管 5 件	32m	防火分区1～4	2022 年 9 月下旬	否
5	镀锌钢板风管	800mm×320mm	1. 品种、规格符合合计要求：直观检查； 2. 厚度 1.0mm：尺量检查； 3. 本体、框架与固定材料、密封垫料不燃性：点燃试验； 4. 耐火极限：材料质量合格证明文件	800mm×320mm×1200mm 成品风管 5 件	84m	防火分区1～4	2022 年 9 月下旬	否
6	镀锌钢板风管	630mm×320mm	1. 品种、规格符合合计要求：直观检查； 2. 厚度 1.0mm：尺量检查； 3. 本体、框架与固定材料、密封垫料不燃性：点燃试验； 4. 耐火极限：材料质量合格证明文件	630mm×320mm×1200mm 成品风管 5 件	64m	防火分区1～4	2022 年 9 月下旬	否
7	镀锌钢板风管	800mm×800mm	1. 品种、规格符合合计要求：直观检查； 2. 厚度 1.0mm：尺量检查； 3. 本体、框架与固定材料、密封垫料不燃性：点燃试验； 4. 耐火极限：材料质量合格证明文件	800mm×800mm×1200mm 成品风管 5 件	8m	防火分区2	2022 年 9 月下旬	否

2. 防排烟系统中各类阀（口）进场检验试验计划

1）具体要求、检查数量及检查方法

（1）排烟防火阀、送风口、排烟阀或排烟口等必须符合有关消防产品标准的规定，其型号、规格、数量应符合设计要求，手动开启灵活、关闭可靠严密。

检查数量：按种类、批抽查10%，且不得少于2个。

检查方法：测试、直观检查，查验产品的质量合格证明文件、符合国家市场准入要求的文件。

（2）防火阀、送风口和排烟阀或排烟口等的驱动装置，动作应可靠，在最大工作压力下工作正常。

检查数量：按批抽查10%，且不得少于1件。

检查方法：测试、直观检查，查验产品的质量合格证明文件、符合国家市场准入要求的文件。

（3）防烟、排烟系统柔性短管的制作材料必须为不燃材料。

检查数量：全数检查。

检查方法：直观检查与点燃试验，查验产品的质量合格证明文件、符合国家市场准入要求的文件。

2）检验试验计划

序号	名称及规格	规格型号	检测试验参数及方式	检测试验数量及规格	代表批量	施工部位	计划检验/试验时间	是否需要见证试验
1	单层百叶风口（带调节阀）	600mm×400mm	1. 型号、规格、数量应符合设计要求：直观检查； 2. 手动开启灵活、关闭可靠严密：测试； 3. 驱动装置动作应可靠，在最大工作压力下工作正常：测试，查验产品的质量合格证明文件	600mm×400mm单层百叶风口7个	68个	防火分区1～4	2022年9月下旬	否
2	280℃排烟防火阀	1000mm×1000mm	1. 型号、规格、数量应符合设计要求：直观检查； 2. 手动开启灵活、关闭可靠严密：测试； 3. 驱动装置动作应可靠，在最大工作压力下工作正常：测试，查验产品的质量合格证明文件	1000mm×1000mm，280℃排烟防火阀2个	12个	防火分区1～4	2022年9月下旬	否

续表

序号	名称及规格	规格型号	检测试验参数及方式	检测试验数量及规格	代表批量	施工部位	计划检验/试验时间	是否需要见证试验
3	280℃排烟防火阀	2000mm×400mm	1. 型号、规格、数量应符合设计要求：直观检查； 2. 手动开启灵活、关闭可靠严密：测试； 3. 驱动装置动作应可靠，在最大工作压力下工作正常：测试，查验产品的质量合格证明文件	2000mm×400mm，280℃排烟防火阀 2 个	12 个	防火分区 1～4	2022 年 9 月下旬	否
4	蝶阀	2000mm×400mm	1. 型号、规格、数量应符合设计要求：直观检查； 2. 手动开启灵活、关闭可靠严密：测试； 3. 驱动装置动作应可靠，在最大工作压力下工作正常：测试，查验产品的质量合格证明文件	2000mm×400mm，蝶阀 2 个	6 个	防火分区 1～4	2022 年 9 月下旬	否
5	70℃防火阀	1000mm×1000mm	1. 型号、规格、数量应符合设计要求：直观检查； 2. 手动开启灵活、关闭可靠严密：测试； 3. 驱动装置动作应可靠，在最大工作压力下工作正常：测试，查验产品的质量合格证明文件	1000mm×1000mm，70℃防火阀 2 个	2 个	防火分区 2	2022 年 9 月下旬	否
6	蝶阀	800mm×320mm	1. 型号、规格、数量应符合设计要求：直观检查； 2. 手动开启灵活、关闭可靠严密：测试； 3. 驱动装置动作应可靠，在最大工作压力下工作正常：测试，查验产品的质量合格证明文件	800mm×320mm，蝶阀 1 个	1 个	防火分区 2	2022 年 9 月下旬	否

3. 风机进场检验试验计划

1）具体要求、检查数量及检查方法

应符合产品标准和有关消防产品标准的规定，其型号、规格、数量应符合设计要求，出风口方向应正确。

检查数量：全数检查。

检查方法：核对、直观检查，查验产品的质量合格证明文件、符合国家市场准入要求的文件。

2）检验试验计划

序号	名称及规格	规格型号	检测试验参数及方式	检测试验数量及规格	代表批量	施工部位	计划检验/试验时间	是否需要见证试验
1	低噪声通风消防两用柜式离心风机（电机外置）PF（Y）—B1—1～6	L=35040m³/h，P= 883Pa（全压），转速700r/min，N=15kW，380V噪声：73dB	1. 型号、规格、数量应符合设计要求：直观检查、查验产品的质量合格证明文件；2. 出风口方向应正确：直观检查	全数检验	6台	防火分区1～4	2022年11月中旬	否
2	低噪声柜式离心风机S（B）—B1—1	L=17840m³/h，P = 546Pa（全压），转速700r/min，N=5.5kW，380V噪声：67dB	1. 型号、规格、数量应符合设计要求：直观检查、查验产品的质量合格证明文件；2. 出风口方向应正确：直观检查	全数检验	1台	防火分区2	2022年11月中旬	否

4. 风管（道）系统严密性检验试验计划

1）具体要求、检查数量及检查方法

（1）风管系统安装后应进行严密性检验，合格后方能交付下道工序。风管系统严密性检验应以主、干管为主，并应符合《通风与空调工程施工质量验收规范》（GB 50243—2016）附录C的规定

（2）漏风量测定一般应为系统规定工作压力（最大运行压力）下的实测数值。特殊条件下，也可用相近或大于规定压力下的测试代替，漏风量可按下式计算：

$$Q_0 = Q(P_0/P)^{0.65}$$

式中：Q_0——规定压力下的漏风量［m^3/（h·m^2）］；

Q——测试的漏风量［m^3/（h·m^2）］；

P_0——风管系统测试的规定工作压力（Pa）；

P——测试的压力（Pa）。

（3）机械加压送风管道系统类别划分如下：系统工作压力 $P \leqslant 500\text{Pa}$ 为低压系统、工作压力 $500 < P \leqslant 1500$ 为中压系统、工作压力 $P > 1500\text{Pa}$ 为高压系统。

（4）排烟风管应按中压系统风管的规定。

（5）金属矩形风管的允许漏风量［m^3/（h·m^2）］应符合下列规定：

低压系统风管：$L_{low} \leqslant 0.1056 P_{风管}^{0.65}$

中压系统风管：$L_{mid} \leqslant 0.0325 P_{风管}^{0.65}$

高压系统风管：$L_{high} \leqslant 0.0117 P_{风管}^{0.65}$

金属圆形风管、非金属风管允许的气体漏风量应为金属矩形风管规定值的50%。

2）检验试验计划

序号	试验名称	检测试验要求及参数	代表批量	施工部位	计划检验/试验时间
1	风管系统严密性试验	对防火分区1内测试长边不小于800mm的主管、干管进行漏风量试验，试验结果应满足相关要求	防火分区1检验批内排烟系统	防火分区1	2022年10月中旬
2	风管系统严密性试验	对防火分区2内测试长边不小于800mm的主管、干管进行漏风量试验，试验结果应满足相关要求	防火分区2检验批内排烟系统	防火分区2	2022年10月下旬
3	风管系统严密性试验	对防火分区3内测试长边不小于800mm的主管、干管进行漏风量试验，试验结果应满足相关要求	防火分区3检验批内排烟系统	防火分区3	2022年11月上旬
4	风管系统严密性试验	对防火分区4内测试长边不小于800mm的主管、干管进行漏风量试验，试验结果应满足相关要求	防火分区4检验批内排烟系统	防火分区4	2022年11月中旬
5	风管系统严密性试验	全数试验	防火分区2检验批内排烟补风系统	防火分区2	2022年11月中旬

5. 单机调试计划

1）具体要求、检查数量及检查方法

（1）排烟防火阀的调试方法及要求应符合下列规定：进行手动关闭、复位试验，阀门动作应灵敏、可靠，关闭应严密；模拟火灾，相应区域火灾报警后，同一防火分区内排烟管道上的其他阀门应联动关闭；阀门关闭后的状态信号应能反馈到消防控制室；阀门关闭后应能联动相应的风机停止。

调试数量：全数调试。

（2）常闭送风口、排烟阀或排烟口的调试方法及要求应符合下列规定：进行手动开启、复位试验，阀门动作应灵敏、可靠，远距离控制机构的脱扣钢丝连接不应松弛、脱落；模拟火灾，相应区域火灾报警后，同一防火分区的常闭送风口和同一防烟分区内的排烟阀或排烟口应联动开启；阀门开启后的状态信号应能反馈到消防控制室；阀门开启后应能联动相应的风机启动。

调试数量：全数调试。

（3）送风机、排烟风机调试方法及要求应符合下列规定：手动开启风机，风机应正常运转2.0h，叶轮旋转方向应正确、运转平稳、无异常振动与声响；应核对风机的铭牌值，并应测定风机的风量、风压、电流和电压，其结果应与设计相符；应能在消防控制室手动控制风机的启动、停止，风机的启动、停止状态信号应能反馈到消防控制室；当风机进出风管上安装单向风阀或电动风阀时，风阀的开启与关闭应与风机的启动、停止同步。

调试数量：全数调试。

（4）机械排烟系统风速和风量的调试方法及要求应符合下列规定：应根据设计模式，开启排烟风机和相应的排烟阀或排烟口，调试排烟系统使排烟阀或排烟口处的风速值及排烟量值达到设计要求；开启排烟系统的同时，还应开启补风机和相应的补风口，调试补风系统使补风口处的风速值及补风量值达到设计要求；应测试每个风口风速，核算每个风口的风量及其防烟分区总风量。

调试数量：全数调试。

2）检验试验计划

序号	试验名称	检测试验要求及参数	计划检验/试验时间
1	排烟防火阀的调试	1. 要求及参数符合上文及设计要求； 2. 全数检查	2022年12月上旬， 安装完毕后
2	常闭送风口、排烟阀或排烟口的调试	1. 要求及参数符合上文及设计要求； 2. 全数检查	2022年12月上旬， 安装完毕后
3	送风机、排烟风机调试	1. 要求及参数符合上文及设计要求； 2. 全数检查	2022年12月上旬， 安装完毕后
4	机械排烟系统风速和风量的调试	1. 要求及参数符合上文及设计要求； 2. 全数检查	2022年12月上旬， 安装完毕后

6. 联动调试计划

1）具体要求、检查数量及检查方法

机械排烟系统的联动调试方法及要求应符合下列规定：当任何一个常闭排烟阀或排烟口开启时，排烟风机均应能联动启动。应与火灾自动报警系统联动调试。当火灾自动报警系统发出火警信号后，机械排烟系统应启动有关部位的排烟阀或排烟口、排烟风机；启动的排烟阀或排烟口、排烟风机应与设计和标准要求一致，其状态信号应反馈到消防控制室。有补风要求的机械排烟场所，当火灾确认后，补风系统应启动。排烟系统与通风、空调系统合用，当火灾自动报警系统发出火警信号后，由通风、空调系统转换为排烟系统的时间应符合规定要求。

调试数量：全数调试。

2）检验试验计划

序号	试验名称	检测试验要求及参数	计划检验/试验时间
1	机械排烟系统的联动调试	1. 要求及参数符合上文及设计要求； 2. 全数检查	2022年12月下旬

五、其他事项

本项目检测试验管理中，人员、设备、环境及设施；试样与标识；试样送检；检测试验报告；见证管理等尚应符合《建筑工程检测试验技术管理规范》（JGJ 190—2010）相关规定。

附录 5　某项目火灾监控工程检验批划分方案

某项目火灾监控工程
检验批划分方案

编制单位：

编制人：

审核人：

批准人：

编写日期：××××年×月

目　　录

一、编制依据

序号	名称	编号	备注
1	本工程设计及深化图纸		
2	施工组织设计		
3	《火灾自动报警系统施工及验收验收标准》	GB 50166—2019	
4	《建筑工程施工质量验收统一标准》	GB 50300—2013	
5	《建筑工程资料管理规程》	DB11/T 695—2017	
6	《建筑电气工程施工质量验收规范》	GB 50303—2015	
7	《消防应急照明和疏散指示系统技术标准》	GB 51309—2018	
8	《消防安全疏散标志设置标准》	DB11/1024—2013	

二、工程概况

1. 总体概况

××××项目，建设规模×××m^2，总建筑面积×××m^2。

建筑性质一类高层（重要办公建筑）。耐火等级地上一级，地下一级。汽车库防火分类为Ⅰ类。

建筑高度：办公楼建筑檐口高度34m（局部38m），首层层高4.5m，二至九层层高4.0m；地下一层层高6.6m，地下一层夹层3.0m，地下二层、地下三层层高3.9m。

结构形式：

（1）地上：

①主楼：钢框架-支撑结构；②裙楼、办公配套楼：钢框架结构；

（2）地下：钢筋混凝土框架剪力墙结构；

（3）地基：基础形式为筏型基础。

2. 火灾监控工程范围

（1）火灾自动报警系

（2）防火门监控系统

（3）电气火灾漏电报警系统

（4）消防设备电源监控系统

（5）火灾应急广播系统

（6）应急照明及疏散系统

三、火灾监控工程检验批划分原则

1. 主体结构墙、顶板内盒、导管（含电气火灾漏电报警、消防设备电源监控、防火门监控、火灾应急广播、应急照明及疏散）安装按土建流水段划分。

2. 砌筑结构内盒、导管（含电气火灾漏电报警、消防设备电源监控、防火门监控、火灾应急广播、应急照明及疏散）预埋安装按土建流水段划分。

3. 线槽施工（含电气火灾漏电报警、消防设备电源监控、防火门监控、火灾应急广播、应急照明及疏散）安装按照楼号、楼层内划分。

4. 吊顶内配管槽盒、导管（含电气火灾漏电报警、消防设备电源监控、防火门监控、火灾应急广播、应急照明及疏散）安装按照楼号、楼层划分，每1层划分。

5. 配管内线缆敷设（含电气火灾漏电报警、消防设备电源监控、防火门监控、火灾应急广播、应急照明及疏散）探测器类设备安装、控制器类设备安装、其他类设备安装按照楼号、楼层划分，每1层划分。

6. 设备安装（含电气火灾漏电报警、消防设备电源监控、防火门监控、火灾应急广播、应急照明及疏散、探测器类设备安装、控制器类设备安装、其他类设备）按照楼号、楼层划分，每1层划分。

7. 竖向槽盒按照竖井划分。

8. 竖向线缆敷设按照竖井划分。

9. 地下室探测器类设备安装、控制器类设备安装、其他类设备安装按照防火分区划分。

10. 软件安装在××楼××层中控室，按照位置划分。

11. 系统调试和试运行按照楼号划分。

四、分项工程和检验批的划分

1. 检验批划分

《建筑工程施工质量验收统一标准》（GB 50300—2013）第4.0.7条规定“施工前，应由施工单位指定分项工程和检验批的划分方案，并由监理单位审核。对于附录B及相关专业验收规范未涵盖的分项工程和检验批，可由建设单位组织监理、施工等单位协商确定”针对本条规定，可由各专业技术人员负责在开工前把分项工程和检验批划分方案确定下来，上交监理审批。

参照专业验收规范的规定及施工经验，检验批的划分方法如下：

<table>
<tr><th>序号</th><th>名称</th><th>划分原则</th></tr>
<tr><td rowspan="2">1</td><td rowspan="2">火灾自动报警系统</td><td>按区域、施工段或楼层</td></tr>
<tr><td>按设计系统、设备组别划分</td></tr>
</table>

2. 最小抽样数量

最小抽样数量的确定及填写要求分为三种情况：

(1)《火灾自动报警系统施工及验收标准》（GB 50166—2019）第3.2.15条规定：系统布线除了符合本标准外，还应符合《建筑电气工程施工质量验收规范（GB 50303—2015)》的第14.2.3条规定：与槽盒连接的接线盒（箱）应选用明装盒（箱）；配线工程完成后，盒（箱）盖板应齐全、完好。

检查数量：全数检查。

(2)《火灾自动报警系统施工及验收标准》（GB 50166—2019）第3.2.15条规定：系统布线除了符合本标准外，还应符合《建筑电气工程施工质量验收规范》（GB 50303—2015）第14.1.3条规定：绝缘导线接头应设置在专用接线盒（箱）或器具内，不得设置在导管和槽盒内，盒（箱）的设置位置应便于检修。

检查数量：按每个检验批的配线回路总数抽查10%，且不得少于1个回路。

（3）在相关专业验收规范为涵盖的分项和检验批，采用计数抽查时应按照《建筑工程施工质量验收统一标注》（GB 50300—2013）的表3.0.9的规定确定最小抽样数量。

（4）本专业涉及8个分项工程、360个检验批，下附检验批统计数量。检验批编号说明：例08（分部）15（子分部）01（分项）001（检验批编号），检验批编号说明：①按施工时间接验收时间顺序编号。②编号不得重复、跳号应依序编制。③不得随意更改、调整编号。

位置	槽盒安装检验批	导管安装检验批	线缆敷设检验批	探测器类设备安装检验批	控制器类设备安装检验批	其他设备安装检验批	软件安装检验批	调试检验批	试运行检验批
××楼	1	10	11	10	1	10		1	1
××楼	3	10	11	10	1	10		1	1
××楼	4	9	10	9	1	9	1	1	1
地下室	30	30	30	30	1	30		1	1
……									

五、子分部、分项工程和检验批质量验收

1. 子分部工程质量

分部工程质量由总监理工程师（建设单位项目专业负责人）组织施工单位项目负责人和项目技术、质量负责人等进行验收。

2. 分项工程质量

分项工程质量由监理工程师（建设单位项目专业负责人）组织施工单位项目技术人负责人等进行验收。

3. 检验批质量

检验批质量验收记录由专业质量检查员填写，监理工程师（建设单位项目专业负责人）组织施工单位项目专业质量检查员、专业工长等进行验收。

附录 6　某项目消防施工质量查验方案

北京地铁××号线××工程

单位工程消防查验方案

（××站主体及附属 C1 出入口）

2022 年 11 月

目　　录

为确保××站主体、附属（C1出入口）消防查验工作规范化、科学化，消防查验内容完整全面，消防查验结论准确清晰，现依据相关法律法规、国家工程建设消防技术标准以及相关合同，结合工程实际情况，制订本查验方案。

一、工作原则

1. 认真执行国家和北京市相关法律、法规、规定和消防验收标准。

2. 严格按照法定程序和政府相关部门的要求，组织消防查验工作。

3. 工作启动必须满足消防查验的各项前置条件。

4. 建立组织机构、明确查验人员责任，坚持“谁查验，谁检查，谁负责”，依法履行查验职责，保证查验结果的真实性，确保查验工作顺利进行。

5. 通过强化过程控制、层级查验管理，狠抓查验问题整改，确保消防查验工作顺利进行。

二、查验依据

1.《中华人民共和国建筑法》（2019年修正）

2.《中华人民共和国消防法》（2019年修正）

3.《建设工程质量管理条例》（2019年修正）

4.《建设工程消防设计审查验收管理暂行规定》（中华人民共和国住房和城乡建设部令第51号）

5.《建设工程消防设计审查验收工作细则》

6.《北京市住房和城乡建设委员会关于开展建设工程消防验收、备案及抽查有关工作的通知（试行）》（京建发〔2019〕305号）

7.《北京市消防条例》

8.《建筑工程消防施工质量验收规范》（DB11/T 2000—2022）

9.《地铁设计规范》（GB 50157—2013）

10.《地铁设计防火标准》（GB 51298—2018）

11.《建筑消防设施检测技术规程》（GA 503—2004）

12.《建筑消防设施检测评定规程》（DB11/1354—2016）

13.《建筑设计防火规范（2018年版）》（GB 50016—2014）

14.《消防给水及消火栓系统技术规范》（GB 50974—2014）

15.《火灾自动报警系统设计规范》（GB 50116—2013）

16.《火灾自动报警系统施工及验收标准》（GB 50166—2019）

17.《建筑内部装修设计防火规范》（GB 50222—2017）

18.《建筑防烟排烟系统技术标准》（GB 51251—2017）

19.《消防应急照明和疏散指示系统技术标准》（GB 51309—2018）

20.《气体灭火系统设计规范》（GB 50370—2005）

21.《气体灭火系统施工及验收规范》（GB 50263—2007）

22.《消防联动控制系统》（GB 16806—2006）

23.《火灾报警控制器》（GB 4717—2005）

24.《防火卷帘、防火门、防火窗施工及验收规范》（GB 50877—2014）

25.《建筑用安全玻璃 第1部分：防火玻璃》（GB 15763.1—2009）

26.《防火门》(GB 12955—2008)
27. 消防设计图纸及相关资料
28. 其他相关国家工程建设消防技术标准
29. 经过批准的设计文件(含变更设计)

三、查验范围

查验范围:××站主体、附属(C1 出入口)。
查验时间:2022 年 11 月。

四、查验内容

1. 建筑防火
(1) 建筑类别与耐火等级、总平面布局、平面布置
建筑类别、耐火等级、防火间距、消防车道、消防控制室、消防水泵房等。
(2) 建筑保温和外墙装饰、建筑内部装修
建筑保温及外墙装饰防火、建筑内部装修防火。
(3) 防火分隔、防烟分隔、防爆
防火分区、防火墙、防火卷帘、防火门窗、竖向管道井、防烟分区、分隔设施、防爆泄压、电气防爆、防静电、防积聚、防流散措施。
(4) 安全疏散、消防电梯
安全出口、疏散门、疏散走道、消防应急照明和疏散指示标志、消防电梯。
2. 消防电气
(1) 火灾自动报警系统
火灾探测器、消防通信、布线、应急广播及警报装置、火灾报警控制器、联动设备及消防控制室图形显示装置、系统功能。
(2) 消防电气
消防电源、变配电房、备用电源、消防配电、用电设施、电气火灾监控系统。
3. 灭火设施
(1) 消火栓系统
供水水源、消防水泵、消防给水设备、消防水箱、管网、室内消火栓、功能测试。
(2) 气体灭火系统
防护区、储存装置间、灭火剂储存装置、驱动装置、管网、喷嘴、系统功能。
(3) 灭火器
灭火器配置、灭火器布置。
4. 防烟排烟
防烟排烟系统及通风、空调系统防火
自然排烟、机械排烟、正压送风、排烟风机、管道、防火阀、排烟防火阀、系统功能。
5. 缓验或缓建情况
无。
6. 单位工程平面图及查验路线
检查路线:会议室→学院桥站出入口→学院桥站站厅层→学院桥站站台层→学院桥

站出入口→会议室。

7. 消防查验条件

消防各检验批、分项、子分部工程验收完成。资料整理齐全。

五、查验程序

1. 查验工作程序

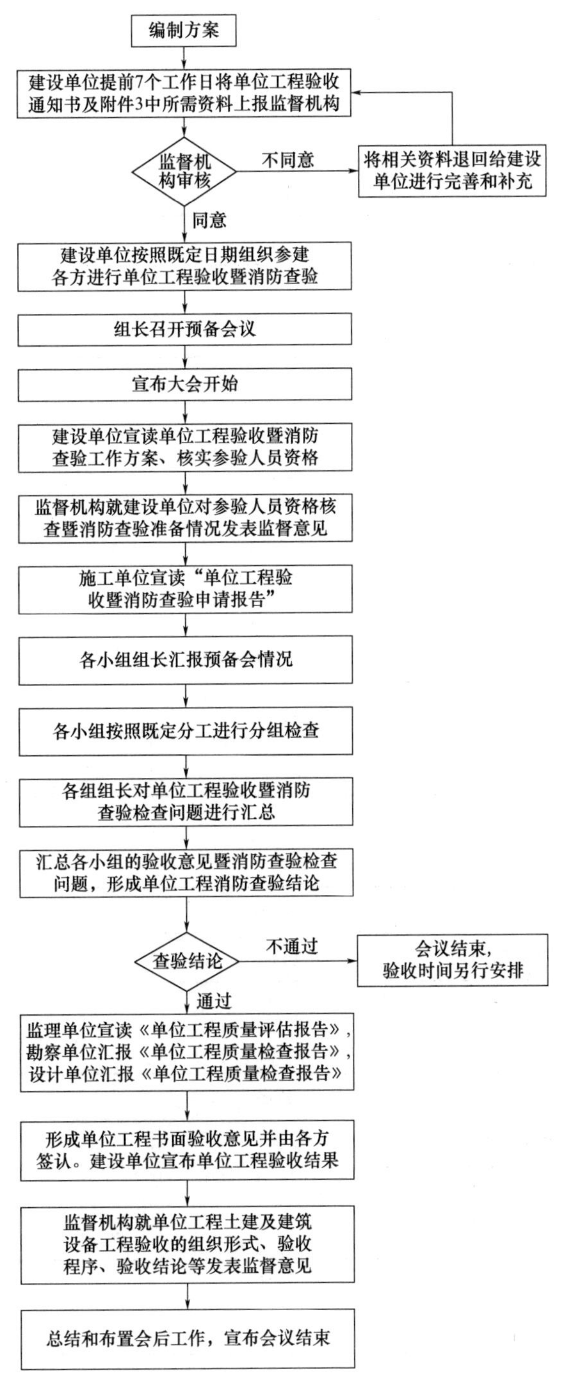

2. 查验会议议程

详见附件1、附件2。

六、人员组成

1. 建设单位

单位全称	姓名	职务
××××有限公司第二项目管理中心	孙××	项目负责人
	梁××	中心副总经理
	单××	中心甲方代表
	孙××	中心站段设备部部长
	包××、王××	设备部专业工程师

2. 设计单位

单位	姓名	职务
××××设计发展集团股份有限公司	赵××	总体负责人
	袁××	机电副总体
	杨××	给排水及消防专业负责人
	贡××	低压配电及动力照明负责人
	张××	FAS/BAS专业负责人
	刘××	暖通设计负责人
××××工程集团有限公司	李××	土建设计负责人
××××建设顾问有限公司	谭××	装修设计负责人

3. 土建监理单位

单位全称	姓名	职务
××××工程设计集团有限公司	桑××	项目负责人

4. 土建施工单位

单位全称	姓名	职务
××××工程局集团有限公司	蔡××	技术负责人

5. 机电、FAS监理单位

单位全称	姓名	职务
××××工程建设监理有限公司	谢××	项目负责人

6. 机电施工单位

单位全称	姓名	职务
××××建设工程有限责任公司	孙××	技术负责人

7. FAS施工单位

单位全称	姓名	职务
××××消防有限责任公司	何××	技术负责人

8. 消防验收技术服务单位

单位全称	姓名	职务
××××消防安全技术研究院有限公司	孙××	建筑防火
	陈××	消防电气
	田××	给排水及气灭
	冯××	防烟排烟

9. 运营单位

单位全称
××××运营有限公司

七、组织分工与现场核查

1. 组织架构

×××中心成立单位工程消防查验工作小组，包××为组长，下设四个专业小组，包括建筑防火组、消防电气组、给排水及气灭组、防烟排烟组。

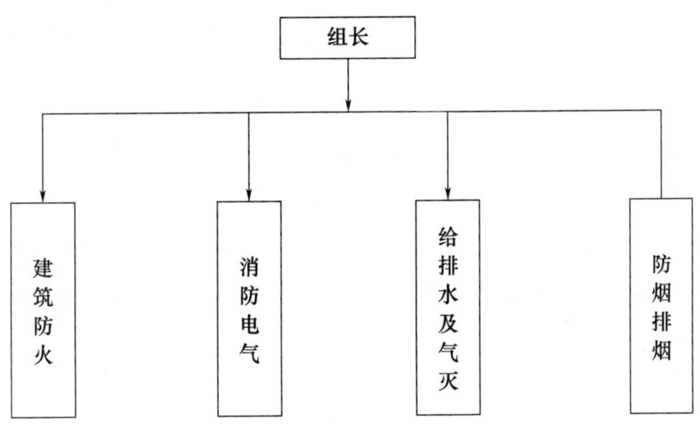

2. 人员分工

查验组	分工	组员	消防查验技术服务单位
建筑防火	单××	见附表	孙××
消防电气	包××	见附表	陈××
给排水及气灭组	王××	见附表	田××
防烟排烟	孙××	见附表	冯××

所有签到表及组内具体分工见附件 4。

3. 查验职责

组长：统筹安排消防查验检查工作；汇总各检查小组的成果、综合给予查验结论，并进行通报。

小组长：负责消防查验组织领导工作，汇总各专业组查验意见，明确组员的具体工作内容以及消防查验工作内容。

组员：按照小组人员工作的分工进行消防查验工作，并严格按照法律法规、设计等要求开展工作。

4. 现场核查所需仪器设备

现场查验所需工具设备见附件 3。

5. 现场核查内容

各专业组的现场核查内容详见附件 7。

八、评价标准

消防查验现场评定符合下列条件的，结论为合格；不符合下列任意一项的，结论为不合格：

1. 现场查验内容符合经消防设计审查合格的消防设计文件。
2. 现场查验内容符合国家工程建设消防技术标准强制性条文规定的要求。
3. 有距离、高度、宽度、长度、面积、厚度等要求的内容，其与设计图纸标示的数值误差满足国家工程建设消防技术标准的要求；国家工程建设消防技术标准没有数值误差要求的，误差不超过 5%，且不影响正常使用功能和消防安全。
4. 现场查验内容为消防设施性能的，满足设计文件要求并能正常实现。

九、工作要求

1. 组长负有总协调职责、对检查结果负责，应任务分配明确，及时汇总检查情况。
2. 各组小组长负责各组具体的检查工作、对小组检查结果负责，要按照检查的标准和内容来严格执行，不能存在漏项或者明示、暗示检查人员降低标准来查验工作的行为。同时监督组内人员的查验行为，如发现组内查验人员存在不合规的行为，向查验组长反应，更换查验人员。
3. 组内其他陪同人员应做好服务工作，及时配合解答检查人员提出的问题，及时提供检查人员需要的资料，接受小组长的监督管理，配合得力。
4. 各参建单位领导要高度重视工程质量和查验工作。要成立工程查验工作领导小组，细化查验工作，明确查验责任人。施工和监理单位不允许更换方案中的法律法规要求的人员；勘察和设计单位个别人员如需更换的必须由单位出具正式文件并不得委派低于方案中资格资历的人员参加查验。施工单位准备查验时所需要的检测仪器、工具，并安排好每个检查小组中的举牌人员、记录人员及拍照人员等。

5. 各单位要认真组织，对自检、过程检查和监理单位组织预查验检查时所提问题进行彻底整改。

6. 各单位务必于查验前将附件5所列内容装盒上报建设单位3份。

7. 建设单位按照附表4进行核查，符合条件后组织查验工作。查验小组的查验人员原则上不得随意更换。单位工程查验当天，查验人员如实填报“查验人员名册”（附件4），并在“本人签字”栏中签字，检查完后给出小组查验结论。

8. 本次查验由第二项目管理中心组织。勘察、设计、监理、施工等单位参加。通信、信号、供电、轨道等单位及设备供应商配合。

9. 查验结论：经对本项目工程消防工程查验，单位工程符合设计要求，施工质量均满足有关质量查验规范和标准的要求，项目工程消防查验合格”。

十、责任追究制度

1. 针对建设单位参与查验人员的责任追究分三种情况：①如果发生运营反馈的重大质量问题，将依据建管公司的人员绩效考核制度对其在升迁时予以考量。②如果出现未按照查验方案履行职责、刻意隐瞒现场发现的质量问题、对检查结果造假等问题，对其进行公司内部的通报批评并予以经济处罚。③如果出现未及时汇总整理检查情况资料，故意隐瞒检查数据、修改数据等问题，对其进行批评。

2. 各组内查验人员、专家应秉持认真、细致、专业的职业操守，严格按照设计规范标准来进行查验检查工作，不得私自降低标准，不得接受小组长要求降低标准的指示。

3. 查验组内设计单位人员、监理单位、施工单位人员的责任追究分三种情况，①如果发生运营反馈的重大质量问题，将依据履约管理办法对其所在单位发文进行通报批评及处罚，并责成所在单位根据内部管理规定对其进行处理；②如果出现未按照查验方案履行职责、刻意隐瞒现场发现的质量问题、对检查结果造假等问题，要求其所在单位进行内部通报批评并予以相应的经济处罚；③如果出现未及时汇总整理检查情况资料，故意隐瞒检查数据、修改数据等问题，要求其所在单位对其进行批评。

4. 对于施工单位、监理单位人员出现的违规行为，将建议在新招标轨道交通项目中不得担任同级别岗位或更高一级岗位，违规行为特别严重的将禁止在轨道公司范围内从事施工或监理工作。

5. 查验组内专家如出现违规行为，建议建委将其从专家库中清除，并在轨道交通后续的查验中不再聘用。

6. 各小组内举牌人员、记录人员、拍照人员应按照小组长的指示来开展工作，按照规定的线路行进，准确、详细、全面地对检查发现的问题进行记录，不得错记、漏记，发现违反规定的责成其所在单位对其进行经济处罚。

7. 对于施工单位人员及其他配合人员出现拖沓、配合不力等问题，责成其所在单位对其进行经济处罚。

附件 1

现场检查会议议程

1. 检查会议前提半小时，各查验小组组长召集组员召开预备会。具体流程见附件 2。

2. 主持人宣布单位工程验收暨消防查验开始。

3. 建设单位核实各单位参加验收暨消防查验人员资格（8 分钟）。

4. 监督机构就建设单位对参加验收人员资格的核查暨消防查验准备情况发表意见。

5. 建设单位宣读验收工作方案的主要内容（8 分钟）。

6. 设计单位汇报消防设计情况（2 分钟）。

7. 施工单位宣读《单位工程验收暨消防查验申请报告》，汇报企业自查、预验收问题整改情况。（各限定 5 分钟内）

8. 各验收小组组长汇报预备会情况，包括组员资格核查情况及分工检查范围并明确消防查验内容。

（2～7 项流程限定 30 分钟内）

9. 各验收小组按照既定分工开始进行分组检查。（根据附件 2 的线路进行检查，现场开始检查 1.5 小时左右，以全部完成检查时间为准）

10. 各组组长对检查情况汇总，形成个人及小组验收意见，并汇总消防查验问题。（60 分钟含就餐时间）

11. 验收组汇总各小组的验收意见，消防查验单位宣读消防查验问题，协商单位工程验收结论，决定是否进行下一步程序。验收小组结合检查小组的意见给出“综合验收意见”，并形成“未完成整改的问题清单及拟采取确保安全运营的相关措施”台账销号整改。如综合验收结论为通过和整改后通过，则进入下一步环节，如果综合验收结论为不通过，则由主持人宣布验收不通过，会议结束，验收时间另行安排。（20 分钟）

12. 会议总结，各组长进行发言，分别宣读单位工程验收小组意见，消防查验单位宣读消防查验问题。（10 分钟）

13. 监理单位宣读“单位工程质量评估报告”。（5 分钟）

14. 勘察单位汇报“单位工程质量检查报告”。（5 分钟）

15. 设计单位汇报“单位工程质量检查报告”。（5 分钟）

16. 形成单位工程书面验收意见并由各方签认。（5 分钟）

17. 建设单位宣布单位工程验收结果。（2 分钟）

18. 监督机构就单位工程土建及建筑设备工程验收的组织形式、验收程序等发表监督意见。（10 分钟）

19. 主持人总结并布置会后工作，宣布会议结束。

附件2

预备会事宜

1. 小组长核查本组人员是否符合单位工程验收暨消防查验方案要求。

2. 核查更换的人员资格是否符合验收方案要求。

3. 组长给组内人员分配单位工程验收暨消防查验内容，给检查组人员发放表格。

4. 消防查验单位确认准备情况是否符合要求。

5. 施工单位提前准备检查项目平面位置图。

6. 安排需要当天抽测的检测项目的前期准备工作，检查检测工具及仪器仪表（详见附件3）是否到位。

7. 需要提前沟通一致的其他事宜。

组长需强调的几点事项：①对于检查清单中的项目主责人员应有明确的检查意见，组内其他人员可进行补充。②检查完成后每一位检查人员根据自己的检查内容分工形成检查记录，组长对各组员的检查记录进行整理汇总，形成检查意见，同时附上组内所有人员的检查记录表。③每个验收人员应独立形成自己负责范围、内容的检查情况记录，查验人员对自己的查验检查结果承担责任，真正实现检查情况、查验结果的可追溯。

附件3

消防查验所需工具

序号	检测设备	型号	编号
1	秒表	E7-2Ⅱ	JCSB001
2	卷尺	30m	JCSB038
3	游标卡尺	(0.02，0～150) mm	JCSB029
4	钢直尺	500mm	JCSB019
5	直角尺	300mm	JCSB027
6	电子秤	TCS-100	JCSB020
7	测力计	HP-500	JCSB023
8	激光测距仪	DISTD™D2	JCSB048
9	数字照度计	HS1330	JCSB047
10	数字声级计	HS5633B	JCSB014
11	数字风速仪	GM8901	JCSB010
12	数字微压计	DP3000	JCSB042
13	数字温湿度计	1360	JCSB028
14	超声波流量计	TDS-100H	JCSB031
15	数字坡度仪	LS160	JCSB024
16	垂直度测定仪	JZCD	JCSB030
17	消火栓测压接头	(0～1.6) MPa	JCSB036
18	末端试水接头	(0～0.6) MPa	JCSB035
19	防爆静电电压表	EST101	JCSB017
20	接地电阻测量仪	ETCR2000	JCSB004
21	绝缘电阻测量仪	VC60B+	JCSB003
22	数字万用表	UT204	JCSB005
23	烟感功能试验器	VC80	JCSB016
24	温感功能测试器	VC3.5	JCSB015
25	线型光束感烟探测器滤光片	ABS-JG08	JCSB032
26	火焰探测器功能试验器	ABS-H04	JCSB033
27	漏电电流检测仪	MS2007B	JCSB006
28	超声波泄露检测仪	UT100K	JCSB013
29	便携式可燃气体探测仪	GM8800A	JCSB011
30	数字压力表	AOB-20	JCSB026
31	细水雾末端装置	(0～25) MPa	JCSB034
32	辐射温度计	572-2	JCSB008
33	秒表	PC894	JCSB041

附件 4

消防查验签到表

工程名称：××站主体、附属（C1 出入口）

检查小组：建筑防火组（√）、消防电气组（　）、给排水及气灭组（　）、防烟排烟组（　）

填报日期：

类别	单位	姓名	联系电话	查验内容	备注
组长	甲方代表	单××	150××××2475	建筑防火	
组员	××××消防	孙××	151××××0658	建筑防火	
配合单位	××××工程集团有限公司	李××	183××××1852		
	××××工程设计集团有限公司	桑××	135××××2148		
	××××工程局集团有限公司	朱××	136××××2718		
	××××建设顾问有限公司	谭××	138××××8762		

签字人承诺：签字人对自己所承担的查验职责和内容清楚，将本着“谁查验、谁负责”的原则，依法履行查验职责，保证查验结果的真实性，愿依法承担相应查验责任。

消防查验签到表

工程名称：××站主体、附属（C1 出入口）

检查小组：建筑防火组（　）、消防电气组（√）、给排水及气灭组（　）、防烟排烟组（　）

填报日期：

类别	单位	姓名	联系电话	查验内容	备注
组长	甲方代表	包××	137××××3616	消防电气	
组员	××××消防	陈××	131××××9837	消防电气	
配合单位	××××设计发展集团股份有限公司	张××	188××××5643		
		贡××	185××××7160		
	××××工程建设监理有限公司	李××	139××××8411		
		张××	139××××6304		
	××××建设工程有限责任公司	史××	159××××9174		
	××××消防有限责任公司	何××	185××××8175		

签字人承诺：签字人对自己所承担的查验职责和内容清楚，将本着“谁查验、谁负责”的原则，依法履行查验职责，保证查验结果的真实性，愿依法承担相应查验责任。

消防查验签到表

工程名称：××站主体、附属（C1 出入口）

检查小组：建筑防火组（ ）、消防电气组（ ）、给排水及气灭组（√）、防烟排烟组（ ）

填报日期：

类别	单位	姓名	联系电话	查验内容	备注
组长	甲方代表	王××	134×××0646	给排水及气灭	
组员	××××消防	田××	185×××0938	给排水及气灭	
配合单位	××××设计发展集团股份有限公司	杨××	150×××6502		
	××××工程建设监理有限公司	李××	136×××2874		
	××××建设工程有限责任公司	陈××	185×××3708		

签字人承诺：签字人对自己所承担的查验职责和内容清楚，将本着“谁查验、谁负责”的原则，依法履行查验职责，保证查验结果的真实性，愿依法承担相应查验责任。

消防查验签到表

工程名称：××站主体、附属（C1 出入口）

检查小组：建筑防火组（ ）、消防电气组（ ）、给排水及气灭组（ ）、防烟排烟组（√）

填报日期：

类别	单位	姓名	联系电话	查验内容	备注
组长	甲方代表	孙××	186×××9909	防烟排烟	
组员	××××消防	冯××	188×××8088	防烟排烟	
配合单位	××××设计发展集团股份有限公司	刘××	155×××9236		
	××××建设工程有限责任公司	孙××	138×××4057		
	××××工程建设监理有限公司	石××	136×××5499		

签字人承诺：签字人对自己所承担的查验职责和内容清楚，将本着“谁查验、谁负责”的原则，依法履行查验职责，保证查验结果的真实性，愿依法承担相应查验责任。

附件 5 消防查验现场核查资料

消防查验现场核查资料

序号	内容	工程资料名称	要求	查验情况	是否合格
1	涉及消防工程的竣工图、图纸会审记录、设计变更和洽商	施工组织设计及施工方案	满足 DB11/T 363 相关要求		
		技术交底记录			
		图纸会审记录			
		设计变更通知单			
		工程变更洽商记录			
2	涉及消防的主要材料、设备、构件的质量证明文件，进场检验记录，抽样复验报告，见证试验报告	“CCC”认证证书（国家规定的认证产品）	满足 DB11/T 695 相关要求		
		气体灭火系统、泡沫灭火系统相关组件符合市场准入制度要求的有效证明文件			
		自动喷水灭火系统的主要组件的国家消防产品质量检验中心检测报告			
		消防用风机、防火阀、排烟阀、排烟口的相应国家消防产品质量检验中心的检测报告			
		消防水泵、消火栓、消防水带、消防水枪、消防软管卷盘或轻便水龙、报警阀组、电动（磁）阀、压力开关、流量开关、消防水泵接合器、沟槽连接件等系统主要设备和组件，应经国家消防产品质量检验中心检测合格	满足 GB 50974 相关要求		
		灭火剂储存容器及容器阀、单向阀，连接管、集流管 · 安全泄放装置，选择阀、阀驱动装置、喷嘴、信号反馈装置、检漏装置、减压装置等系统组件应符合市场准入制度	满足 GB 50263 相关要求		
		消防材料进场复试报告	—		

续表

序号	内容	工程资料名称	要求	查验情况	是否合格
3	隐蔽工程、检验批验收记录和相关图像资料	检验批质量验收记录	满足 GB 50300 相关要求		
		检验批现场验收检查原始记录			
4	分项工程质量验收记录	分项工程质量验收记录			
		分部工程质量验收记录			
		分部工程质量验收报验表			
5	消火栓系统试压、冲洗、试射记录	消火栓试射记录	满足 DB11/T 695 相关要求		
		消防给水及消火栓系统调试记录	满足 GB 50974 相关要求		
6	自动喷水灭火系统系统试压、冲洗、试射记录	自动喷水灭火系统质量验收缺陷项目判定记录	满足 DB11/T 695 相关要求		
		自动喷水灭火系统调试记录			
7	消防设备单机试运转及调试记录；消防系统联合试运转及调试记录	防排烟系统联合试运行记录			
8	其他对工程质量有影响的重要技术资料	火灾自动报警系统调试记录			
		消防应急照明和疏散指示系统调试记录			

附件 6

建筑工程消防施工质量查验内容

表 1　建筑总平面及平面布置查验记录

<table>
<tr><th colspan="2">查验项目</th><th>内容和方法</th><th>要求</th><th>查验情况</th><th>是否合格</th></tr>
<tr><td rowspan="4">建筑类别与耐火等级</td><td rowspan="2">建筑类别</td><td>核对建筑的规模（面积、高度、层数）和性质，查阅相应资料</td><td rowspan="4">符合消防技术标准和消防设计文件要求</td><td></td><td rowspan="2"></td></tr>
<tr><td>改建、扩建以及用途变更的项目，核对改建、扩建及用途变更部分的规模和性质，并核对其所在建筑整体性质</td><td></td></tr>
<tr><td rowspan="2">耐火等级</td><td>核对建筑耐火等级，查阅相应资料，查看建筑主要构件燃烧性能和耐火极限</td><td></td><td rowspan="2"></td></tr>
<tr><td>查阅相应资料，查看钢结构构件防火处理</td><td></td></tr>
<tr><td rowspan="5">建筑总平面</td><td>防火间距</td><td>测量消防设计文件中有要求的防火间距</td><td rowspan="4">符合消防技术标准和消防设计文件要求，且严禁擅自改变用途或被占用，应便于使用</td><td></td><td></td></tr>
<tr><td rowspan="2">消防车道</td><td>查看设置位置，车道的净宽、净高、转弯半径、树木等障碍物</td><td></td><td rowspan="2"></td></tr>
<tr><td>查看设置形式，坡度、承载力、回车场等</td><td></td></tr>
<tr><td>消防车登高面</td><td>查看登高面的设置，是否有影响登高救援的裙房，首层是否设置楼梯出口，登高面上各楼层消防救援口的设置</td><td></td><td></td></tr>
<tr><td>消防车登高操作场地</td><td>查看设置的长度、宽度、坡度、承载力，是否有影响登高救援的树木、架空管线等</td><td>符合消防技术标准和消防设计文件要求</td><td></td><td></td></tr>
<tr><td rowspan="9">建筑平面布置</td><td rowspan="5">安全出口</td><td>查看安全出口的设置形式、位置、数量、平面布置</td><td rowspan="5">符合消防技术标准和消防设计文件要求</td><td></td><td rowspan="5"></td></tr>
<tr><td>查看疏散楼梯间、前室（合用前室）的防烟措施</td><td></td></tr>
<tr><td>查看管道穿越疏散楼梯间、前室（合用前室）处及门窗洞口等防火分隔设置情况</td><td></td></tr>
<tr><td>查看地下室、半地下室与地上层共用楼梯的防火分隔</td><td></td></tr>
<tr><td>核查疏散宽度、建筑疏散距离、前室面积</td><td></td></tr>
<tr><td rowspan="4">避难层（间）</td><td>查看避难层设置位置、形式、平面布置和防火分隔</td><td rowspan="4">符合消防技术标准和消防设计文件要求</td><td></td><td rowspan="4"></td></tr>
<tr><td>查看防烟条件</td><td></td></tr>
<tr><td>查看疏散楼梯、消防电梯的设置位置、数量及耐火极限要求</td><td></td></tr>
<tr><td>核查疏散宽度、疏散距离、有效避难面积</td><td></td></tr>
</table>

续表

<table>
<tr><th colspan="2">查验项目</th><th>内容和方法</th><th>要求</th><th>查验情况</th><th>是否合格</th></tr>
<tr><td rowspan="7">建筑平面布置</td><td rowspan="2">消防控制室</td><td>查看设置位置、防火分隔、安全出口，测试应急照明</td><td>符合消防技术标准和消防设计文件要求</td><td></td><td rowspan="2"></td></tr>
<tr><td>查看管道布置、防淹措施</td><td>无与消防设施无关的电气线路及管路穿越</td><td></td></tr>
<tr><td rowspan="2">消防水泵房</td><td>查看设置位置、防火分隔、安全出口，测试应急照明</td><td rowspan="2">符合消防技术标准和消防设计文件要求</td><td rowspan="2"></td><td rowspan="2"></td></tr>
<tr><td>查看防淹措施</td></tr>
<tr><td rowspan="2">防烟、排烟机房</td><td>查看防、排烟机房与其他机房合用情况、防火分隔</td><td></td><td rowspan="2"></td><td rowspan="2"></td></tr>
<tr><td>测试应急照明</td><td></td></tr>
<tr><td></td><td></td><td></td><td></td><td></td></tr>
<tr><td rowspan="5">有特殊要求场所的建筑布局</td><td rowspan="2">民用建筑中其他特殊场所</td><td>查看人员密集的公共场所，歌舞娱乐放映游艺场所，儿童活动场所，老年人照料设施场所，地下或半地下商店、厨房、手术室等特殊场所的设置位置、平面布置、防火分隔、疏散通道</td><td rowspan="2">符合消防技术标准和消防设计文件要求</td><td rowspan="2"></td><td rowspan="2"></td></tr>
<tr><td>查看锅炉房、变压器室、配电室、柴油发电机房、集中瓶装液化石油气间、燃气间、空调机房等设备用房，以及电动车充电区的设置位置、平面布置、防火分隔</td></tr>
<tr><td>工业建筑中其他特殊场所</td><td>查看高火灾危险性部位、甲乙类火灾危险性场所、中间仓库以及总控制室、员工宿舍、办公室、休息室等场所的设置位置、平面布置、防火分隔</td><td>符合消防技术标准和消防设计文件要求</td><td></td><td></td></tr>
<tr><td rowspan="2">爆炸危险场所（部位）</td><td>查看使用燃油、燃气的锅炉房等爆炸危险场所的设置形式、建筑结构、设置位置、分隔设施</td><td rowspan="2">符合消防技术标准和消防设计文件要求</td><td></td><td rowspan="2"></td></tr>
<tr><td>查看泄压设施的设置位置，核对泄压口面积、泄压形式</td><td></td></tr>
<tr><td rowspan="2">有特殊要求场所的建筑布局</td><td>爆炸危险场所（部位）</td><td>查看防爆区电气设备的类型、标牌和合格证明文件，现场安装情况，防静电、防积聚、防流散等措施</td><td>符合消防技术标准和消防设计文件要求</td><td></td><td></td></tr>
<tr><td>特殊消防设计</td><td>核对现场与特殊消防设计相关的内容，查阅相应资料</td><td>符合特殊消防设计技术资料及专家评审会会议纪要要求</td><td></td><td></td></tr>
</table>

表2　建筑构造查验记录

<table>
<tr><th colspan="2">查验项目</th><th>内容和方法</th><th>要求</th><th>查验情况</th><th>是否合格</th></tr>
<tr><td rowspan="5">隐蔽工程</td><td>防火墙、楼板洞口及缝隙</td><td>查看防火墙、楼板洞口及缝隙的防火封堵，并核对其证明文件</td><td rowspan="5">符合消防技术标准和消防设计文件要求，并应有详细的文字记录和必要的影像资料</td><td></td><td></td></tr>
<tr><td>变形缝、伸缩缝</td><td>查看变形缝、伸缩缝防火处理，并核对其证明文件</td><td></td><td></td></tr>
<tr><td>吊顶木龙骨</td><td>查看吊顶木龙骨的防火处理，并核对其证明文件</td><td></td><td></td></tr>
<tr><td>窗帘盒木基层</td><td>查看窗帘盒木基层的防火处理及构造，并核对其证明文件</td><td></td><td></td></tr>
<tr><td>其他隐蔽工程</td><td>查看其他按相关规定应做隐蔽验收的工程防火处理情况，并核对其证明文件</td><td></td><td></td></tr>
<tr><td rowspan="16">防火分隔</td><td>防火分区</td><td>核对防火分区位置、形式、面积及完整性</td><td>符合消防技术标准和消防设计文件要求</td><td></td><td></td></tr>
<tr><td rowspan="3">防火墙</td><td>查看设置位置及方式，查看防火封堵情况</td><td rowspan="3">符合消防技术标准和消防设计文件要求</td><td></td><td rowspan="3"></td></tr>
<tr><td>核查墙的燃烧性能及耐火极限，查看防火墙上门、窗、洞口等开口情况</td><td></td></tr>
<tr><td>防火墙不应有可燃气体和甲类、乙类、丙类液体的管道穿过，应无排气道</td><td></td></tr>
<tr><td rowspan="3">防火卷帘</td><td>检查产品质量证明文件及相关资料，现场检查判定产品质量</td><td rowspan="3">符合消防技术标准和消防设计文件要求</td><td></td><td rowspan="3"></td></tr>
<tr><td>查看设置类型、位置和防火封堵严密性，检查安装质量</td><td></td></tr>
<tr><td>测试手动、自动控制功能</td><td></td></tr>
<tr><td rowspan="3">防火门、窗</td><td>检查产品质量证明文件及相关资料，现场检查判定产品质量</td><td>与消防产品市场准入证明文件一致</td><td></td><td rowspan="3"></td></tr>
<tr><td>查看设置位置、类型、开启、关闭方式，核对安装数量，检查安装质量</td><td rowspan="2">符合消防技术标准和消防设计文件要求</td><td></td></tr>
<tr><td>测试常闭防火门的自闭功能，常开防火门、窗的联动控制功能</td><td></td></tr>
<tr><td rowspan="2">竖向管道井</td><td>查看设置位置和检查门的设置</td><td rowspan="2">符合消防技术标准和消防设计文件要求</td><td></td><td rowspan="2"></td></tr>
<tr><td>查看井壁的耐火极限、防火封堵严密性</td><td></td></tr>
<tr><td>其他有防火分隔要求的部位</td><td>查看窗间墙、窗槛墙、建筑幕墙、防火隔墙、防火墙两侧及转角处洞口等的设置、分隔设施和防火封堵</td><td>符合消防技术标准和消防设计文件要求</td><td></td><td></td></tr>
</table>

续表

查验项目		内容和方法	要求	查验情况	是否合格
防烟分隔	防烟分区	核对防烟分区设置位置、形式、面积及完整性	符合消防技术标准和消防设计文件要求		
		防烟分区不应跨越防火分区			
	防烟分隔设施	查看防烟分隔设施的设置情况			
		查看防烟分隔材料耐火性能，测试活动挡烟垂壁的下垂功能，查看活动挡烟垂壁的手动操作按钮安装情况			
安全疏散	疏散门	查看疏散门的设置位置、形式和开启方向	符合消防技术标准和消防设计文件要求		
		测量疏散宽度			
		测试逃生门锁装置			
	疏散走道	查看疏散走道的设置形式			
		查看疏散走道的排烟条件			
消防电梯	消防电梯	查看设置位置、数量及安装质量	符合消防技术标准和消防设计文件要求		
		查看前室门的设置形式，测量前室的面积			
		查看井壁及机房的耐火性能和防火构造等			
		查看消防电梯载重量、电梯井的防水排水措施，测试消防电梯的运行速度			
		查看轿厢内装修材料	应为不燃材料		
		查看消防电梯迫降功能、联动功能、对讲功能、运行时间			
防火封堵	建筑缝隙防火封堵	检查防火封堵的外观，直观检查有无脱落、变形、开裂等现象	符合消防技术标准和消防设计文件要求		
		测量防火封堵的宽度、深度、长度			
		检查变形缝内的填充材料和变形缝的构造基层材料是否为不燃材料			
	贯穿孔口防火封堵	检查防火封堵的外观			
		检查防火封堵的宽度、深度			

表 3　建筑保温与装修查验记录

查验项目		内容和方法	要求	查验情况	是否合格
建筑保温及外墙装饰	隐蔽工程防火封堵	检查建筑保温隐蔽工程的防火封堵，并核对其证明文件	符合消防技术标准和消防设计文件要求		
	隐蔽工程防火材料	核查建筑保温隐蔽工程的防火材料，并核对其证明文件			
	其他隐蔽工程	查看其他按相关规定应做隐蔽验收的工程防火处理情况，并核对其证明文件			
	建筑外墙和屋面保温	核查建筑的外墙及屋面保温系统的设置位置、形式及安装质量，查阅报告，核对保温材料的燃烧性能			
		核查保温系统防火隔离带的设置			
	建筑幕墙保温	核查建筑的幕墙保温系统的设置位置、形式及安装质量，查阅报告，核对保温材料的燃烧性能			
		检查幕墙保温系统与基层墙体、装饰层之间的空腔，在每层楼板处采用防火封堵材料封堵的情况			
	建筑外墙装饰	查阅有关防火性能的证明文件			
建筑内部装修	装修材料	查看装修材料有关防火性能的证明文件、施工记录	符合消防技术标准和消防设计文件要求		
	装修情况	现场核对装修范围、使用功能			
	对安全疏散设施影响	查看不应有妨碍疏散走道正常使用的装饰物，测量疏散净宽度			
		查看安全出口、疏散出口、疏散走道数量，不应擅自减少、改动、拆除、遮挡疏散指示标志、安全出口、疏散出口、疏散走道等			
	对防火防烟分隔影响	不应擅自减少、改动、拆除防火分区、防烟分区等			
	电气安装与装修	查看用电装置发热情况和周围材料的燃烧性能，查看防火隔热、散热措施			

表 4　消防给水及灭火系统查验记录

查验项目		内容和方法	要求	查验情况	是否合格
消防水源及供水设施	市政给水	查验市政供水的进水管数量、管径、供水能力	符合消防技术标准和消防设计文件要求		
	消防水池	查看设置位置、水位显示与报警装置			
		核对有效容积			
		查看消防控制室或值班室应能显示消防水池的高水位、低水位报警信号，以及正常水位			
	天然水源	查看天然水源的水量、水质、枯水期技术措施、消防车取水高度、取水设施（码头、消防车道）			

续表

查验项目		内容和方法	要求	查验情况	是否合格
消防水源及供水设施	消防水泵	查看工作泵、备用泵、吸水管、出水管及出水管上的泄压阀、水锤消除设施、截止阀、信号阀等的规格、型号、数量，吸水管、出水管上的控制阀状态及安装质量	符合消防技术标准和消防设计文件要求，吸水管、出水管上的控制阀锁定在常开位置，并有明显标识		
		查看吸水方式	自灌式引水或其他可靠的引水措施		
		测试消防水泵现场手动和自动启停功能	符合消防技术标准和消防设计文件要求		
		测试消防水泵远程手动和自动启停功能	符合消防技术标准和消防设计文件要求		
		测试压力开关或流量开关自动启动消防水泵功能，水泵不应自动停止	符合消防技术标准和消防设计文件要求		
		测试转输消防水泵或串联消防水泵的自动启动逻辑	符合消防技术标准和消防设计文件要求		
		测试主、备电源切换，主、备泵启动及故障切换	符合消防技术标准和消防设计文件要求		
		查看消防水泵启动控制装置	符合消防技术标准和消防设计文件要求		
		测试压力、流量（有条件时应测试在模拟系统最大流量时最不利点压力）	符合消防技术标准和消防设计文件要求		
		测试水锤消除设施后的压力	符合消防技术标准和消防设计文件要求		
		抽查消防泵组，并核对其证明文件	与消防产品市场准入证明文件一致		
	消防水泵控制柜	查看设置位置，防护等级及安装质量，查看防止被水淹没的措施	符合消防技术标准和消防设计文件要求		
		消防水泵启动控制应置于自动启动挡	符合消防技术标准和消防设计文件要求		
		测试机械应急启泵功能	符合消防技术标准和消防设计文件要求		
	高位消防水箱	查看设置位置，水位显示与报警装置	符合消防技术标准和消防设计文件要求		
		核对有效容积	符合消防技术标准和消防设计文件要求		
		查看消防控制室或值班室应能显示高位消防水箱的高水位、低水位报警信号，以及正常水位	符合消防技术标准和消防设计文件要求		
		查看确保水量的措施，管网连接	符合消防技术标准和消防设计文件要求		
	消防稳压设施	查看气压罐的调节容量，稳压泵的规格、型号、数量，管网连接及安装质量	符合消防技术标准和消防设计文件要求		
		测试稳压泵的稳压功能	符合消防技术标准和消防设计文件要求		
		抽查消防气压给水设备、增压稳压给水设备等，并核对其证明文件	符合消防技术标准和消防设计文件要求		

续表

查验项目		内容和方法	要求	查验情况	是否合格
消防水源及供水设施	消防水泵接合器	查看数量、设置位置、标识及安装质量，测试充水情况	符合消防技术标准和消防设计文件要求		
		抽查水泵接合器，并核对其证明文件			
消火栓系统	管网	核实管网结构形式、供水方式	符合消防技术标准和消防设计文件要求		
		查看管道的材质、管径、接头、连接方式及采取的防腐、防冻措施			
		查看管网组件：闸阀、截止阀、减压孔板、减压阀、柔性接头、排水管、泄压阀等的设置			
		查看消火栓系统管网试压和冲洗记录等证明文件	符合消防技术标准和消防设计文件要求，并应有详细的文字记录和必要的影像资料		
	室外消火栓及取水口	查看数量、设置位置、标识及安装质量	符合消防技术标准和消防设计文件要求		
		测试压力、流量			
		消防车取水口			
		抽查室外消火栓、消防水带、消防枪等，并核对其证明文件			
	室内消火栓	查看同层设置数量、间距、位置及安装质量	符合消防技术标准和消防设计文件要求		
		查看消火栓规格、型号			
		查看栓口设置			
		查看标识、消火栓箱组件	标识明显、组件齐全		
		抽查室内消火栓、消防水带、消防枪、消防软管卷盘等，并核对其证明文件	符合消防技术标准和消防设计文件要求		
	试验消火栓	查看试验消火栓的设置位置，并应带有压力表	符合消防技术标准和消防设计文件要求		
	干式消火栓	测试干式消火栓系统控制功能			
	系统静压	查看系统最不利点处的静水压力			
	系统动压	测试最不利情况下室内消火栓栓口动压和消防水枪充实水柱			
		测试最有利情况下室内消火栓栓口动压和消防水枪充实水柱			

续表

<table>
<tr><th colspan="2">查验项目</th><th>内容和方法</th><th>要求</th><th>查验情况</th><th>是否合格</th></tr>
<tr><td rowspan="17">自动喷水灭火系统</td><td rowspan="6">报警阀组</td><td>查看设置位置、规格型号、组件及安装质量，应有注明系统名称和保护区域的标志牌</td><td rowspan="4">符合消防技术标准和消防设计文件要求</td><td></td><td rowspan="6"></td></tr>
<tr><td>查看控制阀状态，控制阀应全部开启，并用锁具固定手轮，启闭标志应明显；采用信号阀时，反馈信号应正确</td><td></td></tr>
<tr><td>查看空气压缩机和气压控制装置状态应正常，压力表显示应符合设定值</td><td></td></tr>
<tr><td>查看水力警铃设置位置</td><td></td></tr>
<tr><td>排水设施设置情况</td><td>房间内装有便于使用的排水设施</td><td></td></tr>
<tr><td>抽查报警阀，并核对其证明文件</td><td>与消防产品市场准入证明文件一致</td><td></td></tr>
<tr><td rowspan="10">管网</td><td>核实管网结构形式、供水方式</td><td rowspan="9">符合消防技术标准和消防设计文件要求</td><td></td><td rowspan="10"></td></tr>
<tr><td>查看管道的材质、管径、接头、连接方式及采取的防腐、防冻措施</td><td></td></tr>
<tr><td>查看管网排水坡度及辅助排水设施</td><td></td></tr>
<tr><td>查看系统中的末端试水装置、试水阀的设置</td><td></td></tr>
<tr><td>查看管网组件：闸阀、单向阀、电磁阀、信号阀、水流指示器、减压孔板、节流管、减压阀、柔性接头、排水管、排气阀、泄压阀等的设置</td><td></td></tr>
<tr><td>测试干式系统、预作用系统的管道充水时间</td><td></td></tr>
<tr><td>查看配水支管、配水管、配水干管设置的支架、吊架和防晃支架</td><td></td></tr>
<tr><td>抽查消防闸阀、球阀、蝶阀、电磁阀、截止阀、信号阀、单向阀、水流指示器、末端试水装置等，并核对其证明文件</td><td></td></tr>
<tr><td>查看自动喷水灭火系统管网试压和冲洗记录等证明文件</td><td>符合消防技术标准和消防设计文件要求，并应有详细的文字记录和必要的影像资料</td><td></td></tr>
</table>

续表

查验项目		内容和方法	要求	查验情况	是否合格
自动喷水灭火系统	喷头	查看设置场所、规格、型号、公称动作温度、响应指数及安装质量	符合消防技术标准和消防设计文件要求		
		查看喷头安装间距，喷头与楼板、墙、梁等障碍物的距离			
		查看有腐蚀性气体的环境和有冰冻危险场所安装的喷头	应采取防护措施		
		查看有碰撞危险场所安装的喷头	应加设防护罩		
		抽查喷头，并核对其证明文件	与消防产品市场准入证明文件一致		
	系统静压	查看系统最不利点处的静水压力	符合消防技术标准和消防设计文件要求		
	系统动压	测试系统最不利点处的工作压力			
	系统功能	测试湿式系统功能，查看报警阀、水力警铃动作情况，查看水流指示器、压力开关、消防水泵和其他联动设备动作及信号反馈情况，报警阀组压力开关应能连锁启动消防水泵	符合消防技术标准和消防设计文件要求		
		测试干式系统功能，查看报警阀、水力警铃动作情况，查看水流指示器、加速器、压力开关、消防水泵和其他联动设备动作及信号反馈情况，报警阀组压力开关应能连锁启动消防水泵			
		测试预作用系统功能，查看报警阀、水力警铃动作情况，查看水流指示器、电磁阀、压力开关、消防水泵和其他联动设备动作及信号反馈情况，报警阀组压力开关应能连锁启动消防水泵			
		测试雨淋系统功能，电磁阀打开，雨淋阀应开启，并应有反馈信号显示，报警阀组压力开关应能连锁启动消防水泵			
自动跟踪定位射流灭火系统	系统组件	查看灭火装置、探测装置、控制装置、水流指示器、模拟末端试水装置、电磁阀、排气阀等系统组件的设置位置、规格型号及安装质量，并核对其证明文件	符合消防技术标准和消防设计文件要求		
	管网	查看管道及阀门的材质、管径、接头、连接方式及采取的防腐、防冻措施			

续表

查验项目		内容和方法	要求	查验情况	是否合格
自动跟踪定位射流灭火系统	管网	查看配水支架、配水管、配水干管设置的支架、吊架和防晃支架	符合消防技术标准和消防设计文件要求		
		查看系统中的模拟末端试水装置、电磁阀、排气阀的设置			
		查看管网试压和冲洗记录等证明文件	符合消防技术标准和消防设计文件要求，并应有详细的文字记录和必要的影像资料		
	系统静压	查看系统最不利点处的静水压力	符合消防技术标准和消防设计文件要求		
	系统动压	测试系统最不利点处的工作压力			
	系统功能	测试系统手动控制启动功能	应正常启动		
		测试系统自动启动情况	应有反馈信号显示		
		测试模拟末端试水装置的系统启动功能	应正常启动		
		测试系统自动跟踪定位射流灭火功能，灭火装置的复位状态、监视状态、扫描转动应正常，喷射水流应能覆盖火源并灭火，水流指示器、消防水泵及其他消防联动控制设备应能正常动作，信号反馈应正常，智能灭火装置控制器信号显示应正常	符合消防技术标准和消防设计文件要求		
水喷雾灭火系统	雨淋报警阀组	查看设置位置、规格型号、组件及安装质量，应有注明系统名称和保护区域的标志牌	符合消防技术标准和消防设计文件要求		
		打开手动试水阀或电磁阀时，相应雨淋报警阀动作应可靠			
		查看水力警铃设置位置			
		查看排水设施设置情况	房间内装有便于使用的排水设施		
		抽查报警阀，并核对其证明文件	与消防产品市场准入证明文件一致		
	管网	查看管道的材质与规格、管径、连接方式、安装位置及采取的防冻措施	符合消防技术标准和消防设计文件要求		
		查看管网放空坡度及辅助排水设施			
		查看管网上的控制阀、压力信号反馈装置、止回阀、试水阀、泄压阀等的规格和安装位置			

续表

<table>
<tr><th colspan="2">查验项目</th><th>内容和方法</th><th>要求</th><th>查验情况</th><th>是否合格</th></tr>
<tr><td rowspan="7">水喷雾灭火系统</td><td rowspan="2">管网</td><td>查看管墩、管道支、吊架的固定方式、间距</td><td>符合消防技术标准和消防设计文件要求</td><td></td><td rowspan="2"></td></tr>
<tr><td>查看水喷雾灭火系统管网试压和冲洗记录等证明文件</td><td>符合消防技术标准和消防设计文件要求，并应有详细的文字记录和必要的影像资料</td><td></td></tr>
<tr><td rowspan="2">喷头</td><td>查看喷头的数量、规格、型号，安装质量、安装位置、安装高度、间距及与梁等障碍物的距离</td><td>符合消防技术标准和消防设计文件要求</td><td></td><td rowspan="2"></td></tr>
<tr><td>抽查喷头，并核对其证明文件</td><td>与消防产品市场准入证明文件一致</td><td></td></tr>
<tr><td rowspan="3">系统功能</td><td>采用模拟火灾信号启动系统，相应的分区雨淋报警阀（或电动控制阀、启动控制阀）、压力开关和消防水泵及其他联动设备应能及时动作并发出相应的信号</td><td rowspan="3">符合消防技术标准和消防设计文件要求</td><td></td><td rowspan="3"></td></tr>
<tr><td>采用传动管启动的系统，启动1只喷头或试水装置，相应的分区雨淋报警阀、压力开关和消防水泵及其他联动设备均应能及时动作并发出相应的信号</td><td></td></tr>
<tr><td>测试系统的响应时间、工作压力和流量</td><td></td></tr>
<tr><td rowspan="13">细水雾灭火系统</td><td rowspan="3">泵组系统水源</td><td>查看进（补）水管管径及供水能力、储水箱的容量</td><td rowspan="3">符合消防技术标准和消防设计文件要求</td><td></td><td rowspan="3"></td></tr>
<tr><td>查看水质</td><td></td></tr>
<tr><td>查看过滤器的设置</td><td></td></tr>
<tr><td rowspan="10">泵组</td><td>查看工作泵、备用泵、吸水管、出水管、出水管上的安全阀、止回阀、信号阀等的规格、型号、数量，吸水管、出水管上的检修阀应锁定在常开位置，并应有明显标记</td><td rowspan="9">符合消防技术标准和消防设计文件要求</td><td></td><td rowspan="10"></td></tr>
<tr><td>查看水泵的引水方式</td><td></td></tr>
<tr><td>测试压力、流量</td><td></td></tr>
<tr><td>测试主、备电源切换，主、备泵启动及故障切换</td><td></td></tr>
<tr><td>测试当系统管网中的水压下降到设计最低压力时，稳压泵应能自动启动</td><td></td></tr>
<tr><td>测试现场手动和自动启动功能</td><td></td></tr>
<tr><td>测试远程手动启动功能</td><td></td></tr>
<tr><td>查看控制柜的规格、型号、数量应符合设计要求；控制柜的图纸塑封后应牢 固粘贴于柜门内侧</td><td></td></tr>
<tr><td>抽查泵组，并核对其证明文件</td><td>与消防产品市场准入证明文件一致</td><td></td></tr>
</table>

续表

查验项目		内容和方法	要求	查验情况	是否合格
细水雾灭火系统	储气瓶组和储水瓶组	查看瓶组的数量、型号、规格、安装位置、固定方式和标志	符合消防技术标准和消防设计文件要求		
		查看储水容器内水的充装量和储气容器内氮气或压缩空气的储存压力			
		查看瓶组的机械应急操作处的标志，应急操作装置应有铅封的安全销或保护罩			
		抽查瓶组，并核对其证明文件	与消防产品市场准入证明文件一致		
	控制阀	查看控制阀的型号、规格、安装位置、固定方式和启闭标识	符合消防技术标准和消防设计文件要求		
		开式系统分区控制阀组应能采用手动和自动方式可靠动作			
		闭式系统分区控制阀组应能采用手动方式可靠动作			
		查看分区控制阀前后的阀门均应处于常开位置			
	管网	查看管道的材质与规格、管径、连接方式、安装位置及采取的防冻措施	符合消防技术标准和消防设计文件要求		
		查看管网上的控制阀、动作信号反馈装置、止回阀、试水阀、安全阀、排气阀等，其规格和安装位置			
		查看管道固定支、吊架的固定方式、间距及其与管道间的防电化学腐蚀措施			
		查看细水雾灭火系统管网试压和冲洗记录等证明文件	符合消防技术标准和消防设计文件要求，并应有详细的文字记录和必要的影像资料		
	喷头	查看喷头的数量、规格、型号以及闭式喷头的公称动作温度，安装位置、安装高度、间距及与墙体、梁等障碍物的距离	符合消防技术标准和消防设计文件要求		
		抽查喷头，并核对其证明文件	与消防产品市场准入证明文件一致		
	系统功能	采用模拟火灾信号启动开式系统，相应的分区控制阀、压力开关和瓶组或泵组及其他联动设备应能及时动作并发出相应的信号	符合消防技术标准和消防设计文件要求		
		测试系统的流量、压力			
		主、备电源正常切换			
		开式系统应进行冷喷试验，查看响应时间			

续表

查验项目		内容和方法	要求	查验情况	是否合格
气体灭火系统	隐蔽工程	查看防护区地板下、吊顶上或其他隐蔽区域内管网隐蔽工程验收记录	符合消防技术标准和消防设计文件要求，并应有详细的文字记录和必要的影像资料		
	防护区	查看保护对象设置位置、划分、用途、环境温度、通风及可燃物种类	符合消防技术标准和消防设计文件要求		
		估算防护区几何尺寸、开口面积			
		查看防护区围护结构耐压、耐火极限和门窗自行关闭情况			
		查看疏散通道、标识和应急照明			
		查看出入口处声光警报装置设置和安全标志			
		查看排气或泄压装置设置			
		查看专用呼吸器具配备			
	储存装置间	查看设置位置	符合消防技术标准和消防设计文件要求		
		查看通道、应急照明设置			
	储存装置间	查看其他安全措施	符合消防技术标准和消防设计文件要求		
	灭火剂储存装置	查看储存容器数量、型号、规格、位置、固定方式、标志及安装质量	符合消防技术标准和消防设计文件要求		
		查验灭火剂充装量、压力、备用量			
		抽查气体灭火剂，并核对其证明文件			
	驱动装置	查看集流管的材质、规格、连接方式和布置及安装质量	符合消防技术标准和消防设计文件要求		
		查看选择阀及信号反馈装置规格、型号、位置和标志及安装质量			
		查看驱动装置规格、型号、数量和标志，驱动气瓶的充装量和压力及安装质量			
		查看驱动气瓶和选择阀的应急手动操作处标志			
		抽查气体灭火设备，并核对其证明文件			

续表

查验项目		内容和方法	要求	查验情况	是否合格
气体灭火系统	管网	查看管道及附件材质、布置规格、型号和连接方式及安装质量	符合消防技术标准和消防设计文件要求		
		查看管道的支、吊架设置			
		其他防护措施			
		查看气动驱动装置的管道气压严密性试验记录、灭火剂输送管道强度试验和气压严密性试验记录等证明文件	符合消防技术标准和消防设计文件要求，并应有详细的文字记录和必要的影像资料		
	喷嘴	查看规格、型号和安装位置、方向及安装质量	符合消防技术标准和消防设计文件要求		
		核对设置数量			
	系统功能	测试主、备电源切换	自动切换正常		
		测试灭火剂主、备用量切换	切换正常		
		模拟自动启动系统，延迟时间与设定时间相符，响应时间满足要求，有关声、光报警信号正确，联动设备动作正确，驱动装置动作可靠	电磁阀、选择阀动作正常，有信号反馈		
泡沫灭火系统	泡沫灭火系统防护区	查看保护对象的设置位置、性质、环境温度，核对系统选型	符合消防技术标准和消防设计文件要求		
	过滤器	查看过滤器的设置			
	动力源、备用动力及电气设备	查看动力源、备用动力及电气设备的设置	符合消防技术标准和消防设计文件要求		
	泡沫液	查验泡沫液种类和数量，并核对其证明文件	符合消防技术标准和消防设计文件要求		
	泡沫产生装置	查看规格、型号及安装质量，并核对其证明文件			
	泡沫比例混合器（装置）	查看规格、型号及安装质量，并核对其证明文件			
		混合比不应低于所选泡沫液的混合比			
	泡沫液储罐、盛装100%型水成膜泡沫液的压力储罐	查看设置位置、材质、规格、型号及安装质量			
		查看铭牌标记应清晰，应标有泡沫液种类、型号、出厂、灌装日期、有效期及储量等内容，不同种类、不同牌号的泡沫液不得混存			
		查看液位计、呼吸阀、人孔、出液口等附件的功能应正常			
		抽查泡沫液储罐、压力储罐，并核对其证明文件	与消防产品市场准入证明文件一致		

续表

查验项目		内容和方法	要求	查验情况	是否合格
泡沫灭火系统	报警阀组	查看设置位置、规格型号及组件，应有注明系统名称和保护区域的标志牌	符合消防技术标准和消防设计文件要求		
		查看控制阀状态，控制阀应全部开启，并用锁具固定手轮，启闭标志应明显；采用信号阀时，反馈信号应正确			
		查看空气压缩机和气压控制装置状态应正常，压力表显示应符合设定值			
		查看水力警铃设置位置			
		排水设施设置情况	房间内装有便于使用的排水设施		
		抽查报警阀，并核对其证明文件	与消防产品市场准入证明文件一致		
泡沫灭火系统	动力瓶组及驱动装置	查看泡沫喷雾装置动力瓶组的数量、型号和规格，位置与固定方式，油漆和标志，储存容器的安装质量、充装量和储存压力	符合消防技术标准和消防设计文件要求		
		查看泡沫喷雾系统集流管的材料、规格、连接方式、布置及其泄压装置的泄压方向			
		查看泡沫喷雾系统分区阀的数量、型号、规格、位置、标志及其安装质量			
		查看泡沫喷雾系统驱动装置的数量、型号、规格和标志，安装位置，驱动气瓶的介质名称和充装压力，以及气动驱动装置管道的规格、布置和连接方式			
		查看驱动装置和分区阀的机械应急手动操作处，均应有标明对应防护区或保护对象名称的永久标志。驱动装置的机械应急操作装置均应设安全销并加铅封，现场手动启动按钮应有防护罩			
		抽查动力瓶组及驱动装置组件，并核对其证明文件	与消防产品市场准入证明文件一致		
	管网	查看管道及管件的规格、型号、位置、坡向、坡度、连接方式及安装质量	符合消防技术标准和消防设计文件要求		
		查看管网上的控制阀、压力信号反馈装置、止回阀、试水阀、泄压阀、排气阀等的设置			
		查看固定管道的支架、吊架，管墩的位置、间距及牢固程度			
		查看管道和系统组件的防腐			
		查看管网试压和冲洗记录等证明文件	符合消防技术标准和消防设计文件要求，并应有详细的文字记录和必要的影像资料		

续表

<table>
<tr><th colspan="2">查验项目</th><th>内容和方法</th><th>要求</th><th>查验情况</th><th>是否合格</th></tr>
<tr><td rowspan="3">泡沫灭火系统</td><td rowspan="3">动力瓶组及泡沫消火栓</td><td>查看规格、型号、外观质量、安装质量、安装位置及间距</td><td>符合消防技术标准和消防设计文件要求</td><td></td><td rowspan="3"></td></tr>
<tr><td>查看标识、消火栓箱组件</td><td>标识明显、组件齐全</td><td></td></tr>
<tr><td>抽查消火栓箱组件，并核对其证明文件</td><td>符合消防技术标准和消防设计文件要求</td><td></td></tr>
<tr><td rowspan="13">泡沫灭火系统</td><td rowspan="3">喷头</td><td>查看设置场所、规格、型号及安装质量</td><td rowspan="2">符合消防技术标准和消防设计文件要求</td><td></td><td rowspan="3"></td></tr>
<tr><td>查看喷头的安装位置、安装高度、间距及与梁等障碍物的距离</td><td></td></tr>
<tr><td>抽查喷头，并核对其证明文件</td><td>与消防产品市场准入证明文件一致</td><td></td></tr>
<tr><td rowspan="5">模拟灭火功能试验</td><td>压力信号反馈装置应能正常动作，并应能在动作后启动消防水泵及与其联动的相关设备，可正确发出反馈信号</td><td rowspan="5">符合消防技术标准和消防设计文件要求</td><td></td><td rowspan="5"></td></tr>
<tr><td>系统的分区控制阀应能正常开启，并可正确发出反馈信号</td><td></td></tr>
<tr><td>查看系统的流量、压力</td><td></td></tr>
<tr><td>消防水泵及其他消防联动控制设备应能正常启动，并应有反馈信号显示</td><td></td></tr>
<tr><td>主、备电源应能在规定时间内正常切换</td><td></td></tr>
<tr><td rowspan="5">系统功能</td><td>查验低倍数泡沫灭火系统喷泡沫试验，并查看记录文件</td><td rowspan="5">符合消防技术标准和消防设计文件要求</td><td></td><td rowspan="5"></td></tr>
<tr><td>查验中倍数、高倍数泡沫灭火系统喷泡沫试验，并查看记录文件</td><td></td></tr>
<tr><td>查验泡沫一水雨淋系统喷泡沫试验，并查看记录文件</td><td></td></tr>
<tr><td>查验闭式泡沫一水喷淋系统喷泡沫试验，并查看记录文件</td><td></td></tr>
<tr><td>查验泡沫喷雾系统喷洒试验，并查看记录文件</td><td></td></tr>
<tr><td rowspan="5">建筑灭火器</td><td rowspan="2">配置</td><td>查看灭火器类型、规格、灭火级别和配置数量</td><td>符合消防技术标准和消防设计文件要求</td><td></td><td rowspan="2"></td></tr>
<tr><td>抽查灭火器，并核对其证明文件</td><td>与消防产品市场准入证明文件一致</td><td></td></tr>
<tr><td rowspan="3">布置</td><td>测量灭火器设置点距离</td><td rowspan="3">符合消防技术标准和消防设计文件要求</td><td></td><td rowspan="3"></td></tr>
<tr><td>查看灭火器设置点位置、摆放和使用环境</td><td></td></tr>
<tr><td>查看设置点的设置数量</td><td></td></tr>
</table>

表 5　消防电气和火灾自动报警系统查验记录

查验项目		内容和方法	要求	查验情况	是否合格
消防电源及配电	消防电源	查验消防负荷等级、供电形式	应为正式供电，并符合消防技术标准和消防设计文件要求		
	备用电源	查验备用发电机或其他备用电源的规格型号及功率	符合消防技术标准和消防设计文件要求		
		查验备用发电机或其他备用电源的仪表、指示灯及开关按钮等应完好，显示应正常			
		发电机机房内的通风换气设施应能正常运行			
	发电机	查看发电机燃料配备、液位显示	符合消防技术标准和消防设计文件要求		
		测试应急启动发电机，自动启动，发电机达到额定转速并发电的时间不应大于 30s，发电机的运行及输出功率、电压、频率、相位的显示均应正常			
	消防设备应急电源和备用电源蓄电池	查看设置类型、位置	应安装在通风良好的场所，不应安装在火灾爆炸危险场所		
		核对安装数量，检查安装质量	符合消防技术标准和消防设计文件要求		
		测试正常显示、故障报警、消声、转换功能			
	消防配电	查看消防用电设备的配电箱及末端切换装置及断路器设置	符合消防技术标准和消防设计文件要求		
		消防设备配电箱应有区别于其他配电箱的明显标志，不同消防设备的配电箱应有明显区分标志			
		查看消防用电设备是否设置专用供电回路			
		查看配电线路的类别、规格型号、电压等级、敷设方式及相关防火防护措施			
消防应急照明和疏散指示系统	系统形式	查看消防应急照明和疏散指示系统的设置形式	符合消防技术标准和消防设计文件要求		
	布线	查看导线的类别、规格型号、电压等级、敷设方式及相关防火保护措施	符合消防技术标准和消防设计文件要求与消防产品市场准入证明文件一致		
		抽查安装质量，并核对其证明文件			
	应急照明控制器	查看类别、设置部位、规格型号	符合消防技术标准和消防设计文件要求		
		核对安装数量，检查安装质量			
		测试自检功能，操作级别，主、备电源的自动转换功能，故障报警功能，消声功能，一键检查功能			
		查看类别、设置部位、规格型号			
	集中电源	核对安装数量，检查安装质量			

续表

查验项目		内容和方法	要求	查验情况	是否合格
消防应急照明和疏散指示系统	集中电源	测试集中电源的操作级别，故障报警功能，消声功能，电源分配输出功能，集中控制型集中电源装转换手动测试功能，集中控制型集中电源通信故障连锁控制功能，集中控制型集中电源灯具应急状态保持功能	符合消防技术标准和消防设计文件要求		
	应急照明配电箱	查看类别、设置部位、规格型号	符合消防技术标准和消防设计文件要求		
		核对安装数量，检查安装质量			
		测试主电源分配输出功能，集中控制型应急照明配电箱主电源输出关断测试功能，集中控制型应急照明配电箱通信故障连锁控制功能，集中控制型应急照明配电箱灯具应急状态保持功能			
	消防应急照明和疏散指示灯具	查看照明灯、标志灯、备用照明等灯具的类别、规格型号、安装位置、间距	符合消防技术标准和消防设计文件要求		
		核对安装数量，检查安装质量			
		查看设置场所、测试应急功能及照度			
	消防应急照明和疏散指示系统功能	集中控制型系统或非集中控制型系统在非火灾状态下的系统功能	符合消防技术标准和消防设计文件要求		
		集中控制型系统或非集中控制型系统在火灾状态下的系统控制功能			
		备用照明的系统功能			
火灾自动报警系统	系统形式	查看火灾自动报警系统的设置形式	符合消防技术标准和消防设计文件要求		
	布线	查看导线的类别、规格型号、电压等级、敷设方式及相关防火保护措施	符合消防技术标准和消防设计文件要求		
		抽查安装质量，并核对其证明文件	与消防产品市场准入证明文件一致		

续表

查验项目		内容和方法	要求	查验情况	是否合格
火灾自动报警系统	控制与显示类设备	查看火灾报警控制器、消防联动控制器、火灾显示盘、控制中心监控设备、家用火灾报警控制器、消防电话总机、可燃气体报警控制器、防火门监控器、消防控制室图形显示装置、传输设备、消防应急广播控制装置等控制与显示类设备的规格型号、数量、安装位置及安装质量	符合消防技术标准和消防设计文件要求		
		测试控制与显示类设备的自检功能，操作级别，屏蔽功能，主、备电源的自动转换功能，故障报警功能，总线隔离器的隔离保护功能，消声功能，控制器的负载功能，复位功能，控制器自动和手动工作状态转换显示功能等基本功能			
		核对控制与显示类设备的证明文件	与消防产品市场准入证明文件一致		
	探测器类设备	查看点型感烟火灾探测器、点型感温火灾探测器、一氧化碳火灾探测器、点型家用火灾探测器、独立式火灾探测报警器、线型光束感烟火灾探测器、线型感温火灾探测器、管路采样式吸气感烟火灾探测器、可燃气体探测器等探测器类设备的规格型号、数量、安装位置及安装质量	符合消防技术标准和消防设计文件要求		
		测试探测器类设备的故障报警功能，火灾报警功能，复位功能等基本功能			
		抽查探测器类设备，并核对其证明文件	与消防产品市场准入证明文件一致		
	系统其他部件	查看手动火灾报警按钮、消火栓按钮、防火卷帘手动控制装置、气体灭火系统手动与自动控制转换装置、气体灭火系统现场启动和停止按钮的规格型号、数量、安装位置及安装质量，并测试基本功能	符合消防技术标准和消防设计文件要求		
		查看短路隔离器、模块或模块箱的规格型号、数量、安装位置及安装质量，并测试基本功能			
		查看消防电话分机和电话插孔的规格型号、数量、安装位置及安装质量，并测试基本功能			

续表

查验项目		内容和方法	要求	查验情况	是否合格
火灾自动报警系统	系统其他部件	查看消防应急广播扬声器、火灾警报器、喷洒光警报器、气体灭火系统手动与自动控制状态显示装置的规格型号、数量、安装位置及安装质量，并测试基本功能	符合消防技术标准和消防设计文件要求		
		查看防火门监控模块与电动闭门器、释放器、门磁开关等现场部件的规格型号、数量、安装位置及安装质量，并测试基本功能			
		查看消防电梯专用对讲电话和专用的操作按钮的规格型号、数量、安装位置及安装质量，并测试基本功能			
		查看消防电气控制装置的规格型号、数量、安装位置及安装质量，并测试基本功能			
		抽查系统其他部件，并核对其证明文件	与消防产品市场准入证明文件一致		
	系统整体联动控制功能	使报警区域内符合火灾警报、消防应急广播系统，防火卷帘系统，防火门监控系统，防烟排烟系统，消防应急照明和疏散指示系统，电梯和非消防电源等相关系统联动触发条件的火灾探测器、手动火灾报警按钮发出火灾报警信号	联动逻辑关系和联动执行情况符合消防技术标准和消防设计文件要求		
		查看消防联动控制器发出控制火灾警报、消防应急广播系统，防火卷帘系统，防火门监控系统，防烟排烟系统，消防应急照明和疏散指示系统，电梯和非消防电源等相关系统动作的启动信号，点亮启动指示灯			
		查看火灾警报和消防应急广播的联动控制功能			
		查看防火卷帘系统的联动控制功能			
		查看防火门监控系统的联动控制功能			
		查看加压送风系统的联动控制功能			
		查看电动挡烟垂壁、排烟系统的联动控制功能			
		查看消防应急照明和疏散指示系统的联动控制功能			
		查看电梯、非消防电源等相关系统的联动控制功能			

续表

查验项目		内容和方法	要求	查验情况	是否合格
火灾自动报警系统	电气火灾监控设备	查看类别、设置部位、规格型号	符合消防技术标准和消防设计文件要求		
		核对安装数量，检查安装质量			
		测试正常显示、故障报警、测声、复位等功能			
	电气火灾监控探测器	查看类别、设置部位、规格型号	符合消防技术标准和消防设计文件要求		
		核对安装数量，检查安装质量			
		测试监控报警功能			
	消防设备电源监控传感器	查看类别、设置部位、规格型号	符合消防技术标准和消防设计文件要求		
		核对安装数量，检查安装质量			
		测试正常显示、故障报警、消声复位等功能			
	消防设备电源监控传感器	查看类别、设置部位、规格型号	符合消防技术标准和消防设计文件要求		
		核对安装数量，检查安装质量			
		测试消防设备电源故障报警功能			

表6　建筑防烟排烟系统查验记录

查验项目		内容和方法	要求	查验情况	是否合格
防烟系统	系统设置	查看系统的设置形式	符合消防技术标准和消防设计文件要求		
	自然通风	查看封闭楼梯间、防烟楼梯间、前室及消防电梯前室可开启外窗的布置方式，测量开启面积	符合消防技术标准和消防设计文件要求		
		查看避难层（间）可开启外窗或百叶窗的布置方式，测量开启面积			
		查看固定窗的设置情况			
		查看设置位置、数量及安装质量			
	加压送风机	查看种类、规格、型号	符合消防技术标准和消防设计文件要求		
		查看供电情况	有主备电源，自动切换正常		
		测试功能，就地手动启停风机，远程直接手动启停风机	启停控制正常，有信号反馈，复位正常		
		抽查防烟风机，并核对其证明文件	与消防产品市场准入证明文件一致		
	管道	查看管道布置、材质、保温材料及安装质量	符合消防技术标准和消防设计文件要求		

续表

查验项目		内容和方法	要求	查验情况	是否合格
防烟系统	防火阀	查看设置位置、型号及安装质量	符合消防技术标准和消防设计文件要求		
		测试功能	关闭和复位正常		
		抽查防火阀，并核对其证明文件	与消防产品市场准入证明文件一致		
	系统功能	测试常闭加压送风口的手动开启和复位功能	开启复位正常，有信号反馈		
		测试送风机、电动窗、送风口的联动功能	动作正确		
		测试楼梯间、前室及封闭避难层（间）的风压值			
		测试楼梯间、前室及封闭避难层（间）疏散门的门洞断面风速值	符合消防技术标准和消防设计文件要求		
排烟系统	系统设置	查看系统的设置形式	符合消防技术标准和消防设计文件要求		
	自然排烟	查看设置位置	符合消防技术标准和消防设计文件要求		
		查看外窗开启方式，测量开启面积			
		查看固定窗的设置情况			
	排烟风机 排烟补风机	查看设置位置、数量及安装质量	符合消防技术标准和消防设计文件要求		
		查看种类、规格、型号			
		查看供电情况	有主备电源，自动切换正常		
		测试功能，就地手动启停风机，远程直接手动启停风机，自动启动风机，280℃排烟防火阀连锁停排烟风机及补风机	启停控制正常，有信号反馈，复位正常		
		抽查排烟风机、排烟补风机，并核对其证明文件	与消防产品市场准入证明文件一致		
	管道	查看管道布置、材质、保温材料及安装质量	符合消防技术标准和消防设计文件要求		
	防火阀 排烟防火阀	查看设置位置、型号及安装质量	符合消防技术标准和消防设计文件要求		
		查验同层设置数量			
		测试功能	关闭和复位正常		
		抽查防火阀、排烟防火阀，并核对其证明文件	与消防产品市场准入证明文件一致		

续表

查验项目		内容和方法	要求	查验情况	是否合格
排烟系统	系统功能	测试排烟阀或排烟口、补风口的手动开启和复位功能	动作正确		
		测试活动挡烟垂壁、自动排烟窗的手动开启和复位功能			
		测试排烟风机、排烟补风机的联动启动功能			
		测试排烟阀或排烟口、补风口、电动防火阀的联动控制功能			
		测试活动挡烟垂壁、自动排烟窗的联动控制功能			
		测试防烟分区内排烟口的风速，防烟分区排烟量	符合消防技术标准和消防设计文件要求		
		设有补风系统的场所，测试补风口风速，补风量			

附件7

消防查验问题汇总表

（1）查验范围：××站主体、附属（C1出入口）

建筑防火组（消防电气组、给排水及气灭组、防烟排烟组）	检查部位	发现的问题	备注

（2）编制依据及说明

【依据一】《建设工程消防设计审查验收管理暂行规定》（中华人民共和国住房和城乡建设部令第51号）

【条文】

第二十七条 建设单位组织竣工验收时，应当对建设工程是否符合下列要求进行查验：

（一）完成工程消防设计和合同约定的消防各项内容；

（二）有完整的工程消防技术档案和施工管理资料（含涉及消防的建筑材料、建筑构配件和设备的进场试验报告）；

（三）建设单位对工程涉及消防的各分部分项工程验收合格；施工、设计、工程监理、技术服务等单位确认工程消防质量符合有关标准；

（四）消防设施性能、系统功能联调联试等内容检测合格。

经查验不符合前款规定的建设工程，建设单位不得编制工程竣工验收报告。

第三十四条 其他建设工程竣工验收合格之日起五个工作日内，建设单位应当报消防设计审查验收主管部门备案。

建设单位办理备案，应当提交下列材料：

（一）消防验收备案表；

（二）工程竣工验收报告；

（三）涉及消防的建设工程竣工图纸。

本规定第二十七条有关建设单位竣工验收消防查验的规定，适用于其他建设工程。

【依据二】《建筑工程消防施工质量验收规范》（DB11/T 2000—2022）

【条文】

4.0.11 建设单位组织有关单位进行建筑工程竣工验收时，应对建筑工程是否符合消防要求进行查验，并应符合下列规定：

1 建设单位应在组织消防查验前制定建筑工程消防施工质量查验工作方案，明确参加查验的人员、岗位职责、查验内容、查验组织方式以及查验结论形式等内容。

2 消防查验应按本规范附录D记录，表中未涵盖的其他查验内容，可依据此表格式按照相关专业施工质量验收规范自行续表。查验主要内容包括：

1）完成消防设计文件的各项内容；

2）有完整的消防技术档案和施工管理资料（含消防产品的进场试验报告）；

3）建设单位对工程涉及消防的各子分部、分项工程验收合格；施工单位、专业施工单位、设计单位、监理单位、技术服务机构等单位确认消防施工质量符合有关标准；

4）消防设施性能、系统功能联动调试等内容检测合格。

经查验不符合本条规定的建筑工程，建设单位不得编制工程竣工验收报告。

3 查验完成后应形成《建筑工程消防施工质量查验报告》，并应符合本规范附录E的规定。

4.0.12 建筑工程竣工验收前，建设单位可委托具有相应从业条件的技术服务机构进行消防查验，并形成意见或者报告，作为建筑工程消防查验合格的参考文件。采取特殊消防设计的建筑工程，其特殊消防设计的内容可进行功能性试验验证，并应对特殊消防设计的内容进行全数查验。对消防检测和消防查验过程中发现的各类质量问题，建设单位应组织相关单位进行整改。